中等职业学校教学用书（计算机技术专业）

中文 Flash MX 案例教程
（第 2 版）

沈大林　沈　昕　主编
马广月　郑淑晖　关　点　陈　伟　等编著

電子工業出版社
Publishing House of Electronics Industry
北京 · BEIJING

内 容 简 介

Flash 是 Macromedia 公司的又一个非常受欢迎的产品。它是一种用于制作、编辑动画和电影的软件，它不但能够制作一般的动画，而且可以制作出带有背景声音和具有较强的交互性能的电影。另外，Flash 还可应用于交互式多媒体软件的开发。它不但可以在专业级的多媒体制作软件 Authorware 和 Director 中导入使用，而且还可以独立地制作网页、多媒体演示和多媒体教学软件等。它代表着网页和多媒体技术发展的方向。

本书由浅入深、由易到难、循序渐进、图文并茂，融通俗性、实用性与技巧性于一体，较好地实现了理论与实际制作相结合。本书在有利于采用任务驱动的教学方式的同时，还注意尽量保证知识的相对完整性和系统性。本书共分 6 章，每章均配有实例思考与练习题。全书共有 58 个实例。

图书在版编目 (CIP) 数据

中文 Flash MX 案例教程 / 沈大林，沈昕主编. —2 版. —北京：电子工业出版社，2008.6
中等职业学校教学用书. 计算机技术专业
ISBN 978-7-121-06860-7

I. 中… Ⅱ.①沈…②沈… Ⅲ.动画－设计－图形软件，Flash MX－专业学校－教材 Ⅳ.TP391.41

中国版本图书馆 CIP 数据核字（2008）第 082339 号

策划编辑：关雅莉
责任编辑：白　楠
印　　刷：
装　　订：北京京师印务有限公司
出版发行：电子工业出版社
　　　　　北京市海淀区万寿路 173 信箱　邮编　100036
开　　本：787×1 092　1/16　印张：19.25　字数：492.8 千字
印　　次：2012 年 6 月第 7 次印刷
定　　价：32.00元

凡所购买电子工业出版社图书有缺损问题，请向购买书店调换。若书店售缺，请与本社发行部联系，联系及邮购电话：（010）88254888。

质量投诉请发邮件至 zlts@phei.com.cn，盗版侵权举报请发邮件至 dbqq@phei.com.cn。

服务热线：（010）88258888。

前　言

Flash 是 Macromedia 公司的又一个非常受欢迎的产品。它是一种用于制作、编辑动画和电影的软件，用它可以制作出一种扩展名为.swf 的动画文件，这种文件可以插入 HTML 里，也可以单独成为网页。它不但能够制作一般的动画，而且可以制作出带有背景声音和具有较强的交互性能的电影。用它制作的文件字节数很少，有利于网上传输。目前，它已成为网络动画的标准格式，是各公司和部门首选的动态网页设计工具。

另外，Flash 还应用于交互式多媒体软件的开发。它不但可以在专业级的多媒体制作软件 Authorware 和 Director 中导入使用，而且可以独立地制作网页、多媒体演示和多媒体教学软件等。它代表着网页和多媒体技术发展的方向。

本书共分 6 章，第 1 章带你漫游 Flash MX，使读者对 Flash MX 有一个总体的了解，通过制作第 1 个实例，初步掌握 Flash MX 的一些基本概念和基本操作方法；第 2 章介绍了 Flash MX 的绘图功能；第 3 章介绍了 Flash MX 的输入文本与导入外部对象的方法；第 4 章介绍了 Flash MX 的动画制作方法；第 5 章介绍了 Flash MX 的 ActionScript 编程与交互式动画的制作方法；第 6 章介绍了应用 Flash MX 组件的方法。每章均配有实例思考与练习题。全书共有 58 个实例。

本书由浅入深、由易到难、循序渐进、图文并茂，融通俗性、实用性与技巧性于一体，较好地解决了教学规律、知识结构与实用技巧之间的矛盾，有机地将它们结合在一起。本书按照教学规律和认知特点编写各个知识点，将重要的知识点融于实例当中。使读者在阅读学习时，不但知其然，还知其所以然；不但能够快速入门，而且可以达到较高的水平。同时，也能使教师得心应手地使用它进行教学。全书具有较大的知识信息量，有利于教学和自学。

本书较好地实现了理论与实际制作相结合。在有利于采用任务驱动的教学方式的同时，还注意尽量保证知识的相对完整性和系统性。

本书主编为沈大林和沈昕，主要作者和统稿人有沈大林、沈昕、洪小达、郑淑晖、关点、马广月、陈伟、张晓蕾、王爱赪、肖柠朴、曾昊、陈凯硕、罗红霞、张伦、崔玥、于建海、郭政、曲彭生、郭海、张磊、马开颜、马广月、崔元如、丰金兰、郝侠、杨旭、卢贺、李宇辰、孔凡奇、徐晓雅、陈恺硕、罗丹丹、焦佳、杜忻翔、计虹、王晓萌、张娜、王加伟、穆国臣等。

由于本书的篇幅有限，一些 Flash MX 的精髓还没能完全介绍，尤其是 ActionScript 编程的内容介绍得还远远不够，但作为入门教材已经足够了。参加本书编写工作的全体作者都尽力使本书在字数较少的情况下，提供尽量多的知识。由于作者的水平有限，书中难免有讲述欠佳之处，甚至会有错误，望广大读者指正。

为了方便教师教学，本书还配有电子教案，以及相关素材（电子版）。请有此需要的教师登录华信教育资源网（www.huaxin.edu.cn 或 www.hxedu.com.cn）免费注册后再进行下载，有问题时请在网站留言板留言或与电子工业出版社联系（E mail:hxedu@phei.com.cn）。

编　者

2008 年 3 月

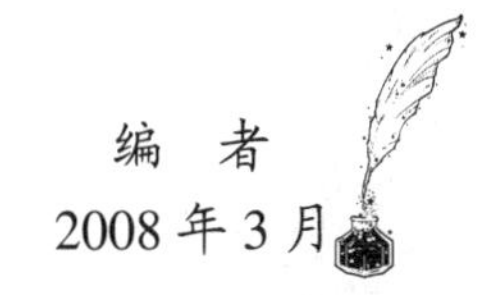

目录

第1章 Flash MX漫游

学习要点：

了解中文 Flash MX 的特点、工作环境、基本概念和基本操作，通过制作第一个简单的 Flash 动画，掌握制作 Flash 的一些常用的基本操作和制作简单的 Flash 动画的方法，从而提高学生的学习兴趣，为今后的学习打下一个良好的基础。

1.1 了解中文 Flash MX

1.1.1 Flash MX 的主要特点

Flash 是什么呢？它的前身是美国一家很小的电脑公司生产的很小的计算机软件（Director 网络插件 FutureSplash）。1998 年，Macromedia 公司收购了这家小电脑公司，同时将 FutureSplash 升级发展，推出了 Flash 2，以后又推出了 Flash 3，Flash 4，Flash 5 和 Flash MX 等，使 Flash 成为一个非常受欢迎的计算机软件产品。Flash MX 是 Macromedia 公司于 2002 年初推出的。

Flash 是一种用于制作、编辑动画和电影的软件，用它可以制作出一种扩展名为.swf 的动画文件，这种文件可以插入 HTML 里，也可以单独成为网页。它不但能够制作一般的动画，而且可以制作出带有背景声音，具有较强的交互性能的电影。1998 年，Macromedia 公司公布了 Flash 动画格式文件的全部代码，方便了众多软件开发公司及其设计人员用它开发相关产品，从而加快了它的推广与应用。各个公司和个人推出的可以制作.swf 动画文件的软件越来越多，使用.swf 动画文件制作网页和多媒体软件的公司和个人也越来越多。

目前，Flash 已成为网络动画的标准格式，是各公司和部门首选的网页设计工具。Flash 代表着网页和多媒体技术发展的方向，尤其是在网页制作方面，它已成为网页设计人员的宠儿，几乎没有什么网页不使用 Flash 技术。Flash 与 Dreamweaver，Fireworks，Freehand 等软件配合使用，可以快速制作精彩的网页和创建有特色的网站。Flash 具有如下主要特点。

1. 文件很小　用途广泛

Flash 在使用很少字节量的情况下，实现高质量的矢量图形和交互式动画的制作。用 Flash 制作的包含几十秒钟的动画和声音，只生成几千字节大小的文件；一个能够播放几十分钟 MTV 的 Flash 文件仅仅需要两三张 1.44MB 的软盘就完全可以存放了。

Flash 系统占用的磁盘空间不大，占用的计算机资源也不大。这样小的一个软件，却有着很大的作用和影响。Flash 制作的动画可以在所有安装了 Shockwave Flash 插件的浏览器（Netscape Navigator 4.0 和 IE 5.0 浏览器中均安装了 Shockwave Flash 插件）中播放，这也是它之所以迅速广泛流行、声名远扬的一个重要原因。

Flash 不但用于网页制作，而且还应用于交互式多媒体软件的开发。它不但可以在专业级的多媒体制作软件 Authorware 和 Director 中导入使用，而且还可以独立地制作多媒体演示软件、多媒体教学软件和游戏等。

2. 优秀界面　高效绘图

Flash MX 的工作界面采用了与该公司其他软件相同特点的标准化工作界面，可以将热键转换为用户熟悉的某个软件的热键。它还拥有了更多的浮动面板，面板安排更合理，而且浮动面板可以按用户要求重新组合和分离。Flash MX 对工作界面进行了优化。在时间轴中增加了图层文件夹，当动画变得复杂后，这个功能尤显重要，可以减少动画维护的工作量。Flash MX 将许多分散的面板都集成到了“属性”面板中，根据对不同对象和工具的选择，“属性”面板将显示不同的并与之有关系的内容。在使用工具和选中对象时，则与被选中的工具或对象相关的各个属性和参数都会出现在这个面板中，有效地减少了面板的数量，极大地方便了操作。

动画的舞台工作区大小可以精确到 1px×1px（px 即像素），可以更轻松地对齐位图和线，并对像素边缘进行十分精细的描绘。当将图像放大后，可使用网格精细地绘制和浏览对象。

Flash MX 具有较强的矢量绘图功能，图像质量高，还可将位图转换为矢量图。它新增了任意变形工具，在其子选项中有扭曲和封套工具。封套工具可以应用在除位图和视频以外的其他任何图形、文字、元件、组件中。扭曲工具（也可叫做透视工具）是其中比较好的工具，它可用于 3D 贴图和做透视物件，但是不能对位图和视频操作。

Flash MX 提供的“调色板”面板可以实现颜色渐变填充和位图填充。

3. 多媒体技术

Flash MX 最大的变化就是在开发多媒体应用程序上面，其功能大大增强了。例如，Flash MX 增加了对多种视频格式的直接支持，提供了更强的视频格式兼容能力，可以通过“导入库”菜单命令，导入视频文件到 Flash MX 动画文档的“库”面板中，导入的 AVI 文件作为一个单独的元件存在。

Flash MX 还可以动态地从 SWF 文件外部加载 JPEG 和 MP3 文件，调用声音和图像。例如，用 Flash MX 可以很方便地制作一个真正的 MP3 播放器。Flash MX 支持更广泛的视频格式，包括 MPG，DV，MOV 和 AVI 等。在导入视频文件之前，会弹出压缩对话框提示设置压缩参数，然后视频就会被直接嵌入到 Flash MX 文档中。Flash MX 中的视频对象可以被操纵、缩放、旋转、倾斜等。Macromedia Flash Players 6 通过 Sorenson Spark 编码解码器实现了对视频的支持。

Flash MX 还可以使用影片剪辑实例作为遮罩，可以通过 ActionScript 脚本程序来改变遮罩的属性，获得一些意想不到的神奇效果。

当打开一个文档时，假如计算机中没有其中一些字体，Flash MX 会提醒你，你可以选择替代的字体或者用别的字体映射，字体映射会保存起来供将来使用。Flash MX 支持韩语和汉语，可以使用大字符集（Unicode），另外，还具有输入竖排文本等功能。

4. 对象管理　多种组件

（1）通过树状结构显示影片中所有互相嵌套的对象以及对象的使用情况。通过排列、分层显示，可以更容易地编辑影片和寻找对象，并可以轻松地找到文本、字体、ActionScript 和元件名，可以方便地打印文档结构图。

（2）可以充分地调用 Flash 文件内部库中的元件，重复利用资源。只要这个库下载以后，其他影片都可以不再下载共享的元件，直接使用这个库中的元件，使文件字节数减少。

（3）共享库提供更多的素材，可以使用不同的素材进行创作。使用共享库可以提高动画开发效率，更有效地管理动画的资源。

（4）Flash MX 的一个最大特点是将 Flash 5 的 SmartClip（智能影片片段元件）升级成为组件（Component）。从感觉上，Flash MX 似乎更像 VB 了。Flash MX 包含一组最常用的应用程序界面预置组件，包括"滚动条"、"文本框"、"按钮"、"单选项"、"复选框"、"下拉列表"、"列表框"和"组合框"等，这些组件对加快开发应用程序的速度大有裨益，而且还可以确保界面在多个 Flash MX 应用程序中保持统一，可以迅速创建 Web 应用程序。

5. 脚本语言与 JavaScript 类似

（1）它的语言采用了与 JavaScript 类似的语法结构，具有功能强大的 ActionScript 函数、属性和目标对象。它所有的编程方式和编程思想都符合面向对象的语言形式。例如，在给舞台工作区中的一个按钮元件编写事件代码的时候，在 Flash 5 中，是直接在按钮实例的"on"语句的大括弧中编写；但是，在 Flash MX 中，可以将所有的语句都集中到一个关键帧中，那么这个按钮的事件就应该这么写（假设按钮在舞台工作区中的实例名为"myButton"）：myButton.onPress=function(){//事件语句体}。同时，它还可以定义和创建自己的类和对象。

（2）Flash MX 增加了大量的对象和方法，它还支持 XML。在使用 ActionScript 时，Flash 将用颜色来区分哪些代码对以前的 Flash 播放器兼容。

（3）ActionScript 编辑器允许有两种模式：普通模式和专家模式。所有的脚本程序均可从外部脚本文件调入，外部的脚本文件可以是任何 ASCII 码编写的文本文件。

（4）Flash MX 为开发者提供更高级的脚本，并提供新的调试工具，通过源代码级别的除错器，建立更稳健的代码，其中常用的功能有设置断点、单步代码调试和函数库调用，可以直接在 Flash MX 中进行除错工作。ActionScript 代码的关键词着色，还可以查找和替换，还有自动格式化脚本，加强了程序代码的生成能力。

6. 周边关系密切

（1）Flash MX 的导入和发布功能很强，可以导入位图、QuickTime 格式影片文件和 MP3 音乐格式文件等，可发布 MP3 音乐格式文件等。Apple 授权使用 Flash 的播放器，可内置于 Apple 产品中，这样就可以通过 QuickTime 播放 Flash 的图片、影片和具有交互能力的图像。

（2）它与 Macromedia 公司的其他产品配合密切，尤其是和 Dreamweaver，Fireworks 等组合成一体，成为"梦幻组合"，使制作网页更方便。设计者可以通过鼠标拖曳、复制和粘贴，或者使用"导入"对话框，在 Flash 的关键帧中导入外部素材。Freehand 库中的元件可以直接导入 Flash 的库中。而且，Freehand 的文件也可以直接导入到 Flash MX 中。

（3）插件的工作方式。只要机器内有安装了 Shockwave Flash 插件的浏览器，即可观看 Flash 动画。采用"流式技术"播放 Flash 动画，文件没有全部下载完就可观看已下载的内容。

（4）为多种系统平台和设备设计。使用 Flash 设计的内容可以在任意浏览器、系统平台和支持 Macromedia Flash Players 的设备上使用。

1.1.2　Flash MX 的工作环境

运行中文 Flash MX 后，出现中文 Flash MX 界面，如图 1.1 所示。Flash MX 的工作界面包括标题栏、菜单栏、主要工具栏（也叫主要栏或快捷工具栏）、时间轴、舞台、舞台工作区、工具箱、状态栏和其他各种面板等。

在图 1.1 中，只有“属性”面板、“调色板”面板、“组件”面板和没有展开的“组件参数”面板，Flash MX 还有许多面板，要打开其他面板和关闭已打开的面板，可单击“窗口”菜单中相应的菜单命令。按 Tab 键，可以关闭所有已打开的面板和工具箱，再按 Tab 键，可再打开它们。单击“窗口”→“工具栏”→相应的菜单命令，可打开或关闭状态栏、主要栏和控制栏（也叫播放栏，用于播放动画）。

图 1.1 中文 Flash MX 的工作界面

图 1.2 控制栏

控制栏如图 1.2 所示。单击“窗口”→“工具”菜单命令，可打开或关闭工具箱。单击“查看”→“时间轴”菜单命令，可显示或隐藏“时间轴”窗口。

将鼠标指针移到各按钮之上时，会显示相应的中文名称。如果有的面板打不开，可单击“窗口”→“面板设置”→“默认规划”菜单命令。

1.1.3 菜单栏与主要栏

1. 菜单栏

菜单栏在标题栏的下边。菜单栏有 9 个主菜单选项。单击主菜单选项，会调出它的子菜单。单击菜单之外的任何地方或按 Esc 键，则可以关闭已打开的菜单。Flash MX 菜单的形式与其他 Windows 软件的菜单形式相同，都遵循以下的约定。

（1）菜单中的菜单项名字是深色时，表示当前可使用；是浅色时，表示当前还不能使用。

（2）如果菜单名后边有省略号（…），则表示单击该菜单选项后，会弹出一个对话框。

（3）如果菜单名后边有黑三角（▸），则表示该菜单选项有下一级联级菜单。

（4）如果菜单名左边有选择标记（✔或●），则表示该选项已设定。如果要删除标记（不选定该项），可再单击该菜单选择标记。“✔”表示复选，“●”表示单选。

（5）菜单名右边的组合按键名称表示执行该菜单选项的对应热键，按下热键可以在不打开菜单的情况下直接执行菜单命令。

2. 主要栏

为了使用方便，Flash MX 把一些常用的操作命令以按钮的形式组成一个主要栏，如图 1.3 所示。主要栏有 16 个按钮，其中一些按钮都是标准化的。各按钮的作用如表 1.1 所示。按钮都有对应的菜单命令，也就是说，单击主要栏中的某一个按钮，即可产生与单击相应的菜单命令完全一样的效果。

图 1.3　主要栏

表 1.1　主要栏按钮的名称与作用

序号	图标	中文名称	作　　用
1		新建	新建一个 Flash MX 影片文件
2		打开	打开一个已存在的 Flash MX 影片文件
3		保存	将当前编辑的 Flash MX 文件保存（.fla 格式）
4		打印	将当前编辑的 Flash MX 图像打印输出
5		打印预览	按打印方式预览要打印输出的内容
6		剪切	将选中的对象剪切到剪贴板中
7		复制	将选中的对象复制到剪贴板中
8		粘贴	将剪贴板中的内容粘贴到光标所在的位置处
9		还原	撤销刚刚完成的操作
10		重做	重新进行刚刚被撤销的操作
11		紧贴对象	可使编辑时进入“紧贴”状态。此时，绘制图形、移动对象都可以自动紧贴到对象、网格或辅助线。但不适合用于微量调整
12		平滑	可使选中的曲线或图形外形更加平滑，多次单击具有累积效果
13		直线	可使选中的曲线或图形外形更加平直，多次单击具有累积效果
14		旋转和倾斜	可改变舞台中对象的旋转角度和倾斜角度
15		缩放	可改变舞台中对象的大小尺寸
16		对齐	用于将舞台中多个选中的对象按设定的方式对齐

1.1.4　工具箱

1. 工具箱简介

工具箱提供了用于图形绘制和图形编辑等的各种工具。工具箱内从上到下分为 4 个栏：“工具”栏、“查看”栏、“颜色”栏和“选项”栏，如图 1.4 所示（将从上到下的 4 个栏，从左到右给出）。单击某个工具的按钮，即可激活相应的操作功能，以后把这一操作叫做使用某个工具。

在确定使用某个工具后，“选项”栏中的按钮会随着用户选用不同的绘图工具而变化。在绘图、输入文字或编辑对象时，应当在选中相应工具后，对其属性进行适当设置，才能顺利实现需要的操作。工具箱内各工具的基本作用如下。

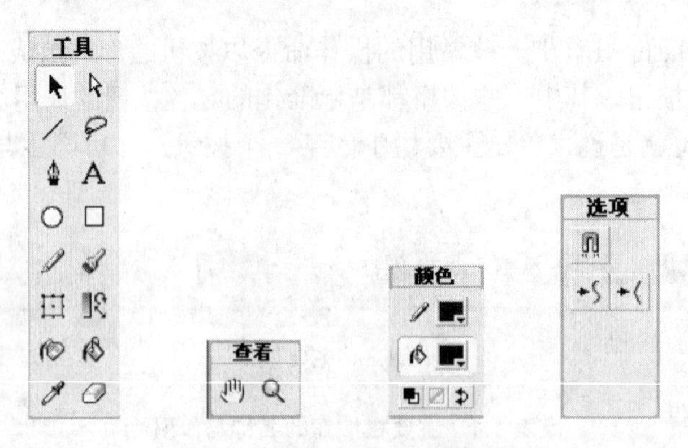

图 1.4　Flash MX 的工具箱

（1）“工具”栏：它放置了 16 个绘制图形、输入文字和编辑图形的工具，用鼠标单击某个工具按钮图标后，即可使用相应的工具。

（2）“查看”栏：有 2 个工具按钮，用来调整舞台编辑画面的观察位置和显示比例。各工具按钮的作用如表 1.2 所示。

表 1.2　“查看”栏中工具按钮的名称与作用

序号	图　标	中文名称	热　键	作　用
1		手形工具	H	在舞台上通过鼠标拖曳，来移动编辑画面的观察位置
2		缩放工具	M，Z	可以改变舞台工作区和其内对象的显示比例

（3）“颜色”栏：位于“查看”栏的下边，用来确定绘图的颜色。可以用来设置填充和线的颜色，也可以设置无填充和无轮廓线。

（4）“选项”栏：位于“颜色”栏的下边，其中放置了用于对当前激活的工具进行设置的一些属性按钮和功能按钮等选项。这些选项是随着用户选用工具的变化而变化的，大多数工具都有自己相应的属性设置。在绘图、输入文字或编辑对象时，应当在选中绘图或编辑工具后，再对其属性进行适当设置，才能达到预期的效果。

2. 工具箱的“颜色”栏中工具的作用

（1）（描绘颜色）：用于给线着色。

（2）（填充颜色）：用于给填充着色。

（3）（从左到右分别是：黑和白、没有颜色、转换颜色）按钮：单击“黑和白”按钮，可使笔触颜色和填充色恢复到默认状态（笔触颜色为黑色，填充色为白色）。在选择了椭圆或矩形工具后，“没有颜色”按钮才有效，变为，单击它可以在没有颜色和有颜色之间切换。单击“转换颜色”按钮，可以使笔触颜色与填充色互换。

如果单击选中了描绘颜色栏，则单击“没有颜色”按钮后，描绘颜色栏会变为状，表示无轮廓线；如果单击选中了填充颜色栏，则单击“没有颜色”按钮后，填充颜色栏会变为状，表示无填充。

3. 工具箱的“工具”栏中各工具的作用

工具箱的“工具”栏中各按钮的名称和作用等如表 1.3 所示。

表 1.3 “工具”栏中工具按钮的名称与作用

序号	图标	中文名称	热键	作　用
1		箭头工具	V	选择舞台中的对象，可移动、改变对象的大小和形状
2		部分选取工具	A	用于选择矢量图形，增加和删除矢量曲线的节点，改变矢量图形的形状等
3		线条工具	N	用于绘制各种形状、粗细、颜色和角度的矢量直线
4		套索工具	L	用于在图形中选择不规则区域内的部分图形
5		钢笔工具	P	可采用贝兹（即贝塞尔）绘图方式绘制矢量曲线图形
6		文本工具	T	输入和编辑字符和文字对象
7		椭圆工具	O	绘制椭圆形或圆形的轮廓线或有填充的圆形矢量图形
8		矩形工具	R	绘制矩形或正方形的线条框或有填充的矢量图形
9		铅笔工具	Y	绘制任意形状的矢量曲线图形
10		画笔工具	B	可像画笔一样绘制任意形状和粗细的矢量曲线图形
11		任意变形工具	Q	用于改变对象的位置、大小、旋转角度和倾斜角度等
12		填充变形工具	F	用于改变填充的位置、大小、旋转角度和倾斜角度等
13		墨水瓶工具	S	用于改变线条的颜色、形状和粗细等属性
14		油漆桶工具	K	给矢量线围成的区域（填充）填充彩色或图像内容
15		点滴器工具	I	用于将舞台中选择的对象的一些属性赋予相应的面板
16		橡皮工具	E	擦除舞台上的图形和图像等对象

1.1.5　舞台与窗口

1. 什么是舞台

舞台是绘制图形和编辑图形、图像的矩形区域，也是创建影片动画的区域。在创建或编辑一段 Flash 动画时离不开舞台，就像导演指挥演员演戏一样，一定要给他们一个排练演出的场所，这在 Flash 中被称为舞台。舞台中有一个白色或其他颜色的矩形区域，它是舞台工作区，图形、图像和动画的展示在其内进行。只有在舞台工作区内的对象才能够作为影片输出和打印。通常，在运行 Flash MX 后，它会自动地创建一个新影片的舞台工作区。

2. 舞台工作区的大小与颜色

单击“修改”→“影片”菜单命令，调出“影片属性”对话框，如图 1.5 所示。利用该对话框，可以设置舞台工作区的大小与颜色。该对话框中各选项的作用如下。

（1）“尺寸”栏：它的两个文本框内可以设置舞台工作区的大小。在“宽度”文本框内输入舞台工作区的宽度，在“高度”文本框内输入舞台工作区的高度，默认单位为像素（px）。舞台工作区的大小最大可设置为 2880px×2880px，最小可设置为 1px×1px。

（2）“标尺单位”列表框：它用来选择舞台上边与左边标尺的单位，可以选择英寸、像素、厘米和毫米等。

（3）“背景颜色”按钮：单击它，会弹出“颜色”面板，如图 1.6 所示。单击“颜色”面板中的一种色块，即可选定舞台工作区的背景颜色。

（4）“匹配”栏：单击“打印机”按钮，可以使舞台工作区与打印机相匹配；单击“内容”按钮，可以使舞台工作区与影片内容相匹配，并使舞台工作区四周具有相同的距离，要使影片尺寸最小，可以把场景内容尽量向左上角移动，然后单击该按钮。

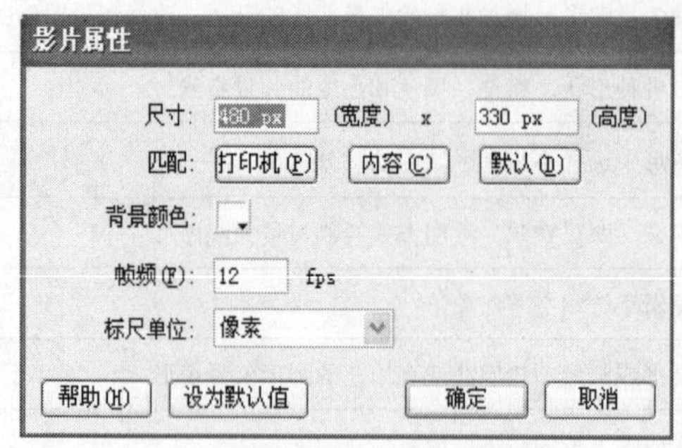

图 1.5 “影片属性”对话框

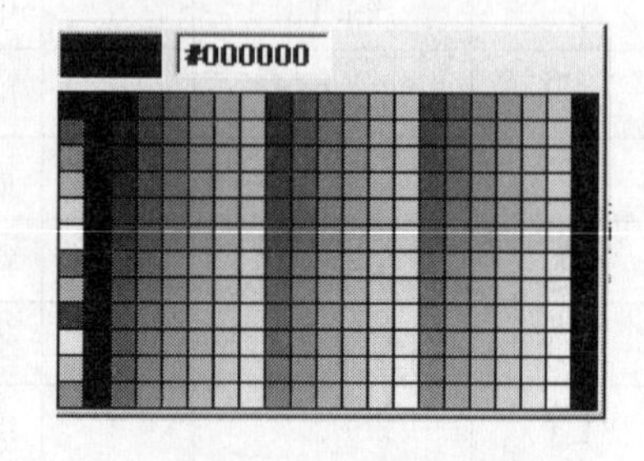

图 1.6 “颜色”面板

（5）“帧频”文本框：用来输入影片的播放速度，播放速度默认为 12fps（12 帧/秒）。

（6）“设为默认值”按钮：单击它后，可使影片属性的设置状态成为默认状态。

（7）“默认”按钮：单击它后，可按照默认值设置影片属性。

设置完 Flash MX 影片属性后，单击“确定”按钮，即可完成设置，退出该对话框。

3. 窗口

舞台和时间轴合称为窗口。在创建或打开一个 Flash 动画时，即打开了一个窗口。一个窗口对应一个 Flash 动画，但一个 Flash 动画可以对应多个窗口。有关窗口的一些操作如下。

（1）建立新窗口：单击“窗口”→“新建窗口”菜单命令，即可给同一个 Flash 动画增加一个新的窗口。在新窗口内可选择其他场景。

（2）层叠窗口：单击“窗口”→“层叠”菜单命令，可将多个窗口层叠，如图 1.7 所示。

（3）平铺窗口：单击“窗口”→“平铺”菜单命令，可将多个窗口平铺，如图 1.8 所示。

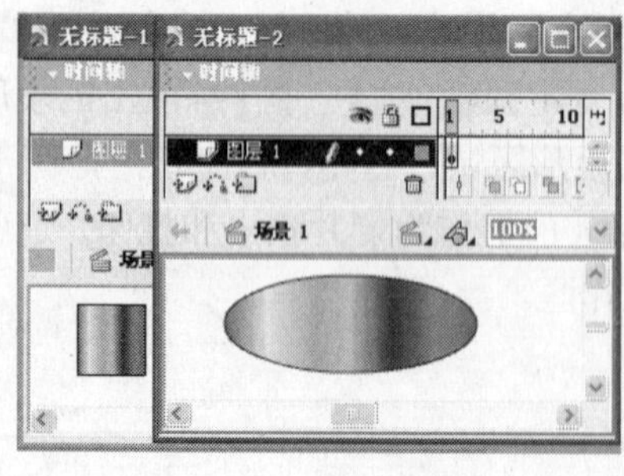

图 1.7 层叠多个窗口

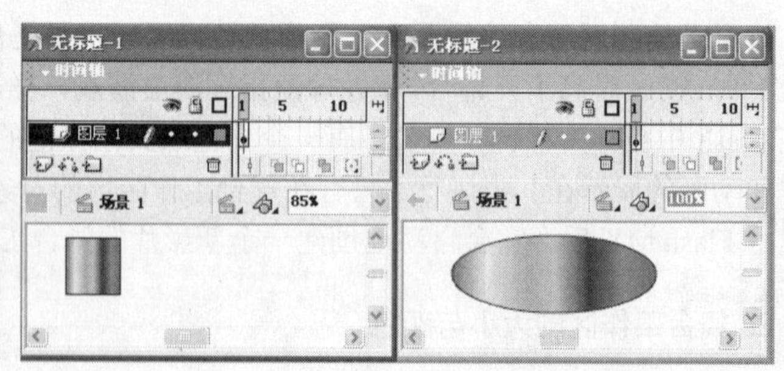

图 1.8 平铺多个窗口

1.1.6 调整舞台工作区的显示比例和位置

1. 调整舞台工作区的显示比例

（1）在舞台的右上方，有一个可改变舞台工作区显示比例的下拉列表框，如图 1.9 所示。利用该下拉列表框，可以选择下拉列表框内的选项，来改变显示比例。该下拉列表框内各选项的作用如下。

- 单击 100%（或其他百分比数）选项，可以按 100%比例（或其他比例）显示舞台工作区。
- 单击“显示帧”选项，可以按舞台工作区的大小自动调整舞台工作区的显示比例，使舞台工作区能够完全显示出来。
- 单击“全部显示”选项，可以自动调整舞台工作区的显示比例，将舞台内所有对象完全显示出来。

这个列表框也是一个文本框，可以在该文本框内输入比例数据，然后按 Enter 键即可改变舞台工作区的显示比例。

（2）单击“查看”→“缩放比率”菜单命令，调出其子菜单，如图 1.10 所示。利用这个子菜单，也可以调整舞台工作区的显示比例。

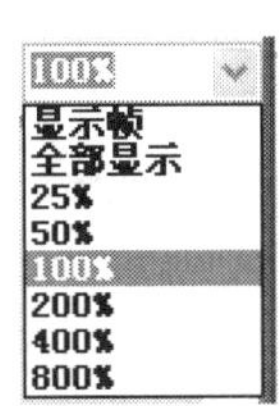

100%
显示帧
全部显示
25%
50%
100%
200%
400%
800%
图 1.9　改变舞台工作区显示比例的列表框

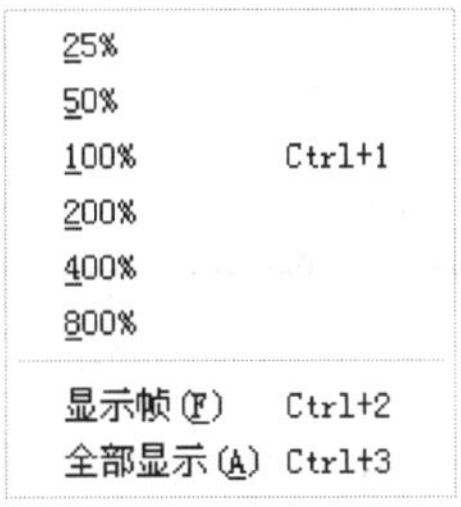
25%
50%
100%　Ctrl+1
200%
400%
800%
显示帧(F)　Ctrl+2
全部显示(A)　Ctrl+3
图 1.10　“缩放比率”子菜单

（3）如果要调整舞台工作区的显示比例，还可以使用工具箱内“查看”栏中的放大镜工具。单击“放大镜”工具按钮，则工具箱内“选项”栏中会出现两个按钮。单击按钮，此时鼠标指针呈状，单击舞台，即可将舞台工作区放大。单击按钮，此时鼠标指针呈状，单击舞台，即可将舞台工作区缩小。单击放大镜工具按钮后，在舞台工作区内拖曳，形成一个矩形，这个矩形区域中的内容将会布满整个窗口。

此外，如果按下 Ctrl 键、Alt 键和空格键不放，即可激活放大镜工具；如果按下 Ctrl 键、Shift 键和空格键不放，即可激活放大镜工具。

2. 调整舞台工作区的位置

屏幕窗口的大小是有限的，有时画面中的内容会超出屏幕窗口可以显示的面积，这时可以使用窗口右边和下边的滚动条，把我们需要的部分移动到窗口中。还有一种方便的方法，就是使用“手形工具”。

单击工具箱内“查看”栏中的“手形工具”按钮，再将鼠标指针移到舞台中，此时鼠标指针变为小手状，按下鼠标左键并拖曳，整个舞台工作区会随着鼠标的拖曳而移动。

还有一种方法可以激活“手形工具”，就是无论当前选中的是什么工具，只要按住空格键不放，此时鼠标指针变为小手状，然后用鼠标拖曳舞台，即可移动舞台工作区。

1.1.7　舞台中的标尺、网格和辅助线

为了使舞台工作区内的对象准确定位，可在舞台的上边和左边加入标尺，及在舞台工作区内显示网格和辅助线，如图 1.11 所示。

1. 显示和隐藏标尺

单击选中“查看”→“标尺”菜单选项（使该菜单选项左边有对钩出现），会在舞台上边和左边出现标尺。再单击该菜单选项，可取消左边的对钩，同时取消标尺。

2. 显示和隐藏网格

（1）单击选中“查看”→“网格”→“显示网格”菜单选项，会在舞台工作区内显示网格。再单击该菜单选项，可取消该菜单选项左边的对钩，同时取消网格。

（2）单击选中“查看”→“网格”→“编辑网格”菜单选项，会调出“网格”对话框，如图 1.12 所示。利用该对话框，可以编辑辅助线的颜色，调整网格线间距，确定是否显示网格线、是否对齐网格线和移动对象时对齐网格线的精确度等。

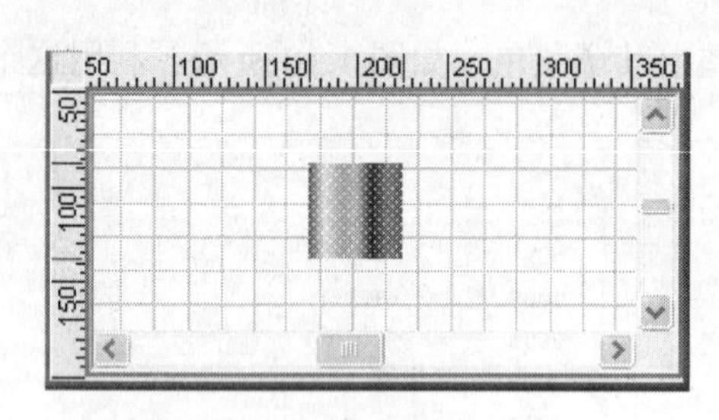

图 1.11 舞台的标尺与网格

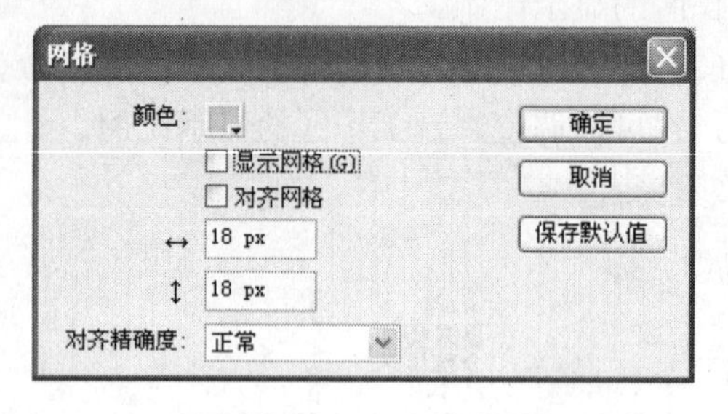

图 1.12 “网格”对话框

3. 对齐网格与编辑网格

（1）单击选中“查看”→“网格”→“对齐网格”菜单选项，使该选项左边出现对钩，则在用鼠标拖曳对象时，对象会自动对齐网格线。这样有利于对齐要绘制和移动的图形等对象。

（2）利用图 1.12 所示的“网格”对话框可对网格进行编辑。其中各选项的作用如下。

- “颜色”按钮：单击它可以调出如图 1.6 所示的“颜色”面板，利用该面板可以设置网格线的颜色。
- “显示网格”复选框：选中它后可显示网格。
- “对齐网格”复选框：选中它后，会在拖曳对象时，使对象自动贴近网格线。
- “↔”文本框：输入网格的宽度，单位为像素。
- “↕”文本框：输入网格的高度，单位为像素。
- “对齐精确度”下拉列表框：该下拉列表框内的各选项是用来配合“对齐网格”复选框使用的，以确定对齐网格的程度。选项包括“标准”、“必须接近”、“可以远离”和“永远靠齐”。

4. 显示和隐藏辅助线

（1）单击选中“查看”→“辅助线”→“显示辅助线”菜单选项，再用鼠标从标尺栏向舞台工作区拖曳，即可产生辅助线。再单击该菜单选项，可取消辅助线。使用箭头工具，可以用鼠标拖曳辅助线，调整辅助线的位置。

（2）单击选中“查看”→“辅助线”→“锁定辅助线”菜单选项，即可将辅助线锁定，此时无法用鼠标拖曳改变辅助线的位置。

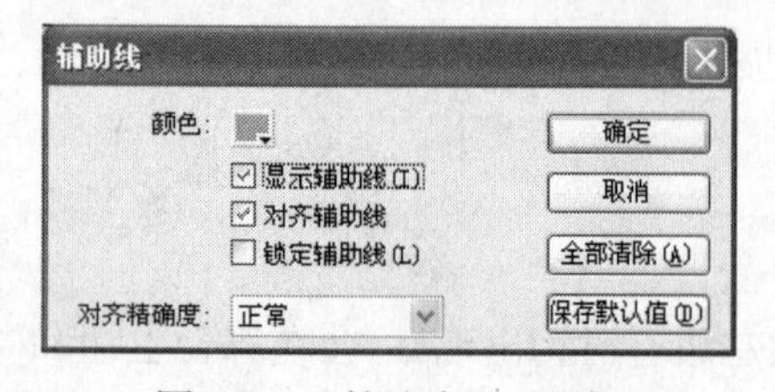

图 1.13 “辅助线”对话框

（3）单击选中“查看”→“辅助线”→“对齐辅助线”菜单选项，会在用鼠标拖曳对象时，使对象自动对齐辅助线。

（4）单击“查看”→“辅助线”→“编辑辅助线”菜单选项，会调出“辅助线”对话框，如图 1.13 所示。利用该对话框，可以编辑辅助线的颜色，确定是否显示辅助线，是否对齐辅助线和是否锁定辅助线等。

1.1.8　场景、元件、实例和库

Flash 中有三个重要的概念：场景，元件和实例。

1. 场景

在 Flash 动画中，舞台只有一个，但在演出过程中，可以更换不同的场景，每个场景都有名称，在舞台的左上角给出了当前场景的名称。

（1）增加场景：单击“插入”→“场景”菜单命令，即可增加一个场景，并进入到该场景的编辑窗口。

（2）场景切换：单击舞台右上角的“编辑场景”按钮，可调出快捷菜单，如图 1.14 所示。菜单中有所有场景的名称，单击一个场景名称，即可切换到相应的场景。

另外，单击“查看”→“转到”菜单命令，可调出其下一级子菜单，如图 1.15 所示。利用该菜单，可以完成场景的切换。该子菜单中各菜单选项的作用如下。

- “第一个”：切换到第一个场景。
- “前一个”：切换到上一个场景。
- “下一个”：切换到下一个场景。
- “最后一个”：切换到最后一个场景。

图 1.14　“场景”快捷菜单

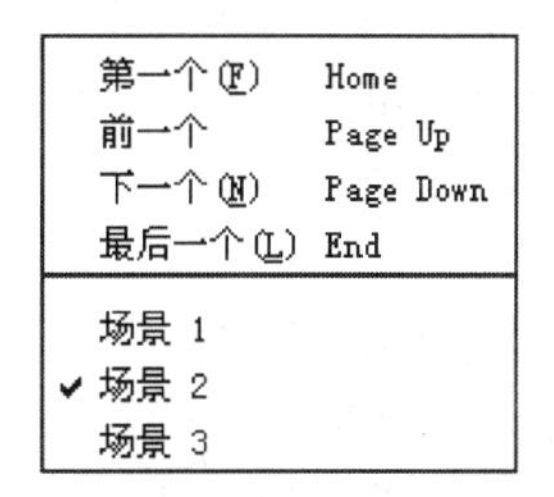

图 1.15　“转到”子菜单

（3）场景窗口与元件编辑窗口的相互切换：在元件编辑状态下，舞台窗口的左上角有一个按钮和场景名称，单击它们中的一个，即可由元件编辑窗口切换到场景窗口。

单击舞台窗口右上角的“编辑元件”按钮，会弹出一个菜单，菜单中有所有元件的名称。单击其中一个元件名称，即可切换到相应元件的编辑状态。

2. “场景”面板

单击“修改”→“场景”菜单命令，可以调出“场景”面板，如图 1.16 所示。利用该面板，可以显示、新建、复制、删除场景，以及给场景更名和改变场景的顺序等。

（1）单击“场景”面板右下角的 + 按钮，可以创建新的一个场景。例如，创建新的第 4 个场景后，默认的场景名为“场景 4”。

（2）单击“场景”面板右下角的按钮，可复制场景。例如，复制“场景 4”场景后，默认的场景名字为“场景 4 副本”，如图 1.17 所示。

（3）单击“场景”面板中的一个场景名称，再单击“场景”面板右下角的按钮，即可将选中的场景删除。

（4）双击“场景”面板内的一个场景名称后，即可给场景更名。

（5）用鼠标拖曳“场景”面板内的场景图标，可以改变场景的前后次序。

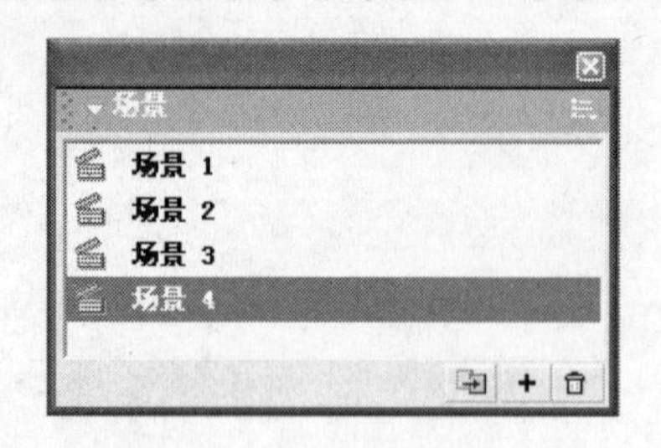

图 1.16 “场景”面板

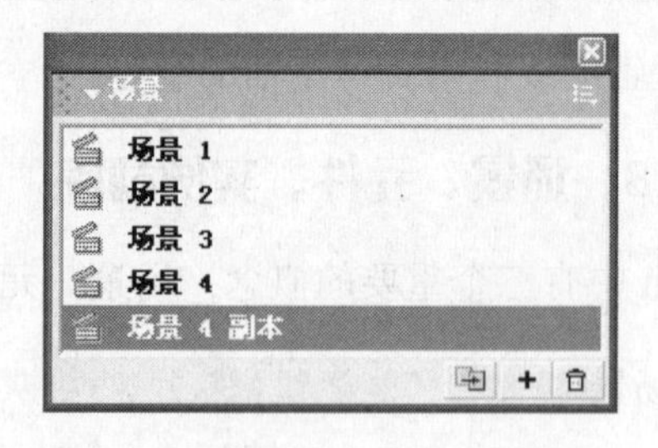

图 1.17 复制场景后的“场景”面板

3. 元件

元件是指一种保存在“库”面板中，可重复使用的图像、动画或按钮等对象。

在影片中常会遇到一个演员要出场多次，同一个演员做许多不同的事情。制作动画时，也会遇到某个对象在不同场景中多次出现和在舞台中多处出现的情况。如果把每个对象都分别制作，这样既费事又会增加动画文件的字节数。为此，Flash 设置了一个“库”面板，将这样的对象放置其中，形成“元件”。在需要元件对象上场时，只需要将元件拖曳到舞台中即可。

元件拖曳到舞台中后形成的对象并不是元件，通常将舞台中的由元件生成的对象称为实例，即元件的复制品。对于其他 Flash 动画所带的库内的元件，也可以在新的 Flash 动画中使用，就像使用它本身所带的库中的元件一样。

Flash MX 中有多种元件，它们的图标不一样，在影片中的作用也不同。元件主要有 3 种：图形元件、影片剪辑元件和按钮元件，它们可以相互转换，但相同的内容具有不同的效果。

4. 实例

实例是指元件在舞台工作区的应用。在需要元件对象上场时，只需将元件拖曳到舞台中即可。此时舞台中的该对象称为“实例”，即元件复制的样品。元件存放在“库”面板中，而实例在舞台工作区中。一个元件可以产生多个实例，舞台中可以放置多个由相同元件复制的实例对象，但在“库”面板中与之对应的元件只有一个。因此可以简化影片的编辑，减少影片文件的字节数。修改元件以后，它所生成的实例都会随之更新，而不必逐一修改实例。当实例的属性改变时，与它相应的元件和由该元件生成的其他实例不会随之改变。

Flash MX 具有很强的处理实例的功能，可改变实例的颜色、透明度等。对于影片剪辑和按钮实例，还可以通过脚本程序进行交互控制；对于图形实例，可以控制从第几帧开始进行播放等。

5. 库

库有两种，一个是用户库，也叫“库”，用来存放用户创建的 Flash 动画里的元件；另一个是 Flash MX 系统提供的“共享库”，用来存放 Flash MX 系统提供的元件。根据存放元件的种类，“共享库”分为三个：一个是按钮库；二是知识交互作用库；第三个是声音库。

用户库和共享库存放元件的方法是一样的。单击“窗口”→“库”菜单命令，可以调出“库”面板；单击“窗口”→“共享库”→相应的菜单命令，可以调出相应的一种共享库的“库”面板。下面通过共享库的“库”面板来了解库的特点。

（1）了解“库”面板中的元件：单击选中其中一个元件，即可在“库”面板上边的窗口（元件预览窗口）内看到元件的形状。例如，单击“窗口”→“共享库”→“Buttons”菜单命令，打开“库—Buttons.fla”面板（即按钮库），如图 1.18 所示。要了解元件的动画效果和声音效果，可单击面板上边窗口右上角的▶按钮。如果要暂停播放，可单击■按钮。

（2）“库”面板下边的窗口内列出了库中的所有元件的图标和名称等。该窗口内的按钮表示是一个文件夹，双击它可以打开文件夹，在按钮的下边显示出该文件夹内的元件图标和名称等。再双击它，可以关闭文件夹。

（3）改变元件预览窗口的显示方式：将鼠标指针移到“库”面板上边的预览窗口内，单击鼠标右键，弹出它的快捷菜单，如图 1.19 所示。该菜单命令用于确定预览窗口的显示方式。

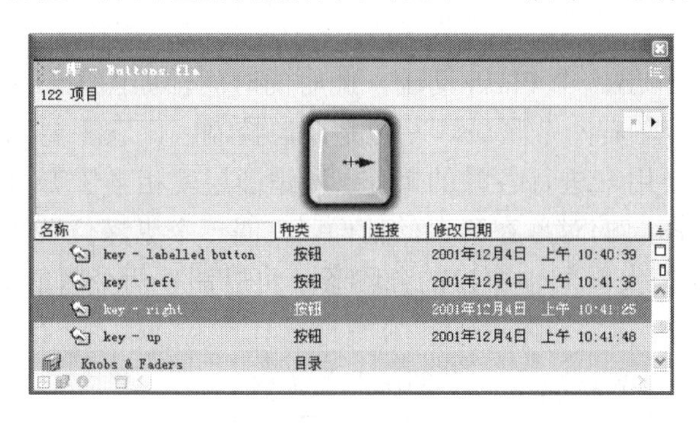

图 1.18 “库—Buttons.fla”面板（即按钮库）

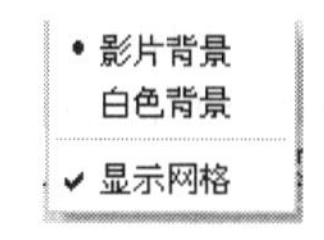

图 1.19 “库”面板的快捷菜单

（4）“库”面板的两种显示方式：单击元件库右侧滚动条上边的□按钮，可将“库”面板水平扩展，以显示元件类型和制作日期等更多的元件信息，如图 1.18 所示。单击水平扩展的“库”面板内右侧滚动条上边的按钮▯，可将“库”面板在水平方向缩小。

1.1.9　时间轴

1. 什么是时间轴

时间轴是 Flash MX 进行动画创作和编辑的主要工具，通常它位于舞台与主要栏之间，用鼠标拖曳时间轴，也可以改变它的位置。

时间轴就好像导演的剧本，它决定了各个场景的切换以及演员出场、表演的时间顺序。Flash 把动画按时间顺序分解成帧，在舞台中直接绘制的图形或从外部导入的图像，均可形成单独的帧，再把各个单独的帧画面连在一起，合成动画。

每一个动画都有与它相对应的时间轴。图 1.20 给出了一个 Flash 动画的时间轴。

单击“查看”→“时间轴”菜单选项，使该菜单选项左边出现对钩，即可打开时间轴；再次单击该选项，使它左边的对钩取消，即可关闭时间轴。

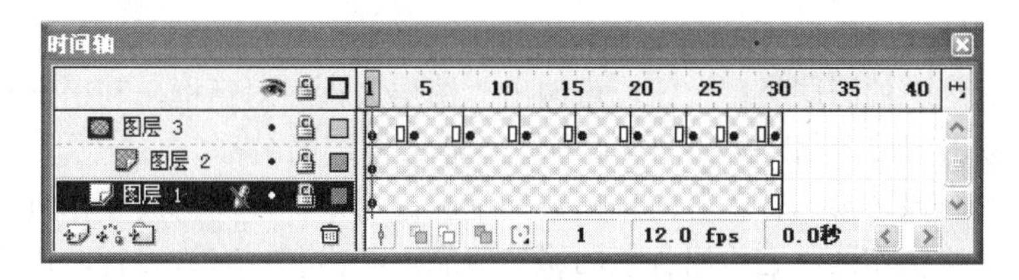

图 1.20 “时间轴”

2. 时间轴位置和大小的调整

（1）时间轴位置的调整：用户可以根据自己的习惯，改变时间轴的位置，将它与舞台组合成一个窗口；也可以用鼠标拖曳时间轴到其他位置，将时间轴成为一个单独的窗口。

如果希望时间轴窗口完全独立，可单击“编辑”→“参数选择”菜单命令，调出“参数选择"（常规）对话框。单击选中该对话框中的"禁用时间轴"复选框，再单击"确定"按钮，即可使时间轴窗口完全独立。

（2）时间轴大小的调整：可以用鼠标拖曳时间轴窗口的边框，调整时间轴的大小。另外，单击时间轴右上角的按钮，可以弹出一个时间轴窗口的菜单，单击该菜单中的菜单命令，可以改变时间轴的显示方式和大小。

3. 时间轴的组成

每一个动画都有与它相应的时间轴。调出一个 Flash 动画，此时的时间轴如图 1.21 所示。由图 1.21 可以看出，时间轴窗口可以分为左右两个区域。左边是图层控制区，它主要用来进行各图层的操作；右边是帧控制区，它主要用来进行各帧的操作。所谓图层就相当于舞台中演员所处的前后位置。图层靠上，相当于该图层的对象在舞台的前面。在同一个纵深位置处，前面的对象会挡住后面的对象。向右或向左拖曳时间轴窗口的分隔条，可以调整两个区的大小，还可以将时间轴控制区隐藏起来。

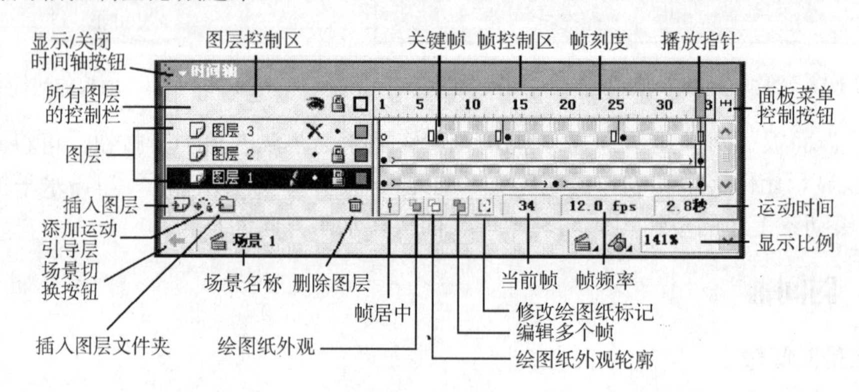

图 1.21　时间轴

（1）图层控制区：该区第一行的三个按钮是用来对所有图层的属性进行控制的，从左到右依次是"显示"、"锁定"和"轮廓线"。图层控制区的下部是图层工作区，其内有许多行，每行表示一个图层。

其中，左边第 1 列用图标来表示该图层的类型属性；第 2 列用文字表示图层的名称；第 3 列用图标表示该图层是当前图层；第 4 列用图标表示是否显示该图层的内容，图标为时为不显示，图标为 · 时表示显示；第 5 列用图标表示是否锁定该图层，图标为时为锁定，图标为 · 时表示不锁定；第 6 列用图标表示是否用轮廓线显示图形对象，图标为时是正常显示，图标为时表示用轮廓线显示。

双击图层控制区中的图层类型按钮，可调出"图层属性"对话框，利用该对话框可改变图层的状态属性。双击图层控制区中的图层名称，可修改图层的名称。

（2）帧控制区：该区第一行是时间轴帧数标示区，用来标注随时间变化所对应的帧号码。帧控制区的下边是帧工作区，它给出各帧的属性信息。其内部也有许多行，每行也表示一个图层。在一个图层中，水平方向上划分为许多个帧单元格，每个帧单元格表示一帧画面。单击一个单元格，即可在舞台工作区中将相应的对象显示出来。在时间轴窗口中还有一条红色的竖线（图 1.21 中，红色的竖线在第 34 帧处），这条竖线表示当前帧，称为播放指针，它指示了舞台工作区内显示的是哪一帧画面。可以用鼠标拖曳它，来改变舞台显示的画面。有一个小黑点的单元格表示是关键帧（即动画中起点、终点或转折点的帧）。

可以看出，时间轴通过帧和图层来组织并控制影片的内容和播放顺序，时间轴中最重要的

内容是帧、图层和播放指针。

（3）图层控制区内按钮的作用：图层控制区的上边和下边一行有一些按钮。各按钮的作用如下。

- （显示 / 隐藏所有图层）按钮：它使所有图层的内容显示或隐藏。
- （锁定 / 解锁所有图层）按钮：它使所有图层的内容锁定或解锁。
- （显示所有图层的轮廓）按钮：它使所有图层中的图形只显示其轮廓。

在各图层也有相应的按钮，它们只对该图层起作用。

- （插入图层）按钮：在选定图层的上面增加一个新的普通图层。
- （添加引导图层）按钮：在选定图层的上面新增一个引导图层。
- （插入图层目录）按钮：在选定图层的上面新增一个图层目录，用鼠标拖曳图层到图层目录处，即可将被拖曳的图层放入该图层目录中。
- （删除图层）按钮：删除选定的图层。

（4）帧控制区内按钮和信息框的作用：帧控制区的下边和上边一行有一些按钮和信息框。各按钮和信息框的作用如下。

- （帧居中）按钮：用来改变帧控制区的显示范围。在动画所用的帧数较多时，单击该按钮，即可将当前帧（播放指针所在的帧）显示到帧控制区窗口中间。
- （绘图纸外观）按钮：单击它，可在时间轴上制作出一个连续的多帧选择区域，并将该区域内的所有帧对应的对象同时显示在舞台上，实现多帧同时显示。例如，制作一个绿色球向右移动并变形为七彩正方形的动画，实现多帧同时显示后的效果如图 1.22 所示。拖曳多帧选择区域的圆形控制柄，可调整多帧选择区域的范围。

图 1.22　显示动画的所有帧

- （绘图纸边框）按钮：单击它，即可在时间轴上制作出多帧选择区域，除当前帧外，其余帧中的对象仅显示其轮廓线，实现多帧同时显示。
- （编辑多个帧）按钮：单击它，即可在时间轴上制作出多帧选择区域，该区域内帧的对象可以同时显示和编辑。
- （修改绘图纸标记）按钮：显示一个选项菜单（多帧显示菜单）。利用该菜单可以定义多帧选择区域的范围，可以定义显示 2 帧、5 帧或全部帧的内容。
- 45　12.0 fps　3.7秒 信息栏：信息栏从左到右，分别用来显示当前帧、帧频（即动画播放速率）和总计时间。真正的影片的标准播放速度是 24fps（24 帧/秒），由于在 Internet 网上传输和播放的速度要求不高，所以动画的播放速度可定为 12fps。
- （面板菜单控制）按钮：它位于时间轴的右上角。单击它可以弹出一个菜单，利用它可以改变时间轴单元格的显示方式。

1.2　创建第一个 Flash 动画

本节将带着读者一起用 Flash MX 来创建一个 Flash 动画，使读者对 Flash MX 的使用方法有一个整体的了解，这样有利于以后的深入学习。希望读者跟着操作，你会感到，制作一个 Flash 动画不是很难。

1.2.1 Flash 动画的播放效果

第一个 Flash 动画是“迎接北京 2008 年奥运”动画。该动画播放后，在天安门背景图像之上，一个绿色的文字“迎接北京 2008 年奥运”逐渐从左向右移到屏幕中间，同时文字的颜色逐渐由绿色变为红色。同时，一幅踢足球的体育图像逐渐显示出来，并替代天安门背景图像。然后，文字“迎接北京 2008 年奥运”由大变小，同时文字的颜色逐渐由红色变为绿色。“迎接北京 2008 年奥运”动画播放中的三幅画面分别如图 1.23、图 1.24 所示。

图 1.23 “迎接北京 2008 年奥运”动画播放后的 2 幅画面

图 1.24 “迎接北京 2008 年奥运”动画播放后的第 3 幅画面

1.2.2 新建 Flash 文档和设置影片的属性

下面介绍这个 Flash 动画（或叫电影）的制作过程，同时，还会介绍一些相关的知识，使读者对相关的内容有一个整体的了解。

1. 新建 Flash 文档

单击“文件”→“新建”菜单命令，或者单击主要栏内的新建按钮🗋，即可创建一个新的舞台工作区，也就创建了一个 Flash 动画文件。通常，在运行 Flash MX 后，它会自动创建一个新影片的舞台工作区。

2. 设置影片的属性

影片的基本属性包括影片的尺寸、播放速度和背景颜色等。单击“修改”→“影片属性”菜单命令，调出“影片属性”对话框，如图 1.25 左图所示。利用该对话框，可以设置影片的属性。

另外，单击舞台空白处，调出 Flash 影片的“属性”面板，单击该面板内的“尺寸”栏内的“影片属性”按钮 尺寸: 500 x 300 像素 ，也可以调出“影片属性”对话框。

在“影片属性”对话框内，选择“标尺单位”下拉列表框中的“像素”选项，在“尺寸”栏中的两个文本框内分别输入 500 和 300，单击“背景颜色”按钮，调出“颜色”面板，如图 1.25 右图所示，利用该面板设置背景颜色为黄色。完成设置后的“影片属性”对话框如图 1.25 所示。单击“确定”按钮，完成设置，关闭“影片属性”对话框。

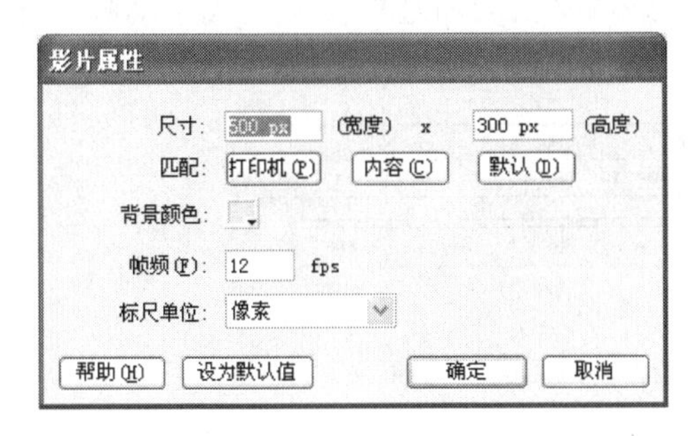

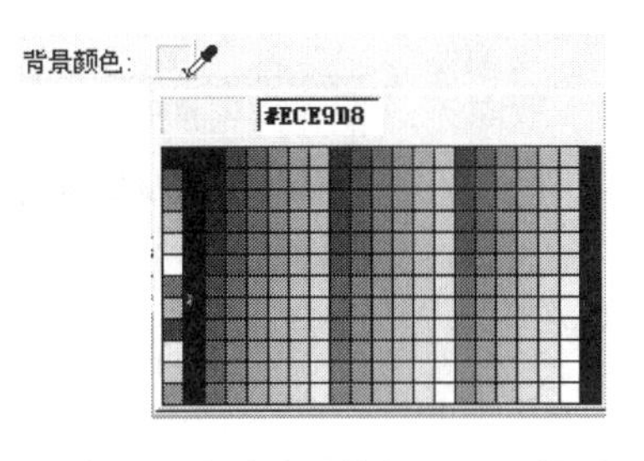

图 1.25　完成设置后的“影片属性”对话框和“颜色”面板

1.2.3　制作 Flash 动画

1. 输入文字

（1）单击工具箱内的“文本工具”按钮 A，再单击舞台工作区，调出工具箱内文本工具的“属性”面板。

（2）在文本工具“属性”面板内的“字体”下拉列表框中，选择“华文行楷”选项，设置字体为“华文行楷”；在“字体尺寸”下拉列表框 53 中，设置字号为 53；单击“固定粗字体”按钮 B，设置文字为加粗。

（3）单击“属性”面板中的右下角的小箭头，调出“颜色”面板。在不松开鼠标左键的同时，将鼠标指针（此时为吸管状）移到红色色块处，然后松开鼠标左键，即可设定文字的颜色为红色。此时的“属性”面板如图 1.26 所示。

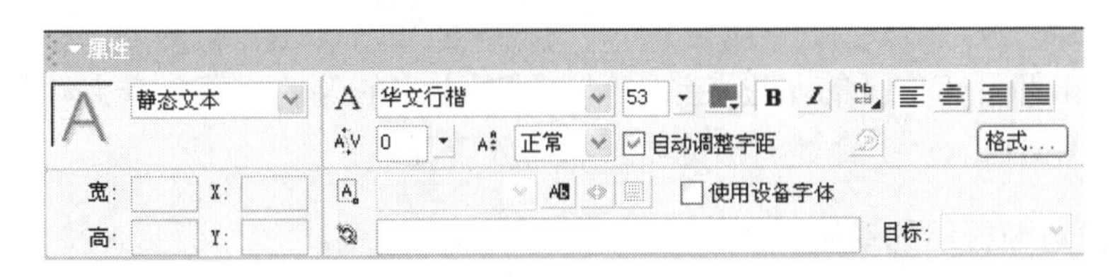

图 1.26　“文本工具”的“属性”面板

（4）输入“迎接北京 2008 年奥运”文字。此时，时间轴的“图层 1”图层的第 1 帧变为关键帧。单击工具箱内的“箭头工具”按钮，再单击选中刚刚输入的文字，将该文字移到舞台工作区内的正中间处，如图 1.27 所示。

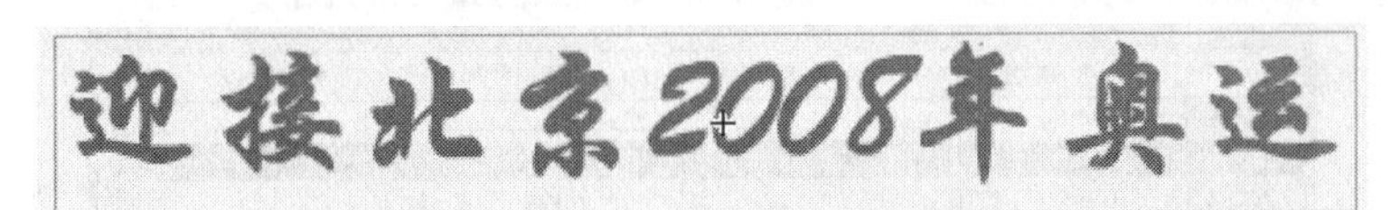

图 1.27　“迎接北京 2008 年奥运”文字

2. 创建文字从左边移到中间并变色的动画

（1）单击选中时间轴“图层 1”图层的第 1 帧，单击鼠标右键，弹出一个快捷菜单，再单击该菜单中的“创建补间动画”菜单命令，使该帧具有动作动画的属性。此时的“属性”面板也会随之发生变化。

（2）在时间轴内，将鼠标指针移到第 50 帧单元格处，单击选中该单元格。再按 F6 键，即可创建第 1 帧到第 50 帧的动画。此时，第 50 帧单元格内出现一个小黑点，表示该单元格为关键帧；第 1 帧到第 50 帧的单元格内会出现一条水平指向右边的箭头，表示动画制作成功，如图 1.28 所示。

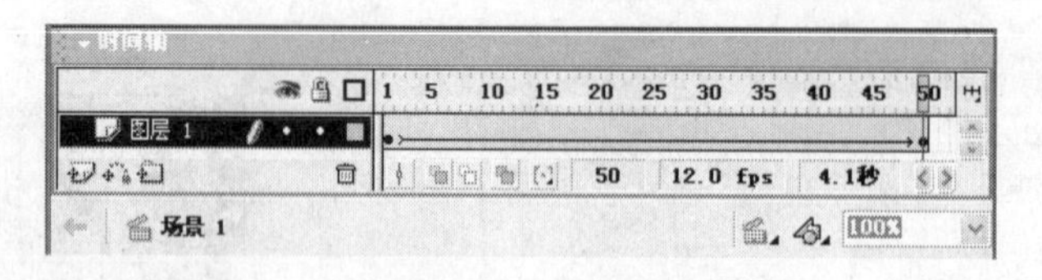

图 1.28　创建动作动画后的时间轴

（3）单击工具箱内的“箭头工具”按钮，再单击选中时间轴“图层 1”图层的第 1 帧，按住 Shift 键，同时用鼠标水平向左拖曳“迎接北京 2008 年奥运”文字，使它水平移到舞台工作区的左边。

（4）单击选中“图层 1”图层第 50 帧，再单击该帧的文字块对象，在“属性”面板的“颜色”下拉列表框中选择“色调”选项。

（5）单击“属性”面板中的右下角的小箭头，调出“颜色”面板。在不松开鼠标左键的同时，将鼠标指针（此时为吸管状）移到绿色色块处，然后松开鼠标左键，即可设置文字的颜色为绿色。此时的“属性”面板设置如图 1.29 所示。

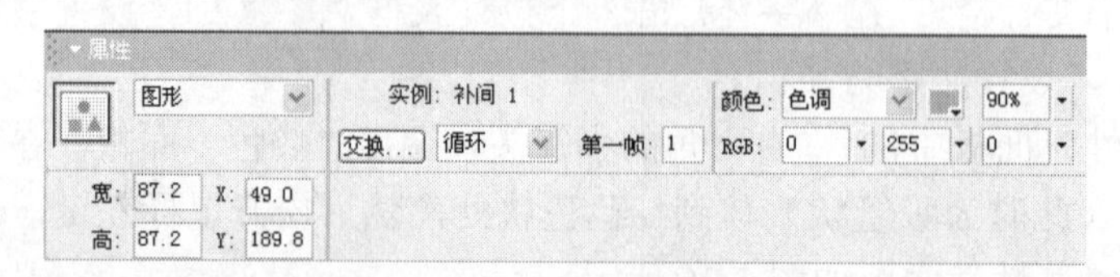

图 1.29　“属性”面板设置

至此，文字由舞台工作区的左边移到中间，同时文字的颜色由绿色变为红色的动画就制作完毕了。可以按 Ctrl+Enter 组合键，预览动画的播放情况。

3. 制作图像逐渐显示的动画

（1）单击选中时间轴中的“图层 1”图层，再单击时间轴左下角的“插入图层”按钮，即可在选定的图层之上增加一个新的图层（名字自动定为“图层 2”）。

（2）用鼠标拖曳“图层 2”图层，将它移到“图层 1”图层之下，如图 1.30 所示。移动“图层 2”图层的目的是使“图层 2”图层内的内容在“图层 1”图层内的内容之下，形成背景效果。

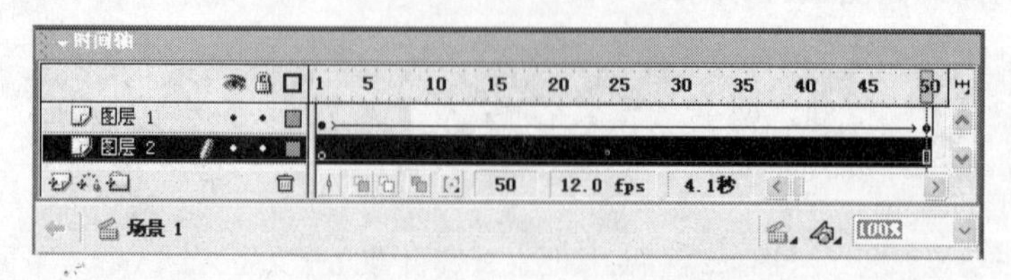

图 1.30　增加一个新的“图层 2”图层并移到“图层 1”图层之下

（3）单击“文件”→“导入”菜单命令，调出“导入”对话框。利用该对话框选择一幅天安门图像。然后，单击“打开”按钮，可能会弹出一个“Flash MX”提示框，如图 1.31 所示。提示是否要输入全部图像序列。单击“否”按钮，只导入选中的图像。

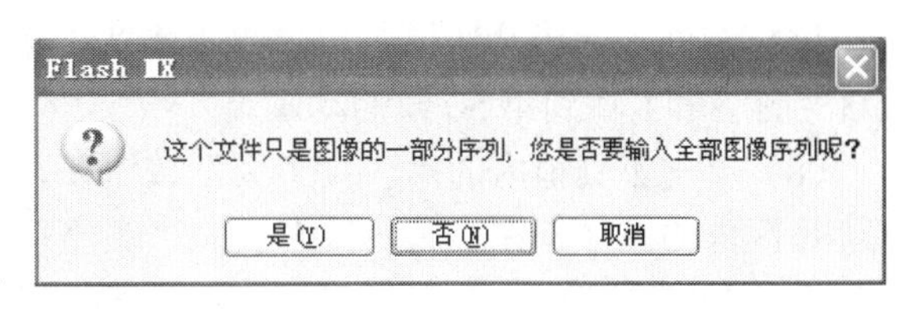

图 1.31　“Flash MX”提示框

（4）单击工具箱内的“箭头工具”按钮，单击“图层 2”图层的第 1 帧，同时也选中了舞台工作区内的图像。

（5）单击工具箱内的“任意变形工具”按钮，再单击工具箱内“选项”栏中的“缩放”按钮。此时，舞台工作区内的图像四周会出现 8 个方形黑色的控制柄。

用鼠标拖曳右下方的方形控制柄，使图像大小与舞台工作区大小一样，如图 1.32 所示。然后用鼠标拖曳图像，使它居于舞台工作区的正中间，该图像将舞台工作区完全覆盖。

另外，还可以在其“属性”面板内的“宽”文本框中输入 500，设置图像的宽度为 500 像素；在“高”文本框中输入 300，设置图像的宽度为 300 像素；在“X”和“Y”文本框中均输入 0，使图像左上角与舞台工作区的左上角对齐。

图 1.32　拖曳图像四周的方形控制柄和移动图像将舞台工作区完全覆盖

（6）单击工具箱内的“箭头工具”按钮，单击选中时间轴中的“图层 2”图层，再单击时间轴左下角的“插入图层”按钮，即可在选定的“图层 2”图层之上增加一个新的图层“图层 3”。然后，按照上述方法，导入一幅踢足球的体育图像，并调整该图像的大小和位置，使它的大小和位置与“图层 2”图层第 1 帧的天安门图像一样，如图 1.33 所示。

图 1.33　踢足球的图像

（7）单击选中“图层 3”图层的第 50 帧单元格，按 F5 键，使它为普通帧。按住 Shift 键，单击“图层 3”图层第 50 帧和第 1 帧，选中“图层 3”图层的第 1 帧到第 50 帧的所有单元格。

单击鼠标右键，弹出其快捷菜单。再单击快捷菜单内的“创建补间动画”菜单命令，创建“图层 3”图层第 1 帧到第 50 帧的动画。

（8）单击工具箱内的“箭头工具”按钮，单击“图层 3”图层的第 1 帧，再单击选中舞台工作区内的图像。在“属性”面板的“颜色”下拉列表框中选择“Alpha”选项，此时的“属性”面板会发生变化。调整“Alpha”文本框的数值为 0，如图 1.34 所示。可以看到踢足球的体育图像完全透明，将天安门图像完全显示出来。

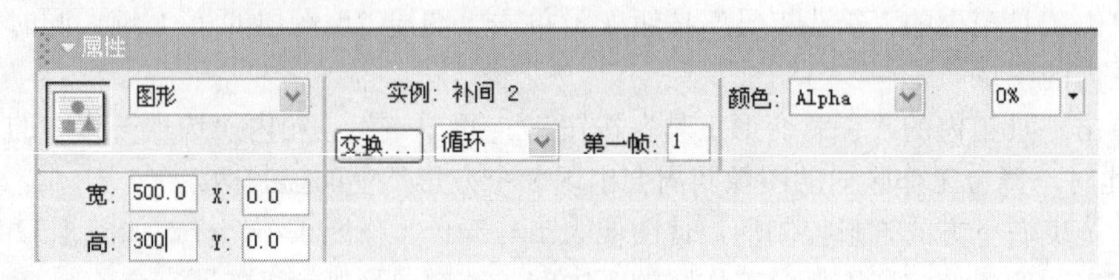

图 1.34　“属性”面板设置

至此，踢足球的体育图像逐渐显示并将天安门图像逐渐覆盖的动画制作完毕。可以按 Ctrl+Enter 组合键，播放动画。

4. 制作文字逐渐变小和变色动画

（1）单击选中“图层 1”图层的第 100 帧，按 F6 键，创建关键帧。同时，建立了第 50 帧到第 100 帧的动画。

（2）单击选中“图层 1”图层第 100 帧的文字，单击工具箱内的“任意变形工具”按钮，再单击工具箱内“选项”栏中的“缩放”按钮。用鼠标拖曳方形控制柄，使文字块变小。然后用鼠标拖曳文字块，使它居于舞台工作区的正中间。

（3）单击选中“图层 1”图层第 100 帧，再单击该帧的文字块对象，在“属性”面板的“颜色”下拉列表框中选择“色调”选项。单击“属性”面板中的右下角的小箭头，调出“颜色”面板。在不松开鼠标左键的同时，将鼠标指针（此时为吸管状）移到绿色色块处，然后松开鼠标左键，即可设置文字的颜色为绿色。

（4）按住 Ctrl 键，单击选中“图层 2”图层第 100 帧和“图层 3”图层第 100 帧，按 F5 键，建立普通帧。同时，使“图层 2”图层第 50 帧到第 100 帧的画面一样，使“图层 3”图层第 50 帧到第 100 帧的画面一样。

单击“文件”→“另存为”菜单命令，调出“另存为”对话框。选择“案例”文件夹，在“文件名”文本框内输入“第一个 Flash 动画.fla”，单击“保存”按钮，将“迎接北京 2008 年奥运”动画以名称“第一个 Flash 动画.fla”保存为 Flash MX 影片文件。

至此，整个动画制作完毕。“迎接北京 2008 年奥运”动画的时间轴如图 1.35 所示。

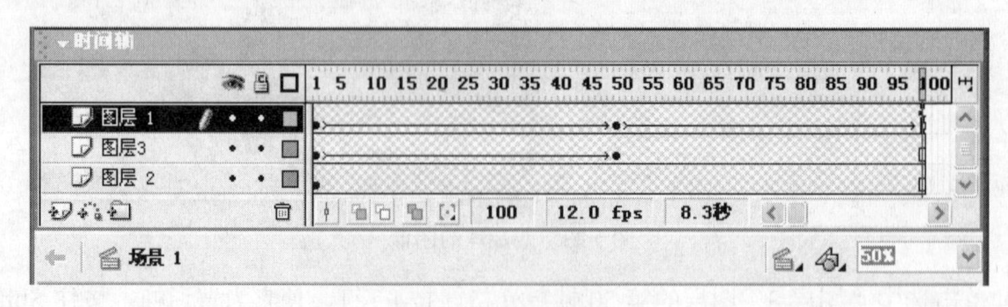

图 1.35　整个动画的时间轴

1.3　播放、存储、打开和输出 Flash 文件

1.3.1　播放 Flash 动画

1. 播放 Flash 动画的几种方法

播放与测试 Flash 动画，可执行“控制”菜单的各菜单命令或使用“控制栏”面板。几种操作方法如下。

（1）单击“控制”→“播放”菜单命令或按 Enter 键，即可在舞台窗口内播放该动画。对于有脚本程序的动画，采用这种播放方式是不能够执行脚本程序的。

（2）单击“控制”→“测试影片”菜单命令或按 Ctrl+Enter 组合键，可在播放窗口内播放该动画。单击窗口右上角的按钮，可关闭播放窗口。采用这种方法可循环播放各场景内容。

（3）单击“控制”→“测试场景”菜单命令，可循环播放当前场景的动画。

（4）使用“控制栏”面板播放：单击“窗口”→“工具栏”→“控制栏”菜单命令，可以调出“控制栏”面板，如图 1.2 所示。单击该面板中的“播放”按钮，可在舞台工作区内播放动画；单击“停止”按钮，可以使正在播放的动画停止播放；单击“后退”按钮，可以使播放头回到第 1 帧；单击“转到最后”按钮，可以使播放头回到最后一帧；单击“单步后退”按钮，可以使播放头后退一帧；单击“单步前进”按钮，可使播放头前进一帧。

2. 播放动画方式的设置

（1）在舞台工作区循环播放：单击选中“控制”→“循环播放”菜单选项，使该菜单选项左边出现对钩。以后，单击“控制”→“播放”菜单命令或按 Enter 键，即可在舞台窗口内循环播放该动画。

（2）在舞台工作区播放所有场景的动画：单击选中“控制”→“播放所有场景”菜单选项，使该菜单选项左边出现对钩。以后，单击“控制”→“测试影片”菜单命令或按 Ctrl+Enter 组合键，即可在播放窗口内播放所有场景的动画。否则，只播放当前场景的动画。

1.3.2　存储、打开、关闭 Flash 动画和改变显示方式

1. 存储与打开 Flash 动画

（1）存储 Flash 动画：如果是第一次存储 Flash 动画，可单击“文件”→“保存”或“文件”→“另存为”菜单命令，调出“另存为”对话框，如图 1.36 所示。利用该对话框，可以将动画存储为扩展名为.fla 的 Flash MX 影片文件（在“保存类型”下拉列表框中选择“Flash MX 影片（*.fla）”选项）或扩展名为.fla 的 Flash 5 影片文件（在“保存类型”下拉列表框中选择“Flash 5 影片（*.fla）”选项）。Flash MX 和 Flash 5 影片文件都可以在 Flash MX 下打开，并可以再对它进行编辑。

图 1.36　“另存为”对话框

如果要再次保存修改后的 Flash 动画文件，可单击“文件”→“保存”菜单命令。如果要以其他名字保存当前 Flash 动画，可单击“文件”→“另

存为”菜单命令。

（2）打开 Flash 动画：单击“文件”→“打开”菜单命令，调出“打开”对话框，如图 1.37 所示。利用该对话框，选择扩展名为.fla 的 Flash 文件，再单击该对话框内的“打开”按钮，即可打开选定的 Flash 动画文件。

（3）打开 Flash 动画的库：单击“文件”→“以库打开”菜单命令，调出“以库打开”对话框。利用该对话框，选择扩展名为“.fla”的 Flash 文件，再单击该对话框内的“打开”按钮，即可打开选定的 Flash 动画的库，但是不打开动画文件。

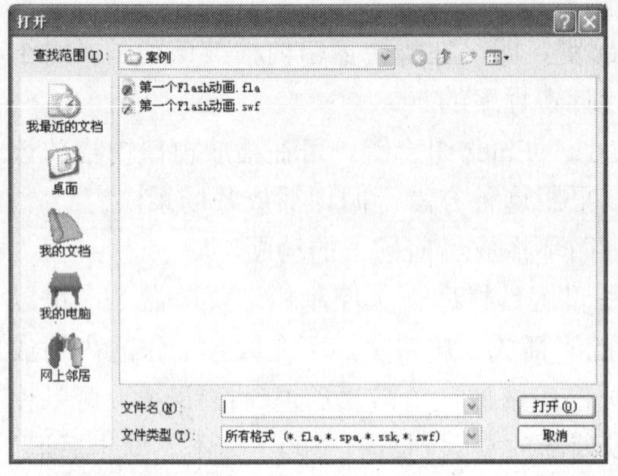

图 1.37 “打开”对话框

2. 关闭 Flash 动画窗口和退出 Flash MX

（1）关闭 Flash 动画窗口：单击“文件”→“关闭”菜单命令或单击 Flash 舞台窗口右上角的☒按钮。如果在此之前没有保存动画文件，会弹出一个提示框，提示是否保存动画文件。单击“是”按钮，即可保存文件，然后关闭 Flash MX 动画窗口。

（2）退出 Flash MX：单击“文件”→“退出”菜单命令或单击 Flash MX 窗口右上角的☒按钮。如果在此之前还有没关闭的 Flash 动画窗口，则会弹出提示框，提示是否保存动画文件。单击“是”按钮，即可保存文件。关闭所有的 Flash 动画窗口后，退出 Flash MX。

3. 改变显示方式

为了加速显示过程或改善显示效果，可以在查看菜单中选择有关图形质量的选项。因为图形质量需要额外计算，因而会影响动画在屏幕上的刷新速度。图形质量好，显示的速度会慢一些；如果要显示速度快，则会降低显示质量。

（1）外边框显示：单击选中“查看”→“外边框”菜单选项。再播放时，只显示场景中所有对象的轮廓，而不显示其填充的内容，因此可加快显示的速度。

（2）高速显示：单击选中“查看”→“高速显示”菜单选项。再播放时，显示场景中所有对象的轮廓和填充内容，显示的速度较快。这是默认的状态。

（3）清除锯齿显示：单击选中“查看”→“清除锯齿”菜单选项。可使显示的线段和图形看起来平滑一些，它比高速显示慢，但显示质量要好一些。

（4）清除文字锯齿显示：单击选中“查看”→“清除文字锯齿”菜单选项。可使显示的文字的边缘平滑一些，使显示质量更好。

1.3.3 输出与发布 Flash 产品

在 Flash 中，一个动画制作完成后，生成作品的方法有两种：一是将其输出；二是将其发布，成为指定格式的文件，然后才能用于网页和多媒体程序等。输出和发布的文件不能再在 Flash 中进行编辑和使用。

1. 输出 Flash 动画

（1）单击“文件”→“导出影片”菜单命令，可调出“导出影片”对话框，如图 1.38 左图

所示。在该对话框的“保存类型”下拉列表框内可以选择保存文件的类型，如图 1.38 右图所示。选择文件类型后，再在“文件名”文本框中输入文件的名字。

（2）单击“导出影片”对话框中的“保存”按钮，即可调出“导出 Flash Player”对话框，如图 1.39 所示。利用该对话框，可以进行输出文件的有关设置。例如，设置加载的顺序、生成文件大小的报告、保护输出的文件、设置文件密码、设置输出声音的 MP3 格式和选择 Flash 版本等。

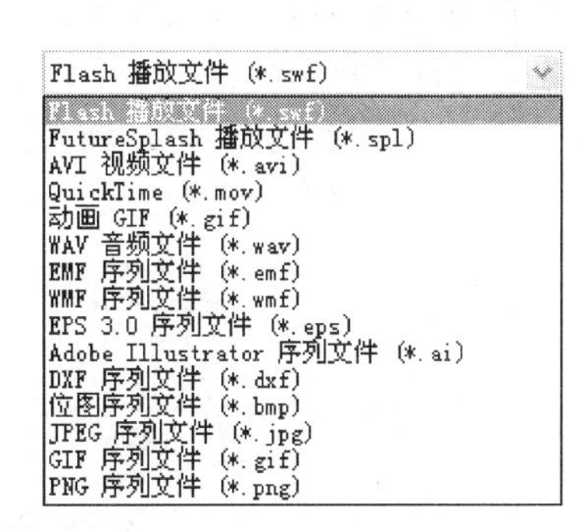

图 1.38 “导出影片”对话框和“保存类型”下拉列表框内的文件类型

（3）单击“导出 Flash Player”对话框内的“确定”按钮，即可完成动画播放器的设置，同时关闭该对话框，并将动画保存为选定的名字和扩展名的动画文件或图像序列文件。

图 1.39 “导出 Flash Player”对话框

2. 输出图像

（1）单击“文件”→“导出图像”菜单命令，调出“导出图像”对话框，它与图 1.38 所示的“导出影片”对话框相似，只是文件类型列表框内只有图像文件的类型。利用该对话框，可将动画当前帧保存为扩展名为.swf，.jpg，.gif，.bmp 等格式的图像文件。

（2）在“导出图像”对话框的“保存类型”列表框内选择文件的类型，在“文件名”文本框内输入文件的名字，再单击“保存”按钮。

（3）选择文件的类型不一样，则单击“保存”按钮后的效果也会不一样。例如：

- 若选择“.dxf”类型，即可马上输出 DXF 格式文件。
- 若选择“.jpg”类型，则调出“导出 JPEG”对话框，如图 1.40 所示，要求用户进行相应的设置（文件大小、输出质量和格式等），设置完后单击“确定”按钮，才可输出。
- 若选择“.ai”类型，会调出“导出 Adobe Illustrator”对话框，如图 1.41 所示，要求用户进行版本号的选定，选定完后单击“确定”按钮，才可以正式输出。

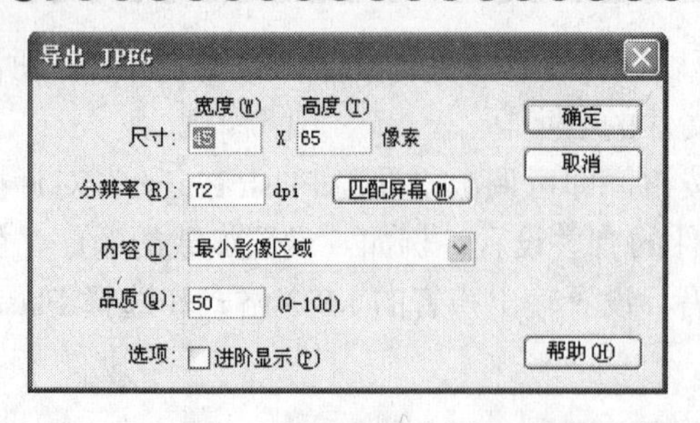

图 1.40 “导出 JPEG”对话框

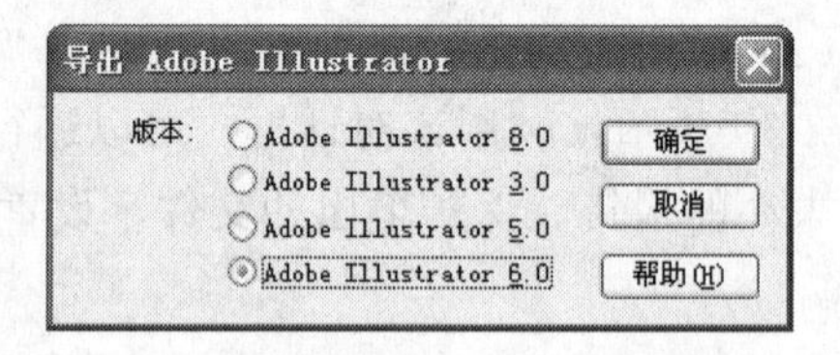

图 1.41 “导出 Adobe Illustrator”对话框

3. 发布设置

（1）单击“文件”→“发布设置”菜单命令，调出“发布设置”对话框，如图 1.42 所示。利用该对话框，可以设置发布文件的格式。通过发布，可以将 Flash 作品输出为 SWF 动画、GIF 动画、QuickTime 影片，还可以输出 Flash 动画的 HTML 超文本标记语言。有了 HTML 超文本标记语言，Flash 动画就可以放置在网络服务器上供浏览者观看。另外，还可以输出独立的、可执行的 EXE 文件并直接播放。双击这个可执行文件，即可播放动画，而不需要任何播放器。

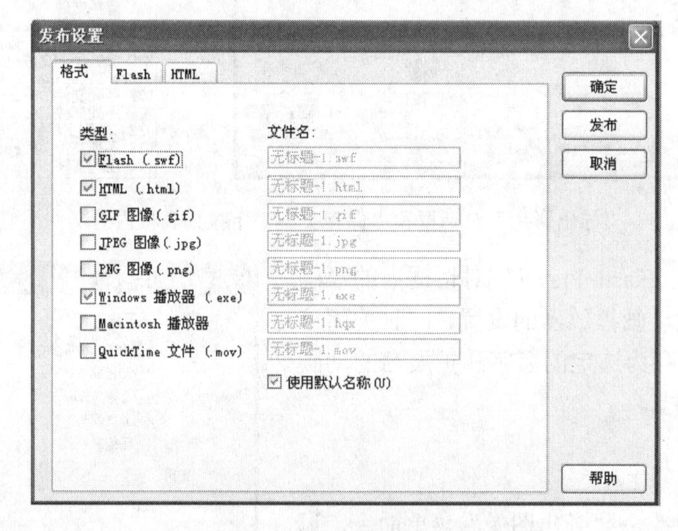

图 1.42 “发布设置”对话框

（2）在选择了文件格式的复选框后，会随之增加相应的标签和设置选项。进行设置后，单击“发布”按钮，即可发布选定格式的文件。单击“确定”按钮，即可退出该对话框。

（3）单击“发布设置”对话框中的“Flash”标签项，可切换到“发布设置”（Flash）对话框。利用该对话框，可以设置输出的 Flash 文件的参数。

（4）单击“发布设置”对话框中的“HTML”标签项，切换到“发布设置”（HTML）对话框。利用该对话框，可以设置输出的 HTML 文件的参数。

4. 发布预览和发布

（1）发布预览：进行发布设置后，单击“文件”→“发布预览”菜单命令，可弹出它的下一级子菜单，如图 1.43 所示。可以看出，子菜单的选项正是刚刚选择的文件格式选项。

- 单击“HTML”菜单命令，即可生成 HTML 网页文件并在浏览器中预览 Flash 动画。
- 单击“Flash”菜单命令，可预览 Flash 动画，还可生成 Flash 的 SWF 格式文件。
- 单击“播放器”菜单命令，可预览 Flash 动画，还可生成 EXE 格式的可执行文件。

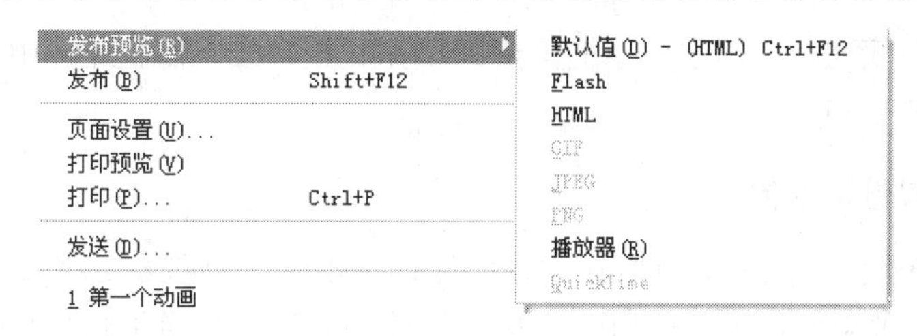

图 1.43　“发布预览”子菜单

（2）单击“文件”→“发布”菜单命令，可按照选定的格式发布文件，并存放在相同的文件夹内。它与单击“发布设置”对话框中的“发布”按钮的作用一样。

1.4　选取、复制、移动、删除和擦除对象

1.4.1　选取对象

1. 使用箭头工具选取对象

单击工具箱内的“箭头工具”按钮 后，即可以使用箭头工具了。箭头工具是用来选择、移动和复制舞台中的对象的（包括矢量图形和位图对象，以及矢量图形的线和填充）。利用它还可以改变对象的大小和形状，这将在下一节介绍。

选中的线、填充、打碎的文字、打碎的位图图像会蒙上一层白点，选中的导入图像会在其四周产生一个由虚线组成的矩形，选中的一组文字、实例和组合对象都会在其四周产生一个绿色实线矩形，如图 1.44 所示。

选择对象的方法如下。

图 1.44　选中的对象

（1）选取一个对象：单击一条线、一个填充、一个导入的图像、一组文字和一个实例等，即可以选中它们。

（2）选取多个对象：可以采用如下三种方法。

- 方法一：按住 Shift 键，同时依次单击各个对象，可以选中多个对象。
- 方法二：用鼠标拖曳出一个矩形，可以将矩形中的所有对象都选中。如果某个图形的一部分被包围在矩形框中时，这个图形会被分割为几个独立的部分，处于框中的部分被选中。
- 方法三：双击一条线，不但会选中被双击的线条，同时还会选中与它相连的线条。双击一个填充，不但会选中被双击的填充，同时还会选中它的轮廓线。例如，双击图 1.45 所示的椭圆形内部，不但选中了椭圆形的填充，而且还选中了它的轮廓线。双击图 1.45 所

示的椭圆形的填充，不但选中了椭圆形的填充和轮廓线，而且还选中了矩形图形的部分轮廓线，如图 1.45 所示。

2. 使用套索工具选取对象

使用工具箱内的套索工具，可以在舞台中选择不规则区域和多个对象。使用箭头工具时，可以用鼠标拖曳出一个矩形，来选中所有矩形中的图形。使用套索工具与它类似，但可以画出不规则的形状，来选中位于该形状中的图形。

单击工具箱中的套索工具按钮，在舞台工作区内拖曳鼠标，会沿鼠标运动轨迹产生一条不规则的细黑线，如图 1.46 所示。释放鼠标左键后，被围在圈中的图形就被选中了，如图 1.47 所示。用鼠标拖曳这些选取的图形，可以将选中的图形与未被选中的图形分开，成为独立的图形，如图 1.48 所示。

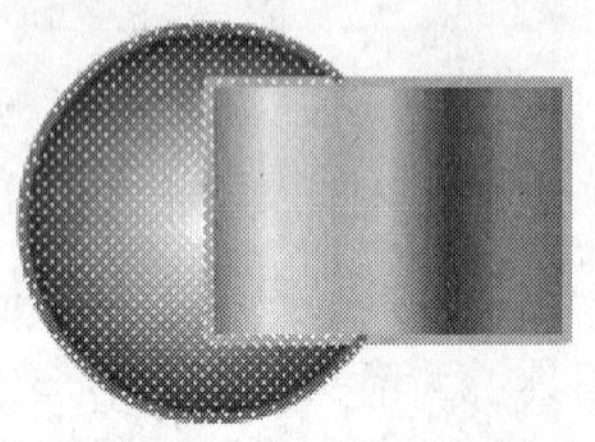

图 1.45　选中了图形轮廓线

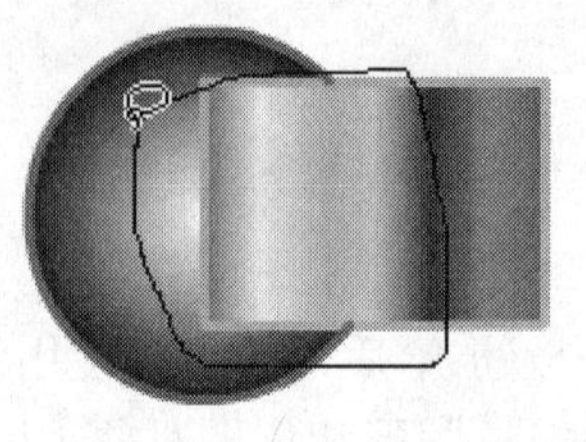

图 1.46　用套索工具选取

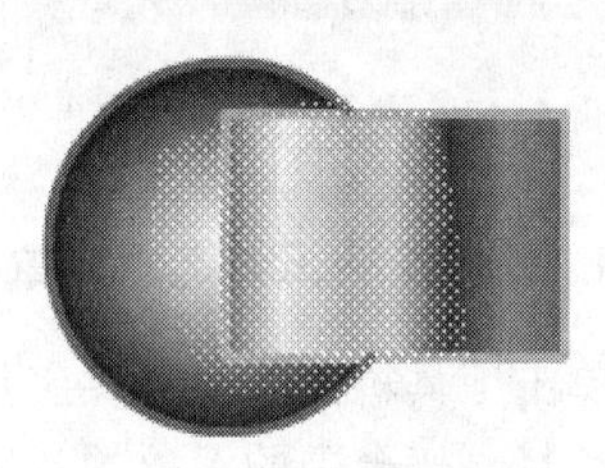

图 1.47　选取后的图形

用套索工具拖曳出的线可以不封闭。当线没有封闭时，Flash MX 会自动以直线连接首尾，使其形成封闭曲线。

3. 套索工具的选取模式

单击工具箱中的套索工具按钮，“选项”栏内会显示出三个按钮，如图 1.49 所示。套索工具的三个按钮用于改变套索工具的属性。三个按钮的作用如下。

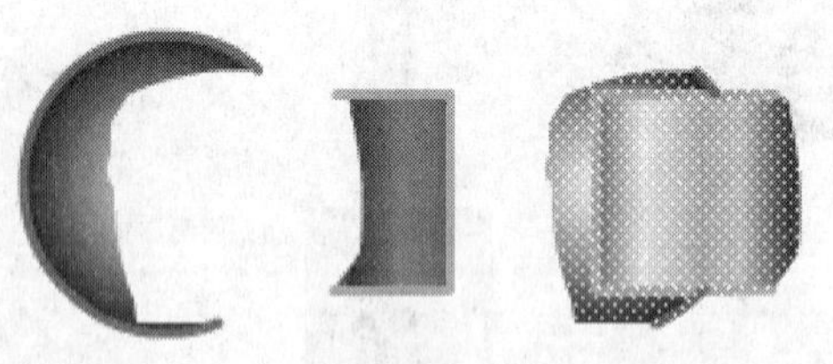

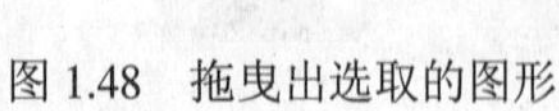

图 1.48　拖曳出选取的图形

图 1.49　“选项”栏的 3 个按钮

（1）（多边形模式）按钮：单击该按钮后，可以形成封闭的多边形区域，用来选择对象。此时封闭的多边形区域的产生方法为，用鼠标在多边形的各个顶点处单击一下，在最后一个顶点处双击鼠标左键，即可以画出一个多边形直线框，它包围的图形都会被选中。

图 1.50　“魔术棒设置”对话框

（2）（魔术棒）按钮：单击该按钮后，将鼠标指针移到对象的某种颜色处，当鼠标指针呈魔术棒形状时，单击鼠标左键，即可将该颜色和与该颜色相接近的颜色图形选中。如果再单击箭头工具按钮，用鼠标拖曳选中的图形，即可将它们拖曳出来。将鼠标指针移到其他地方，当鼠标指针不呈魔术棒形状时，单击鼠标左键，即可取消选取。

（3）（魔术棒属性）按钮：单击该按钮后，会弹出一个“魔术棒设置”对话框，如图 1.50

所示。利用它可以设置魔术棒工具的属性。魔术棒工具的属性主要是用来设置临近色的相似程度的。对话框中各选项的作用如下。

- “限度”文本框：在其内输入选取的阈值，其数值越大，魔术棒选取时的容差范围也越大。此值的范围为 0～200。
- “平滑”列表框：它有 4 个选项：“像素”、“粗略”、“标准”和“平滑”。这 4 个选项是对阈值的进一步补充。

关于魔术棒属性的设置对魔术棒的选取所带来的影响，最好在实践中去体会，并不断增长经验。使用得好，会对处理图形、图像带来极佳的效果。

1.4.2　删除、移动和复制对象

1. 移动对象

（1）使用工具箱中的箭头工具，选中一个或多个对象，将鼠标指针移到选中的对象上（此时鼠标指针应变为在它的右下方增加两个垂直交叉的双箭头），拖曳鼠标即可移动对象。

（2）如果按住 Shift 键，同时用鼠标拖曳选中的对象，可以将选中的对象沿 45° 的整数倍角度（45°，90°，180°，270°）移动对象。

（3）按光标移动键，可以微调选中对象的位置，每按一次按键，可以移动一个像素。按住 Shift 键的同时，再按光标移动键，可以一次移动 8 个像素。

2. 复制对象

（1）按住 Alt 键（或 Ctrl 键），用鼠标拖曳选中对象的同时，可以复制选中的对象。

（2）同时按住 Shift 键和 Alt 键（或 Ctrl 键），再用鼠标拖曳选中对象，可沿 45° 的整数倍角度方向复制对象。

（3）单击“窗口”→“变形”菜单命令，调出“变形”面板，如图 1.51 所示。选中要复制的对象，再单击“变形”面板右下角的“复制并应用变形”按钮，即可在选中对象的原处复制一个新对象。使用工具箱中的箭头工具，再拖曳移出复制的对象，如图 1.52 所示。

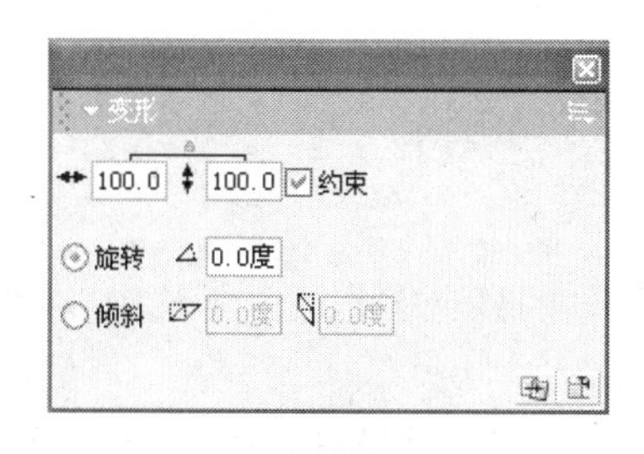

图 1.51　“变形”面板

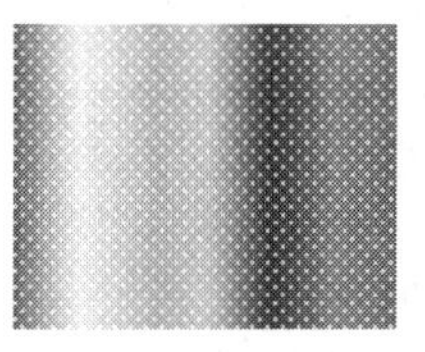

图 1.52　复制对象

此外，利用剪贴板的剪切、复制和粘贴功能，也可以移动和复制对象。

3. 删除对象

（1）使用工具箱中的箭头工具，选中一个或多个对象，然后按 Delete 键或退格键，即可删除选中的对象。

（2）使用工具箱中的箭头工具，选中一个或多个对象，再单击“编辑”→“清除”或单击“编辑”→“剪切”菜单命令，也可以删除选中的对象。

1.4.3 橡皮擦工具与擦除对象

1. 橡皮擦工具的属性

单击工具箱中的橡皮擦工具按钮，“选项”栏内会显示出两个按钮和一个列表框。各选项的作用如下。

（1）（水龙头）按钮：单击该按钮后，鼠标指针呈状。再单击一个封闭的有填充的矢量图形内部，即可将所有填充擦除。

（2）（橡皮形状）列表框：单击它右边的箭头按钮，可下拉出一个图标菜单，用它可以单击选择橡皮擦的形状与大小。

（3）（橡皮模式）按钮：单击该按钮后，会弹出一个图标菜单。利用它可以设置擦除方式。

2. 擦除方式的设置

单击（橡皮模式）按钮后调出的图标菜单中，各按钮的作用如下所述。

（1）（标准擦除）：单击它后，鼠标指针呈橡皮状，用鼠标拖曳矢量图形、线、打碎的位图和文字，即可擦除鼠标指针拖曳过的地方。

（2）（擦除填色）：单击它后，拖曳擦除图形时，只可以擦除填充和打碎的文字。

（3）（擦除线段）：单击它后，拖曳擦除图形时，只可以擦除线和打碎的文字。

（4）（擦除所填色）：单击它后，用鼠标拖曳擦除图形时，只可以擦除已选中的填充和打碎的文字，不包括选中的线、轮廓线和图像。

（5）（擦除内部）：单击它后，用鼠标拖曳擦除图形时，只可以擦除填充。

选中文字或图像，再单击“修改”→“分解组件”菜单命令，即可打碎文字和图像。不管哪一种擦除方式，都不能够擦除没有打碎的文字与位图，但可以擦除填充的图像。

1.5 改变对象的大小与形状

1.5.1 利用工具箱的工具改变对象的大小与形状

1. 任意改变对象的大小与形状

（1）单击工具箱中的“箭头工具”按钮，单击对象外的舞台工作区，不选中要改变形状与大小的对象。

（2）将鼠标指针移到线或轮廓线（不要移到填充）处，会发现鼠标指针右下角出现一个小弧线（指向线边处时）或小直角线（指向线端或折点处时）。此时，用鼠标拖曳线，即可看到被拖曳的线形状发生了变化，如图 1.53 所示。当松开鼠标左键后，图形发生了大小与形状的变化，如图 1.54 所示。

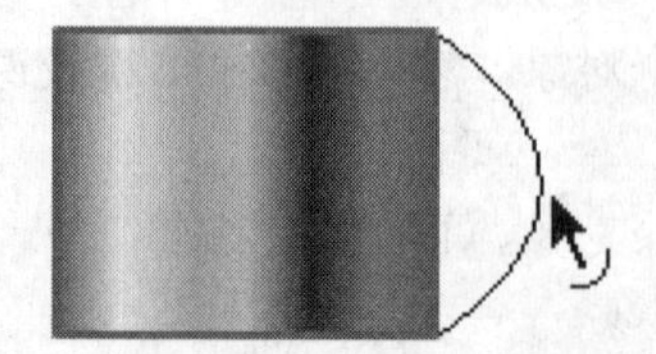

图 1.53　任意改变对象的大小与形状

图 1.54　松开鼠标左键后图形发生了变化

2. 缩放对象

（1）单击工具箱中的“任意变形工具”按钮，单击选中对象。此时，对象四周会出现一个黑色矩形、8 个黑色的小正方形控制柄和一个圆形中心点标记，如图 1.55 所示；工具箱的“选项”栏内会出现 4 个按钮，如图 1.56 所示。此时，可自由地调整对象的大小、旋转角度和倾斜角度等。

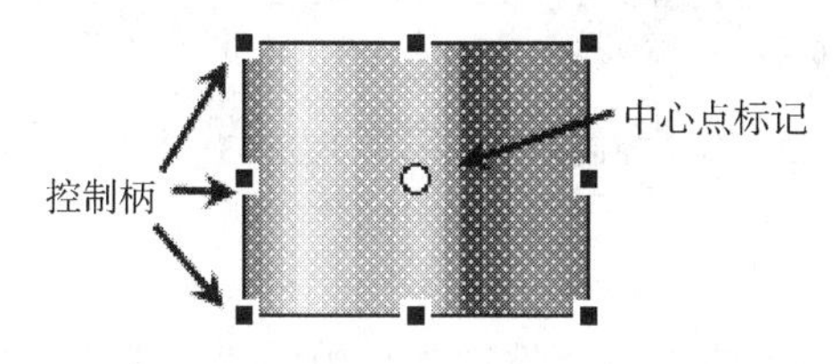

图 1.55　对象周围的控制柄

图 1.56　“选项”栏

（2）单击“选项”栏内的“缩放”按钮。此时用鼠标拖曳 4 个角上的控制柄，可按照对象的原比例改变对象的大小，不改变它的形状，如图 1.57 所示。用鼠标拖曳 4 个边上的控制柄，可沿一个方向缩放对象，改变它的形状，如图 1.58 所示。

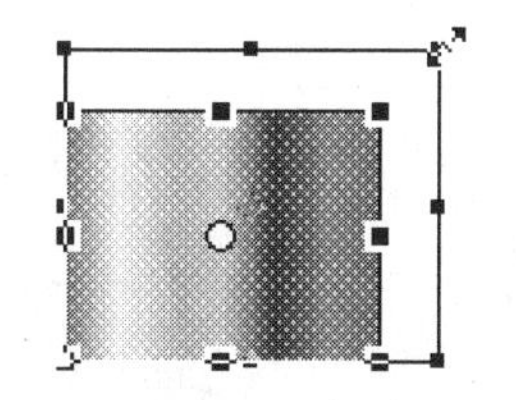
图 1.57　拖曳 4 角的控制柄

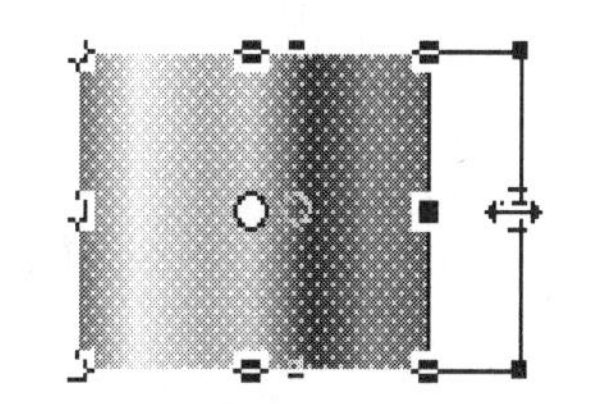
图 1.58　拖曳 4 边的控制柄

3. 旋转对象

（1）单击工具箱中的“任意变形工具”按钮，单击选中对象。

（2）单击“选项”栏内的“旋转和倾斜”按钮。此时用鼠标拖曳 4 个角上的控制柄，可以旋转对象，如图 1.59 所示。用鼠标拖曳 4 个边上的控制柄，可沿一个方向使对象倾斜，如图 1.60 所示。如果要改变对象的旋转中心，可以用鼠标拖曳移动对象中的中心点标记。

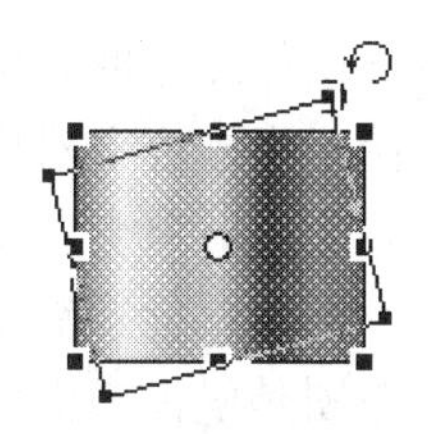
图 1.59　用鼠标拖曳旋转对象

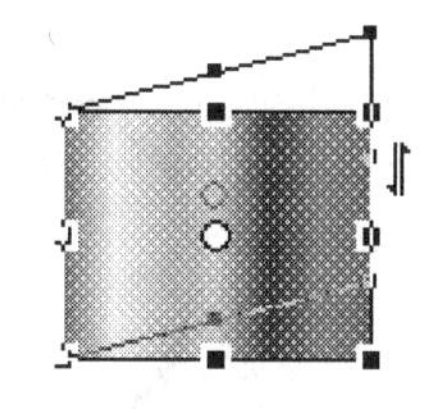
图 1.60　拖曳倾斜对象

4. 变形对象

（1）单击工具箱中的“任意变形工具”按钮，单击选中对象。

（2）单击“选项”栏内的“变形”按钮。此时用鼠标拖曳控制柄，可以使对象变形。按住 Shift 键，同时拖曳四角的控制柄，可以使对象变形，如图 1.61 所示。

5. 封套对象

（1）单击工具箱中的“任意变形工具”按钮，单击选中对象。

（2）单击“选项”栏内的“封套”按钮。此时，对象周围会出现多个控制柄，如图 1.62

所示。用鼠标拖曳控制柄，可以使对象呈封套状变形，如图 1.63 所示。

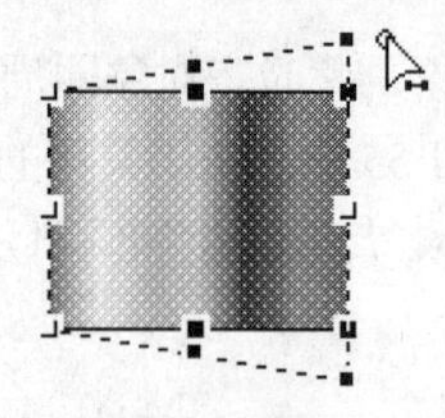

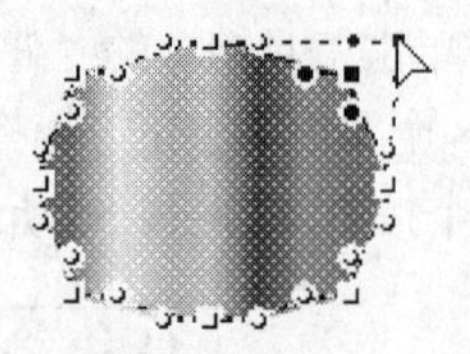
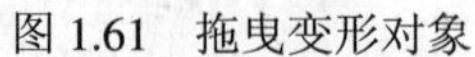

图 1.61　拖曳变形对象　　图 1.62　多个控制柄　　图 1.63　封套对象

6. 线对象的平滑与校直

在选中线、填充或打碎的对象的情况下，不断单击“选项”栏内的“平滑”按钮，即可将不平滑的图形（见图 1.64 左图）变平滑，如图 1.64 中图所示。不断单击“选项”栏内的“直线”按钮，即可将不直的图形变直，如图 1.64 右图所示。可见，利用这两个按钮，可把不规则的曲线变为规则曲线。

主要栏内也有“平滑”按钮和“直线”按钮，其作用一样。

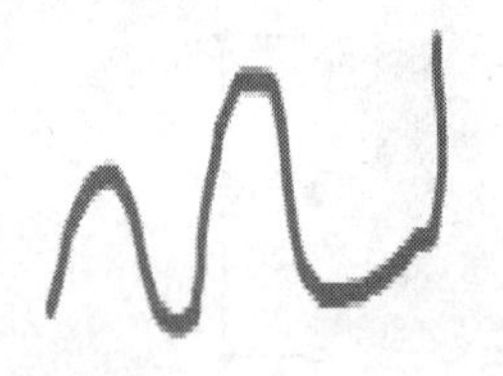
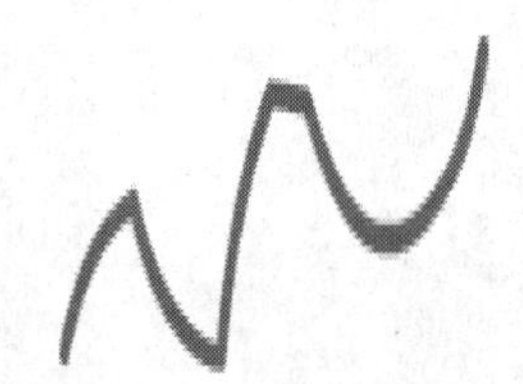
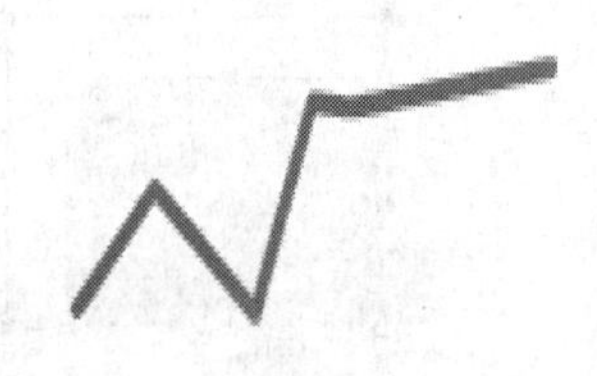

图 1.64　使对象变的平滑或呈直线

7. 对齐

对齐特性可以帮助用户使对象与其他对象之间对齐，或者与网格（单击选中“查看”→“网格”→“贴近网格”菜单命令）、辅助线（单击选中“查看”→“辅助线”→“对齐辅助线”菜单命令）对齐。单击“对齐对象”按钮，可进入对齐状态，此时用鼠标拖曳一个对象（鼠标指针定位在对象的位置很重要，它决定了该对象以何种方式与另外一个对象靠近）向另外一个对象或网格靠近时，鼠标指针上边会出现一个小圆，当被拖曳对象与另外一个对象接近时，被拖曳对象会自动与另外一个对象精确靠近，同时鼠标指针上边的小圆会变粗。图 1.65 左图是鼠标拖曳对象靠近另外一个对象时的画面，图 1.65 右图是拖曳到位后松开鼠标左键后的画面。

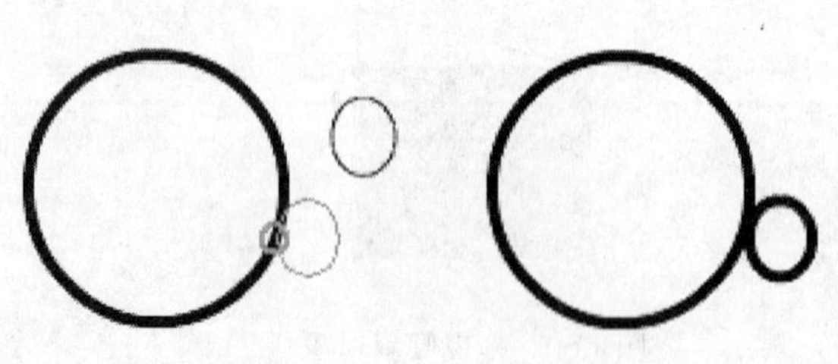

图 1.65　拖曳图形时的捕捉效果

8. 切割对象

可以切割的对象有矢量图形、打碎的位图和文字，但不包括组合对象。切割对象通常可以采用下述两种方法。

（1）使用工具箱内的箭头工具，在舞台工作区内拖曳，如图 1.66 左图所示，选中图形的一部分。用鼠标拖曳图形中选中的部分，即可将选中的部分分离，如图 1.66 右图所示。

（2）在要切割的对象上边再绘制一个图形（可以是一条细线），如图 1.67 左图所示。然后，使用工具箱内的箭头工具，再用鼠标拖曳移开分割的图形，如图 1.67 右图所示。

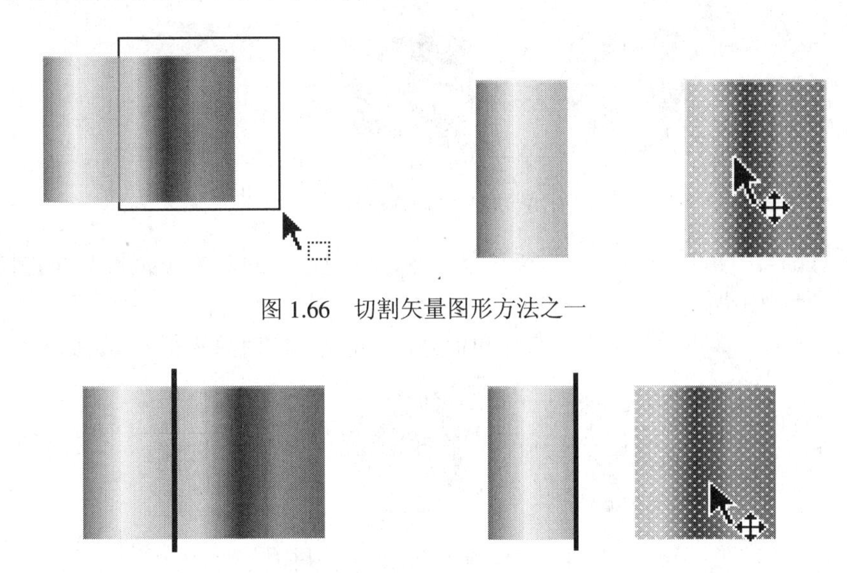

图 1.66　切割矢量图形方法之一

图 1.67　切割矢量图形方法之二

1.5.2　利用菜单命令改变对象的大小与形状

使用工具箱中的箭头工具，选中对象，再单击“修改”→“变形”菜单命令，可弹出它的子菜单，如图 1.68 所示。利用该菜单，可以将选中的对象进行旋转、扭曲、缩放和封套等转换。各菜单命令的作用如下。

（1）“任意变形”菜单命令：它与单击工具箱内的“任意变形工具”按钮的功能一样。

（2）“扭曲”菜单命令：它与单击“选项”栏内的“扭曲”按钮的功能一样。

（3）“封套”菜单命令：它与单击“选项”栏内的“封套”按钮的功能一样。

（4）“缩放”菜单命令：它与单击“选项”栏内的“缩放”按钮的功能一样。

（5）“旋转与倾斜”菜单命令：它与单击“选项”栏内的“旋转与倾斜”按钮的功能一样。

（6）“缩放与旋转”菜单命令：单击该菜单命令，会弹出“缩放与旋转”对话框，如图 1.69 所示。在该对话框的“比例”文本框内输入缩放的百分数，在“旋转”文本框内输入旋转的角度，然后单击“确定”按钮，即可同时完成精确的缩放和旋转。

图 1.68　“变形”菜单的子菜单命令

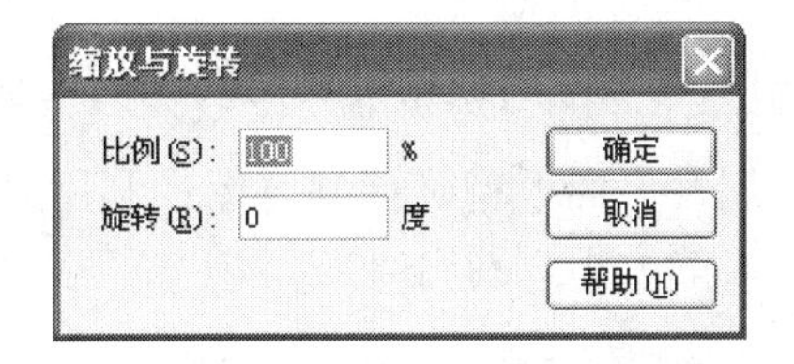

图 1.69　“缩放与旋转”对话框

（7）“顺时针旋转 90 度”菜单命令：单击该菜单命令，可使选中的对象顺时针旋转 90°，顺时针旋转 90°后的图形如图 1.70 中图所示（图 1.70 左图是原图）。

（8）“逆时针旋转 90 度”菜单命令：单击该菜单命令，可使选中的对象逆时针旋转 90°，逆时针旋转 90°后的图形如图 1.70 右图所示。

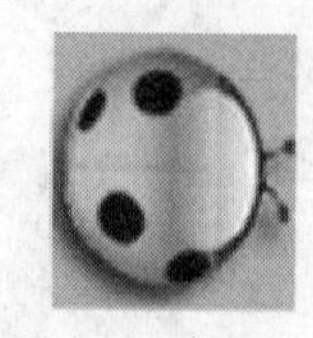
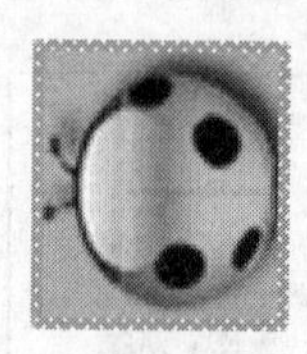

图 1.70 顺时针和逆时针旋转 90°

（9）“垂直翻转”菜单命令：单击该菜单命令，可使选中的对象（如图 1.71 左图所示）垂直翻转，如图 1.71 中图所示。

（10）“水平翻转”菜单命令：单击该菜单命令，可使选中的对象水平翻转，如图 1.71 右图所示。

图 1.71 垂直翻转和水平翻转

（11）“取消变形”菜单命令：单击该菜单命令，可撤销刚刚进行的转换，回到原状态。

1.5.3 利用“信息”和“属性”面板精确调整对象

1. 利用“信息”面板精确调整对象的位置与大小

利用“信息”面板精确调整对象的位置与大小：使用箭头工具选中对象。再单击“窗口”→“信息”菜单命令，调出“信息”面板，如图 1.72 所示。利用该面板可以精确调整对象的位置与大小。该面板的使用方法如下。

（1）“信息”面板左下角给出了线和位图当前（即鼠标指针指示处）颜色的 R，G，B 和 Alpha 的值。右下角给出了当前鼠标指针位置的坐标值。随着鼠标指针的移动，R，G，B，Alpha 和鼠标坐标值也会随着改变。

（2）“信息”面板中的“宽”和“高”文本框内给出了选中对象的宽度和高度值（单位为像素）。改变文本框内的数值，再按 Enter 键，可以改变选中对象的大小。

（3）“信息”面板中的“X”和“Y”文本框内给出了选中对象的坐标值（单位为像素）。改变文本框内的数值，再按 Enter 键，可以改变选中对象的位置。单击“X”和“Y”文本框左边九个小方块中中间的小方块，使它变为黑色，则给出的是对象中心的坐标值，否则是对象左上角的坐标值。

2. 利用“属性”面板精确调整对象的位置与大小

利用“属性”面板精确调整对象：利用“属性”面板中左下角的“宽”和“高”文本框可精确调整对象的大小，利用“X”和“Y”文本框可精确调整对象的位置，如图 1.73 所示。

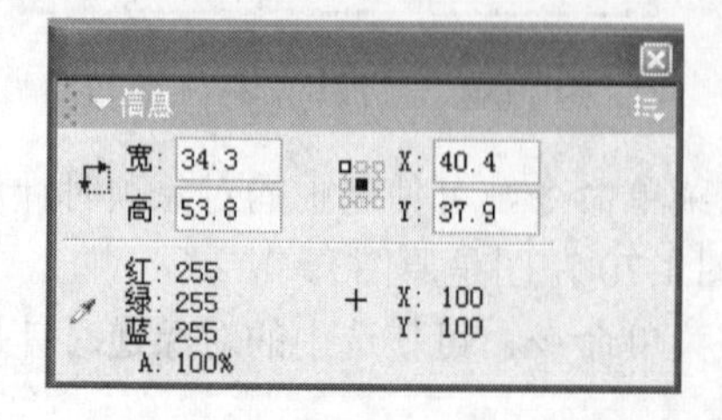

图 1.72 “信息”面板

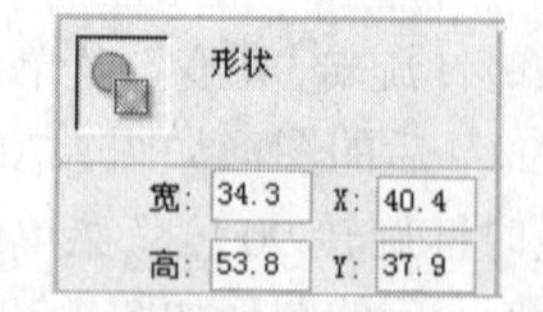

图 1.73 “属性”面板中的 4 个文本框

1.5.4 利用“变形”面板精确调整对象

使用工具箱内的箭头工具，选中对象。再单击“窗口”→“变形”菜单命令，调出“变形”面板，如图 1.74 所示。利用该面板可精确调整对象的缩放、旋转和倾斜。调整方法如下。

1. 精确调整对象的缩放比例

在文本框内输入缩放百分比数，按 Enter 键，即可改变选中对象的水平宽度；单击面板右下角的按钮，即可复制一个改变了水平宽度的选中对象。在文本框内输入缩放百分比数，按 Enter 键，即可改变选中对象的垂直宽度；单击面板右下角的按钮，即可复制一个改变了垂直宽度的选中对象。单击该面板右下角的按钮后，可以使选中的对象恢复变换前的状态。如果没选中“强制”复选框，则文本框与文本框内的数据可以不一样。如果选中了“强制”复选框，则会强制两个文本框的数值一样，即保证选中对象的宽高比不变。

2. 精确调整对象的旋转角度

单击选中“旋转”单选项，在其右边的文本框内输入旋转的角度，再按 Enter 键，即可按指定的角度将选中的对象旋转；单击按钮，即可按指定的角度将选中的对象复制并旋转。

3. 精确调整对象的倾斜角度

单击选中“倾斜”单选项，再在其右边的文本框内输入倾斜的角度，然后按 Enter 键或单击按钮，即可按指定的角度将选中的对象倾斜或复制一个倾斜的对象。图标右边的文本框表示以底边为准来倾斜，右边的文本框表示以左边为准来倾斜。

对象旋转和倾斜的实例如图 1.75 所示。

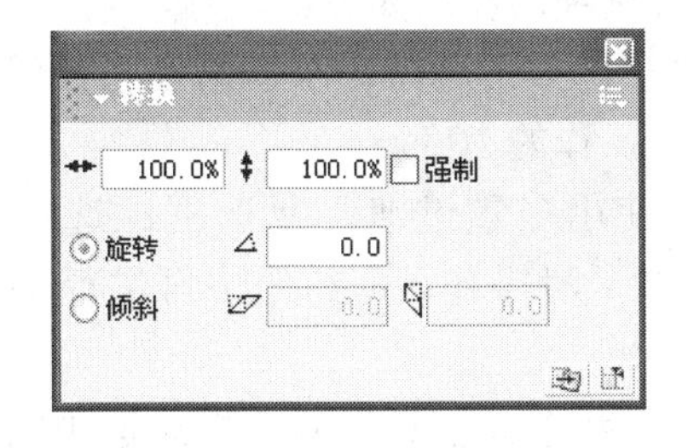

图 1.74 “变形”面板

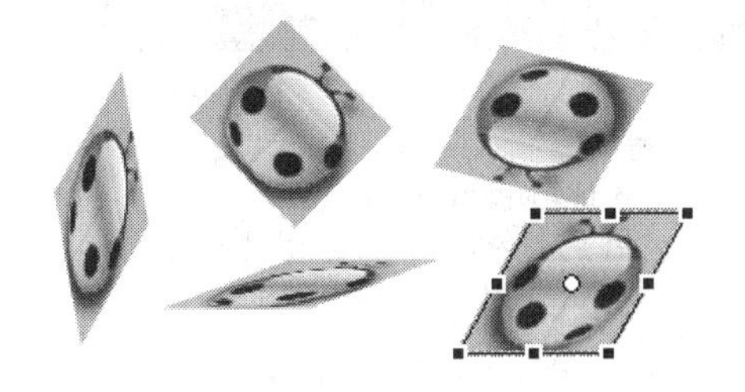

图 1.75 对象旋转和倾斜的实例

1.5.5 使用部分选取工具改变图形的形状

1. 单击选中矢量图形

使用部分选取工具可以改变矢量图形的形状。单击部分选取工具，再单击线或轮廓线，选中它们，如图 1.76 所示。可以看到，线的上边会出现一些蓝色亮点，这些蓝色亮点是矢量线的节点。用鼠标拖曳节点，会改变线和轮廓线的形状，如图 1.77 所示。

2. 鼠标拖曳选取矢量图形

单击工具箱内的部分选取工具，再用鼠标拖曳出一个矩形，将矢量图形全部围起来，松开鼠标左键后，会显示出矢量曲线的节点（切点）和节点的切线。再用鼠标拖曳节点或切线的端点，即可改变图形的形状，如图 1.78 所示。

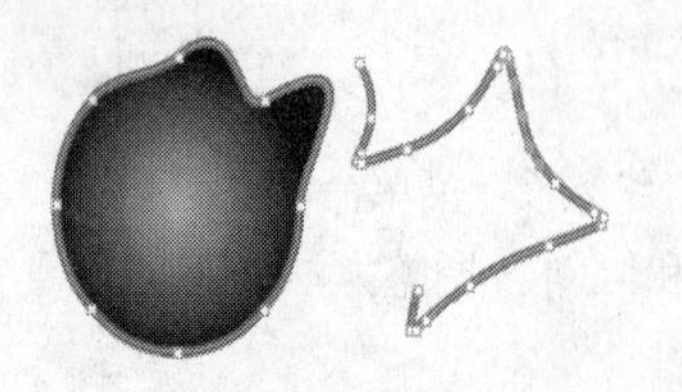

图 1.76　矢量线的节点

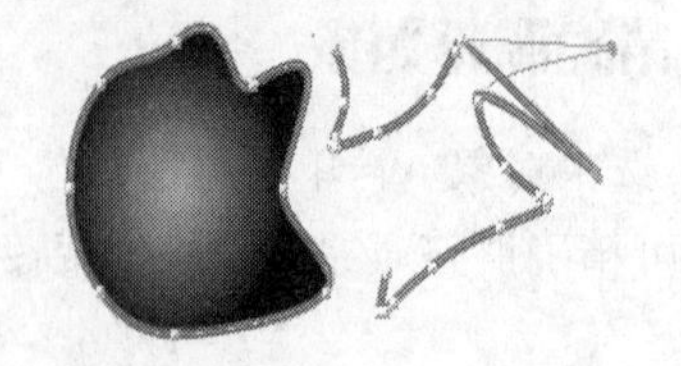

图 1.77　拖曳节点改变图形形状

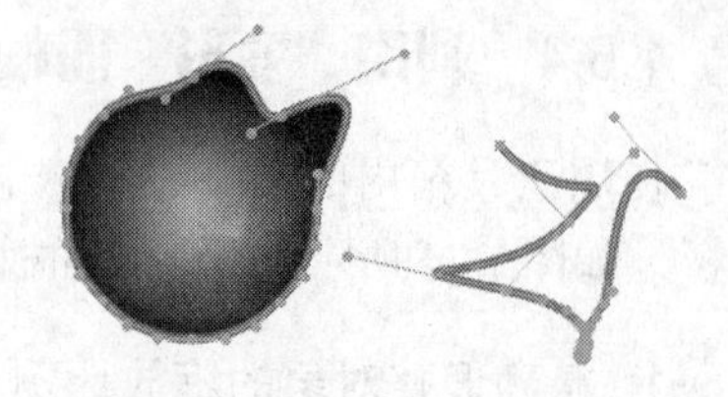

图 1.78　矢量图形的节点和切线

1.6　优化曲线和编辑多个对象

1.6.1　优化曲线

1. 优化曲线的定义

在 Flash MX 中，一条线是由很多“段”组成的，前面介绍的用鼠标拖曳来调整线，实际上一次拖曳操作只是调整一“段”线，而不是整条线。优化曲线就是通过减少曲线“段”数，即通过一条相对平滑的曲线段代替若干相互连接的小段曲线，从而达到使曲线平滑的目的。优化曲线还可以缩小 Flash 文件字节数。

优化曲线的操作与单击（平滑）按钮一样，可以对一个对象进行多次。

2. 优化曲线的操作方法

首先选取要优化的曲线，然后单击“修改”→“最优化”菜单命令，调出“最优化曲线”对话框，如图 1.79 所示。利用该对话框，进行设置后，单击“确定”按钮即可。“最优化曲线”对话框中各选项的作用如下。

图 1.79 “最优化曲线”对话框

（1）“平滑”滑动条：移动滑动条的滑块，用来设定平滑操作的力度。

（2）“使用多重过渡”复选框：选中它后，可进行多次平滑操作，直到无法再进行平滑操作为止。

（3）“显示总计信息”复选框：选中它后，在操作完成后会弹出一个“Flash MX”提示框。该提示框给出了平滑操作的数据，内容包括原来共有多少条曲线段组成，优化后有多少条曲线段组成，缩减的百分数。

1.6.2　多个对象的编辑

1. 组合

组成组合就是将多个对象（图形和位图图像）合成一个对象。

（1）组成组合的方法：选择所有要组成组合的对象，再单击“修改”→“组合”菜单命令。组合可以嵌套，就是说几个组合还可以组成一个新的组合。

（2）组合对象和一般对象的区别：把一些图形组成组合后，这些图形可以被视为一个对象来进行操作，例如复制、移动、旋转和倾斜等。

前面曾介绍过，在同一层中，后画的图形会覆盖先画的图形，在移出后画的图形时，会将覆盖部分的图形擦除。但是，图形组成组合后，将后画的图形移出时，不会将覆盖部分的图形擦除。另外，也不能用橡皮擦工具擦除组合。

（3）取消组合的方法：选择组合的对象，再单击“修改”→“取消组合”菜单命令。

2. 多个对象的层次

同一图层中不同对象互相叠放时，存在着对象的层次顺序（即前后顺序）。这里所说的对象，不包含有线和填充的图形，也不包括打碎的文字和位图图像，但可以是文字、位图图像和组合。这里介绍的层次指的是同一图层的内部对象之间的层次关系，而不是以后将讲述的 Flash 的图层之间的层次关系，二者一定要分清。

对象的层次顺序（前后顺序）是可以改变的。单击“修改”→“排列”→“××××”（“××××”是相应的菜单命令），可以调整对象的前后次序。

3. 对齐对象

可以使多个对象以某种方式对齐。例如，图 1.80 左图中所示的 3 个对象，原来在垂直方向参差不齐，经过对齐操作（在垂直方向与底部对齐）就整齐了，如图 1.80 右图所示。

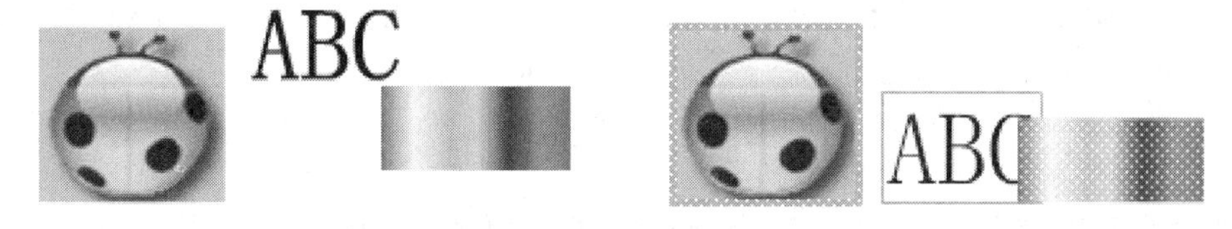

图 1.80　在垂直方向与底部对齐的对象

先选中要对齐的所有对象，再单击“修改”→“对齐”→“××××”（相应的菜单命令），或单击“对齐”面板（如图 1.81 所示，单击“窗口”→“对齐”菜单命令，可调出“对齐”面板）中的相应按钮（每组中只能有一个按钮处于按下状态），即可完成对各对象的对齐。各组按钮的作用如下。

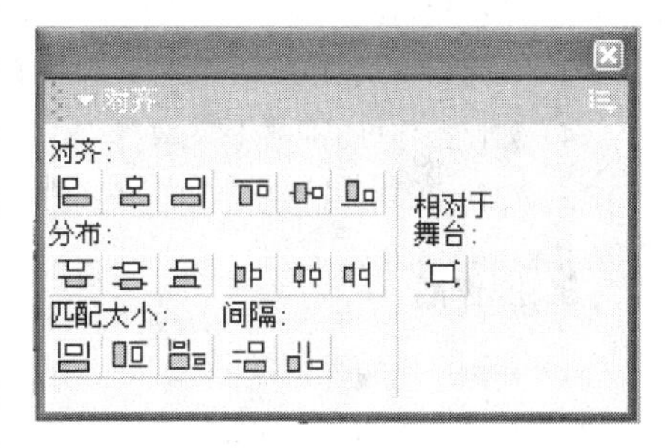

图 1.81　“对齐”面板

（1）“对齐”栏：在水平方向（左边 3 个按钮）可以选择左对齐、中对齐和右对齐；在垂直方向（右边 3 个按钮）可以选择上对齐、中对齐和下对齐。

（2）“分布”栏：在水平方向（左边 3 个按钮）或垂直方向（右边 3 个按钮），可以选择以中心为准或以边界为准的对齐分布。

（3）“匹配大小”栏：可以选择使对象的高度相等、宽度相等或高度与宽度都相等。

（4）“间隔”栏：等间距控制，即在水平方向或垂直方向等间距分布对齐。使用“分布”和“间隔”栏的按钮时，必须先选中 3 个或 3 个以上的对象。

（5）“相对于舞台：”栏：单击它后，可以以整个舞台为标准，进行对齐。它抬起时，以选中的对象所在区域为标准，进行对齐。

4. 多个对象分散到不同的图层

可将时间轴内某一帧中的多个对象分散到时间轴不同图层的第 1 帧中，方法如下。

（1）在时间轴内，选中要分配对象的图层。

（2）单击“修改”→“分散到层”菜单命令，即可将选中图层中的多个对象分配到时间轴内不同图层的第 1 帧中。新的图层是系统自动增加的，原来图层第 1 帧中的对象消失。

思考练习 1

1. 填空题

（1）工具箱内从上到下分________、__________、__________和________四栏。将鼠标指针移到工具箱内图标之上，会显示____________________。

（2）在舞台的右上方，有一个_________________________________下拉列表框。在这个下拉列表框内可以输入__________，然后按______键，即可改变舞台工作区的显示比例。

（3）单击选中__________→_________→_________菜单命令，会在舞台工作区内显示网格。单击选中_________→__________→_________菜单命令，会在舞台工作区显示标尺。

（4）用鼠标将“库”面板中的元件拖曳到舞台中，可在舞台中生成一个______。舞台中可放置多个相同元件复制的实例对象，但在“库”面板中与之对应的元件只有_______个。

（5）当元件的属性改变时，由它生成的实例也会_________。当实例的属性改变时，与它相应的元件和由该元件生成的其他实例的属性_________。

2. 问答题

（1）如何设置舞台工作区的大小和背景颜色?如何改变舞台工作区的显示比例?

（2）如何在“图层 1”图层之下添加一个“背景图层”图层？如何删除一个图层？如何锁定一个图层？如何隐藏一个图层？

（3）创建新场景的方法有几种？删除场景的方法有几种？

（4）如何操作可以同时移动舞台工作区中的多个对象？如何左对齐选中的这些对象？

（5）如何操作可以使舞台工作区内的一幅图像向上增大？

3. 操作题

（1）绘制不同颜色的一些线条、矩形与圆形图形。输入不同字体、字号和颜色的文字。

（2）创建一个动画。要求：一个彩色小球来回水平移动，同时“一个彩色小球来回移动”红色文字由小变大，同时文字的颜色变为蓝色。将该动画分别以 MOV1.fla，MOV1.swf，MOV1.avi 和 MOV1.exe 格式存入磁盘中。然后关闭影片动画，再将 MOV1.fla 影片文件调出。

（3）创建两个不同颜色的立体彩球垂直上下跳跃的动画。

（4）创建一个动画。该动画播放后，一个红色“纪念抗日战争胜利 60 周年”文字逐渐从下向上移动，最后停在屏幕中间，同时背景为一幅逐渐变大和逐渐变亮的抗战图像。

第2章 绘制图形

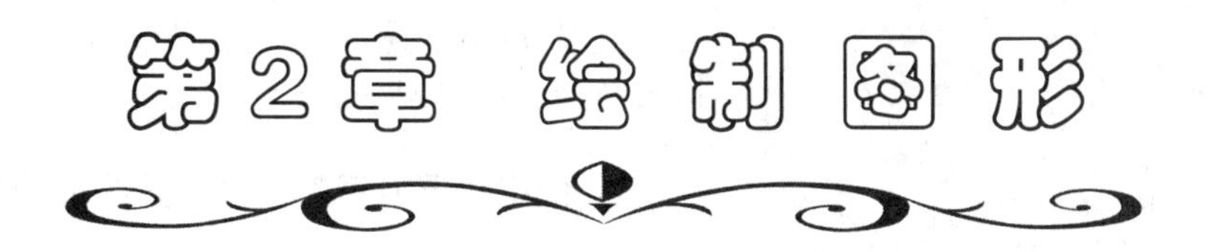

学习要点：

舞台中的对象有三种：一是用绘图工具绘制的图形；二是“库”面板中元件在舞台工作区中生成的实例；三是导入外部的图形、图像、声音和视频等。一般只采用图形制作的动画的文件字节数较少。矢量图形可以看成是由线条和填充组成的。封闭图形通常由两部分组成：一是它的轮廓线；二是其内的填充。矢量图形的着色有两种：一是对线条的着色；二是对填充着色。着色除了可以着单色外，还可以着渐变色和位图。本章重点介绍如何利用绘图工具来绘制矢量图形，掌握绘制图形和编辑图形的基本方法，进一步了解 Flash 动画的制作方法和制作技巧。

2.1 线属性的设置

2.1.1 设置线的颜色

1. 使用“颜色”面板设置线的颜色

单击“窗口”→“属性”菜单命令，调出“属性”面板。采用单击“属性”面板内的图标按钮或单击工具箱内的“笔触颜色”图标按钮等方法，均可以调出“颜色”面板，如图 2.1 所示。如果没有选中椭圆工具或矩形工具，则“颜色”面板中没有（没有轮廓线）图标按钮。使用“颜色”面板设置线颜色的方法如下。

（1）利用色块面板：将鼠标指针移到“颜色”面板的某一个色块之上，再单击鼠标左键，即可给线条设置一种相应的颜色。

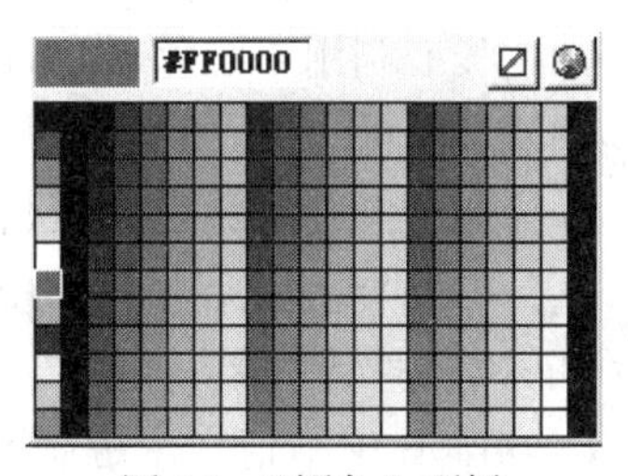

图 2.1 “颜色”面板

（2）利用 #3300FF 文本框：在其内可输入颜色的代码，六位十六进制数的左边一定要输入一个“#”字符。颜色的代码的格式是#RRGGBB，其中 RR，GG，BB 可以分别取值为 00～FF 的十六进制数。RR 用来表示颜色中红色成分的多少，数值越大，颜色越深。GG 用来表示颜色中绿色成分的多少，BB 用来表示颜色中蓝色成分的多少。红、绿、蓝三色按一定比例混合，可以得到各种颜色。例如：RR=FF，GG=FF，BB=00，表示为黄色；RR=00，GG=00，BB=00，表示为黑色；RR =FF，GG=FF，BB=FF，表示为白色；RR=FF，GG=FF，BB=AA，表示为浅黄色。当鼠标指针移到某一个色块时，该文本框内的数值会随之发生变化。

（3）“颜色”面板还有两个辅助图标按钮和一个显示框，它们的作用如下。

- 无色按钮：它在颜色面板的右上方，单击它可取消线和轮廓线。
- 颜色预览显示框：它在“颜色”面板的左上角，用来显示设定的颜色。不管是在 #3300FF 文本框内输入颜色代码，还是鼠标指针移到某一个色块，其内的颜色都会随之变化。

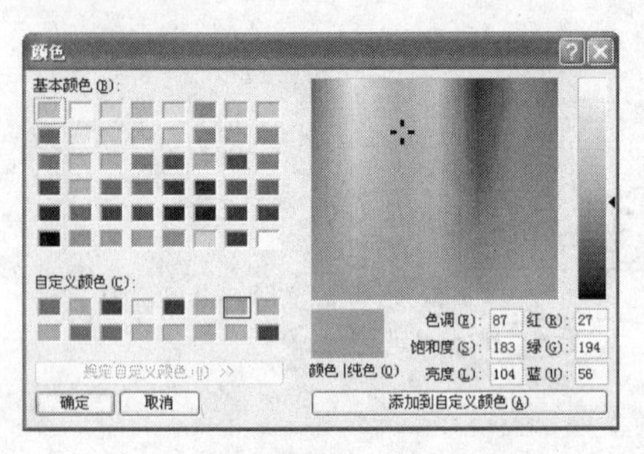

图 2.2　Windows 的“颜色”面板

（4）使用 Windows 的“颜色”面板设置线颜色的方法：单击“颜色”面板中的图标按钮，调出一个 Windows 的“颜色”面板，如图 2.2 所示。该“颜色”面板是 Windows 提供的，利用它可以改变线条颜色面板内色块的颜色种类。

2. 使用“混色器”面板设置线的颜色

线颜色的设定还可以通过“混色器”面板来完成。单击“窗口”→“混色器”菜单命令，即可调出“混色器”面板，如图 2.3 所示。将鼠标指针移到面板的左上角图标处，用鼠标拖曳，可以调整面板的位置；单击图标右边的箭头图标或标题栏，可以收缩或展开面板；单击面板右上角的图标按钮，可调出面板的菜单；单击面板右下角的箭头图标按钮▽，可以展开该面板，如图 2.4 所示。再单击面板右下角的箭头图标按钮△，可收缩该面板，还原为如图 2.3 所示。该面板的使用方法如下。

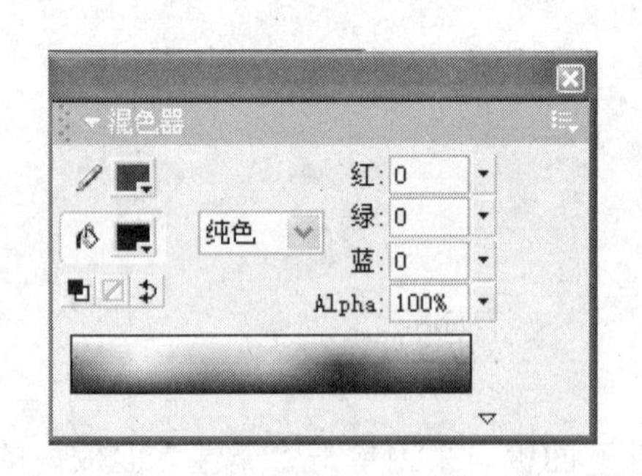

图 2.3　收缩的“混色器”面板

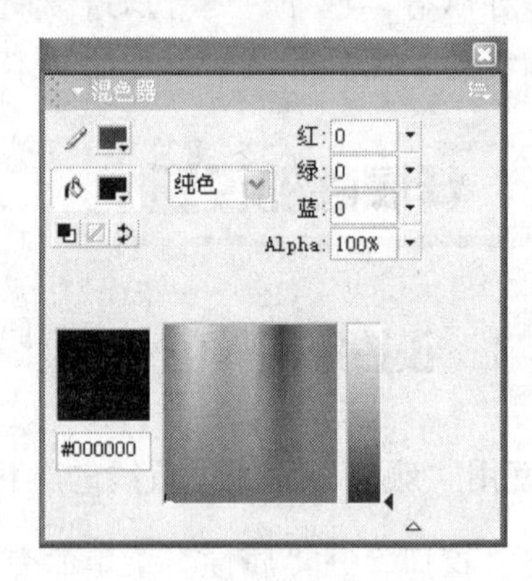

图 2.4　展开的“混色器”面板

（1）“混色器”面板左边分 3 栏，它们与工具箱内的“颜色”栏一样。单击选中“笔触颜色”图标按钮，即可调出“混色器”面板的“颜色”面板，如图 2.1 所示。

（2）利用“混色器”面板的“颜色”面板，可以给线设置颜色，方法与前面所述一样。“混色器”面板、工具箱“颜色”栏和“属性”面板中都有“填充颜色”图标按钮，利用它可以给闭合的轮廓线内部填充颜色。

（3）“混色器”面板内的下面是颜色板，单击其中的一种颜色即可迅速完成颜色的设置。

（4）“混色器”面板内的右边是 R，G，B 和 Alpha 文本框。可以在 R，G，B 文本框内输入 R，G，B 的数值（十进制数），也可以使用文本框的滑条来调整 R，G，B 的数值。

（5）可以在 Alpha 文本框内输入百分数，以调整颜色的深浅度。当 Alpha 值设为 100%时，表示完全不透明；当 Alpha 值设为 0%时，表示完全透明。

（6）改变颜色模式：单击“混色器”面板右上角的箭头按钮，会弹出一个菜单。选择 RGB 和 HSB 中的一个，可以改变颜色的模式。更换模式后，“颜色板”（混色器）面板右边的文本框会有相应的变化。

单击面板菜单中的“添加样本”菜单命令，可将设置的颜色加入到“颜色”面板中。

3. 使用“颜色样本”面板设置线的颜色

单击“窗口”→“颜色样本”菜单命令，即可调出“颜色样本”面板。单击选中“笔触颜

色”图标按钮，再单击“颜色样本”面板内的一个色块，即可设置线的颜色。

2.1.2　设置线型

线型包括线的形状、粗细和颜色等。线型的设定是利用线的“属性”面板来完成的。

使用工具箱内的“钢笔工具”、“椭圆工具”○、“矩形工具”□或“铅笔工具”，即可调出相应的“属性”面板，如图 2.5 所示。双击“属性”面板左上角的图标或单击“属性”面板右下角的箭头图标按钮，可以展开或收缩“属性”面板的下半部分内容。“属性”面板左下角的四个文本框用来精确调整对象的大小（“宽”、“高”文本框）与位置（“X”、“Y”文本框）。

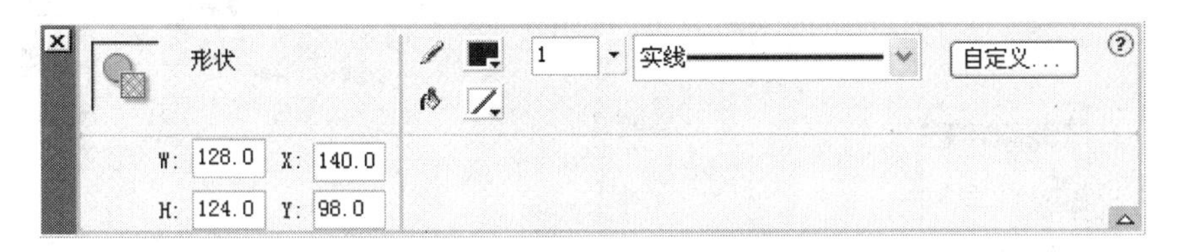

图 2.5　线的“属性”面板

利用线的“属性”面板可以设置线和矩形、椭圆形轮廓线的线型。设置线和轮廓线线型的方法如下。

1. 设置线形状和线粗细

（1）设置线形状：单击线的“属性”面板上的“描绘风格”列表框右边的箭头按钮，调出线形状列表。单击选中其中一种，即可设定线的一种形状。在该列表框中的线风格有：实线、虚线、点画线等，如图 2.6 所示。

（2）设置线粗细：在“属性”面板中的“描绘高度”文本框内输入线粗细的数值（数值在 0.1 到 10 之间，单位为 pts，即点），再按回车键。另外，还可以单击文本框右边的箭头按钮，此时会出现一个垂直的滑条，如图 2.7 所示。拖曳垂直滑条上的滑块，也可改变线的粗细。

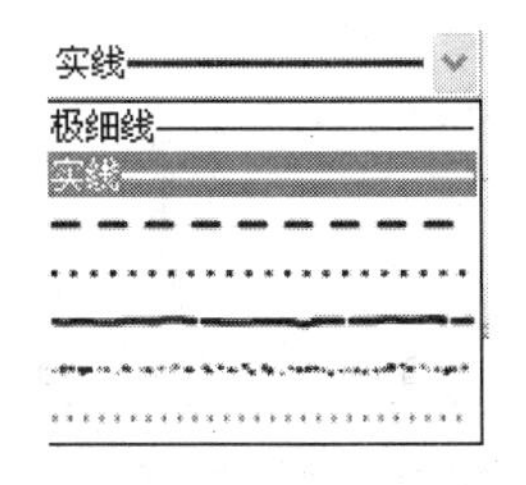

图 2.6　“描绘风格”列表框

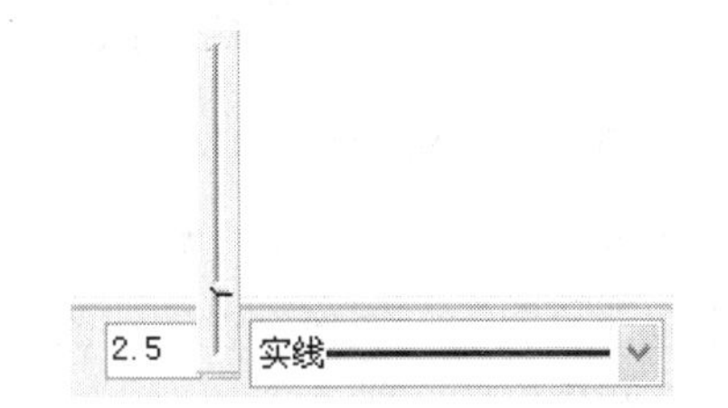

图 2.7　“描绘高度”文本框的垂直滑条

2. 自定义线的风格

单击“属性”面板中的“自定义”按钮，调出“横线风格”对话框，如图 2.8 所示。利用该对话框即可自定义线的风格。“横线风格”对话框中各选项的作用如下。

（1）“类型”列表框：用来选择线的类型，它有 6 种类型，如图 2.9 所示。选择不同类型时，其下边会显示出不同的文本框与列表框，利用它们可以修改线条的形状。例如：选择“实线”选项时的“横线风格”对话框，如图 2.8 所示；选择“不规则线”选项时的“横线风格”对话框，如图 2.10 所示。

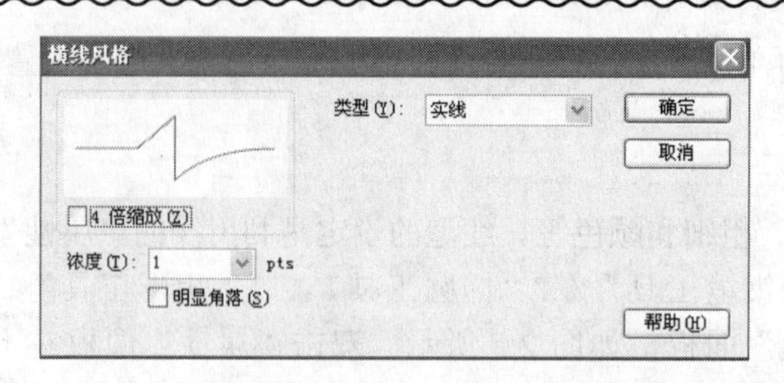

图 2.8 “横线风格”（实线）对话框

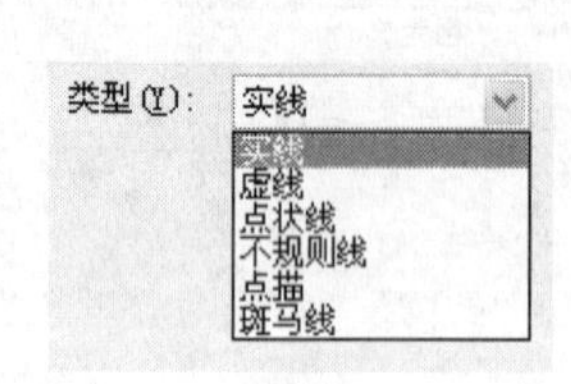

图 2.9 “类型”列表框

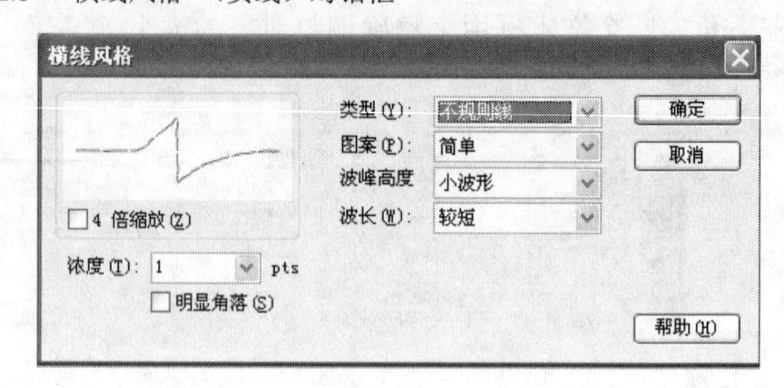

图 2.10 “横线风格”（不规则线）对话框

由图 2.10 可以看出，它有许多可以设置的列表框，我们没有必要去对这些列表框和它们选项的作用一一进行介绍。因为在改变线型后，其左上角的显示窗口内会显示出所设置线型的形状和粗细，用户可以形象地看到各个选项的作用。

（2）“4 倍缩放”复选框：单击选中它后，会将它上边的显示窗口内的线条观察比例放大到原来的 4 倍。但实际的线条并没有放大。

（3）“浓度”下拉列表框：用来输入或选择线条的宽度，数的范围是 1pts 到 10pts。

（4）“明显角落”复选框：单击选中它后，会使线条的转折明显。它对绘制直线无效。

2.2　绘制线

2.2.1　使用线条工具和铅笔工具绘制线

1. 使用线条工具绘制直线

（1）单击工具箱内的“线条工具”按钮 ／。

（2）利用它的“属性”面板，设置线的线型和线的颜色，再在舞台工作区内拖曳鼠标，即可绘制各种长度和角度的直线。

（3）按住 Shift 键，同时在舞台工作区内拖曳鼠标，可以绘制出水平、垂直和 45° 角的线条（这也适用于铅笔工具）。

（4）在绘制直线时，如果要想更随意一些，应单击常用工具栏内的 按钮，使它处于抬起状态；如果要想使所绘直线的端点与其他直线相连，应单击常用工具栏内的 按钮，使它处于按下状态。这一点也适用于以下各种绘图工具。

在舞台工作区有网格时，如果要使所绘直线的端点与网格线对齐，应单击选中“查看”→“网格”→“贴紧网格”菜单选项。

（5）在舞台工作区内用鼠标拖曳，来绘制各种长度和角度的直线。采用不同线型和不同颜色绘制的直线如图 2.11 所示。

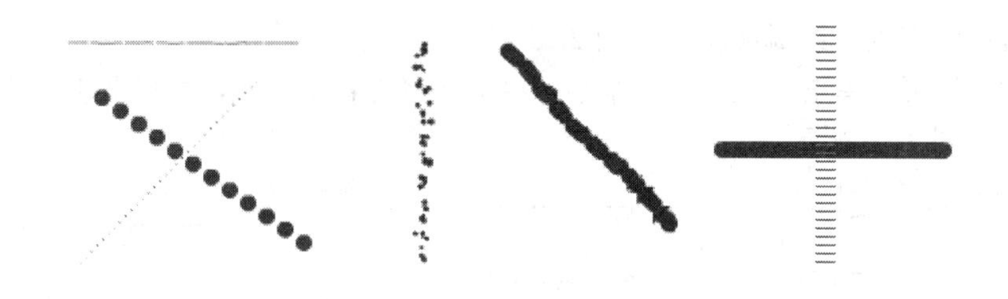

图 2.11　采用不同线型和不同颜色绘制的直线

2. 使用铅笔工具绘制线条图形

使用工具箱中的铅笔工具，可以像用一支铅笔画图一样，绘制任意形状的曲线矢量图形。绘制完一条线后，Flash MX 可以自动对其进行加工，例如变直、平滑等。

使用铅笔工具绘制图形的方法如下。

（1）单击工具箱中的铅笔工具图标按钮。

（2）利用它的“属性”面板，设置线的线型和线的颜色。

（3）这时，工具箱下边的“选项”栏内会显示一个图标按钮。单击该按钮，可弹出 3 个图标按钮，如图 2.12 所示。三个图标按钮是用来设置铅笔模式的，它们的作用如下。

- （伸直）图标按钮：它是规则模式，适用于绘制规则线条，并且绘制的线条会分段转换成与直线、圆、椭圆、矩形等规则线条中最接近的线条。
- （平滑）图标按钮：它是平滑模式，适用于绘制平滑曲线。
- （墨水）图标按钮：它是徒手模式，适用于绘制接近徒手画出的线条。

（4）在舞台工作区内，用鼠标拖曳，即可绘制图形。采用三种不同铅笔模式绘制的矢量图形如图 2.13 所示。

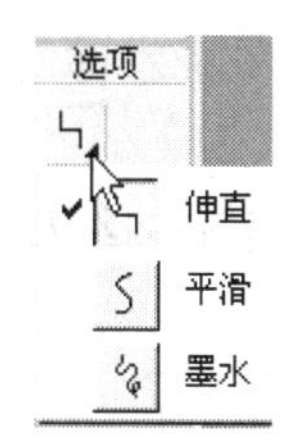

图 2.12　单击图标按钮后的效果

Straighten　Smoothz　Ink

图 2.13　用伸直、平滑和墨水模式绘制的图形

（5）按住 Shift 键，同时在舞台工作区内用鼠标拖曳，可以绘制出水平、垂直和 45°角的线条。

2.2.2　使用钢笔工具绘制线

工具箱中的钢笔工具也叫贝兹曲线工具或贝塞尔曲线工具，利用它可以采用贝塞尔绘图方式绘制矢量直线与曲线。贝塞尔绘图方式是通过调整曲线切线的方向，来改变曲线形状的矢量绘图方式。使用工具箱中的钢笔工具绘制直线或曲线，通常应先设置好线的颜色、线型和线粗细，然后再绘制直线或曲线。

1. 使用钢笔工具绘制直线、折线与多边形

（1）绘制直线：单击直线的起点，松开鼠标左键后拖曳鼠标到直线的终点，再双击直线的终点处即可。绘制的直线如图 2.14 所示。

（2）绘制折线：单击折线的起点，再单击折线的下一个转折点，不断地依次单击折点处，

最后双击折线的终点处。绘制的折线如图 2.15 所示。

（3）绘制多边形：单击多边形的一个端，再依次单击各个端点，最后双击多边形的起始点。绘制的多边形如图 2.16 所示。

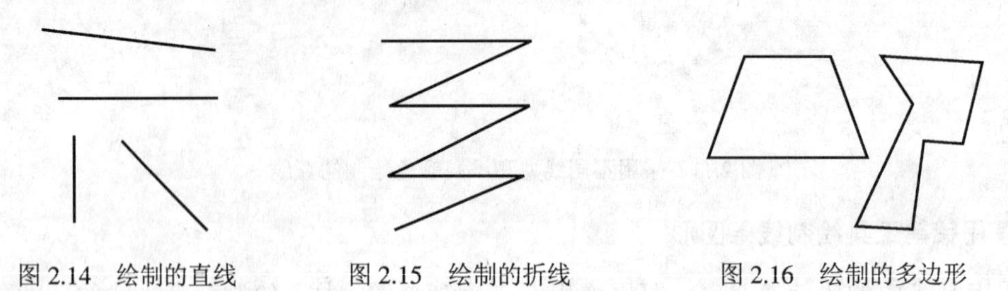

图 2.14 绘制的直线　　图 2.15 绘制的折线　　图 2.16 绘制的多边形

注意

使用钢笔工具绘制多边形时，如果不要填充色，应该先单击钢笔工具图标按钮，再单击中间的图标按钮，取消填充。

2. 使用钢笔工具绘制曲线

在绘制曲线以前，一般也应设置好线条的颜色。绘制曲线通常可采用如下两种方法。

（1）先绘直线再定切线：采用这种方法绘制曲线的步骤如下。

- 单击工具箱内的“钢笔工具”按钮，使绘图处于贝塞尔绘图方式。
- 单击曲线起点处，松开鼠标左键；再单击下一个节点处，则在两个节点之间会产生一条线段。在不松开鼠标左键的情况下拖曳鼠标，会出现两个控制点和两个控制点间的蓝色直线，如图 2.17 所示。蓝色直线是曲线的切线。再拖曳鼠标改变切线的位置，从而确定曲线的形状。
- 如果曲线有多个节点，则应依次单击下一个节点，并在不松开鼠标左键的情况下拖曳鼠标以产生两个节点之间的曲线，如图 2.18 所示。
- 曲线绘制完后，双击鼠标左键，即可结束该曲线的绘制。绘制完的曲线如图 2.19 所示。

（2）先定切线再绘曲线：采用这种方法绘制曲线的步骤如下。

- 单击选中工具箱内的钢笔工具图标按钮，使绘图处于贝塞尔绘图方式。

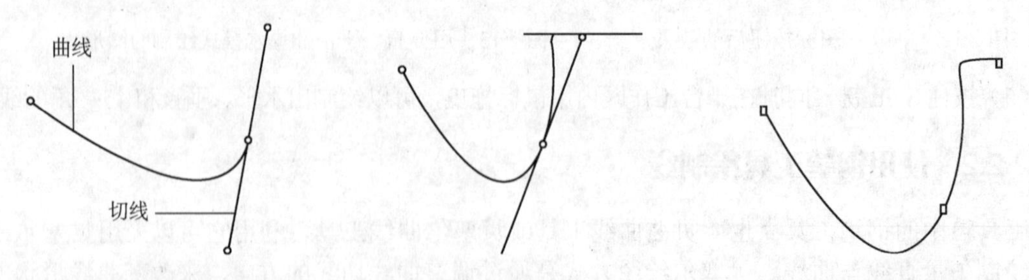

图 2.17 贝塞尔绘图步骤一　　图 2.18 贝塞尔绘图步骤二　　图 2.19 绘制完的曲线

- 单击曲线起点处，不松开鼠标左键，拖曳鼠标以形成方向合适的蓝色直线切线，然后松开鼠标左键，此时会产生一条直线切线。再用鼠标单击下一个节点处，则该节点与起点节点之间会产生一条曲线，如图 2.20 所示。按住鼠标左键不放，拖曳鼠标，即可产生第二个节点的切线，如图 2.21 所示。松开鼠标左键，即可绘制一条曲线，如图 2.22 所示。

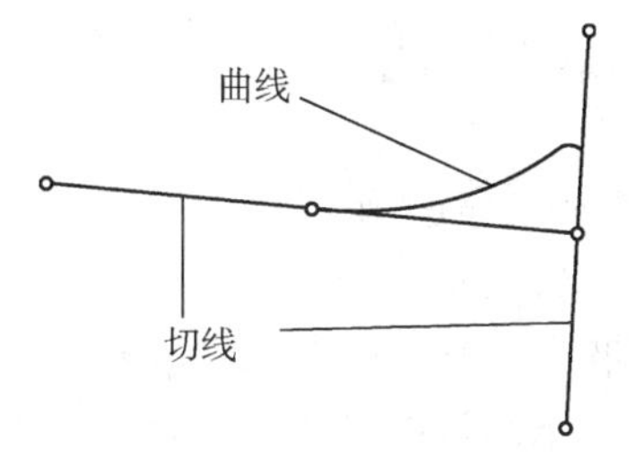

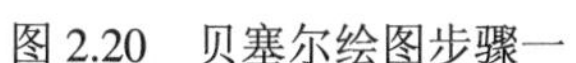

图 2.20　贝塞尔绘图步骤一

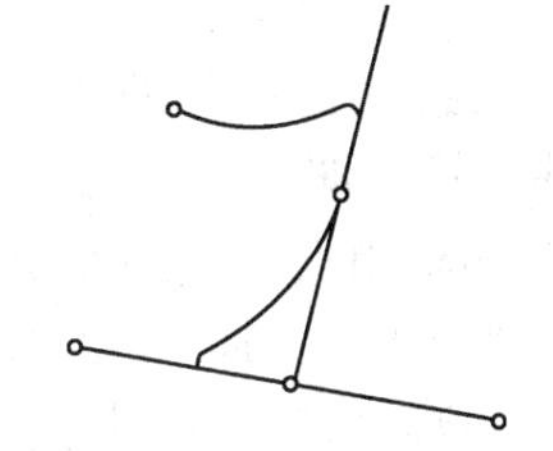

图 2.21　贝塞尔绘图步骤二

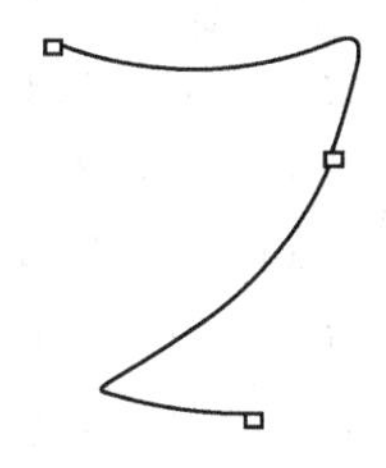

图 2.22　绘制完的曲线

- 如果曲线有多个节点，则应依次单击下一个节点，并在不松开鼠标左键的情况下拖曳鼠标以产生两个节点之间的曲线。

直线或曲线绘制完后，双击鼠标左键，即可结束该直线或曲线的绘制。

3. 节点编辑

（1）节点的种类：在没有选中曲线的情况下，单击工具箱内的部分选取工具图标按钮，用鼠标拖曳选中曲线。这时会看到曲线的节点，圆形的节点表示它是曲线节点，方形的节点表示它是直线节点。

（2）增减节点：单击“钢笔工具”图标按钮，单击选中曲线。再将鼠标指针移到曲线上时，鼠标指针会增加一个“+”号，此时单击鼠标左键，可以增加一个节点。将鼠标指针移到曲线上的节点时，鼠标指针会增加一个“-”号，此时单击鼠标左键，可以减少一个节点。

（3）改变节点类型：单击“钢笔工具”图标按钮，再单击选中曲线。然后将鼠标指针移到曲线节点处，鼠标指针处会增加一个“∠”标记，单击鼠标左键可以将曲线节点变为直线节点。将鼠标指针移到直线节点处时，鼠标指针处增加一个“-”标记，单击鼠标左键可以将直线节点删除。

2.2.3　绘制矩形和椭圆形轮廓线

使用矩形和椭圆工具绘制矩形和椭圆轮廓线以前，先将填充设置为无填充色状态。即单击工具箱内“填充颜色”栏的图标，再单击中间的图标按钮，取消填充色。

1. 使用椭圆工具绘制椭圆轮廓线

使用工具箱中的椭圆工具，绘制椭圆轮廓线的方法如下。

（1）设置好线条的类型、粗细和颜色。

（2）单击工具箱内的“椭圆工具”图标按钮。

（3）再在舞台工作区内拖曳鼠标，即可绘制出一个椭圆轮廓线矢量图形。

（4）如果在拖曳鼠标时，按下 Shift 键，即可绘出圆形轮廓线矢量图形。

采用不同线条类型和线条颜色，绘制出的椭圆轮廓线图形如图 2.23 所示。

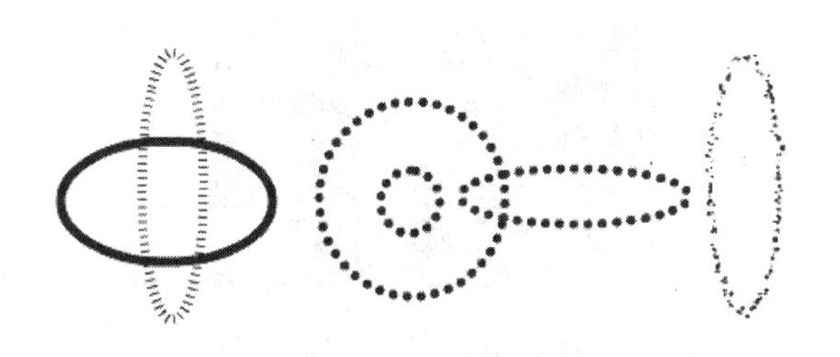

图 2.23　绘制的各种椭圆和正圆图形

2. 使用矩形工具绘制矩形轮廓线

使用工具箱中的矩形工具绘制矩形轮廓线的方法如下。

（1）设置好线条类型和线条颜色。

（2）单击工具箱内的“矩形工具”图标按钮□。

（3）再在舞台工作区内拖曳鼠标，即可绘制出一个矩形轮廓线矢量图形。

（4）如果在拖曳鼠标时，按下 Shift 健，即可绘出正方形轮廓线矢量图形。

（5）在单击工具箱内的“矩形工具”图标按钮□后，工具箱“选项”栏内增加了一个图标按钮。单击它，可调出一个“矩形设置”对话框，如图 2.24 所示。可在“边角半径”文本框内输入圆角半径值（单位为点）。其默认值为 0，即为直角。

采用不同线条类型、颜色和不同圆角半径绘制出的矩形和正方形矢量图形如图 2.25 所示。

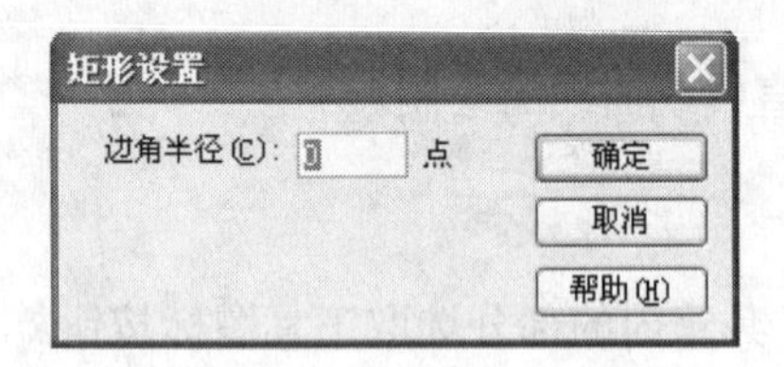

图 2.24 “矩形设置”对话框

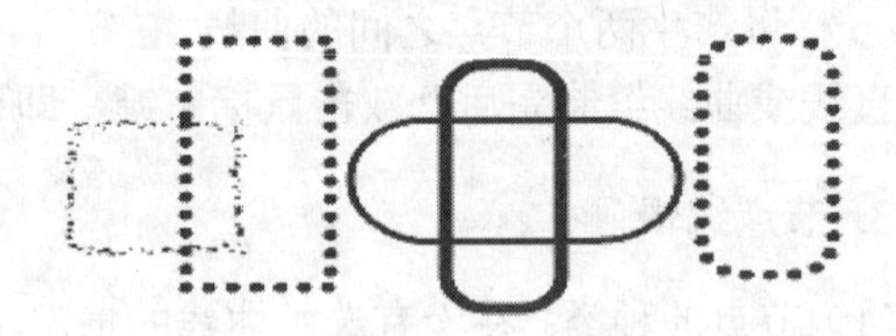

图 2.25 绘制的不同的矩形图形

2.3 设置填充

2.3.1 设置单色填充

1. 用“颜色样本”面板设置填充颜色

（1）单击“窗口”→“颜色样本”菜单命令，可调出“颜色样本”面板，如图 2.26 所示。可以看出，它与线颜色设置的“颜色”面板（见图 2.1）基本一样，只是在底部增加了一行图标按钮。该行图标按钮是系统提供的填充效果样式图标按钮，单击其中一个，即可迅速获得相应的渐变填充色设置。

（2）另外，单击工具箱“颜色”栏、“混色器”面板和“属性”面板中的“填充颜色”图标按钮，均可以调出与“颜色样本”面板一样的“颜色”面板，如图 2.27 所示。利用该面板也可以给填充填充一种单色或渐变色。具体方法与前面所述一样。

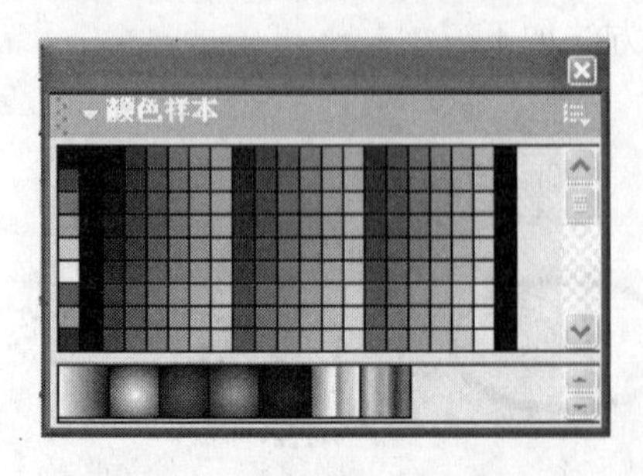

图 2.26 “颜色样本”面板

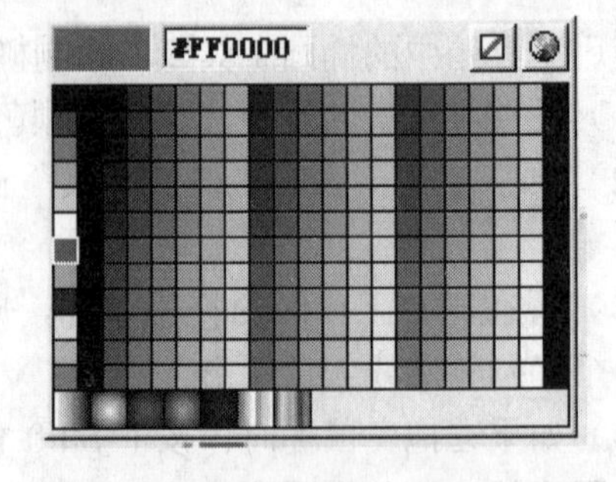

图 2.27 设置填充色的“颜色”面板

2. “颜色样本”面板菜单的作用

单击“颜色样本”面板右上角的箭头按钮，会弹出一个“颜色样本”面板菜单，如图 2.28 所示。各菜单命令的作用如下。

（1）“复制样本”：单击选中色块或颜色渐变效果图标（叫样本），再单击该菜单命令，即可在相应的栏内复制样本。

（2）“删除样本”：单击选中样本，再单击该菜单命令，即可删除选定的样本。

（3）“添加颜色”（增加颜色）：单击该菜单命令，即可调出“导入颜色样本”对话框。利用它可以导入 Flash 的颜色样本文件（扩展名为.clr）、颜色表（扩展名为.act）、GIF 格式图像的颜色样本等。将导入的颜色样本追加到当前颜色样本的后边，如图 2.29 所示。

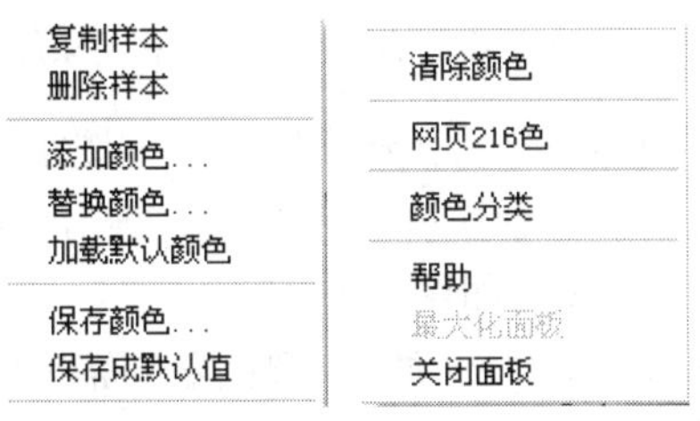

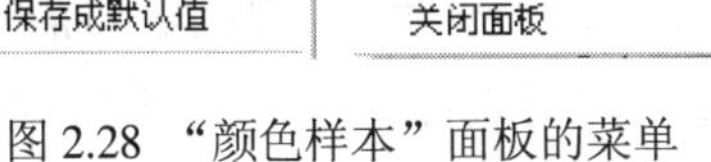

图 2.28　“颜色样本”面板的菜单

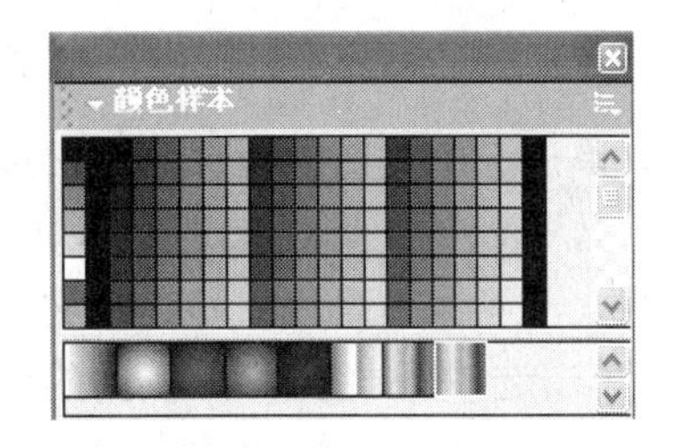

图 2.29　添加颜色样本的“颜色样本”面板

（4）“替换颜色”：单击该菜单命令，即可调出“导入颜色样本”对话框。利用它也可以导入颜色样本，替代当前的颜色样本。

（5）“加载默认颜色”：单击该菜单命令，即可加载默认的颜色样本。

（6）“保存颜色”：单击该菜单命令，即可调出“导出颜色样本”对话框。利用它可以将当前颜色样本以扩展名为“.clr”或“.act”存储为 Flash 的颜色样本文件。

（7）“保存成默认值”：单击该菜单命令，即可将当前颜色样本保存为默认的颜色样本。

（8）“清除颜色”：清除颜色样本面板中的所有颜色样本。

（9）“网页 216 色”和“颜色分类”：单击其中一个菜单命令，可导入相应的颜色样本。

3. 用“混色器”面板设置填充颜色

线颜色的设定还可以通过“混色器”面板来完成。单击“窗口”→“混色器”菜单命令，即可调出“混色器”面板，如图 2.3 所示。从“混色器”面板的“填充样式”下拉列表框中选择“实线”选项，再单击选中“填充颜色”图标按钮，然后即可按照设置线颜色的方法设置填充颜色。

与设置线颜色一样，可在“混色器”面板“Alpha”文本框内输入一个百分数，也可以用鼠标拖曳滑块，来调整其百分数。对于矢量图形来说，它可以改变图像颜色的透明度。为了说明 Alpha 值的作用，一起来做下面一个试验。

（1）单击选中“混色器”面板内的“填充颜色”图标按钮，调出它的颜色面板，单击选取蓝色。单击工具箱内的“椭圆工具”图标按钮○，然后在舞台工作区内用鼠标拖曳绘制一个蓝色的圆，再输入红色的文字“FLASH”，如图 2.30 所示。

（2）单击选中时间轴中的“图层 1”图层，再单击时间轴左下角的“插入图层”图标按钮，即可在选定的“图层 1”图层之上增加一个新的图层（名字自动定为“图层 2”）。然后，单击选中“图层 2”图层中的第 1 帧。

（3）单击“混色器”面板内的“填充颜色”图标按钮，调出它的“颜色”面板，单击选取黄色。再单击工具箱内的矩形工具图标按钮□，然后在舞台工作区内用鼠标拖曳绘制一个黄色的矩形，将蓝色圆和红色文字遮盖住一部分，如图 2.31 所示。

（4）单击“混色器”面板内的“笔触颜色”图标按钮，调出它的“颜色”面板，单击选取黄色。再单击工具箱内的线条工具图标按钮╱，然后在舞台工作区内黄色矩形的下边，用鼠标拖曳绘制一条粗为 10 个点、黄色水平的线条，如图 2.31 所示。

图 2.30 绘制一个圆和输入文字

图 2.31 绘制一个矩形和一条线

（5）单击选中黄色的矩形，单击选中“混色器”面板内的“填充颜色”图标按钮，调整“混色器”面板内“Alpha”文本框的值为 50%，再单击舞台工作区空白处，会看到黄色矩形呈半透明状，遮盖的蓝色圆和红色文字会半透明地显示出来，如图 2.32 所示。

（6）单击选中“混色器”面板内的“笔触颜色”图标按钮，调整“混色器”面板内“Alpha”文本框的值为 50%，再单击舞台工作区空白处，会看到黄色矩形和线条呈半透明状，遮盖的蓝色圆和红色文字会半透明地显示出来，如图 2.33 所示。

图 2.32 黄色矩形呈半透明状

图 2.33 黄色矩形和线条呈半透明状

2.3.2 设置渐变填充色和填充位图

1. 利用“混色器”面板设置填充颜色

要改变填充色的样式或自己设计填充样式，可使用“混色器”面板，如图 2.34 所示。从“混色器”面板的“填充样式”下拉列表框中选择一个选项，即可改变填充样式，“混色器”面板也会发生相应的变化，如图 2.35 所示。后三种填充样式的特点如下。

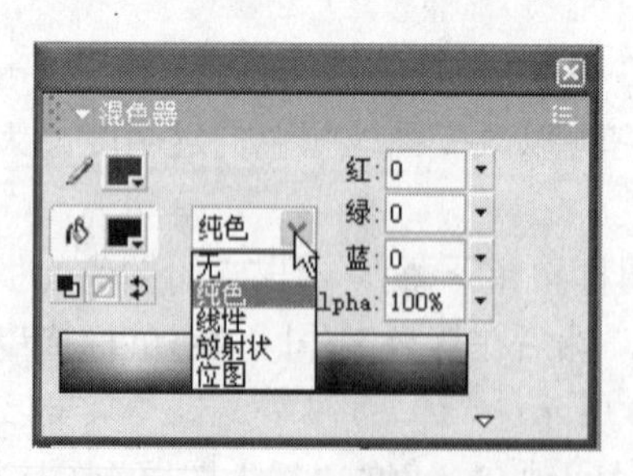

图 2.34 “填充样式”列表框的选项

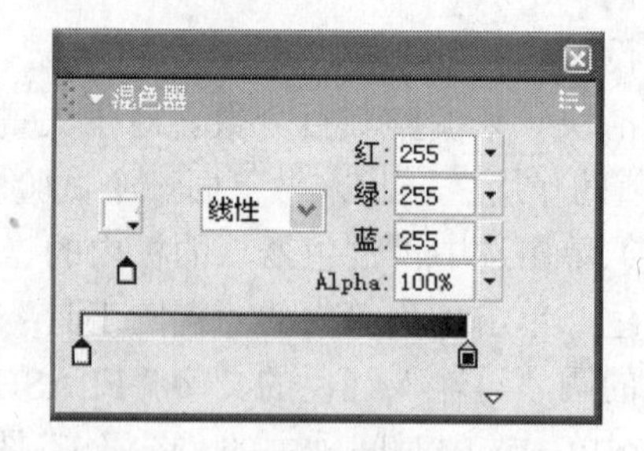

图 2.35 “混色器”（线性）面板

（1）“线性”填充样式：表示颜色水平线性变化，其“混色器”面板如图 2.35 所示。

（2）“放射状”填充样式：表示颜色从中心向四周放射变化，其“混色器”面板如图 2.36 所示。

（3）“位图”填充样式：表示填充的是图像，其“混色器”面板如图 2.37 所示。如果没有给“库”面板中导入位图，则第一次选择“混色器”面板的“填充样式”列表框中的“位图”选项后，则会弹出一个“导入到库”对话框。在该对话框的“文件类型”列表框中可以选择多种文件类型，如图 2.38 所示。

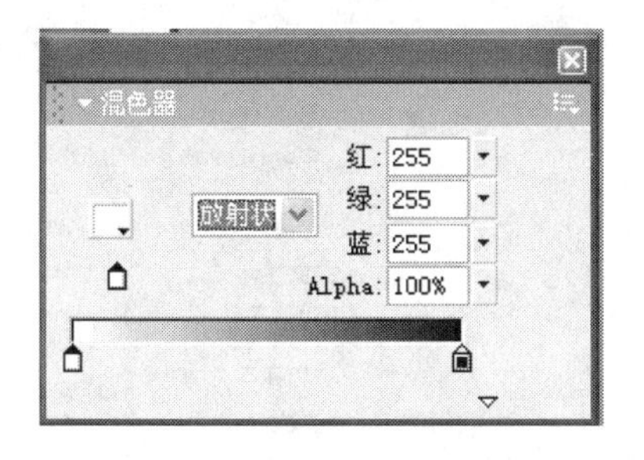

图 2.36 “混色器”（放射状）面板

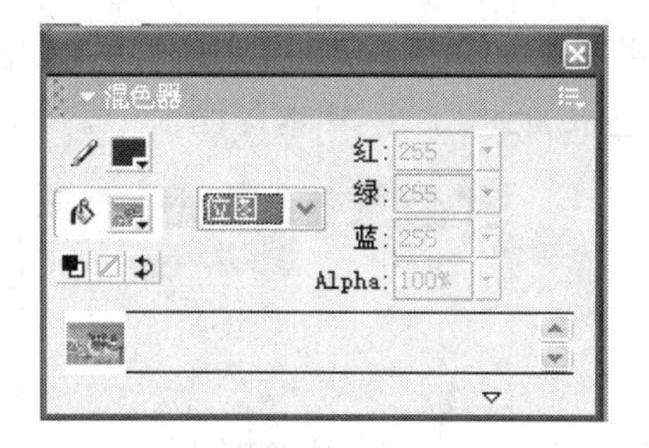

图 2.37 “混色器”（位图）面板

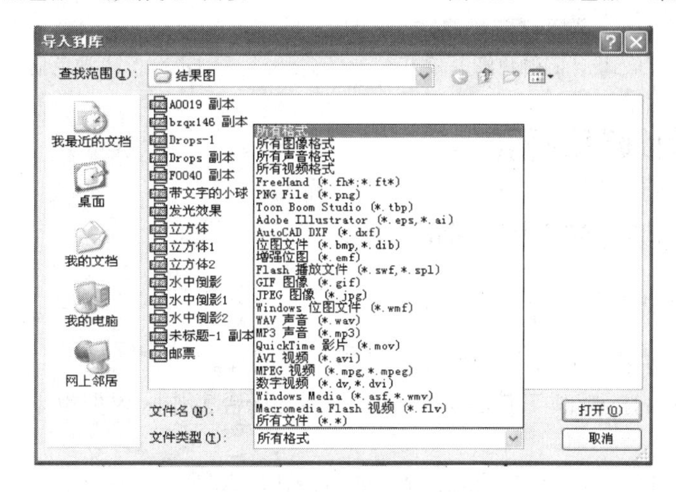

图 2.38 “导入到库”对话框

利用该对话框可以导入一幅或多幅图像（按住 Ctrl 键，单击图像名称，可同时选择多个图像文件；按住 Shift 键，单击图像名称，可同时选择多个连续的图像文件）。导入图像后，即可在“混色器”面板中加入一个或多个要填充的位图。面板内可以看到导入的缩小图像，如图 2.37 所示。单击其中一个图像，即可选中该图像为填充图像。

另外，单击“文件”→“导入”菜单命令，可调出“导入”对话框，选择文件后，再单击“确定”按钮，即可给舞台导入一幅图像，同时也给“库”面板和“混色器”面板导入相应的位图图像。单击“文件”→“导入库”菜单命令，也可以调出“导入到库”对话框，选择文件后，再单击“确定”按钮，即可给“库”面板和“混色器”面板导入相应的位图图像。利用这两种方法，可以给“库”面板和“混色器”面板导入多幅位图图像。

2. 设置渐变色效果

对于“线性”和“放射状”填充样式，用户可以自己设计颜色渐变的效果。以图 2.39 所示“混色器”（线性）面板为例，其设计的方法如下。

（1）移动关键点：所谓关键点就是确定渐变时的起始和终止颜色的点，以及颜色的转折点。用鼠标拖曳颜色框下边的滑块，可以改变关键点的位置，改变颜色渐变的状况。

（2）改变关键点的颜色：单击选中关键点处的滑块，再单击图标按钮，弹出“颜色”面板，单击选中某种颜色色块，即可改变关键点的颜色。另外，还可以在“混色器”面板内右边的文本框内设置颜色和透明度。

（3）增加关键点的颜色：单击颜色框下边要加入关键点处，即可增加一个新的滑块，即增加了一个关键点。这样，可以增加多个关键点，如图 2.39 所示，但最多不超过 8 个。

（4）保存设计的渐变颜色效果：单击“混色器”面板右上角的箭头按钮，弹出“混色器”

面板的菜单，如图 2.40 所示。然后，单击该菜单中的“添加样本”菜单命令，即可将设置的渐变填充色添加到“颜色样本”面板中，如图 2.26 所示。

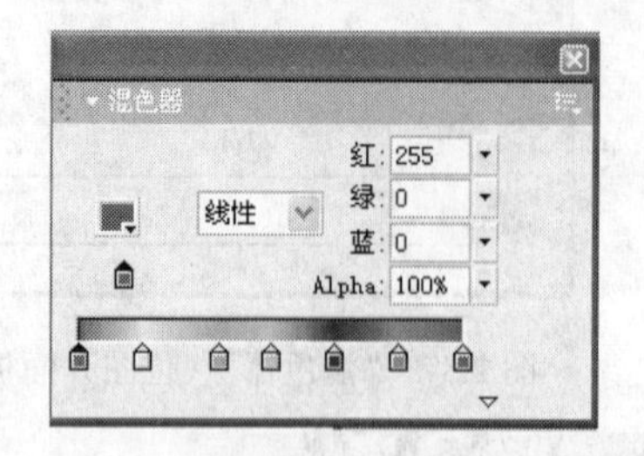

图 2.39 自己设计的颜色渐变效果

图 2.40 “混色器”面板的菜单

2.4 绘制有填充的图形

2.4.1 绘制有填充的椭圆和矩形图形

1. 绘制有填充的椭圆

（1）设置好线条类型、线条颜色和填充色或填充图像。

（2）单击工具箱内的椭圆工具图标按钮○，再在舞台工作区内拖曳鼠标，即可绘制出一个有填充的椭圆图形。

（3）如果在拖曳鼠标时，按下 Shift 健，即可绘出有填充的圆形图形。

采用不同线型、线颜色和填充（颜色或图像），绘制出的椭圆如图 2.41 所示。

2. 绘制有填充的矩形

（1）设置好线条类型、线条颜色和填充色。

（2）单击工具箱内的矩形工具图标按钮□，再在舞台工作区内拖曳鼠标，即可绘制出一个有填充的矩形图形。

（3）如果在拖曳鼠标时，按下 Shift 健，即可绘出有填充的正方形图形。

（4）在单击工具箱内的矩形工具图标按钮□后，工具箱“选项”栏内增加了一个图标按钮。单击它，可调出一个“矩形设置”对话框，如图 2.24 所示。可在“边角半径”文本框内输入圆角半径值。其默认值为 0，即为直角。

采用不同线型、线颜色、填充和不同圆角半径，绘制出的矩形如图 2.42 所示。

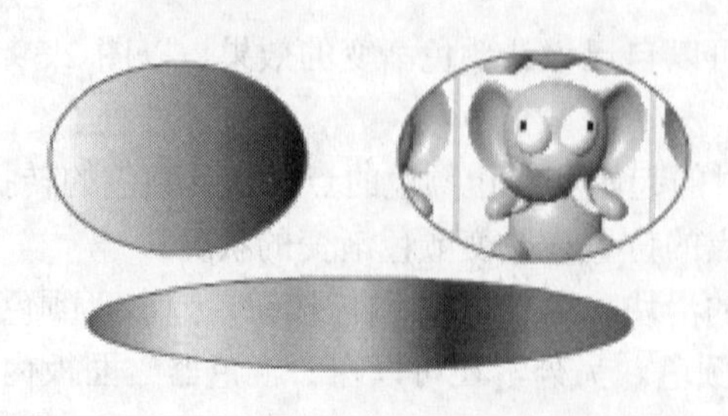

图 2.41 绘制有不同填充的椭圆图形

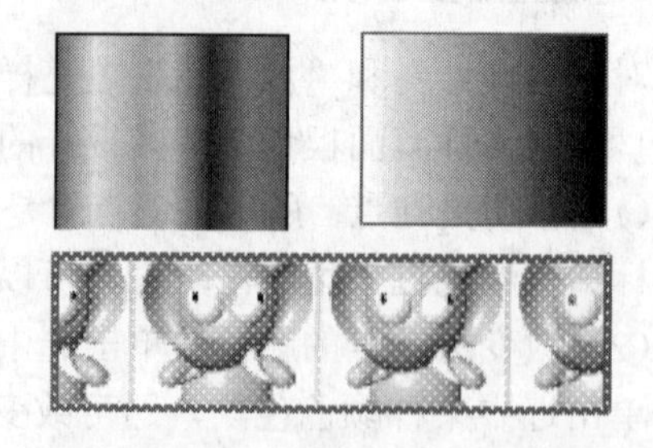

图 2.42 绘制的不同的矩形图形

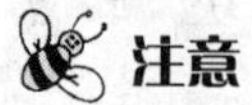

注意

使用铅笔工具和线条工具绘制出的是一个对象，而用椭圆和矩形工具绘制出的图形可以是两个对象：一个是轮廓线；另一个是填充。这两个对象是独立的，可以分离，分别操作。例如，绘制完一个图形后，单击工具箱中的箭头工具图标按钮，再用鼠标拖曳填充或轮廓线，可将它们分离，如图 2.43 所示（第一行是原图形，第二行是分开的图形）。

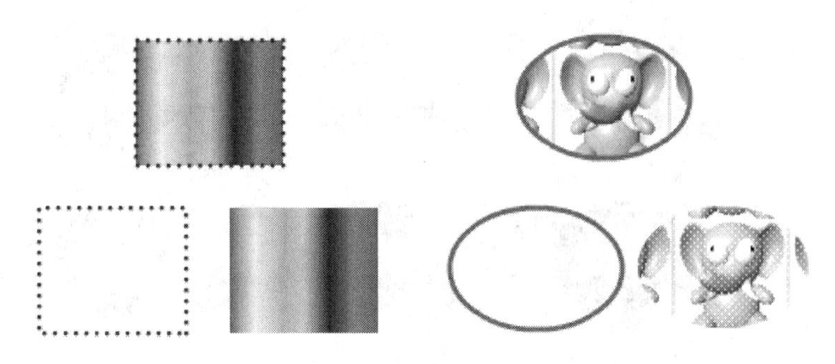

图 2.43　将轮廓线与填充分开

2.4.2　画笔工具

1. 画笔工具的参数

单击选中工具箱内的画笔工具后，“选项”栏内会出现两个图标按钮和列表框，如图 2.44 所示。用它们可以设置画笔工具的参数。

（1）设置画笔宽度：单击列表框右边的箭头按钮，会弹出各种画笔宽度示意图，单击选择其中一种，即可设置画笔的宽度。

（2）设置画笔形状：单击列表框右边的箭头按钮，会弹出各种画笔形状示意图，单击选择其中一种，即可设置画笔的形状。画笔的形状有圆头、方头等。

（3）设置画笔模式：单击图标按钮，弹出画笔模式图标菜单，如图 2.45 所示。它有 5 种选择，单击其中一个图标按钮，即可完成相应的画笔模式设置，其作用如下。

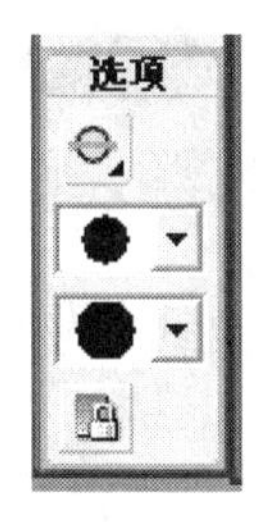

图 2.44　选择画笔工具后的“选项”栏

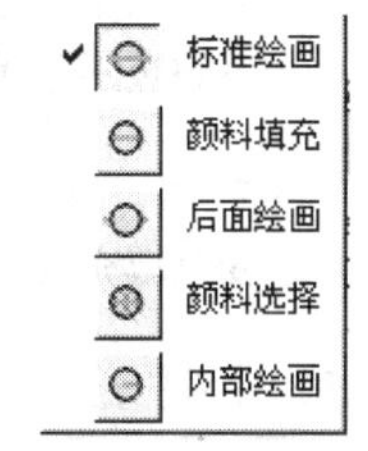

图 2.45　画笔模式图标菜单

- “标准绘画”模式：在这种模式下，新画的线条覆盖同一层中的原有图形。如图 2.46 所示，图 2.46（a）所示是原有图形，使用常规笔刷在原有图形上绘制出线条后的效果如图 2.46（b）所示。
- “颜料填充”模式：在这种模式下，只能在空白区域和原图形的填充区域内绘制线条，如图 2.46（c）所示。
- “后面绘画”模式：在这种模式下，只能在空白区域里绘制线条，原有线条和图形将被保留，如图 2.46（d）所示。
- “颜料选择”模式：在这种模式下，只能在选择的图形区域里画线条。如图 2.46（e）所示，这里用箭头工具在图形的右边拖曳选择出一个矩形区域，然后用笔刷绘制的线条都会被限制在这个选择的区域内。

- “内部绘画”模式：在这种模式下，只能在起始点所在的图形区域中绘制线条。如果起始点在空白区域中，那么只能在该块空白区域中绘制线条。如图 2.46（f）所示，这里起始点在下边的圆形图形中。

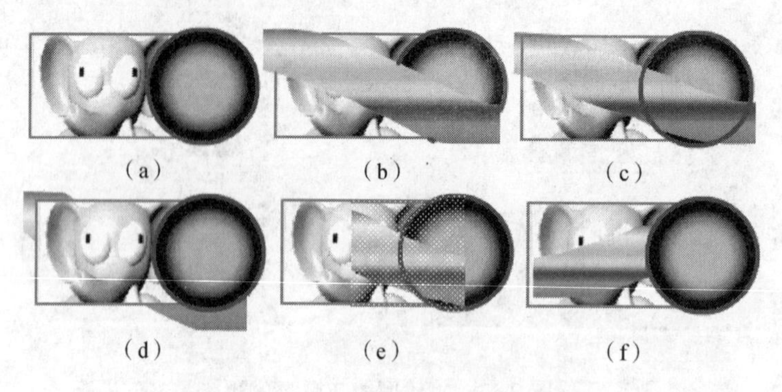

图 2.46　不同笔刷模式下绘制的图形

（4）“锁定填充”图标按钮：该按钮弹起时，为非锁定填充模式；单击该按钮，即进入锁定填充模式。在非锁定填充模式下，用画笔绘一条线时，渐变色的关键点（参看图 2.47）与线条对应，设定渐变色中的关键点滑块颜色映射到线条上，如图 2.48 上边两条线条所示，无论长短都是左边浅右边深。

而在锁定填充模式下，关键点滑动条映射到背景上，就好像背景已经涂上了渐变色，但是被盖上了一层东西，因而看不到背景色，这时用画笔画一条线，就好像剥去这层覆盖物，显示出了背景的颜色，如图 2.48 下边两条线条所示。

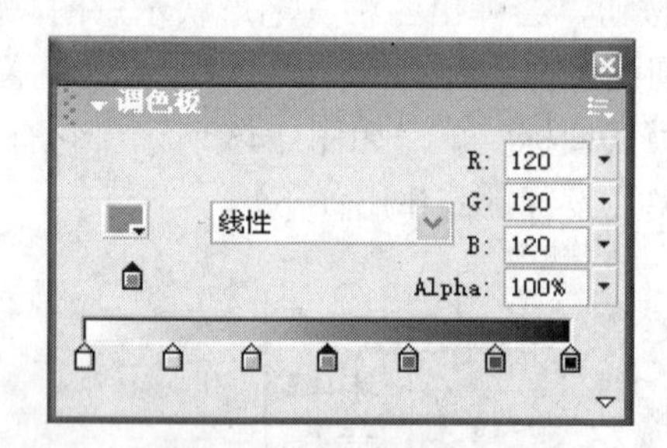

图 2.47　渐变色填充设置

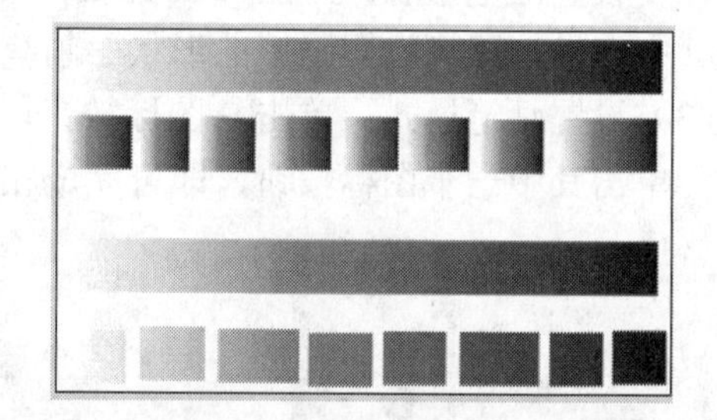

图 2.48　非锁定填充与锁定填充模式下绘制的图形

2. 使用画笔工具绘制图形

设置好画笔工具的参数后，即可使用画笔工具绘制图形。使用画笔工具绘制图形的方法与用铅笔工具绘制图形的方法基本一样。使用画笔工具绘制的图形与使用其他绘图工具绘制的图形虽然都是矢量图形，但它只绘制填充，不绘制线或轮廓线。因而用画笔工具绘制的图形，其颜色由填充色或填充图像来决定。图 2.49 给出了用画笔工具绘制的一些图形。

图 2.49　用画笔工具绘制的一些图形

2.4.3　将线转换成填充和柔化边缘

1. 将线转换成填充

选中一个圆形线，如图 2.50 左图所示。然后单击“修改”→“形状”→“将线条转换为填充”菜单命令。这时选中的圆形线就被转换为填充了。以后，可以使用颜料桶工具改变填充的样式（例如：渐变色或位图等），可实现一些特殊效果。图 2.50 中图显示的是一条渐变色七彩圆形线。

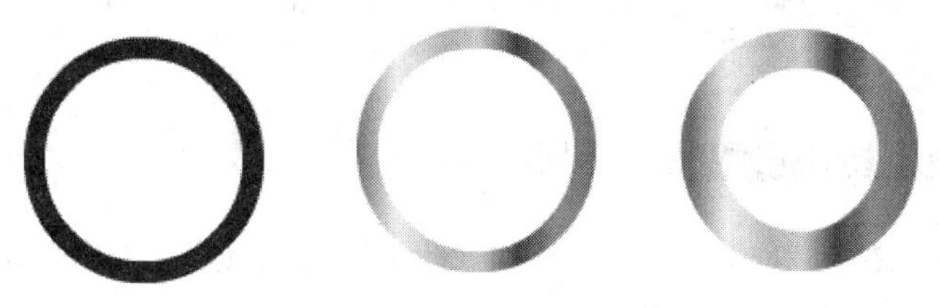

图 2.50　一个渐变色的圆形图形线

2. 扩散填充大小

选择一个填充，例如图 2.50 中图所示的渐变色七彩圆形线。然后单击“修改”→“外形”→“扩散填充”菜单命令，调出“扩散填充”对话框，如图 2.51 所示。该对话框内各选项的含义如下。

（1）“距离”文本框：输入扩散量，单位为像素。

（2）“方向”栏：用来确定扩散的方向。“扩散”表示向外扩散，“插入”表示向内扩散。

选择“扩散”后，单击“确定”按钮，即可使图 2.50 中图变为图 2.50 右图所示图形。如果填充有轮廓线，则向外扩散填充时，轮廓线不会变大，会被扩散的部分覆盖掉。

3. 柔化边缘

选择一个填充，然后单击“修改”→“外形”→“柔化填充边缘”菜单命令，调出“柔化填充边缘”对话框，如图 2.52 所示。该对话框内各选项的含义如下。

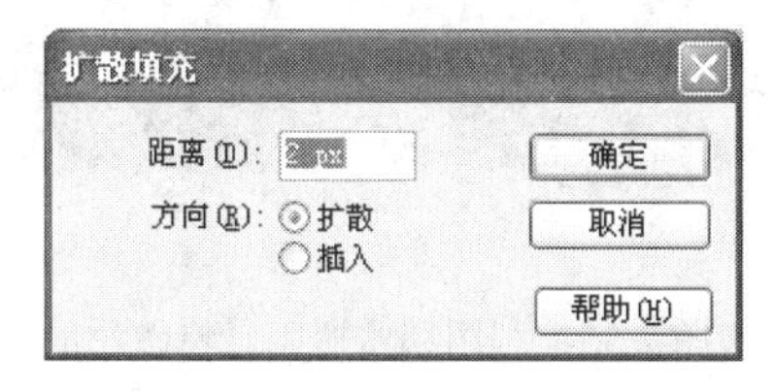

图 2.51　“扩散填充”对话框

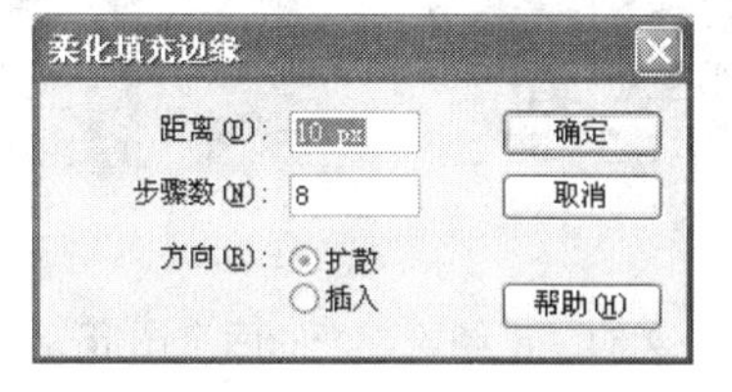

图 2.52　“柔化填充边缘”对话框

（1）“距离”文本框：输入柔化量，即柔化的宽度，单位为像素。

（2）“步骤数”栏：输入柔化边界的阶梯数，取值在 0～50 之间。

（3）“方向”栏：用来设置柔化方向。“扩散”表示向外柔化，“插入”表示向内柔化。

在使用柔化时，“距离”和“步骤数”文本框内输入的数值如果太大，会使计算机处理的时间太长，甚至会出现死机现象。图 2.53 左图是一个没有轮廓线的渐变填色的椭圆，经过向内柔化后的图形如图 2.53 中图所示，经过向外柔化后的图形如图 2.53 右图所示，

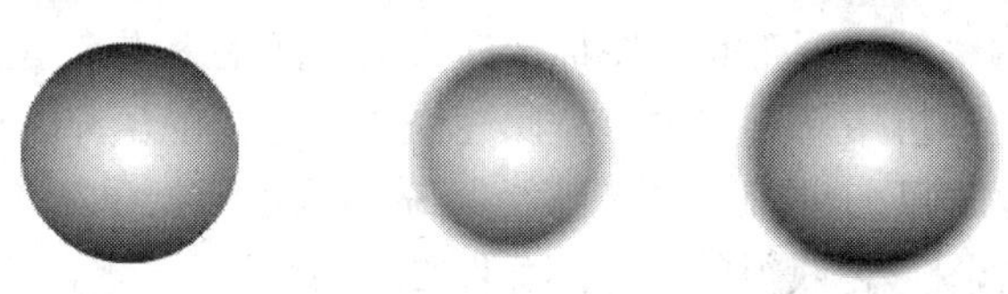

图 2.53　渐变填色的椭圆向内和向外柔化后的图形

2.5 修改线和填充的属性

通过前面的介绍已经知道，矢量图形可以看成是由两部分组成的：一部分是线（线和填充的轮廓线）；另一部分是填充。强调这一点，是因为它非常重要。使用墨水瓶工具，可以修改线的属性；使用颜料桶工具，可以修改填充的属性；使用吸管工具，可以吸取线的属性，再利用墨水瓶工具将获取的线属性赋给其他线，也可以从填充吸取它们的属性，再利用颜料桶工具将获取的填充属性赋给其他填充。

2.5.1 墨水瓶工具与改变线的属性

墨水瓶工具的作用是改变已经绘制的线的属性，如线的颜色、粗细和类型等。使用墨水瓶工具的方法如下。

（1）设置线的新属性，即设置线的线型和线颜色，修改线的颜色、粗细和类型等。

（2）单击工具箱内的“墨水瓶工具”图标按钮，此时鼠标指针呈状。再将鼠标移到舞台工作区中的某条线上，单击鼠标左键，即可用新设置的线属性修改被单击的线。

（3）如果用鼠标单击一个无轮廓线的填充，则会自动为该填充增加一个轮廓线。

对于线，无论是否处于选中状态，都可以对它使用墨水瓶工具来改变它的属性。但是，只有在填充没被选中时，才能使用墨水瓶工具改变或增加它的轮廓线。

图 2.54 是已经绘制好的两个图形。重新设置线的属性后，单击工具箱内的墨水瓶工具图标按钮，再单击这两个图形，获得的新图形如图 2.55 所示。

图 2.54　已经绘制好的两个图形

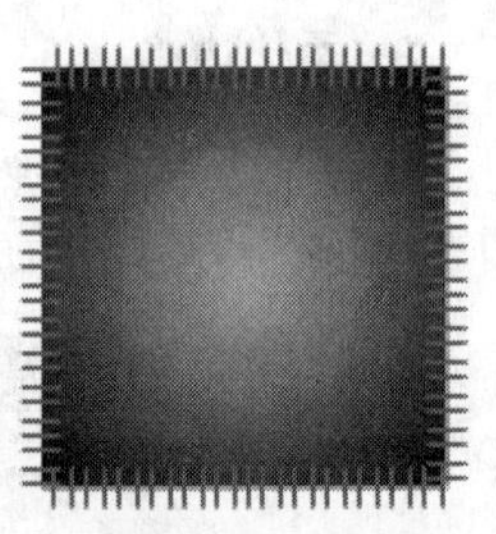

图 2.55　利用墨水瓶工具修改后的图形

2.5.2 颜料桶工具与改变填充的属性

颜料桶工具的作用是对填充属性进行修改，填充的属性有单色填充、渐变填充和位图填充等。使用颜料桶工具的方法如下。

1. 颜料桶工具的一般使用方法

（1）设置填充的新属性：即设置填充的填充颜色或位图图像、填充方式等。

（2）单击工具箱内的“颜料桶工具”图标按钮，此时鼠标指针呈状。再将鼠标移到某填充上，单击鼠标左键，即可用新设置的填充属性修改被单击的填充。

图 2.56 是已经绘制好的两个图形。重新设置填充的属性后，单击工具箱内的颜料桶工具图标按钮，再单击这两个图形，获得的新图形如图 2.57 所示。

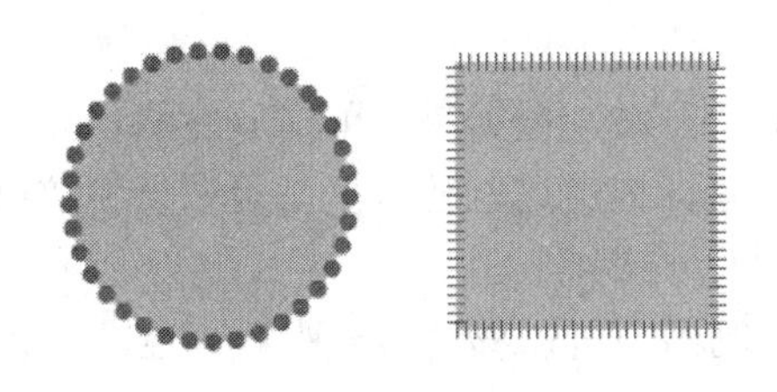

图 2.56　原图形

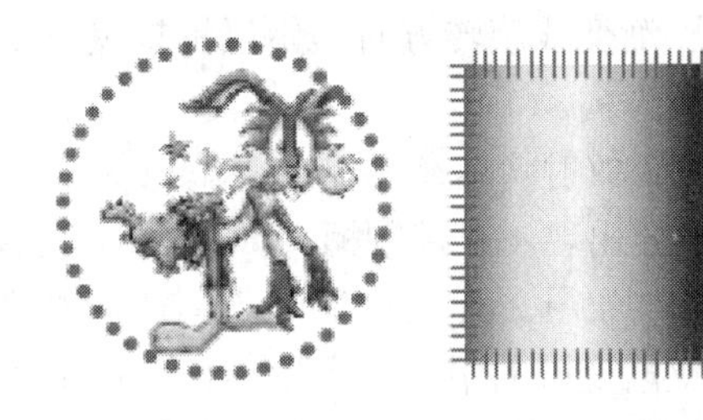

图 2.57　利用颜料桶工具修改后的图形

2. 颜料桶工具“选项”栏内图标按钮的作用

颜料桶工具的作用是对填充的属性进行修改。填充的属性有单色填充、渐变填充和位图填充等。颜料桶工具的使用方法和它的“选项”栏内各图标按钮的作用如下。

（1）颜料桶工具的使用方法：设置填充的新属性，再单击工具箱内的“颜料桶工具”图标按钮，此时鼠标指针呈状。再将鼠标移到舞台工作区中的某填充上，单击鼠标左键，即可用新设置的填充属性修改被单击的填充。

（2）颜料桶工具“选项”栏内图标按钮的作用：单击工具箱中的“颜料桶工具”图标按钮后，“选项”栏会出现两个图标按钮。这两个图标按钮的作用如下。

- 图标按钮：单击它即可弹出一个图标菜单，如图 2.58 所示。

该菜单的作用是用来选择对没有空隙和有空隙的图形进行填充的。对封闭大空隙来说，空隙也不是很大，对于较大的空隙是无法填充的。对有空隙（即有缺口）的图形的填充，如图 2.59 所示。

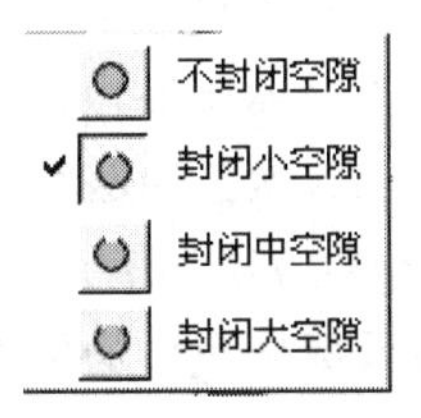

图 2.58　图标菜单

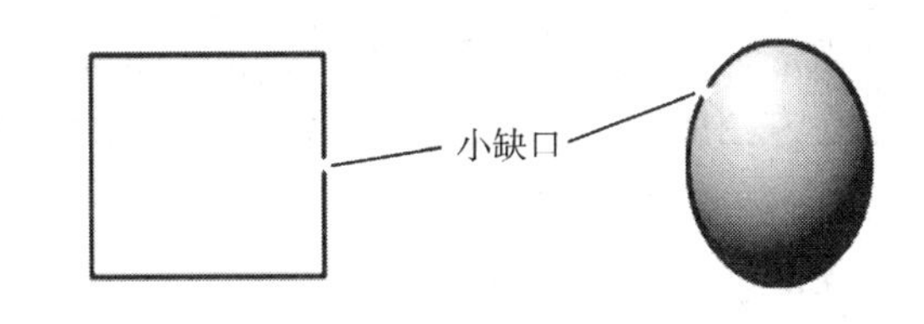

图 2.59　填充有缺口的区域

- （锁定填充）图标按钮：该按钮弹起时，为非锁定填充模式；单击该按钮，即进入锁定填充模式。它的作用与画笔工具的相关内容一样。

3. 调整渐变填充样式

在有填充的图形对象没被选中的情况下，单击填充变形工具图标按钮，再用鼠标单击“线性”、“放射状”或“位图”填充图形的内部，即可在填充之上出现一些圆形和方形的控制柄，以及线或矩形框，用鼠标拖曳这些控制柄，可以调整填充的填充状态。

（1）改变线性填充：单击“填充变形工具”图标按钮，再用鼠标单击线性填充。线性填充中会出现三个控制柄，如图 2.60 左图所示。用鼠标拖曳这些控制柄，可以调整线性填充的状态，如图 2.60 右图所示。具体调整线性填充的方法如下。

- 调整渐变线的水平位置：用鼠标拖曳位于两条渐变线之间的圆圈控制柄，可以移动渐变中心的位置，以改变水平渐变情况。
- 调整渐变线的间距：用鼠标拖曳位于渐变线中点的方形控制柄，可以调整填充渐变线的间距。

- 调整渐变线旋转方向：用鼠标拖曳位于渐变线端点处的圆圈控制柄，可以调整渐变线的旋转方向。

（2）改变放射状填充：单击“填充变形工具”图标按钮，再用鼠标单击放射状填充。放射状填充中会出现 4 个控制柄，如图 2.61 左图所示。用鼠标拖曳这些控制柄，可以调整放射状填充的状态，如图 2.61 右图所示。具体调整放射状填充的方法如下。

- 调整渐变圆的中心：用鼠标拖曳位于圆心的圆控制柄，可以移动填充中心亮点的位置。
- 调整渐变圆的长宽比：用鼠标拖曳位于圆周上的方形控制柄，可调整填充渐变圆的长宽比。
- 调整渐变圆的大小：用鼠标拖曳位于圆周上紧挨着方形控制柄的圆形控制柄，可以调整填充渐变圆的大小。
- 调整渐变圆的方向：用鼠标拖曳位于圆周上的第 2 个圆形控制柄，可以调整填充渐变圆的倾斜方向。

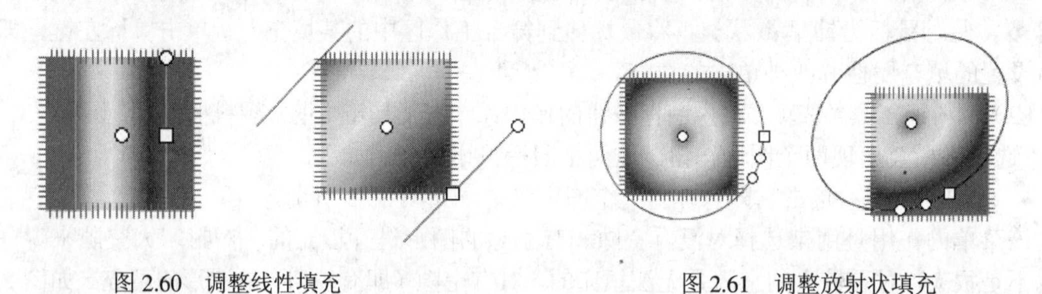

图 2.60 调整线性填充　　图 2.61 调整放射状填充

4. 调整位图填充

单击“填充变形工具”图标按钮，再用鼠标单击位图填充。位图填充中会出现 7 个控制柄，如图 2.62 左图所示。用鼠标拖曳这些控制柄，可以调整位图填充的状态，如图 2.62 右图所示。具体调整位图填充的方法如下。

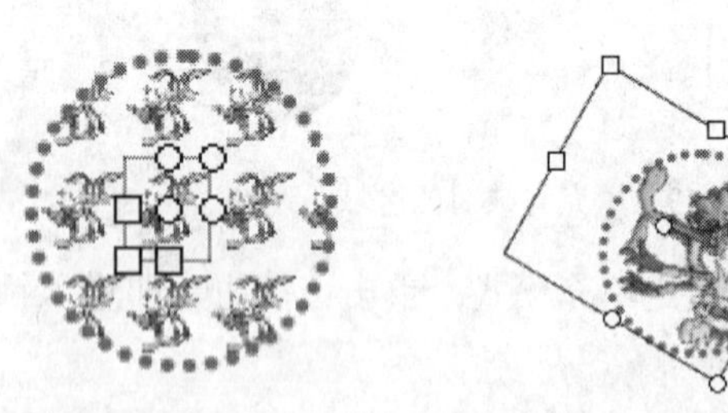

图 2.62 调整位图填充

- 调整位置：用鼠标拖曳中心的圆形控制柄，可以调整填充图像的位置。
- 调整大小：用鼠标拖曳矩形框角上的方形控制柄，可以在保持图像的纵横比不变的情况下，改变图像的大小。如果缩小了填充图像，则会使填充区域内容纳的图像更多。
- 沿一个方向改变图像的大小：拖曳矩形边线中点的方形控制柄可以沿一个方向改变填充图像的大小。
- 调整倾斜方向：用鼠标拖曳矩形框角上的圆形控制柄，可以在保持图像形状的情况下，改变它的倾斜角度。
- 扭曲图形：用鼠标拖曳矩形边线中点的圆形控制柄可以沿一个方向使图像扭曲。

2.5.3 吸管工具的使用

在 Flash MX 中，吸管工具的作用是吸取舞台工作区中已经绘制的线、填充（含位图）和文字的属性。单击工具箱中“吸管工具”图标按钮，然后将鼠标移到舞台工作区内的对象之上。然后，单击鼠标左键，即可将单击对象的属性赋给相应的面板，相应的工具也会被选中。吸管工具的使用方法有如下几种。

1. 吸取矢量图形和位图图像的属性

单击工具箱中吸管工具图标按钮，然后将鼠标移到舞台工作区中的空白处，鼠标指针呈一个吸管状，这时单击鼠标是无效的。

当鼠标指针移到某条线上时，鼠标指针变成一个吸管和一支笔的形状，这时单击鼠标可以吸取该线的属性，工具箱将自动使墨水瓶工具成为当前工具。

当鼠标指针移到某个填充区域中时，鼠标指针会变成一个吸管和一把刷子的形状，这时单击鼠标将吸取该区域的填充属性，工具箱将自动使颜料桶工具成为当前工具。

例如，在图 2.63 左图所示图形中，吸取左图线的属性后，单击右图的轮廓线，会使右图的轮廓线与左图轮廓线一样；吸取左图填充的属性后，单击右图的填充内部，会使右图的填充与左图填充一样，如图 2.63 右图所示。

反之，吸取右图线和填充的属性后，也可以改变左图的轮廓线和填充。

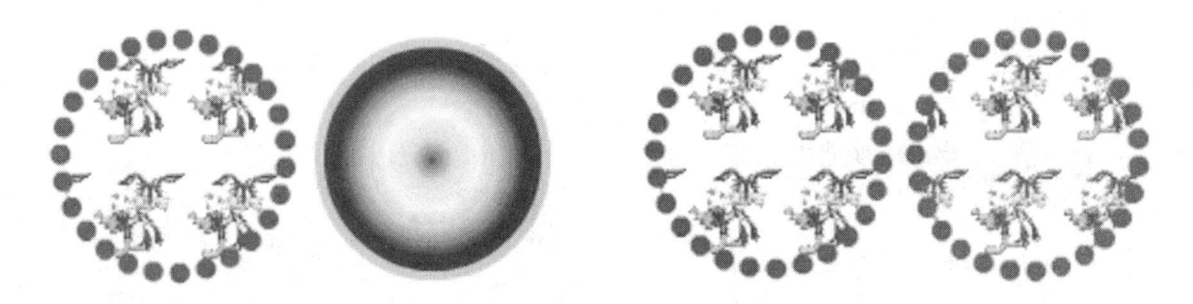

图 2.63　原图和吸管工具的作用

2. 吸取文字的属性

吸取文字属性的方法与吸取矢量图形和位图图像属性的方法一样。在吸取文字属性后，会马上弹出文本的“属性”面板，“属性”面板内文本的属性会随之发生变化。单击工具箱内的“文本工具”图标按钮A，然后再单击舞台工作区内任何地方，你会发现“属性”面板内文字的属性已改变为吸管所吸取的文字属性了。

2.6　实例

前面 5 节已经介绍了绘制图形的基本方法，本节将介绍如何综合利用这些方法，绘制一些简单的图形。在介绍绘制图形时，难免要用到一些编辑图形的方法和技巧，这些本是后文中要介绍的内容，由于是经常要使用的，因此在此先给读者一些感性认识，对于学习后面的内容是非常有益的。

实例 1　来回移动的彩球

“来回移动的彩球”动画播放后的 2 幅画面如图 2.64 所示。可以看到，1 个带阴影的红色立体彩球来回移动，光线从左上方照射过来，产生了球左上方亮的效果，右下角产生倾斜的阴影。该动画的制作方法如下。

图 2.64 “来回移动的彩球”动画播放后的 2 幅画面

1. 绘制红色立体球

（1）单击“修改”→“影片”菜单命令，调出“影片属性”对话框。利用该对话框设置舞台工作区的大小为 600 像素×160 像素，设置图形的背景颜色为黄色，单击“确定”按钮。

（2）调出“混色器”面板，在“填充样式”列表框中选择“放射状”选项，再设置渐变色为白色到红色，如图 2.65 所示。

（3）使用工具箱中的椭圆工具。单击工具箱内栏中间的图标按钮。然后，按住 Shift 键，拖曳鼠标绘制一个红色圆形图形，如图 2.66 左图所示。

（4）使用工具箱内的颜料桶工具，再单击圆形内右上角处，使红色圆形图变成红色立体球，如图 2.66 右图所示。

（5）使用工具箱内的箭头工具，单击选中阴影图形，再单击“修改”→“组合”菜单命令，将红色立体球组成组合。

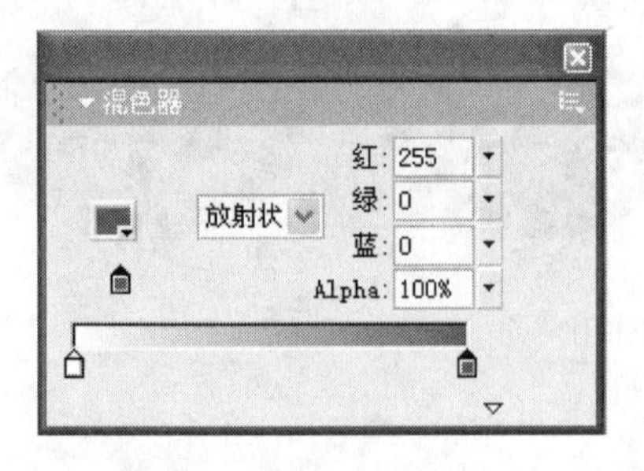

图 2.65 “混色器”面板

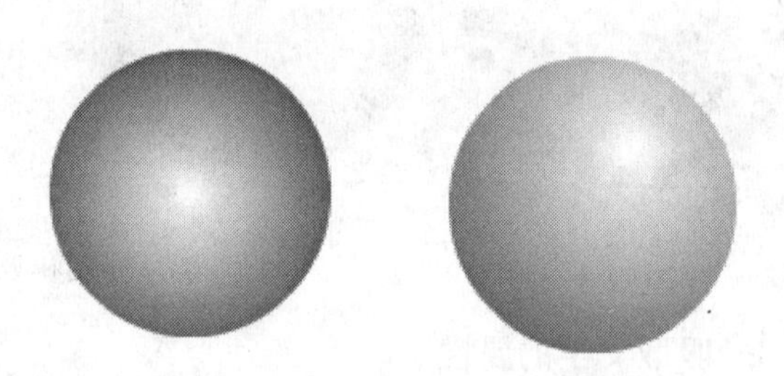

图 2.66 红色圆形和红色立体球

2. 绘制红色立体球的阴影

（1）绘制一个灰色的无边框椭圆，如图 2.67 所示。使用工具箱内的箭头工具，单击选中灰色椭圆，再单击“修改”→“形状”→“柔化填充边缘”菜单命令，调出“柔化填充边缘”对话框，进行柔化设置（两个文本框中均输入 10），如图 2.68 左图所示。单击“确定”按钮，即可形成球的阴影图形，如图 2.68 右图所示。

（2）使用工具箱内的箭头工具，用鼠标拖曳选中阴影图形，再单击“修改”→“组合”菜单命令，将阴影图形组成组合。

图 2.67 灰色椭圆

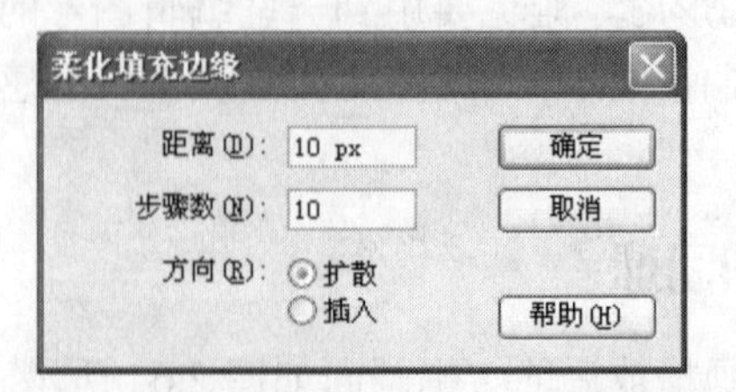

图 2.68 “柔化填充边缘”对话框设置和柔化边缘后的椭圆

（3）使用工具箱内的任意变形工具，单击阴影图形，再单击“选项”栏中的“缩放”图标按钮，用鼠标拖曳阴影图形四周的控制柄，使阴影大小合适，如图 2.69 左图所示。

（4）再单击“选项”栏中的“旋转和倾斜”图标按钮，用鼠标拖曳控制柄，使阴影图形倾斜，如图 2.69 右图所示。然后，将阴影图形组成组合，再将阴影图形移到红色立体小球的下边。如果阴影图形在红色立体小球之上，可单击“修改”→“排列”→“移至底层”菜单命令，此时的效果如图 2.64 中的红色立体球所示。

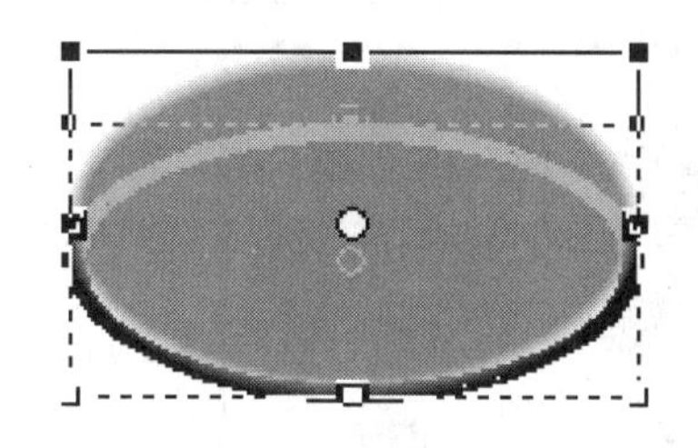
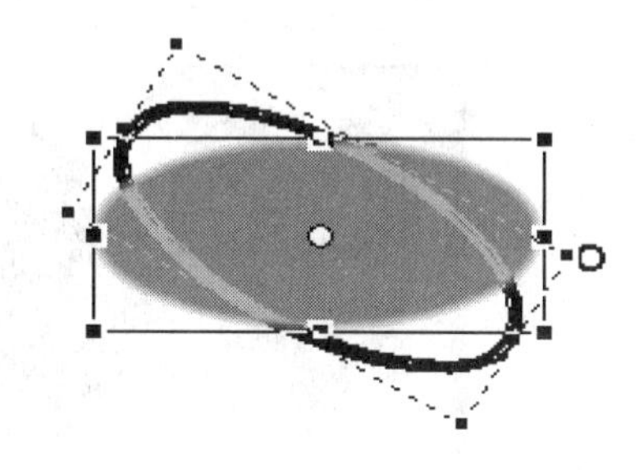

图 2.69　调整阴影大小和调整阴影的倾斜角度

（5）单击选中“图层 1”图层，单击“修改”→“分散到层”菜单命令，即可将选中图层中第 1 帧内的两个对象分配到时间轴内“图层 2”和“图层 3”图层的第 1 帧中。“图层 1”图层第 1 帧中的对象消失。此时的时间轴和舞台工作区如图 2.70 所示。

（6）单击选中时间轴“图层 1”图层，单击时间轴内的“删除图层”按钮，删除“图层 1”图层。

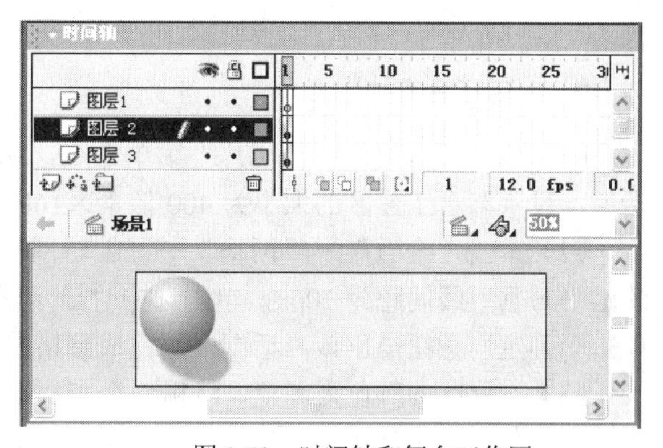

图 2.70　时间轴和舞台工作区

3. 制作来回移动的彩球动画

（1）按住 Ctrl 键，同时单击选中时间轴“图层 2”和“图层 3”图层的第 1 帧，单击鼠标右键，弹出一个快捷菜单，再单击该菜单中的“创建补间动画”菜单命令，使“图层 2”和“图层 3”图层的第 1 帧具有动作动画的属性。

（2）按住 Ctrl 键，同时单击选中“图层 2”和“图层 3”图层的第 80 帧，按 F6 键，即可创建“图层 2”和“图层 3”图层第 1 帧到第 80 帧的动画。

（3）按住 Ctrl 键，同时单击选中“图层 2”和“图层 3”图层的第 40 帧，按 F6 键，使“图层 2”和“图层 3”图层第 40 帧成为关键帧。

（4）使用工具箱内的箭头工具，按住 Shift 键，水平拖曳红色彩球和阴影图形到舞台工作区内的右边。

实例 2　扑克牌

“扑克牌”图形如图 2.71 上图所示。它是四幅扑克牌（红桃 4、方片 2、草花 5 和黑桃 A）图形，绘制四张扑克牌图形的关键是绘制其中的红桃、草花、方片和黑桃图案，如图 2.71 下图所示。黑桃图案的绘制方法与红桃图案的绘制方法基本一样，只是下面增加了一个枝干，颜色为黑色。草花图案可以认为是三个黑色的小圆和一个黑色的枝干组合而成的。

在绘制红桃和草花图案时，主要使用钢笔工具来绘制基本图形，根据线相交点为节点的思路来产生新节点，使用箭头工具来修改图形的形状等技术。该图形的制作方法如下。

图 2.71 “扑克牌”图形和四幅扑克牌中的图案

1. 绘制红色方片图形

（1）单击“修改”→“影片”菜单命令，调出“影片属性”对话框，利用“影片属性”对话框，设置舞台工作区的大小为 400 像素×160 像素，设置背景颜色为黄色。

（2）单击“查看”→“网格”→“编辑网格”菜单命令，调出“网格”对话框。设置网格的水平与垂直线间距为 10px，单击选中“显示网格”和“对齐网格”复选框，如图 2.72 所示。单击“确定”按钮退出该对话框，并完成网格设置。

（3）设置线的颜色为红色、线粗 2 个点；设置填充色为红色。使用工具箱内的钢笔工具，在舞台工作区内依次单击要绘制的菱形的各个顶点处，最后回到起点处，双击鼠标左键，即可绘制出一个红色的菱形图形，如图 2.73 所示。

（4）单击工具箱内的“箭头工具”按钮，在没有选中菱形图形的情况下，用鼠标向内拖曳菱形各边的中点，最后结果如图 2.74 所示。

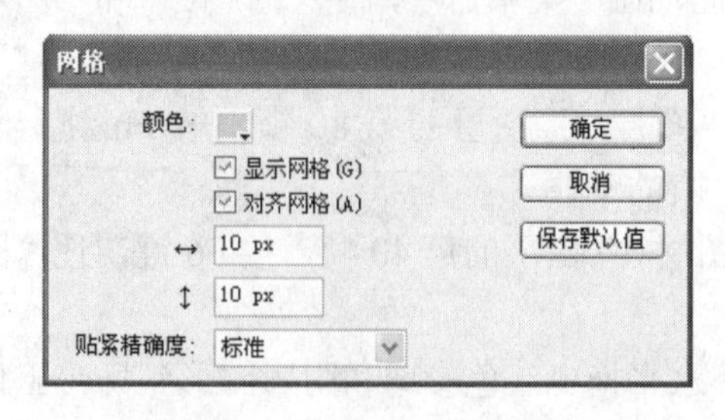

图 2.72 “网格”对话框设置

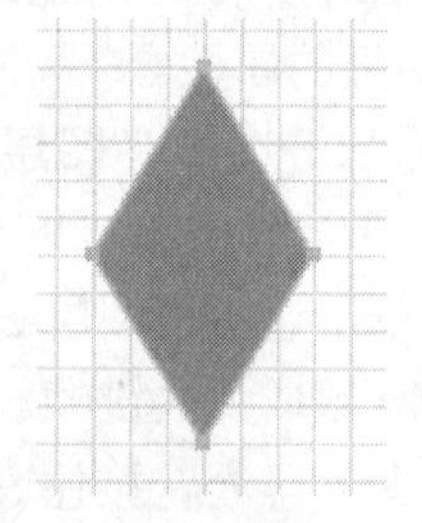

图 2.73 菱形图形

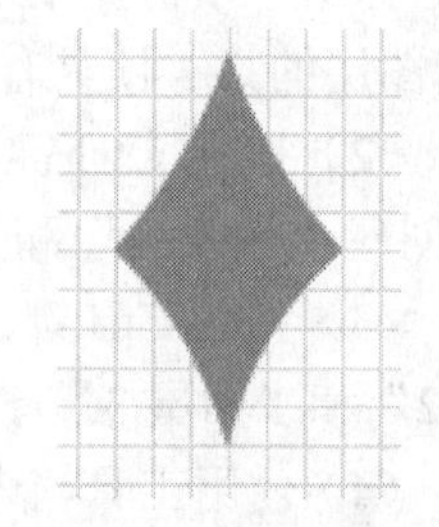

图 2.74 调整菱形图形

（5）单击工具箱内的“箭头工具”按钮，用鼠标拖曳出一个矩形，将方片图形选中，单击“修改”→“组合”菜单命令，将它们组成组合。

2. 绘制黑桃图形

（1）使用工具箱内的钢笔工具。单击工具箱内栏中的“没有颜色”图标按钮。设置线的颜色为黑色、线粗 2 个点。

（2）单击舞台工作区内一个网格点处，舞台工作区内会出现一个蓝色小圈。然后，单击这个小圆点右边第 8 个网格点处，则会又出现一个小圆点，而且 Flash 会自动将两个小圆点连成一条直线。然后，再单击要绘制的三角形的下边顶点，最后双击起始顶点处，即可绘制出一个三角形，如图2.75所示。

（3）在三角形三个边的相应处，绘制三条直线，如图2.76所示。其目的是为了下面分段调整三角形三个边的形状。

（4）使用工具箱内的箭头工具，在没有选中三角形图形的情况下，用鼠标拖曳相应的线条，使三角形的形状变为桃形图形，如图2.77所示。单击选中各个线条，再按删除键，删除线条，获得桃形图形，如图2.78所示。

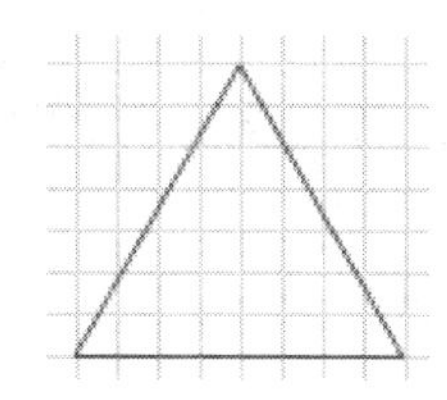

图2.75 三角形

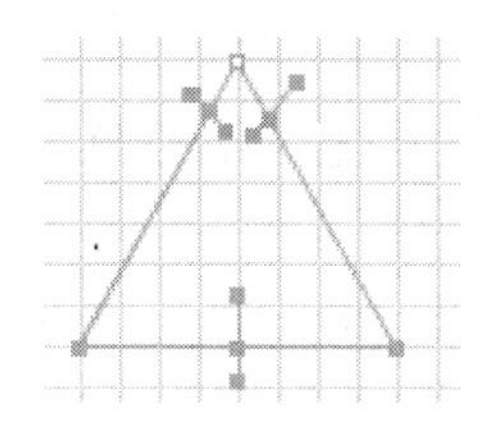

图2.76 绘制三条直线

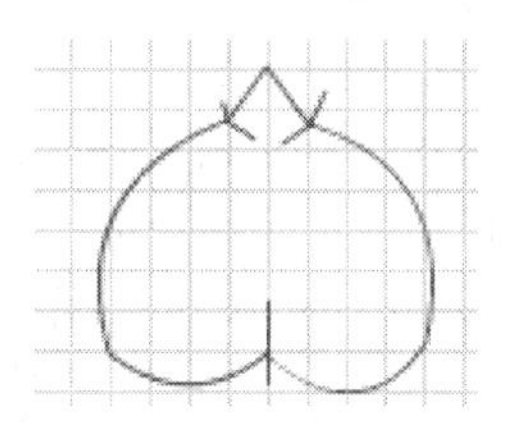

图2.77 调整三角形形状

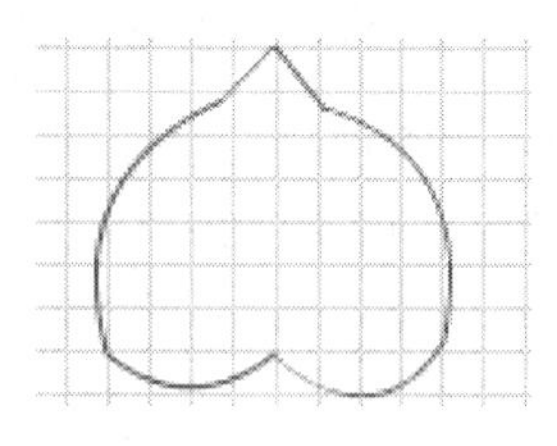

图2.78 桃形图形

（5）单击工具箱内的部分选取工具，用鼠标拖曳出一个矩形，将桃形图形全部选中。这时的桃形图形如图2.79所示。再用鼠标拖曳相应的节点，改变桃形图形的形状，使它的线条更平滑。

（6）设置填充色为黑色，使用工具箱内的颜料桶工具，再单击桃形图形的内部，给图形填充黑色，如图2.80所示。然后，将它组成组合。

（7）利用钢笔绘图工具绘制一个黑色外框轮廓线和黑色填充色的梯形图形，如图2.81（a）所示。再绘制两条直线，如图2.81（b）所示。

（8）删除多余的直线。使用工具箱内的部分选取工具，用鼠标拖曳出一个矩形，将梯形图形全部选中，如图2.81（c）所示。可以看出，在与直线相交处增加了一个节点。用鼠标拖曳调整增加的节点，使梯形图形变为如图2.81（d）所示。

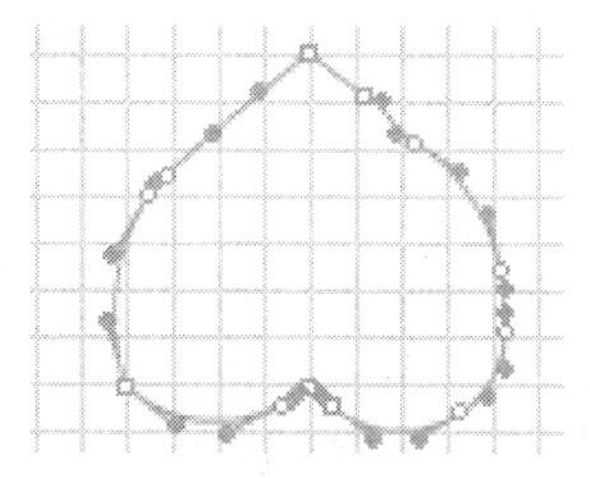

图2.79 选中桃形图形

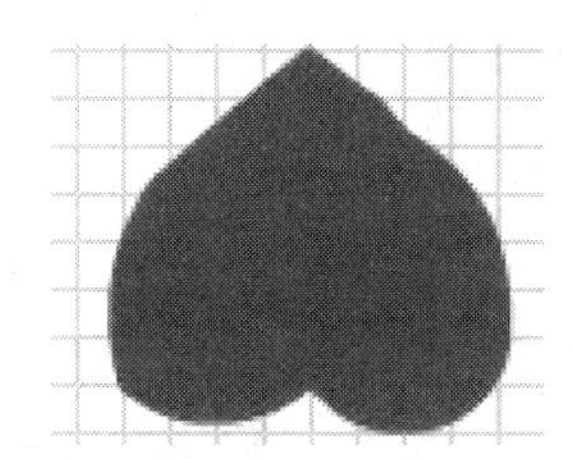

图2.80 桃形图形填充黑色

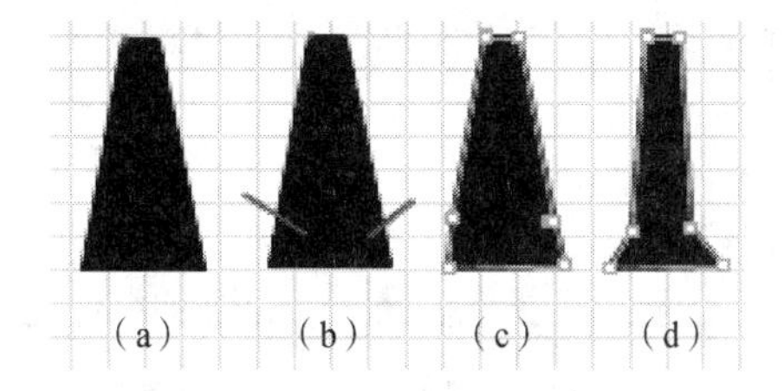

图2.81 调整梯形图形

（9）将整个梯形图形组成组合。再将它移到黑色桃形图形之下。然后，将黑色桃形图形和梯形图形都选中，将它组成组合。这样，黑桃图形绘制完毕。

3. 绘制梅花图形

（1）使用工具箱中的椭圆工具，设置不画边线，在舞台工作区内绘制三个黑色圆形图形，将它们组成组合。如图2.82所示。

（2）按照上述方法绘制图2.81（d）所示的梯形图形。

（3）将梯形图形组成组合。再将它移到三个圆形图形处将三个圆形图形中间的空隙遮挡住，如图2.83所示。然后，将三个圆形和梯形图形都选中，将它组成组合。这样，梅花图形绘制完毕。

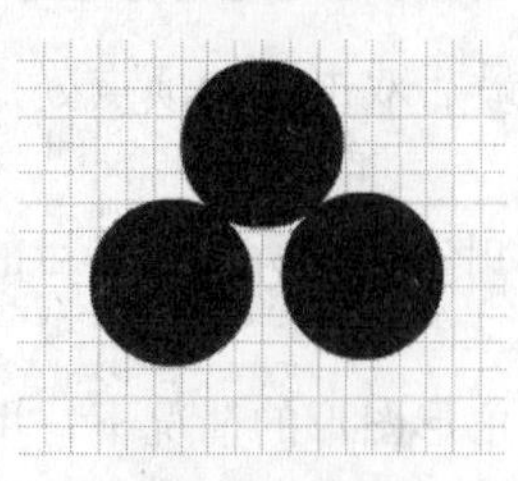

图 2.82　三个黑色圆形

图 2.83　梅花图形

实例 3　变色的五角星

“变色的五角星”动画播放后一个五角星图形逐渐由红色变为蓝色，其中的 3 幅画面如图 2.84 所示。该动画的制作方法如下。

图 2.84 “变色的五角星”动画播放后的 3 幅画面

1. 制作“红色五角星”影片剪辑元件

（1）单击“修改”→“影片”菜单命令，调出“影片属性”对话框，设置舞台工作区为 150 像素×150 像素，背景色为黄色。单击“影片属性”对话框内的“确定”按钮，关闭该对话框。再单击“查看”→“网格”→“显示网格”菜单命令，使舞台工作区显示网格。

图 2.85 “创建新元件”对话框设置

（2）单击“插入”→“新建元件”菜单命令，调出“创建新元件”对话框。选中该对话框内的“影片剪辑”单选钮，在“名称”文本框内输入“红色五角星”，如图 2.85 所示。然后，单击该对话框内的“确定”按钮，进入“红色五角星”影片剪辑元件的编辑状态。

（3）使用工具箱内的矩形工具□，设置无填充、线条颜色为红色、线粗为 2 个点。绘制一个矩形，它的宽度占 10 个网格，高度占 16 个网格，如图 2.86 左图所示。然后，使用工具箱中的箭头工具，用鼠标向右拖曳矩形的左上角，到矩形顶边的中间处；用鼠标向左拖曳矩形的右上角，到矩形顶边的中间处。从而使矩形成为三角形，如图 2.86 右图所示。

（4）使用工具箱中的线条工具，用鼠标在舞台工作区内绘制三条直线，水平线的长度为 16 个网格，而且是以三角形的垂直中线为轴左右对称，如图 2.87 所示。

（5）使用工具箱内的箭头工具，再单击选中三角形的底线。然后，按删除键，删除三角形的底线，如图 2.88 左图所示。按照同样的方法，删除五角星内部的所有线段。然后，使用工具箱中的线条工具，用鼠标在五角星内绘制 5 条线粗为 2 个点的灰色直线，如图 2.88 右图所示。

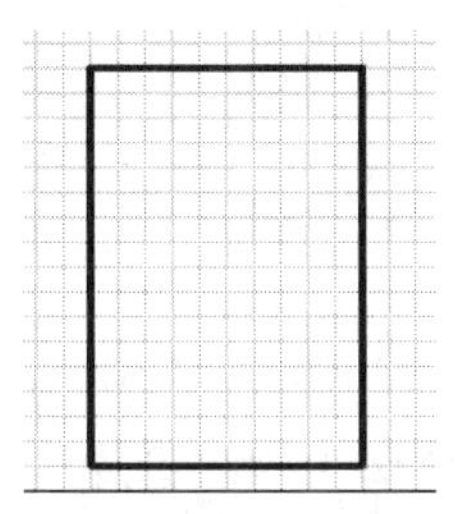
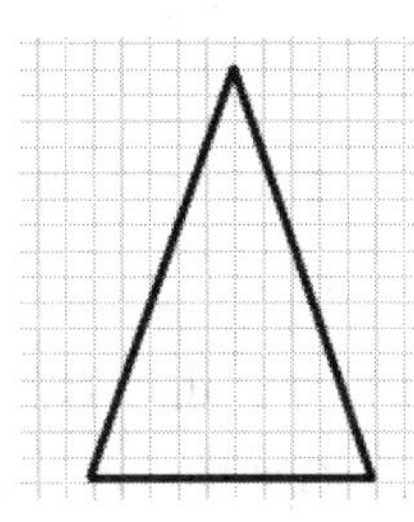

图 2.86　绘制一个矩形和调成三角形

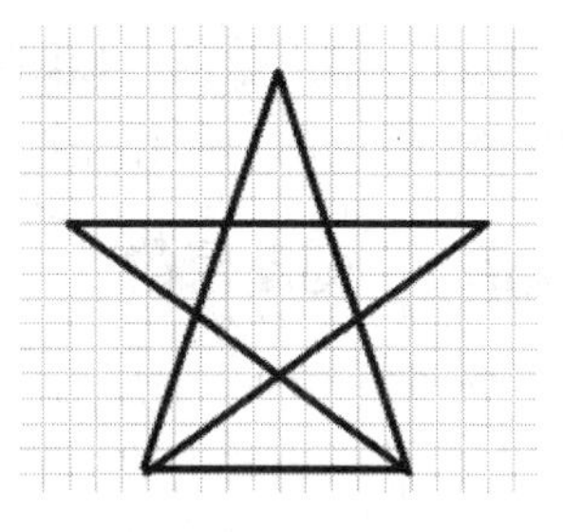

图 2.87　再绘制三条直线

（6）利用“混色器”面板，设置填充色为红色、浅红色、白色的线性渐变色。然后，使用颜料桶工具，再单击五角星内部各个区域。注意：在“填充”面板内设置填充色时，关键点滑块的位置会影响填充的效果，五角星左上角区域内填充的渐变色应偏亮一些，以产生光照的效果。

（7）设置线的颜色为深红色，使用工具箱内的墨水瓶工具，单击五角星内部左上边的两条直线；再设置线的颜色为浅红色，使用墨水瓶工具，单击五角星内部右下边的三条直线。此时的红色五角星如图 2.89 所示。

（8）将图形放大，进行线条的细致修改，修改后，将红色五角星组成组合，再复制一份，最终结果如图 2.84 左图所示。

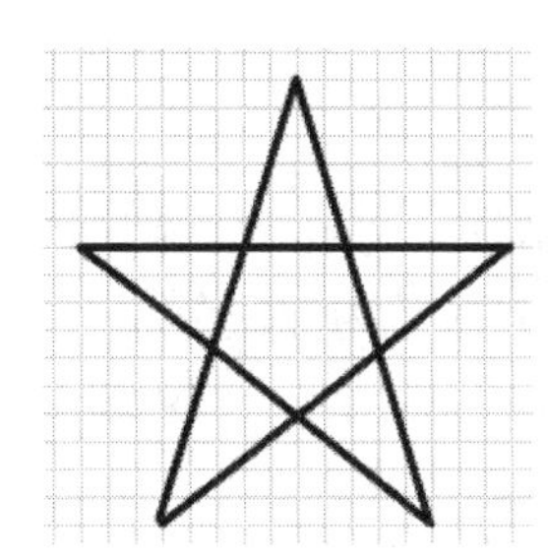

图 2.88　删除三角形的底线和在五角星内补画直线

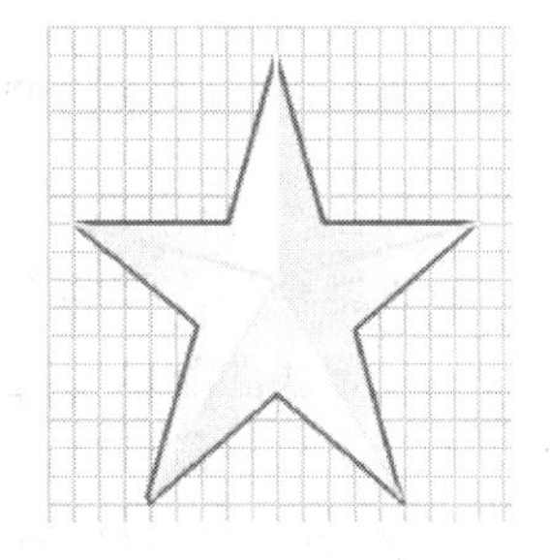

图 2.89　填色后的五角星

（9）单击元件编辑窗口中的场景名称图标 场景 1 或按钮，回到主场景舞台工作区。

2. 制作“变色的五角星”动画

（1）单击“窗口”→“库”菜单命令，调出“库”面板。将“库”面板内的“红色五角星”影片剪辑元件拖曳到舞台工作区内的正中间，形成一个“红色五角星”影片剪辑元件的实例。

（2）使用工具箱内的任意变形工具，调整“红色五角星”影片剪辑元件实例的大小。

（3）单击选中时间轴“图层 1”图层的第 1 帧，单击鼠标右键，弹出一个快捷菜单，再单击该菜单中的“创建补间动画”菜单命令，使“图层 1”图层的第 1 帧具有动作动画的属性。

（4）单击选中“图层 1”图层的第 50 帧，按 F6 键，即可创建“图层 1”图层第 1 帧到第 50 帧的动画。

（5）单击选中“图层 1”图层的第 50 帧，单击选中舞台工作区内的“红色五角星”影片剪辑元件实例。在其“属性”面板内的“颜色”下拉列表框内选择“高级”选项，单击“设置”按钮，调出“高级效果”对话框，按照图 2.90 所示进行设置，然后单击“确定”按钮，即可将“红色五角星”影片剪辑元件

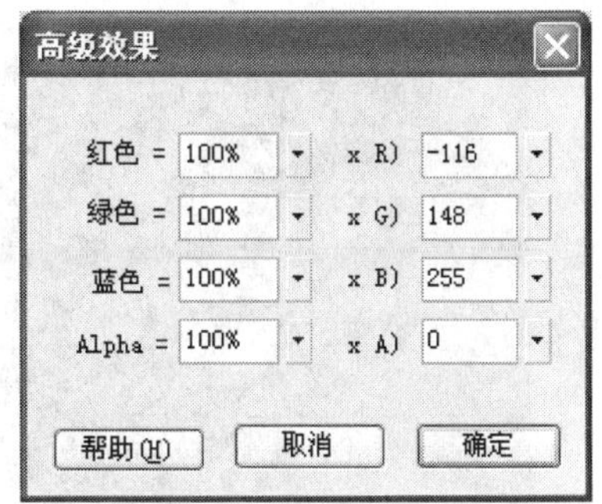

图 2.90　“高级效果”对话框

实例的颜色调整为蓝色，如图 2.84 右图所示。

至此，整个动画制作完毕。

实例 4　荷塘月色

“荷塘月色”动画播放后的 2 幅画面如图 2.91 所示。可以看到，漆黑的深夜，圆圆的月亮映照在湖中，月亮和湖中的倒影从左向右移动。倒挂的垂柳，深蓝色的湖面上漂浮着片片荷叶，给人一种美丽、幽静的感觉，好像置身于迷人的风景之中。该动画的制作方法如下。

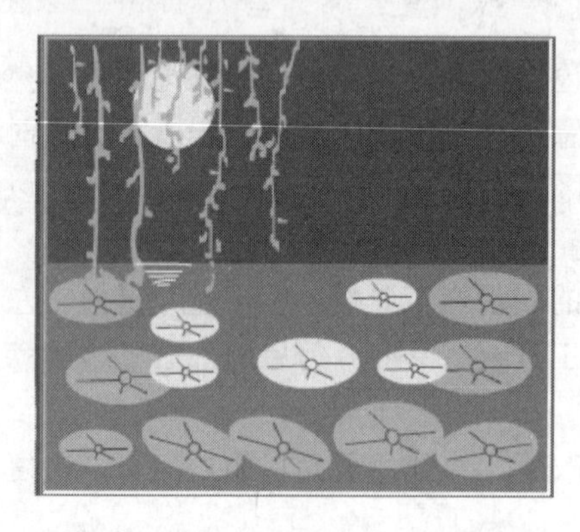
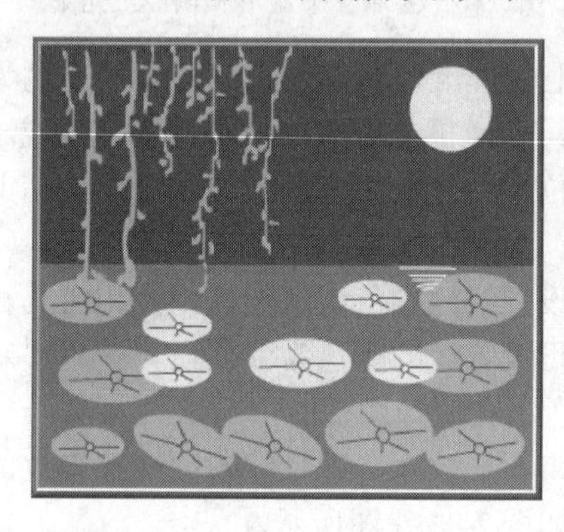

图 2.91　“荷塘月色”动画播放后的 2 幅画面

1. 绘制“荷塘月色”图形

（1）单击“修改”→“影片”菜单命令，调出“影片属性”对话框。利用“影片属性”对话框，设置舞台工作区的大小为 300 像素×260 像素，设置图形的背景颜色为深灰色。

（2）设置线的颜色为黄色，填充色也为黄色。使用工具箱内的椭圆工具，按住 Shift 键，在舞台工作区拖曳鼠标，绘制一个黄色的圆形月亮图形，如图 2.92 左图所示。

（3）单击选中时间轴中的“图层 1”图层，再单击时间轴左下角的“插入图层”按钮，在选定的“图层 1”图层之上增加一个新的“图层 2”图层。单击选中“图层 2”图层第 1 帧。

（4）设置无线条，填充色为深蓝色。使用工具箱内的矩形工具，用鼠标在舞台工作区的下边拖曳，绘制一个蓝色的矩形湖面，如图 2.92 右图所示。

（5）设置填充色为深绿色。使用工具箱内的画笔工具，设置最小的竖形笔型。用鼠标在舞台工作区的上边拖曳，绘制出垂柳图形，如图 2.93 所示。

（6）设置线的颜色为绿色，填充色也为绿色。使用工具箱内的椭圆工具，在舞台工作区的外边拖曳鼠标，绘制一个绿色的椭圆图形。再设置线的颜色为黑色，无填充色。在绿色的椭圆之上，绘制一个小圆和几条直线，形成荷叶图形，如图 2.94 所示。

图 2.92　绘制月亮和绘制湖面

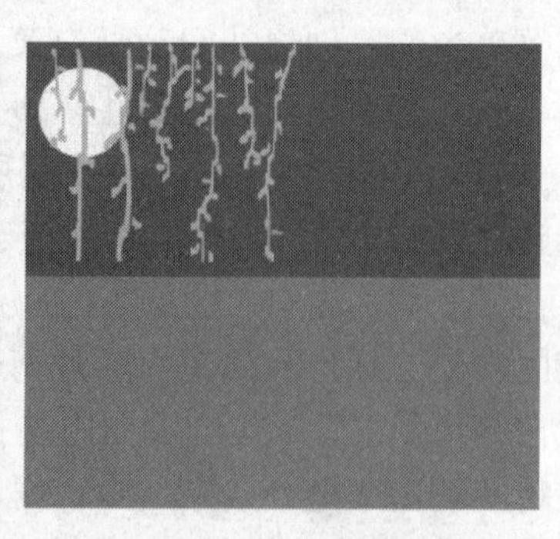

图 2.93　垂柳图形

（7）使用工具箱内的箭头工具，用鼠标拖曳出一个矩形，将整个荷叶图形选中，然后将它们组成组合。然后，单击选中荷叶图形，按住 Ctrl 键，用鼠标拖曳荷叶图形，复制一份新的荷叶图形。按照此种方法，复制多个荷叶图形。

（8）使用工具箱内的任意变形工具，再单击“选项”栏中的“缩放”图标按钮。此时，荷叶图形四周会出现 8 个方形的控制柄。用鼠标拖曳控制柄，使荷叶图像缩小。

（9）再调整其他荷叶图形的大小。单击“选项”栏中的“旋转和倾斜”图标按钮，用鼠标拖曳控制柄，使一些荷叶图形倾斜。

（10）单击选中一幅荷叶图形，再单击“修改”→“撤销组合”菜单命令，将选中的荷叶图形解除组合。然后给它填充黄色。选中黄色荷叶图形，再将它们组成组合。然后，将它复制几份。再用鼠标分别拖曳这些荷叶图形到湖面图形之上，如图 2.95 左图所示。

（11）单击选中时间轴中的“图层 2”图层，再单击时间轴左下角的“插入图层”按钮，在选定的“图层 2”图层之上增加一个新的“图层 3”图层。单击选中“图层 3”图层第 1 帧。

（12）设置填充色为黄色。使用工具箱内的画笔工具，在工具箱内的“选项”栏内设置最小的扁形笔型。然后，用鼠标在舞台工作区内的湖面中左上角拖曳，绘制出月亮倒影图形，如图 2.95 右图所示。

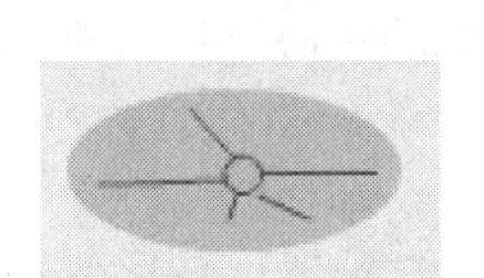

图 2.94　荷叶图形

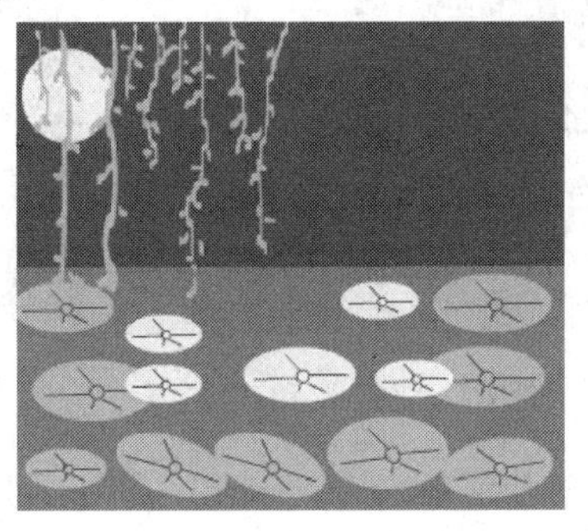

图 2.95　荷叶图形移到湖面之上和绘制月亮倒影

2. 制作动画

（1）按住 Ctrl 键，同时单击选中时间轴“图层 1”和“图层 3”图层的第 1 帧，单击鼠标右键，弹出一个快捷菜单，再单击该菜单中的“创建补间动画”菜单命令，使“图层 1”和“图层 3”图层的第 1 帧具有动作动画的属性。

（2）按住 Ctrl 键，同时单击选中“图层 1”和“图层 3”图层的第 75 帧，按 F6 键，即可创建“图层 1”和“图层 3”图层第 1 帧到第 75 帧的动画。

（3）使用工具箱内的箭头工具，按住 Shift 键，水平拖曳月亮和月亮倒影图形到舞台工作区内的右边。至此，整个动画制作完毕。该动画的时间轴如图 2.96 所示。

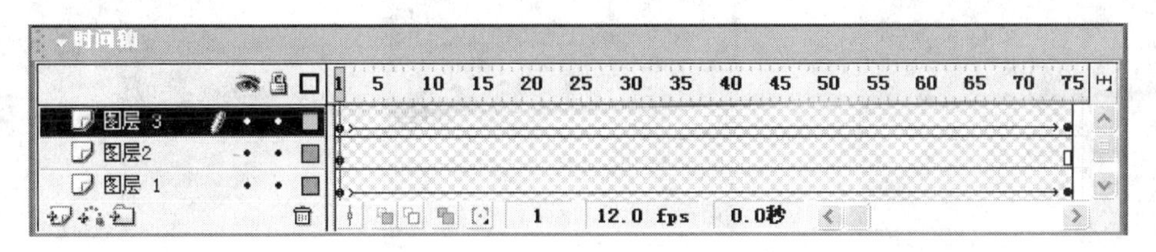

图 2.96　“荷塘月色”动画的时间轴

实例 5 动感按钮

“动感按钮”动画播放后的一幅画面如图 2.97 所示。它给出了红、蓝、绿三个不同颜色的水晶按钮，按钮内的图像会在消失与再现之间不断逐渐变化。三个按钮不但颜色不一样，而且其内隐约可见的图像也不一样。该动画的制作方法如下。

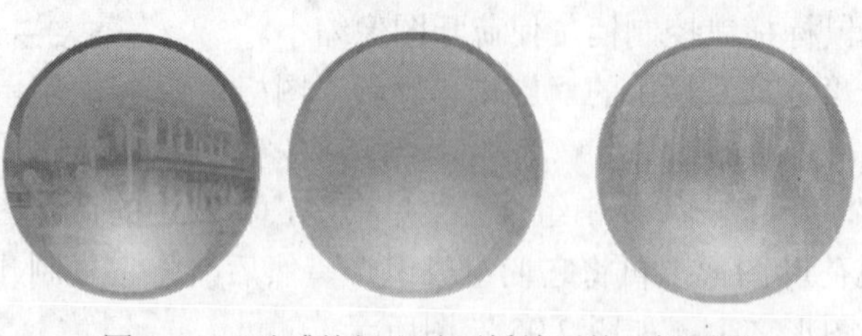

图 2.97 “动感按钮”动画播放后的一幅画面

1. 制作变化的图像

（1）创建一个宽 600 像素，高 200 像素，背景色为白色的舞台工作区。单击“查看”→“标尺”菜单命令，此时会在舞台工作区上边和左边出现标尺。

（2）单击“文件”→“导入库”菜单命令，调出“导入到库”对话框，按住 Ctrl 键，同时单击选中“素材”文件夹内的“图 1.jpg”、“图 2.jpg”和“图 3.jpg”图像文件，再单击“打开”按钮，导入这三幅图像（如图 2.98 所示）到“库”面板中。

图 2.98 “图 1”、“图 2”和“图 3”三幅图像

（3）单击“插入”→“新建元件”菜单命令，调出“创建新建元件”对话框，在该对话框内的“名称”文本框内输入“图 1”，选中“影片剪辑”单选钮，再单击“确定”按钮，进入“图 1”影片剪辑元件编辑状态。

（4）将“库”面板中的“图 1”图像元件拖曳到舞台工作区内，将该图像的宽度调整为 160 像素，高度调整为 160 像素。选中该图像，单击“修改”→“分离”菜单命令，将选中的图像打碎。再绘制一个红色圆形轮廓线，线粗 2pts。将红色圆形轮廓线大小调整为 158 像素宽，158 像素高。再将红色圆形轮廓线移到打碎的图像之上，如图 2.99 所示。

（5）使用工具箱内的箭头工具 ，单击选中红色圆形轮廓线外部的图像，如图 2.100 所示。按 Delete 键，将红色圆形轮廓线外部的图像删除，如图 2.101 所示。

图 2.99 红色圆形轮廓线

图 2.100 选中图像

图 2.101 删除选中的部分

（6）双击选中红色圆形轮廓线，按 Delete 键，将红色圆形轮廓线删除。

（7）创建“图层 1”图层第 1 帧到第 60 帧的动作动画，选中第 30 帧，按 F6 键，创建一个关键帧。选中第 30 帧的图像，在其“属性”面板内的“颜色”下拉列表框中选中“色调”选项，设置颜色为白色，色彩数量为 90%，如图 2.102 所示，将图像调整为白色。此时，“图 1”影片剪辑元件的时间轴如图 2.103 所示。

（8）单击元件编辑窗口中的场景名称图标 场景 1 或 按钮，回到主场景舞台工作区。

（9）按照上述方法，分别制作“图 2”和“图 3”影片剪辑元件。这两个影片剪辑元件内分别是“图 2”图像变化的动画和“图 3”图像变化的动画。

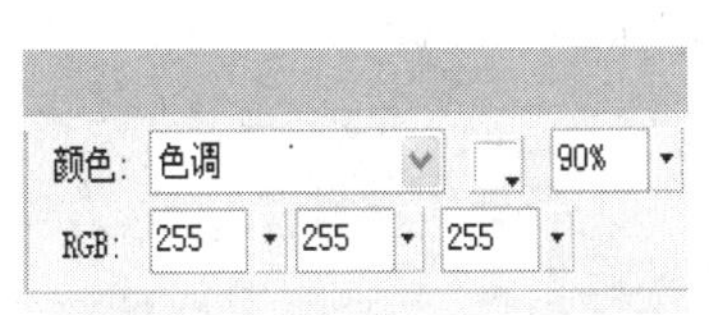

图 2.102 “属性”面板设置

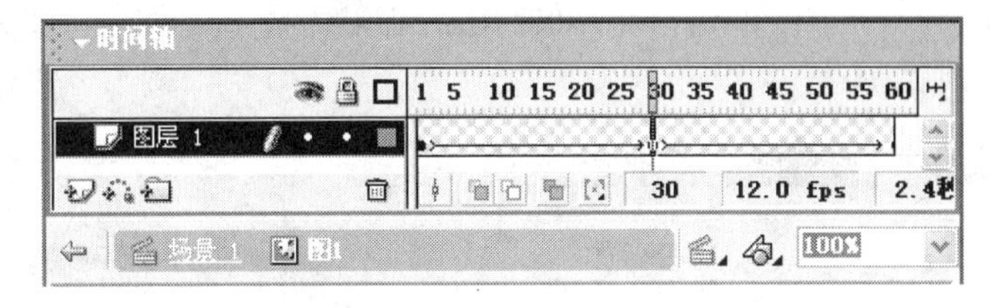

图 2.103 时间轴

2. 制作水晶球

（1）单击“插入”→“新建元件”菜单命令，调出“创建新元件”对话框，在该对话框内的“名称”文本框内输入“水晶球”，选中“影片剪辑”单选项，如图 2.104 所示。再单击“确定”按钮，进入“水晶球”影片剪辑元件编辑状态。

（2）单击工具箱中的“箭头工具”按钮，用鼠标从标尺栏向舞台工作区拖曳，创建 3 条水平辅助线和 3 条垂直辅助线，如图 2.105 所示。

（3）单击工具箱中的“椭圆工具”按钮，再在其“属性”面板内设置无轮廓线。调出“混色器”面板，在其“填充样式”下拉列表框中选择“线性”选项，按照图 2.106 所示进行设置，左边为红色（红为 255，绿为 50，蓝为 50，Alpha 为 100%），右边为灰色（红为 60，绿为 10，蓝为 10，Alpha 为 100%）。

图 2.104 “创建新元件”对话框设置

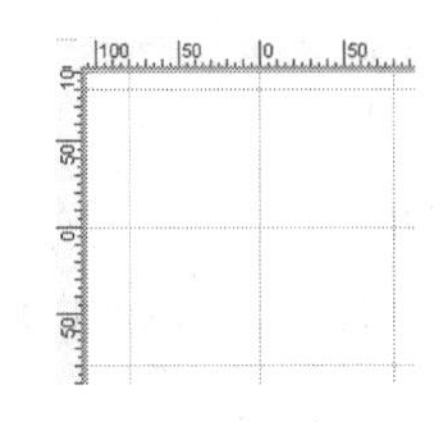

图 2.105 6 条辅助线

（4）按住 Shift 键，用鼠标拖曳绘制一个圆形图形，如图 2.107 左图所示。单击工具箱内的“填充变形工具”按钮，单击圆形图形，再用鼠标调整控制柄，使填充色旋转 90°，如图 2.107 右图所示。然后将圆形图形组成组合。

（5）为了能够看清楚下面绘制的图形，暂时将舞台工作区的背景色设置为浅蓝色。按照上述方法，绘制一个椭圆。椭圆采用颜色线性渐变填充样式，由白色（红、绿、蓝均为 255，Alpha 为 80%）到白色（红、绿、蓝均为 255，Alpha 为 0%）。“混色器”面板设置如图 2.108 所示。使用工具箱内的填充变形工具，调

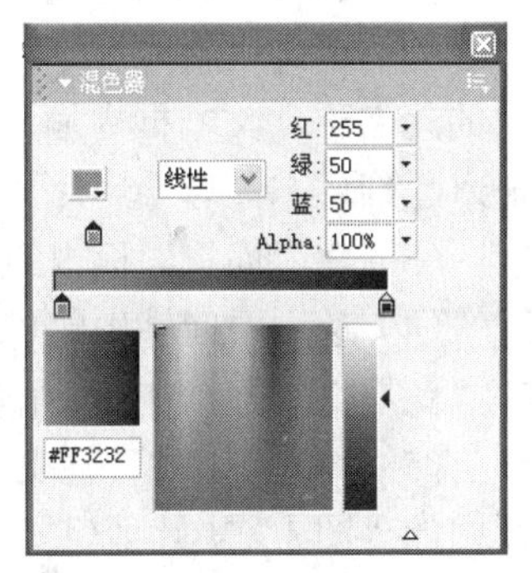

图 2.106 “混色器”面板设置

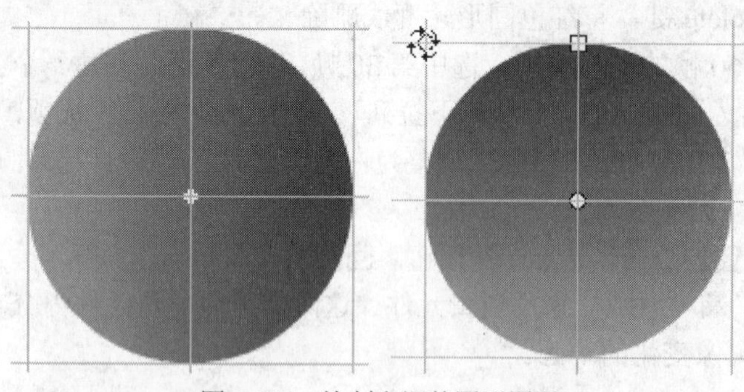

图 2.107 绘制和调整圆形图形

整椭圆如图 2.109 左图所示。再将圆形组成组合。

（6）按照上述方法，再绘制一个椭圆，椭圆采用颜色放射状渐变填充样式，由白色（红为 255，绿为 255，蓝为 255，Alpha 为 90%）到白色（红、绿、蓝均为 255，Alpha 为 0%）。使用工具箱内的填充变形工具，调整椭圆如图 2.109 右图所示。然后将椭圆图形组成组合。

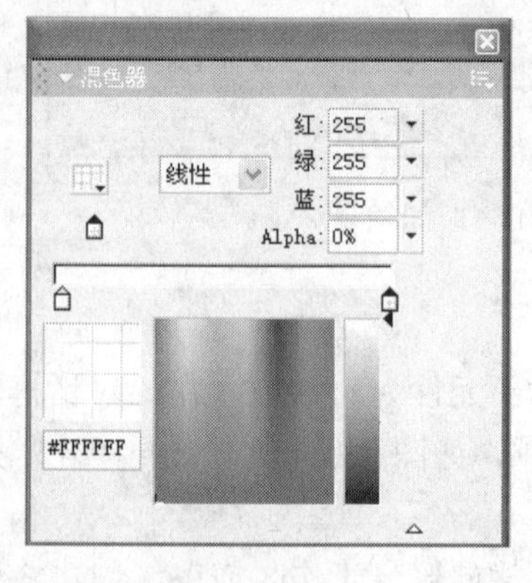

图 2.108 “混色器”面板设置

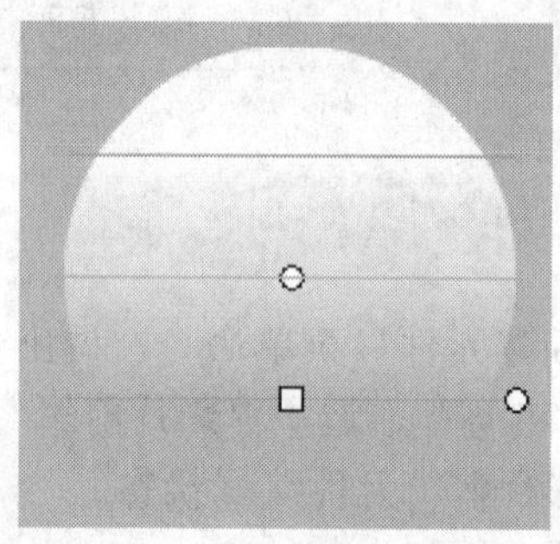

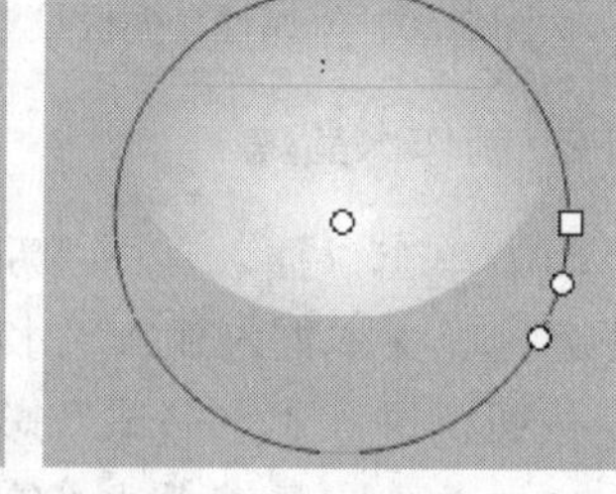

图 2.109 绘制和调整椭圆图形

（7）调整两个白色圆形图形的大小，再将这两个椭圆图形依次移到红色圆形图形之上，对齐好它们的前后次序（线性渐变的圆形图形在红色圆形图形之上，放射状渐变的圆形图形在最上边），形成一个水晶球图形，然后选中三个图形，如图 2.110 所示，再将它们组成组合。

（8）单击元件编辑窗口中的场景名称图标 场景 1 或 按钮，回到主场景舞台工作区。

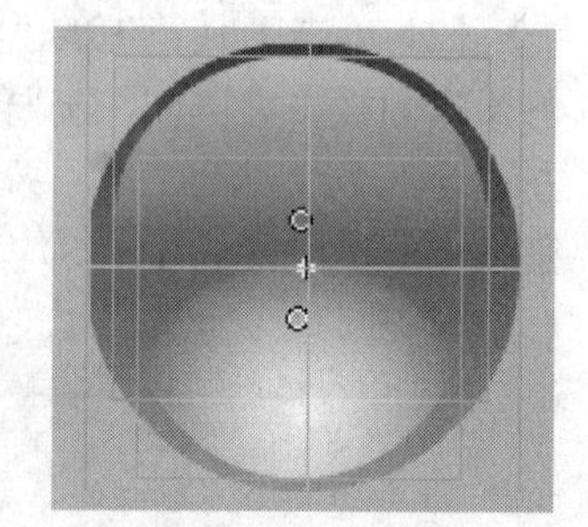

图 2.110 水晶球图形

3. 制作水晶球内变化的图像

（1）单击工具箱中的“箭头工具”按钮，单击舞台工作区内空白处，调出舞台工作区的“属性”面板，利用该面板设置舞台工作区的背景颜色为白色。

（2）单击“插入”→“新建元件”菜单命令，调出“创建新建元件”对话框，在该对话框内的“名称”文本框内输入“红色水晶球”，选中“影片剪辑”单选项，单击“确定”按钮，进入“红色水晶球”影片剪辑元件编辑状态。

（3）将“库”面板内的“水晶球”影片剪辑元件拖曳到舞台工作区内，形成一个实例。

（4）选中时间轴中的“图层 1”图层，再单击时间轴左下角的“插入图层”按钮，即可在“图层 1”之上增加一个名字为“图层 2”的图层。

（5）将“图层 2”拖曳到“图层 1”图层的下边，选中“图层 2”图层第 1 帧。将“库”面板内的“图 1”影片剪辑元件拖曳到舞台工作区内，形成一个实例。

（6）选中“图层 1”图层第 1 帧内的“红色水晶球”实例，在其“属性”面板内的“颜色”

下拉列表框中选中“Alpha”选项，设置 Alpha 值为 78%。

（7）单击元件编辑窗口中的场景名称图标场景 1或按钮，回到主场景舞台工作区。

（8）按照上述方法再制作“绿色水晶球”和“蓝色水晶球”影片剪辑元件。其中“图层 2”图层第 1 帧内分别导入的是“图 2”和“图 3”影片剪辑元件的实例。

（9）回到主场景，将“库”面板内的“红色水晶球”、“绿色水晶球”和“蓝色水晶球”影片剪辑元件依次拖曳到舞台工作区内一字形水平对齐好。

（10）选中“绿色水晶球”影片剪辑元件的实例，在其“属性”面板内的“颜色”下拉列表框中选择“高级”选项，单击“属性”面板内的“设置”按钮，调出“高级效果”对话框，按照图 2.111 所示进行设置，单击该对话框内的“确定”按钮，即可将“绿色水晶球”影片剪辑实例的颜色改为绿色。按照上述方法，再将“蓝色水晶球”影片剪辑实例的颜色改为蓝色。“高级效果”对话框按照图 2.112 所示进行设置。

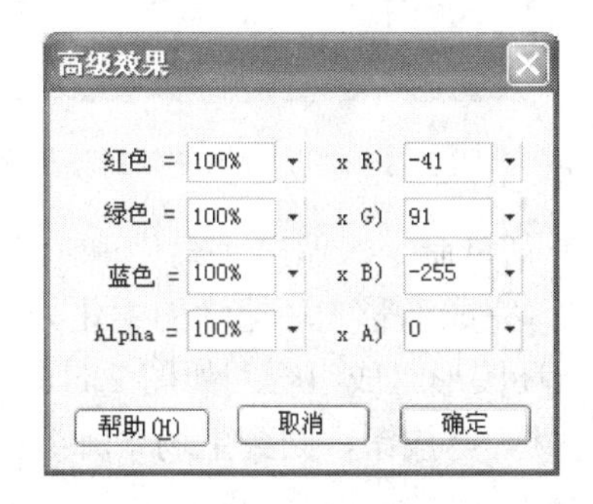

图 2.111　“高级效果”对话框设置

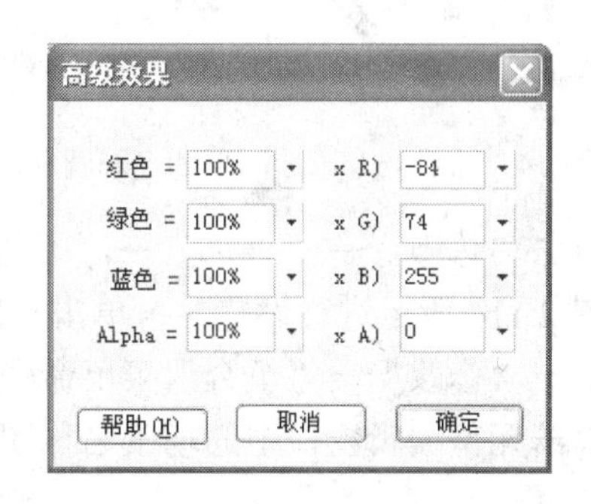

图 2.112　“高级效果”对话框设置

实例 6　上下摆动并自转的七彩光环

本实例播放后的 2 幅画面如图 2.113 所示，可以看到一个不断自转并上下摆动的七彩光环。该动画的制作方法如下。

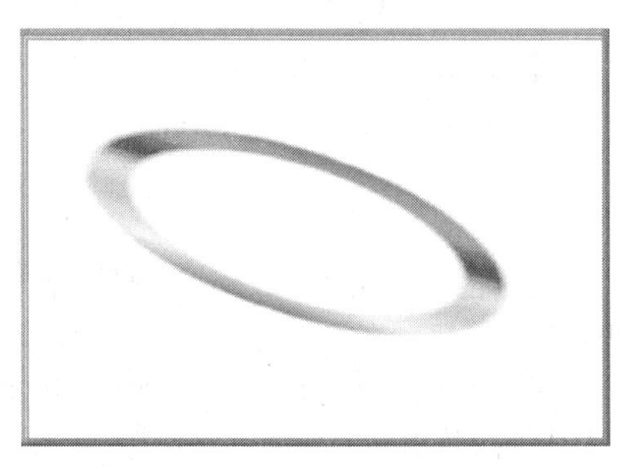

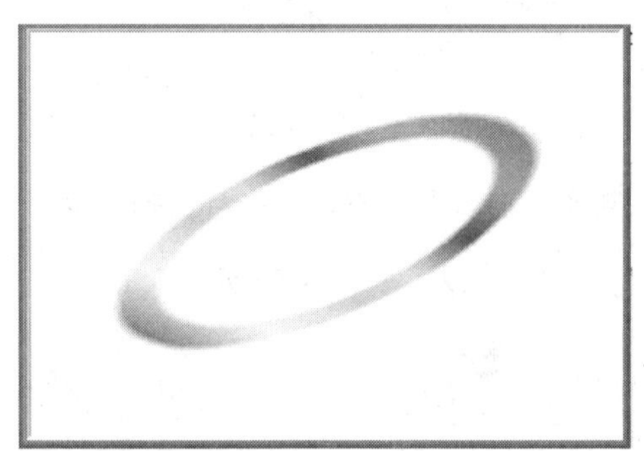

图 2.113　绘制一个圆形图形

1. 制作“七彩光环”影片剪辑元件

（1）创建一个宽 600 像素，高 200 像素，背景色为白色的舞台工作区。

（2）单击“插入”→“新建元件”菜单命令，调出“创建新元件”对话框。选中该对话框内的“影片剪辑”单选钮，在“名称”文本框内输入“七彩光环”。然后，单击该对话框内的“确定”按钮，进入“七彩光环”影片剪辑元件的编辑状态。

（3）使用工具箱内的椭圆工具，设置线条颜色为黑色、线粗为 10pts，无填充。按住 Shift 键，拖曳鼠标，绘制一个无填充的黑色圆形图形，如图 2.114 左图所示。

（4）使用工具箱内的箭头工具，单击选中椭圆图形，再单击“修改”→“外形”→“将线条转换为填充”菜单命令，将选中的椭圆线条转换为填充。

（5）单击工具箱内设置填充色的图标按钮，调出颜色板，设置填充色为七彩线性渐变色，如图 2.114 右图所示。

（6）单击“修改”→“外形”→“扩散填充”菜单命令，调出“扩散填充”对话框，按照图 2.115 所示进行设置。再单击“确定”按钮，即可获得如图 2.116 所示的七彩光环效果。

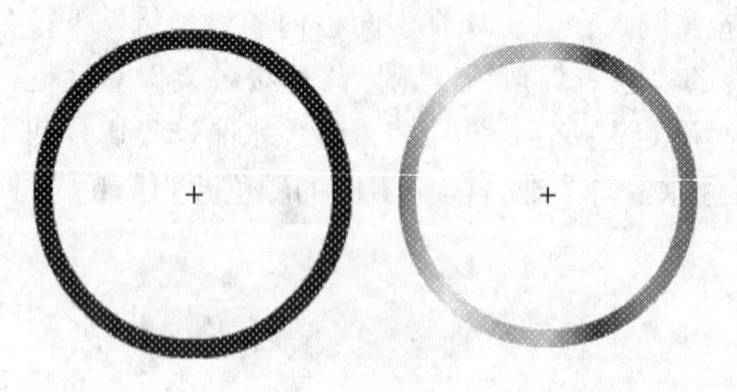

图 2.114 绘制一个圆形图形和七彩圆环图形

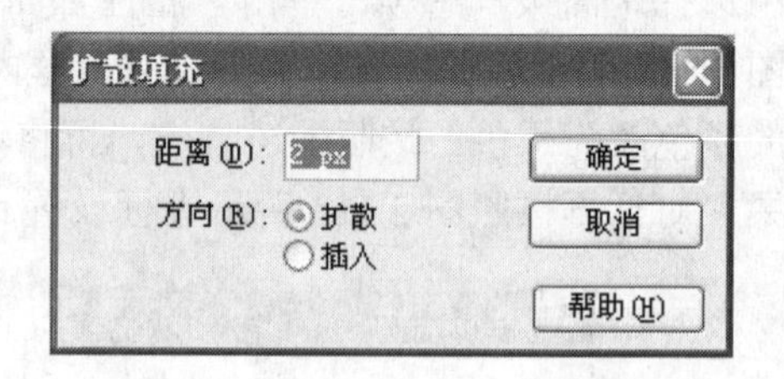

图 2.115 “扩散填充”对话框设置

（7）单击“修改”→“外形”→“柔化填充边缘”菜单命令，调出“柔化填充边缘”对话框，按照图 2.117 所示进行设置。再单击“确定”按钮，完成七彩光环边缘的柔化处理。

（8）单击“修改”→“组合”菜单命令，将七彩光环图形组成组合，如图 2.118 所示。

（9）单击元件编辑窗口中的场景名称图标 场景 1 或按钮，回到主场景舞台工作区。

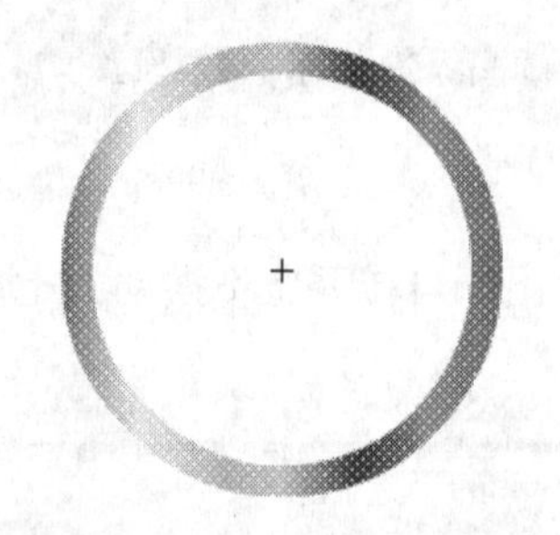

图 2.116 扩展七彩圆环图形

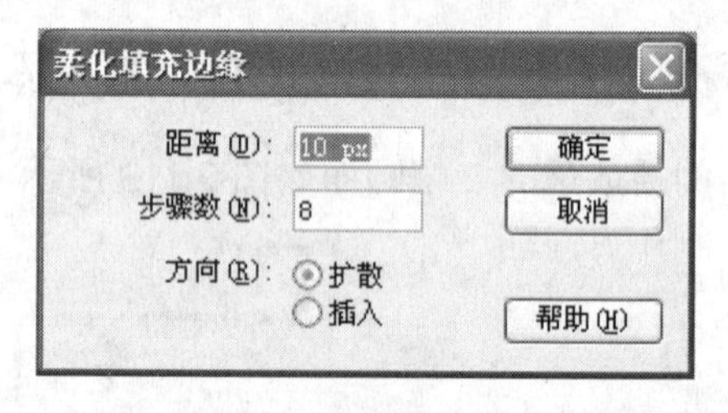

图 2.117 “柔化填充边缘”对话框设置

2. 制作“自转七彩光环”影片剪辑元件

（1）单击“插入”→“新建元件”菜单命令，调出“创建新元件”对话框。选中该对话框内的“影片剪辑”单选钮，在“名称”文本框内输入“自转七彩光环”。然后，单击该对话框内的“确定”按钮，进入“自转七彩光环”影片剪辑元件的编辑状态。

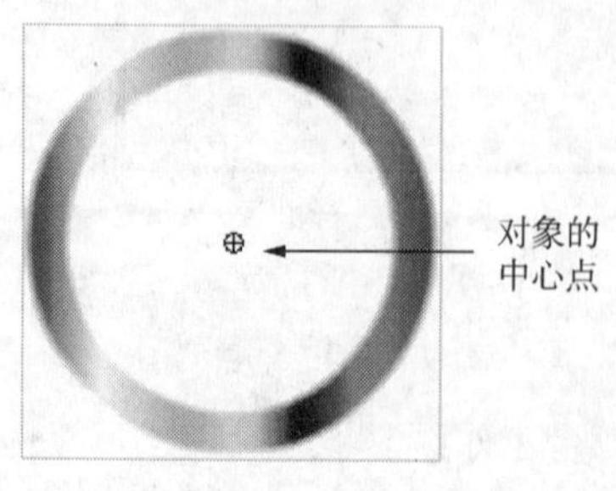

图 2.118 柔化边缘后的七彩光环图形

（2）调出“库”面板，将“库”面板内的“七彩光环”影片剪辑元件拖曳到舞台工作区内的正中间，形成一个“七彩光环”影片剪辑元件的实例。

（3）单击选中时间轴“图层 1”图层的第 1 帧，单击鼠标右键，弹出一个快捷菜单，再单击该菜单中的“创建补间动画”菜单命令，使“图层 1”图层的第 1 帧具有动作动画的属性。然后，在其“属性”面板内的“旋转”下拉列表框内选中“顺时针”选项，在它右边的文本框内输入“2”，表示顺时针围绕对象的中心点旋转 2 圈。

（4）单击选中时间轴“图层 1”图层的第 60 帧，按 F6 键，创建“图层 1”图层第 1 帧到第 60 帧的动画。

（5）单击元件编辑窗口中的场景名称图标 场景 1 或 按钮，回到主场景舞台工作区。

3. 制作上下摆动并自转的七彩光环

（1）将“库”面板内的“自转七彩光环”影片剪辑元件拖曳到舞台工作区内的正中间，形成一个“自转七彩光环”影片剪辑元件的实例。

（2）单击工具箱中的“任意变形工具”按钮，单击选中“自转七彩光环”影片剪辑实例。按住 Alt 键，向下拖曳“自转七彩光环”影片剪辑实例上边中间的控制柄，将七彩光环在垂直方向调小；再向右拖曳“自转七彩光环”影片剪辑实例右边中间的控制柄，将七彩光环在水平方向调大，效果如图 2.119 所示。

（3）单击“选项”栏内的“旋转和倾斜”按钮。将鼠标指针移到“自转七彩光环”影片剪辑实例右上角处，当鼠标指针呈弯曲的箭头状时，垂直向下拖曳鼠标，顺时针旋转对象一定角度，如图 2.120 所示。

（4）使用工具箱中的箭头工具，单击选中时间轴“图层 1”图层的第 1 帧，单击鼠标右键，弹出一个快捷菜单，再单击该菜单中的“创建补间动画”菜单命令，使“图层 1”图层的第 1 帧具有动作动画的属性。

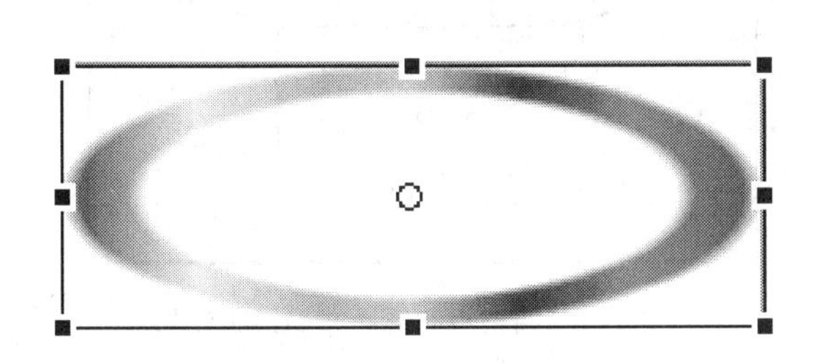

图 2.119　调整大小后的实例对象

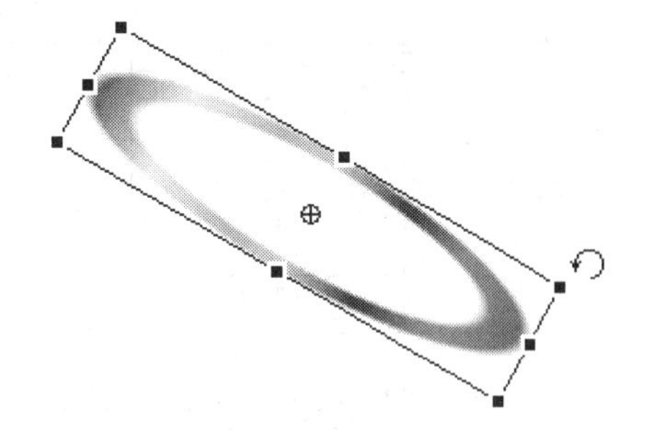

图 2.120　将实例对象顺时针旋转一定角度

（5）单击选中时间轴“图层 1”图层的第 60 帧，按 F6 键，创建“图层 1”图层第 1 帧到第 60 帧的动画。单击选中“图层 1”图层的第 30 帧，按 F6 键，创建一个关键帧。

（6）将鼠标指针移到“自转七彩光环”影片剪辑实例右上角处，当鼠标指针呈弯曲的箭头状时，垂直向上拖曳鼠标，逆时针旋转对象一定角度，如图 2.121 所示。至此，整个动画制作完毕。

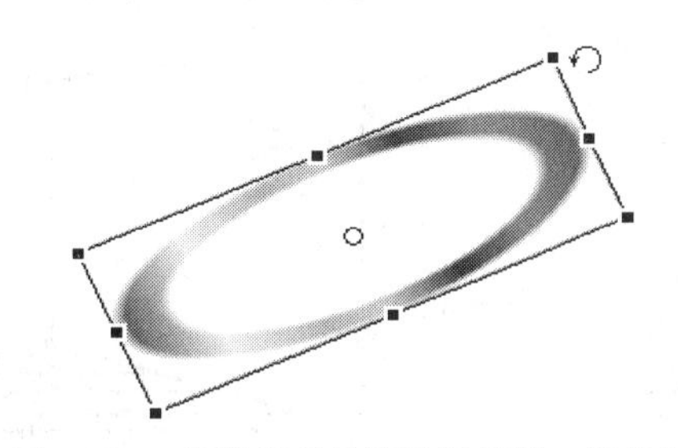

图 2.121　将实例对象逆时针旋转一定角度

实例 7　建筑设计展厅

“建筑设计展厅”图像如图 2.122 所示。它给出了一个建筑设计展厅的三维效果图形。展厅的地面是黑白相间的大理石，房顶是明灯倒挂，两侧有纵深感的两幅建筑设计图像，正面有三幅建筑设计图像，展厅富丽堂皇。该图像的设计方法如下。

图 2.122 “建筑设计展厅”图形显示效果

1. 绘制展厅

（1）设置舞台工作区的大小为 600 像素×200 像素。单击“查看”→“网格”→“编辑网格”菜单命令，调出“网格”对话框，设置网格的水平线间距与垂直线间距均为 10px，单击选中“显示网格”单选项，单击“确定”按钮，使舞台工作区显示出网格。

（2）使用工具箱内的线条工具╱或钢笔工具，绘制展厅的布局线条图形，如图 2.123 所示。删除两条短直线，再用线条工具╱补画四条斜线，如图 2.124 所示。

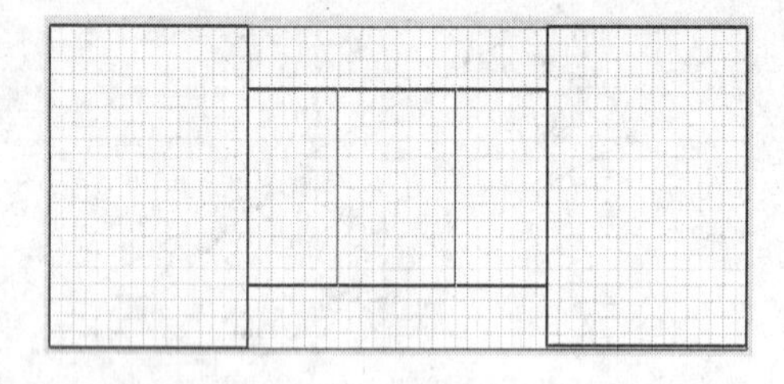

图 2.123 展厅的布局线条图形

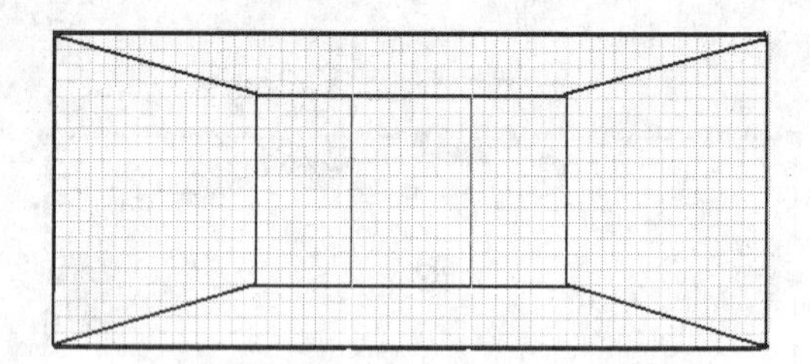

图 2.124 调整后的展厅布局线条图形

（3）绘制展厅地面的线条。取消网格显示，此时舞台工作区中的图形如图 2.125 所示。

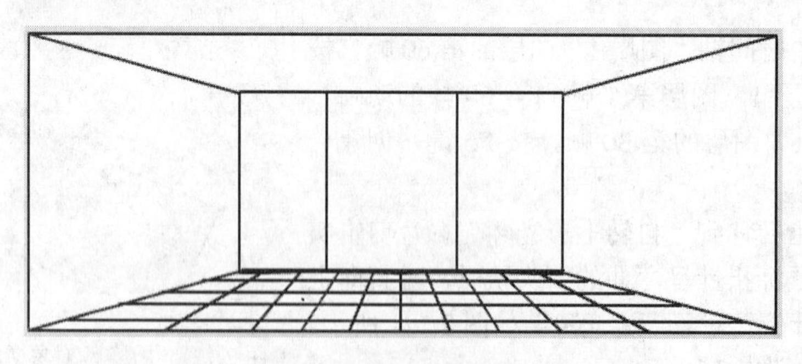

图 2.125 绘制展厅地面的线条

（4）使用工具箱内的颜料桶工具，给展厅地面的格子内填充黑白相间的颜色，如图 2.126 所示。

2. 展示建筑设计

（1）导入一幅“灯”图像，如图 2.127 所示。再将 4 幅建筑图像导入到“库”面板中。调出“混色器”面板，在“填充样式”列表框中选中“位图”选项。

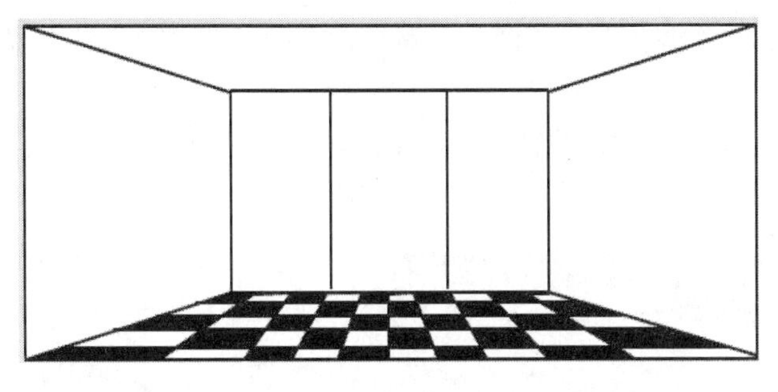

图 2.126　给展厅地面的格子内填充黑白相间的颜色

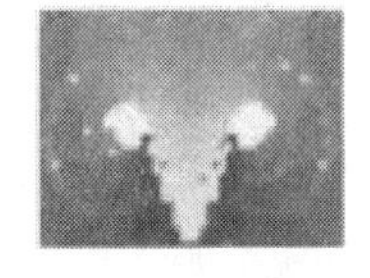

图 2.127　导入图像

（2）单击选中“混色器”面板中的“灯”图像，再使用工具箱内的油漆桶工具，给上边的梯形内部填充“灯”图像。填充后的效果如图 2.128 所示。

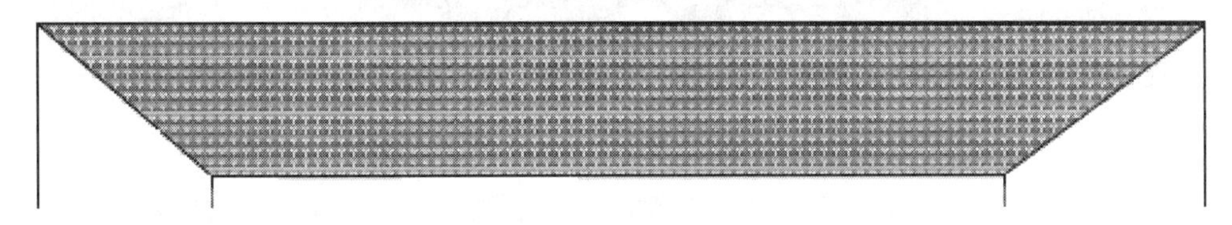

图 2.128　给展厅房顶填充“灯”图像

（3）使用工具箱内填充变形工具，单击填充的图像，使图像处出现一些控制柄，然后拖曳调整这些控制柄，形成展厅房顶的吊灯图像，如图 2.129 所示。

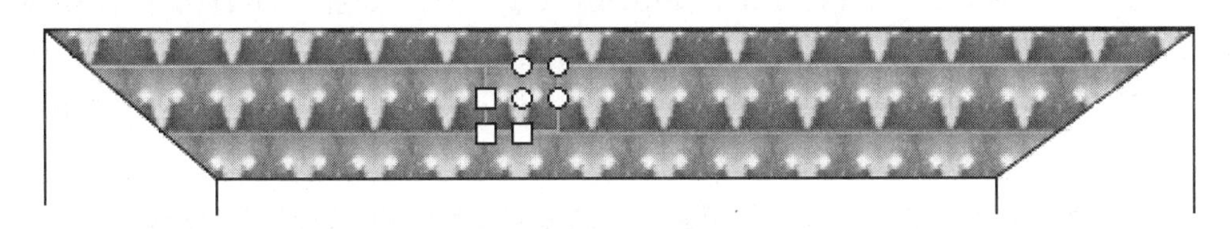

图 2.129　调整填充的图像

（4）单击选中“混色器”面板中一幅建筑图像，然后给展厅正面的矩形内部填充图像。单击绘图工具栏内的“选项”栏中的图标按钮，再单击填充的图像，调整方形和圆形控制柄，使图像正好填充满矩形内部。按照这种方法，再给展厅正面的另两个矩形内部填充图像，如图 2.130 所示。

（5）使用工具箱内的箭头工具，用鼠标拖曳选中整个展厅图形，再单击“修改”→“组合”菜单命令，将整个展厅图形组成组合，以防以后调整图像时会擦除展厅的图形。

（6）用鼠标将“库”面板中的一幅建筑图像拖曳到舞台工作区中。再使用工具箱内的任意变形工具，调整图像的大小和位置，使它与展厅左边的梯形一样大小（按照梯形左边的长度为准）。

图 2.130　在展厅正面 3 个矩形内填充建筑设计图像

（7）使用工具箱内的箭头工具，单击选中建筑图像，再单击“修改”→“分离”菜单命令，将图像打碎。

（8）按照相同的方法，也将另外一幅宽幅的风景图像，调整成与展厅右边梯形一样大小（按照梯形右边的长度为准），再将图像打碎。此时的画面如图 2.131 所示。

图 2.131　在展厅两侧梯形内填充建筑设计图像

（9）在没有选中图像的情况下，用鼠标向内垂直拖曳左边宽幅图像右边的两个顶角，向内垂直拖曳右边宽幅图像左边的两个顶角，使展厅图像的最终效果如图 2.122 所示。

实例 8　彩球和奶杯

“彩球和奶杯”图形如图 2.132 所示。图中的左边是一个红绿相间的彩球图形。彩球由红、绿两种颜色交错形成，它的左上角有一个光点，衬托出红、绿相间彩球的立体感。在彩球图形的右边是一组奶杯，两个装有牛奶的透明杯子，倒出的牛奶流入下面的瓷杯中，具有很强的立体感。

图 2.132 “彩球和奶杯”图形显示效果

1. 绘制彩球

（1）设置舞台工作区的大小为 500 像素×240 像素，显示间距为 10px 的网格。

（2）使用工具箱内的椭圆工具，在其属性栏内，设置线类型为线条状，颜色为蓝色，线粗为 2 个点。按住 Shift 键，用鼠标拖曳绘制一个无填充的圆形（直径 14 个格）。

（3）将圆形复制一份，并选中复制的圆形图形。单击“窗口”→“变形”菜单命令，调出“变形”面板，取消该面板中的“强制”复选框的选取，在其宽度文本框内输入 33.3，如图 2.133 所示。

（4）单击“变形”面板右下角的图标按钮，复制一份水平方向缩小为原图的 33.3%的椭圆图形，拖曳到圆形内。再复制一份椭圆图形，并将该图形移到圆形图形的右边，如图 2.134 所示。

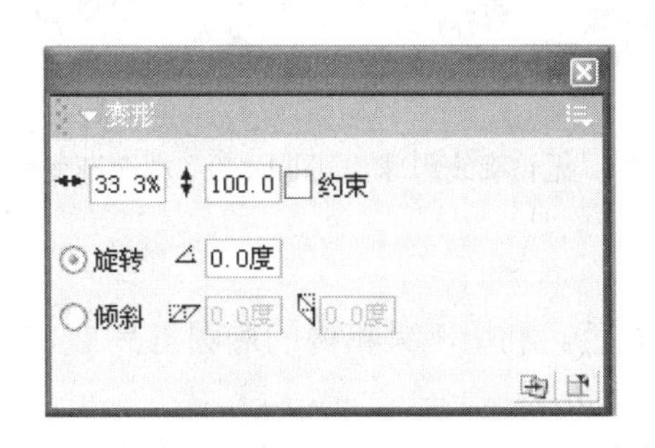

图 2.133　“变形”面板

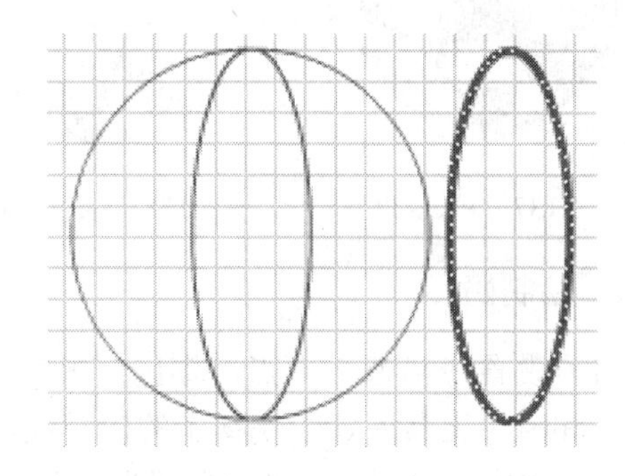

图 2.134　复制的椭圆拖曳到圆形内

（5）按住 Shift 键，单击圆形的左半圆和右半圆，选中圆形。在“变形”面板的“宽度”文本框内输入 66.66。单击“变形”面板右下角的图标按钮，复制一份水平方向缩小为原图的 66.66%的椭圆图形，拖曳到圆形内。再复制一份椭圆图形，并将该图形移到圆形图形的右边，如图 2.135 所示。

（6）选中圆形外的一个椭圆，单击“修改”→“变形”→“顺时针旋转 90 度”菜单命令，将椭圆旋转 90°。再将圆形外的另一个椭圆旋转 90°。然后将两个圆形外的椭圆移到圆形内，如图 2.136 所示。

（7）设置填充颜色为深红色，再给图 2.136 所示的彩球轮廓线的一些区域填充红色，如图 2.137 所示。

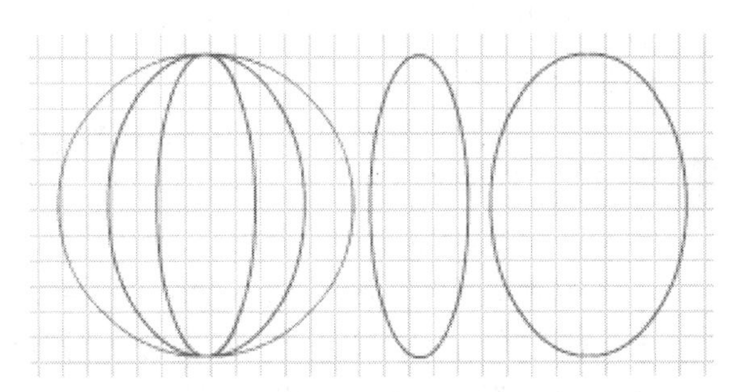

图 2.135　将第二个椭圆调整后拖曳到圆形内

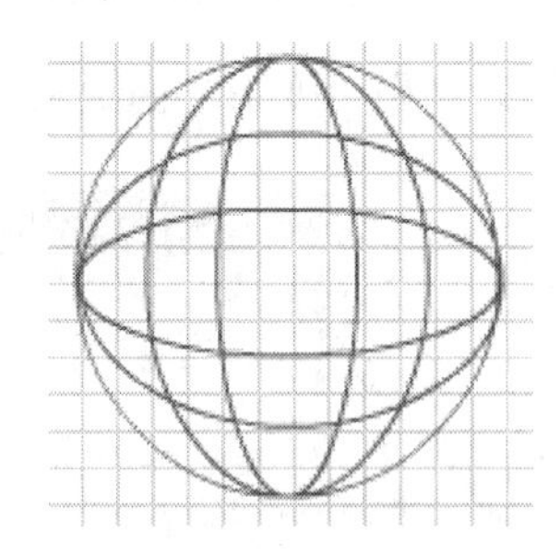

图 2.136　彩球轮廓图

（8）单击“窗口”→“混色器”菜单命令，调出“混色器”面板，在“填充样式”列表框内选择“放射状”选项。然后，设置填充颜色为白、绿、黑色中心渐变色。然后，绘制一个同样大小的无轮廓线的绿色彩球，如图 2.138 所示。

（9）使用箭头工具，再单击选中图 2.137 所示的彩球线条，按删除键，删除所有线条。此时的彩球如图 2.139 所示。然后，给该彩球左上角的两个色块填充由白色到红色的圆形渐变色，如图 2.140 所示。

（10）将图 2.140 所示的全部图形组成组合，再将图 2.138 所示的绿色彩球组成组合。

（11）将绿色彩球移到图 2.140 所示的彩球之上，如图 2.132 中的彩球所示。如果，绿色彩球将图 2.140 所示图形覆盖，可单击“修改”→“排列”→“移到最后边”菜单命令。然后用鼠标拖曳选中彩球图形，将它组合成组合。

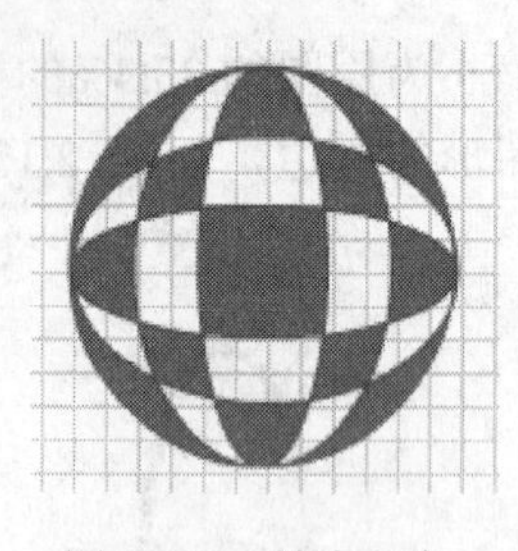

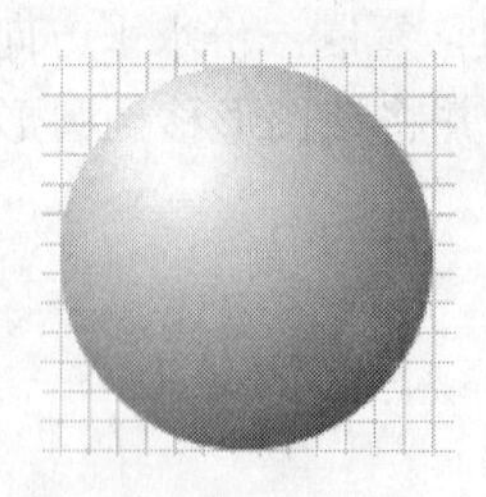

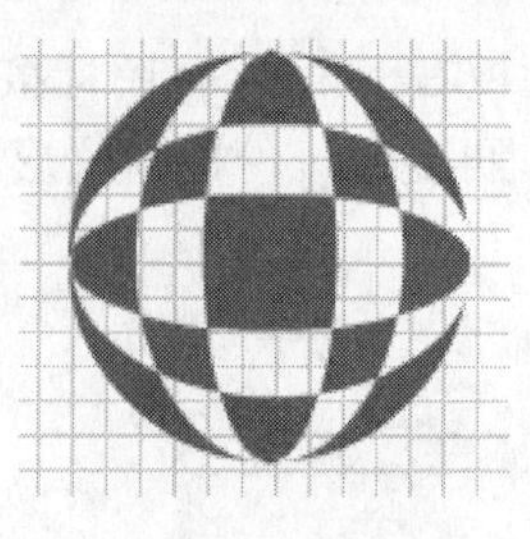

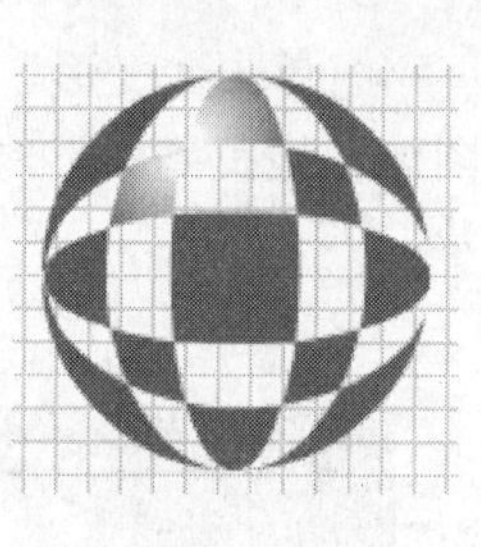

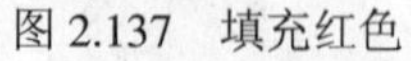

图 2.137　填充红色　　图 2.138　绿色彩球　　图 2.139　无轮廓线彩球　　图 2.140　填充渐变色

2. 绘制奶杯

（1）设置线粗为 2 个点，颜色为黑色，设置无填充色。利用工具箱内的椭圆工具○、钢笔工具和箭头工具，绘制杯子的轮廓线，如图 2.141 所示。

（2）单击“窗口”→“混色器”菜单命令，调出“混色器”面板，如图 2.142 右图所示。然后，在其“填充样式”下拉列表框内选择“线性”选项。利用该对话框，设置填充色为灰色、白色到灰色，然后填充杯子轮廓线内部，如图 2.142 左图所示。

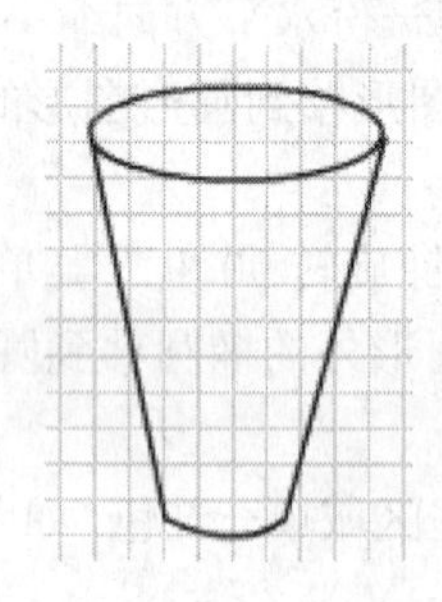

图 2.141　绘制杯子的轮廓线

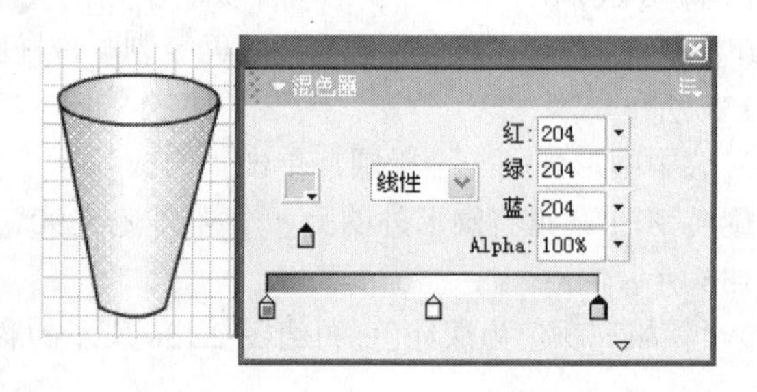

图 2.142　给杯子的轮廓线填充颜色

（3）利用“变形”面板将杯子倾斜 30°，如图 2.143 所示。

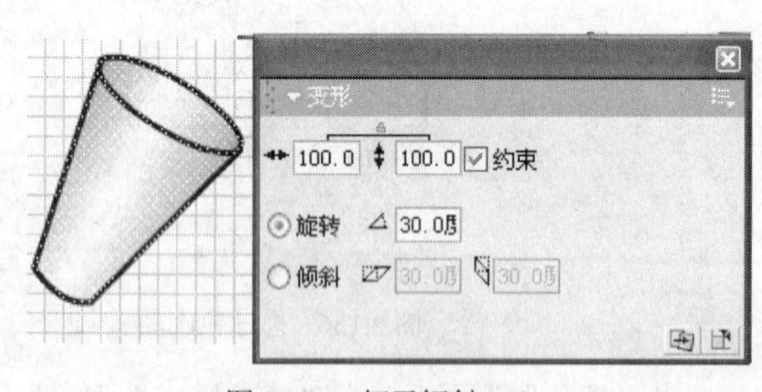

图 2.143　杯子倾斜 30°

（4）设置舞台工作区的背景颜色为蓝色，将杯子的轮廓线改为白色。

（5）单击选中一个杯子，单击“插入”→“转换成元件”菜单命令，调出“转换为元件”对话框。在该对话框内，单击选中“图形”单选钮，符号的名字采用它的默认名字。单击“确定”按钮，即可利用选中的杯子图形制作一个图形元件，而选中的杯子图形即成为了该元件的实例。

（6）在“属性”面板的“颜色”列表框内选择“Alpha”选项，再调整列表框右边文本框的数据为 76%，如图 2.144 所示，进行杯子透明度的调整。

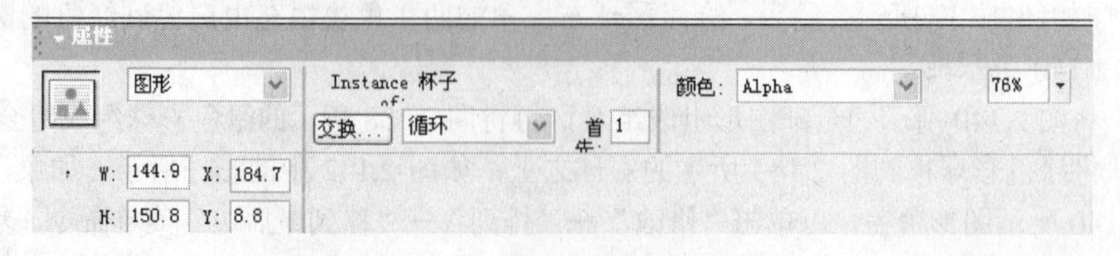

图 2.144　“属性”面板设置

（7）将杯子组成组合，再将杯子复制一份，然后单击“修改”→“变形”→“水平翻转”菜单命令，获得一个水平镜像的杯子。

（8）将复制的水平镜像的杯子拖曳到原来杯子的右边。

（9）绘制杯子内的牛奶，如图 2.145 所示。将它组成组合，并移到杯子的后面适当位置，如图 2.146 所示。

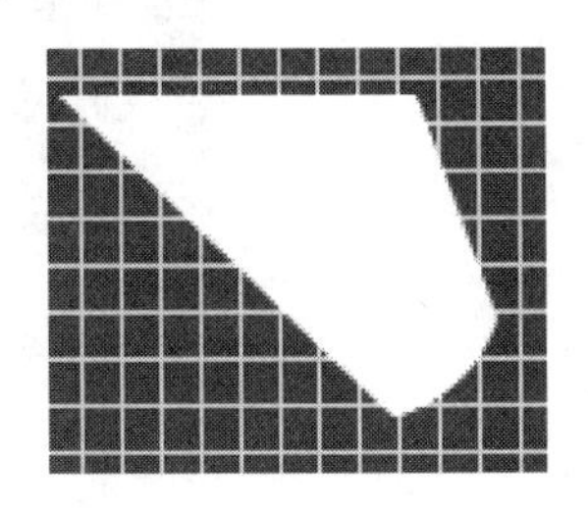

图 2.145　杯子内的牛奶

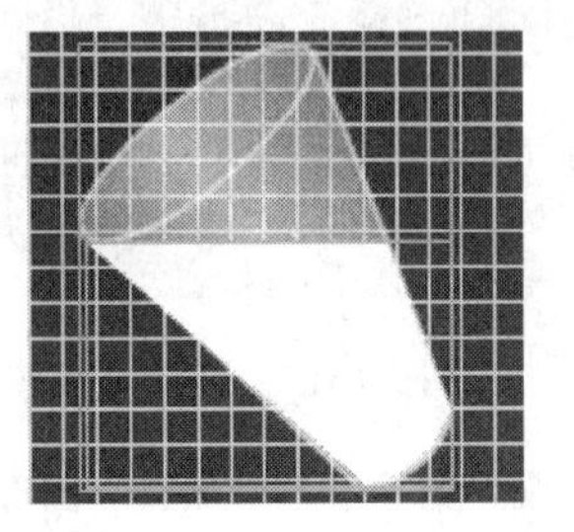

图 2.146　移到杯子内的牛奶

然后，还需绘制另一个杯子内的牛奶，绘制流出的牛奶和瓷杯。这些留给读者完成。

思考练习 2

1. 使用钢笔工具绘制菱形、梯形和平行四边形图形。
2. 在实例 1 的基础之上，绘制一幅台球和球杆图形，如图 2.147 所示。
3. 在实例 3 的基础之上，绘制一幅五星国旗图形，如图 2.148 所示。

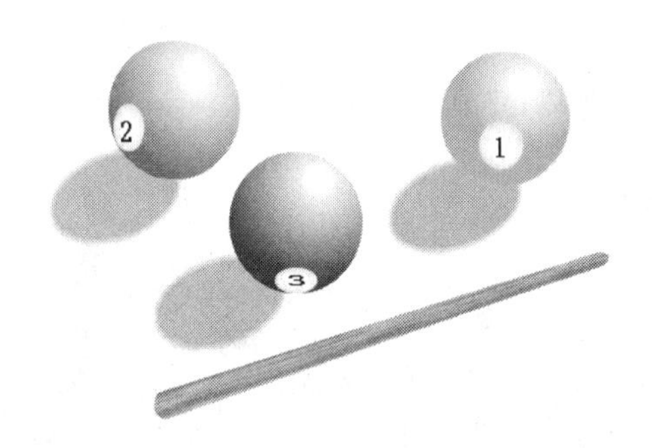

图 2.147　台球和球杆图形

图 2.148　五星国旗图形

4. 绘制如图 2.149 给出的圆形按钮的两个状态图形。图 2.149 左图所示的按钮是正常状态的按钮，它的亮点在上边，红色部分偏亮，表示按钮处于弹起状态；图 2.149 右图所示的按钮表示按钮处于按下状态，它的亮点在下边，红色部分偏暗。

5. 绘制一组矩形按钮图形，如图 2.150 所示。

图 2.149　两个圆形按钮

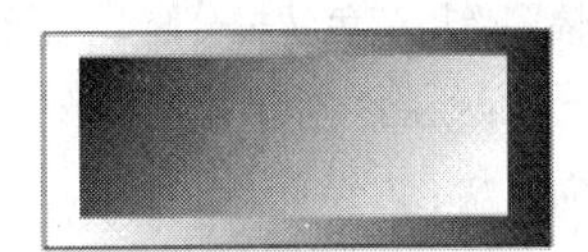

图 2.150　一组矩形按钮图形

6. 绘制一幅“圆形水晶按钮”图形，如图 2.151 所示。它给出了红、蓝、绿三个不同颜色的圆形水晶按钮图形。圆形水晶按钮图形上是有倒影的“水晶按钮”文字。

7. 绘制一幅“卡通动物”图形，如图 2.152 所示。

图 2.151 “圆形水晶按钮”图形

图 2.152 “卡通动物”图形

8. 绘制一幅“珠宝和翡翠项链”图形，如图 2.153 所示。

9. 绘制一幅“路”图形，如图 2.154 所示。一条小路伸向远方，路边的两排小树延伸到远方的山中，初升的太阳从山背后升起。

图 2.153 “珠宝和翡翠项链”图形

图 2.154 “路”图形

10. 绘制一幅“树苗”图形，如图 2.155 所示。它是由几棵树苗和一个地面组成的。

图 2.155 “树苗”图形

11. 绘制一幅“中国风景名胜”图像，如图 2.156 所示。它在蓝色的框架内平铺了一幅天安门图像，图像的中间是一个蓝色的透明球体，通过它可以看到镶嵌在蓝色透明球体的各个四分之一圆中的中国风景名胜图像，各幅图像用蓝色边框分隔。三组红色的“中国风景名胜”文字，围绕在蓝色透明球体的四周。

12. 绘制一幅“透明盒子”图形，如图 2.157 所示。可以看出，在透明的盒子内，正面、侧面和底面有图像画面，盒子内部是一个彩球。

图 2.156 “中国风景名胜”显示效果

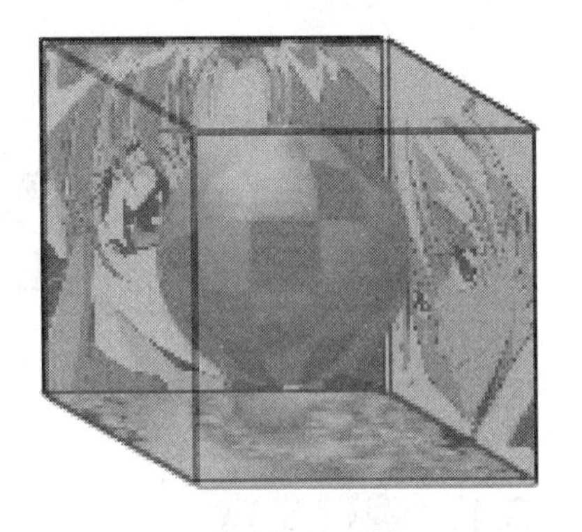

图 2.157　透明盒子与彩球

第 3 章　输入文本和导入外部对象

3.1　输入文本

3.1.1　文本属性的设置

文本属性包括文字的字体、字号、颜色和样式等。设置文本的属性可以通过菜单命令或面板选项来实现。文本的颜色由填充色（单色）决定。

1. 利用菜单命令设置文本属性

单击“文本”菜单命令，弹出的菜单如图 3.1 所示。菜单中的各菜单命令的作用如下。

（1）“字体”：单击它，在其下一级菜单中，单击选择某种字体。

（2）“大小”：单击它，在其下一级菜单中，单击选择某种字号。

（3）“样式”：单击它，在其下一级菜单中（如图 3.2 所示），单击选择一种文字的样式。文字的样式有“正常”、“粗体”、“斜体”、“下标”和“上标”。

（4）“对齐”：单击它，在其下一级菜单中（如图 3.3 所示），单击选择一种文字的对齐方式。

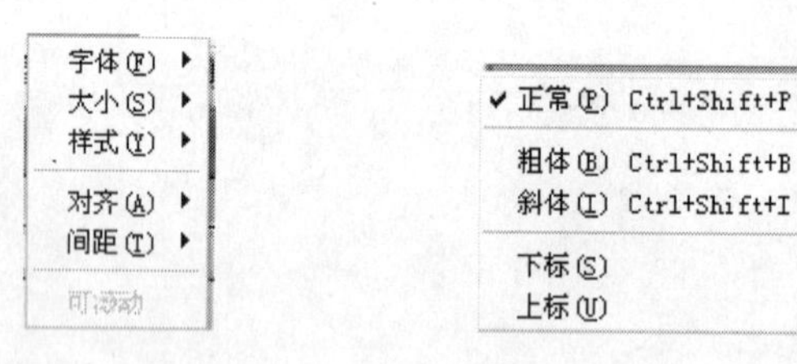

图 3.1 “文本”菜单　　图 3.2 “样式”菜单　　图 3.3 “对齐”菜单

（5）“间距”：单击它，在其下一级菜单中单击选择一种调整字间距的方式。它有三个选项：“增大”（增大字间距）、“减小”（减小字间距）和“重置”（恢复字间距）。

（6）“可滚动”：它只有在动态文本和输入文本状态下才有效。单击选中该菜单命令后，文字框右下角的控制柄由白色变为黑色，用鼠标拖曳它可以调整文字框的大小。文字框不会因为输入文字的增加而自动增大。

2. 利用“属性”面板设置文本属性

单击工具箱内的文本工具按钮 A，即可调出它的“属性”面板，如图 3.4 所示。利用它可以设置文字的各种属性。

（1）A 宋体 下拉列表框：用来确定字体。

（2）17 文本框：用来确定字号。

（3）AV 0 文本框：用来确定字间距。

图3.4　文本工具的“属性”（静态文本）面板

（4）A‡ 标准 下拉列表框：用来选择“标准”、“上标”或“下标”。

（5）四个按钮：用来确定文字的水平对齐方式。

（6）“自动缩进”复选框：选中它后，使用字体信息内部的字间距。

（7）“使用设计字体”复选框：选中它后，表示使用设备字体，输出的Flash文件（即SWF文件）中不嵌入字体信息。播放Flash文件时，Flash播放器将在播放的计算机系统中调用相应的设备字体或选择一种最接近的字体来重新替换Flash的SWF文件中的字体。因为这种方法不将字体的任何信息嵌入电影文件，可以使生成的Flash文件字节数较少。另外，使用设备字体显示的文本将比内嵌字体显示的文本更光滑和更清晰，尤其在小字号的情况下。如果不选它（默认状态），则将计算机系统中的字体信息嵌入Flash文件中，生成的Flash文件字节数较大。

（8）按钮：单击它可弹出一个菜单，如图3.5所示，利用该菜单可以设置多行文字的对齐方式。

（9）“格式”按钮：单击“格式”按钮，可调出“格式设置”对话框，如图3.6所示，利用它可以设置段落的缩进量、行间距、左边距和右边距等。

图3.5　按钮的菜单

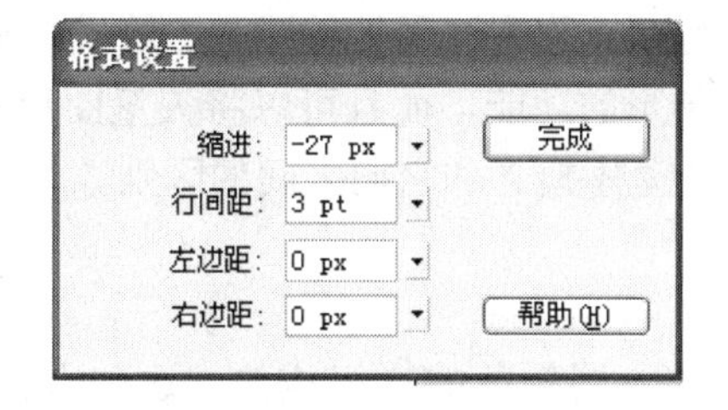

图3.6　“格式设置”对话框

（10）“可选”按钮：单击它后，可用鼠标拖曳选择动画中的文字。选中文字后，单击鼠标右键，可弹出它的快捷菜单，利用该菜单中的菜单命令，可进行复制、剪切、粘贴、删除等操作。

3.1.2　文本类型与文本输入

1. Flash文本的类型

Flash文本可分为三类：静态文本、动态文本和输入文本。通常的文本状态是静态文本。在Flash影片播放时，动态文本和输入文本的内容可通过事件（如鼠标单击对象、播放到某一帧等）的激发来改变。动态文本和输入文本还可以作为实例，用脚本程序来改变它的属性。输入文本是在Flash影片播放时，供用户输入的文本，以产生交互。动态文本中的内容可随着程序的运行而发生变化。

动态文本和输入文本类型的使用方法将在后面介绍。

2. 文本的输入

设置完文字属性后，使用工具箱内的文字工具A，再单击舞台工作区，即会出现一个矩形框，矩形框右上角有一个小圆控制柄，表示它是延伸文本，同时光标出现在矩形框内。这时就可以输入文字了。随着文字的输入，方框会自动向右延伸，如图 3.7 所示。

如果要创建固定行宽的文本，可以用鼠标拖曳文本框的小圆控制柄，即可改变文本的行宽度。也可以在选择工具箱内的文字工具 A 后，再在舞台的工作区中拖曳出一个文本框。此时文本框的小圆控制柄为方形控制柄，表示文本为固定行宽文本，如图 3.8 所示。

延伸文本和固定行宽文本

图 3.7　延伸文本

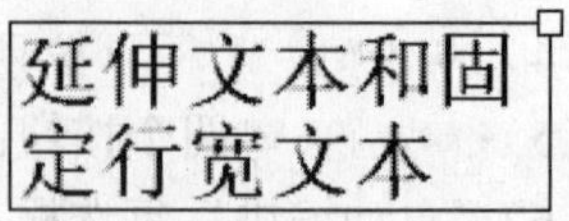

延伸文本和固
定行宽文本

图 3.8　固定行宽文本

在固定行宽文本状态下，输入文字会自动换行。用鼠标双击方形控制柄，可将固定行宽文本变为延伸文本。

对于动态文本和输入文本类型，也有固定行宽的文本和延伸文本，只是它们的控制柄在文本框的右下角。

3.2　导入图像和视频

3.2.1　位图与矢量图

位图（也叫点阵图）和矢量图是计算机中常使用的两种主要图形方式。Flash MX 具有较强的绘制矢量图形的功能，而且可以将矢量图形转换为位图，并处理位图。为此，应了解有关矢量图和位图的基本概念和它们之间的区别。

1. 位图

位图是由不同颜色的点组成的，这些点称为像素。例如：bmp 格式的图像就是位图，在 Windows 的画图程序中观察这种图像，并将它放大，可明显地看到这种图像是由许多不同颜色的像素点组成的，如图 3.9 所示。

图 3.9　图像是由许多不同颜色的像素点组成的

由于位图是由像素点组成的，所以基本的像素点是不可再分解的。因此在缩放一个位图时，改变的是像素，而不是直线或曲线，因而会使图像的分辨率下降，造成图像的显示质量下降。另外，在比位图本身分辨率低的输出设备上显示图像时，也会造成图像的显示质量下降。通常，位图具有色彩丰富的特点。

2. 矢量图形

矢量图形是用包含颜色和位置属性的直线或曲线公式来描述图像的。对于矢量图形来说，图形的颜色取决于图形的轮廓线的颜色和轮廓线所封闭的区域的颜色，与轮廓线内单独的点无关。矢量图形的编辑是通过修改图形的轮廓线和改变填充色来完成的。实际上矢量图形的编辑是通过对直线或曲线公式重新计算来完成的。因此，矢量图形被处理后，不会改变图形的显示质量。矢量图形具有独立的分辨率，即在不降低图形质量的前提下，它可在具有不同分辨率的输出设备中正常显示。

矢量图形的大小与图形的尺寸无关，与图形的复杂程度有关。因此，当矢量图形不是很复杂时，它具有文件字节数少和可以不失真缩放的优点。

3.2.2 导入图像和视频

1. 可以导入的文件格式

Flash MX 可以导入的文件类型有：矢量图形、位图图像、视频电影和声音素材，如图 3.10 所示。几种格式简介如下。

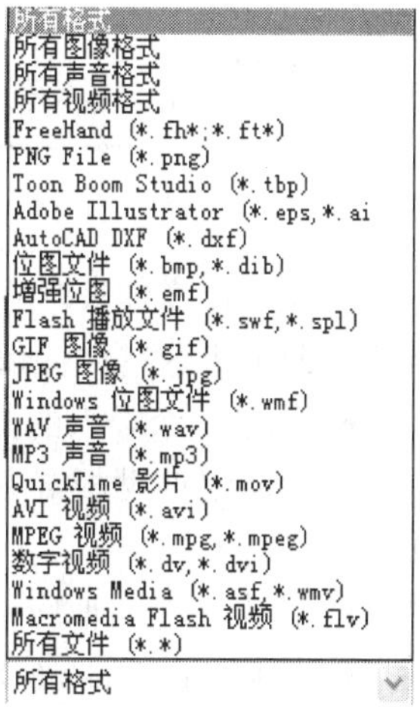

（1）“Freehand”文件格式：它是 Freehand 矢量绘图软件输出的矢量图形格式，其扩展名是.fh7，.ft7，.fh8，.ft8 等。

（2）“Adobe Illustrator”文件格式：它是 Adobe Illustrator 矢量绘图软件输出的矢量图形格式，其扩展名是.eps 或.ai。

（3）“AutoCAD DXF”文件格式：它是 AutoCAD 绘图软件绘制的二维矢量图形格式，其扩展名是.dxf。

（4）“位图”文件格式：它是位图图像格式，其扩展名是.bmp 或.dib。

（5）“增强位图”文件格式：它是加强图元格式，其扩展名是.emf。

（6）“Flash 播放文件”文件格式：它是 Flash 动画格式，其扩展名是.swf 或.spl。

所有格式
所有图像格式
所有声音格式
所有视频格式
FreeHand (*.fh*;*.ft*)
PNG File (*.png)
Toon Boom Studio (*.tbp)
Adobe Illustrator (*.eps,*.ai
AutoCAD DXF (*.dxf)
位图文件 (*.bmp,*.dib)
增强位图 (*.emf)
Flash 播放文件 (*.swf,*.spl)
GIF 图像 (*.gif)
JPEG 图像 (*.jpg)
Windows 位图文件 (*.wmf)
WAV 声音 (*.wav)
MP3 声音 (*.mp3)
QuickTime 影片 (*.mov)
AVI 视频 (*.avi)
MPEG 视频 (*.mpg,*.mpeg)
数字视频 (*.dv,*.dvi)
Windows Media (*.asf,*.wmv)
Macromedia Flash 视频 (*.flv)
所有文件 (*.*)
所有格式

图 3.10 “文件类型”列框表

（7）“GIF 图像”文件格式：它是压缩比略小于 JPEG 格式的位图图像格式，可以动态显示，形成 GIF 动画，网页中经常使用，其扩展名是.gif。

（8）“JPEG 图像”文件格式：它是压缩比最大的位图图像格式，其扩展名是.jpg。

（9）“Windows 位图文件”文件格式：它是 Windows 的图元图形，其扩展名是.wmf。

（10）“WAV 声音”文件格式：它是未压缩的声音格式，其扩展名是.wav。

（11）“MP3 声音”文件格式：它是采用 MP3 方式压缩的声音格式，其扩展名是.mp3。

（12）“QuickTime 影片”文件格式：它是因特网上的数字视频标准格式，其扩展名是.mov。这种格式的文件必须在 QuickTime 播放器中播放，导入该格式的文件后，必须在时间轴上占与它帧数相同的单元格才能正常播放，否则只播放第一帧画面。

此外，还有 AVI， PICT（.pct，.pic）， PNG（.png），AFFI（.aff）等格式文件。

2. 导入图像的方法

（1）利用“导入”对话框导入外部素材。操作方法如下。

- 单击“文件”→“导入”菜单命令，调出“导入”对话框。
- 利用该对话框，选择文件类型、文件夹和文件，如图 3.11 所示。再单击“打开”按钮，即可导入选定的文件。
- 如果选择的图像文件名是以数字序号结尾的，则会弹出“Flash MX”提示框，如图 3.12 所示，询问是否将同一个文件夹中的一系列文件全部导入。单击“否”按钮，则只将选定的文件导入。单击“是”按钮，即可将一系列文件全部导入到“库”面板内和舞台工作区内。导入的每一幅图像占据时间轴的一个单元格。

图 3.11 “导入”对话框

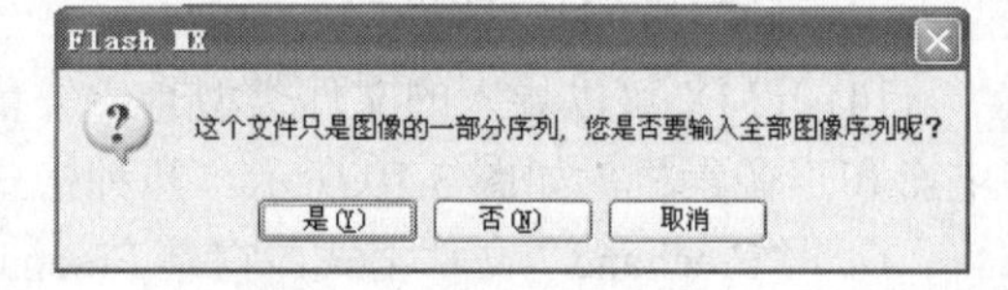

图 3.12 “Flash MX”提示框

例如：在文件夹内有 tu1.jpg，…，tu10.jpg 图像文件，在选中 tu1.jpg 文件后，单击“是”按钮，即可将这些文件都导入到“库”面板和舞台工作区内。

- 如果一个导入的文件有多个图层，Flash 会自动创建新层，以适应导入的图形。

（2）使用剪贴板导入外部素材。可以通过剪贴板来粘贴图形、图像和文字等，具体方法如下。

- 首先，在其他应用软件中，使用“复制”命令，将图形等复制到剪贴板中。
- 然后，在 Flash MX 中，单击“编辑”→“粘贴”菜单命令，将剪贴板中的内容粘贴到“库”面板与舞台工作区中。
- 如果在 Flash MX 中使用了“复制”命令并将图形等复制到了剪贴板中，则单击“编辑”→“粘贴到当前位置”菜单命令，可将剪贴板中的内容粘贴到舞台工作区原图形所在位置处。
- 如果单击“编辑”→“选择性粘贴”菜单命令，即可调出“选择性粘贴”对话框。在“作为”列表框内，单击选中一个软件名称，再单击“确定”按钮，即可将选定的内容粘贴到舞台工作区中。同时，还建立了导入对象与选定软件之间的链接。

（3）只将图像导入到“库”面板中的方法如下。

- 单击“文件”→“导入库”菜单命令，调出“导入到库”对话框。

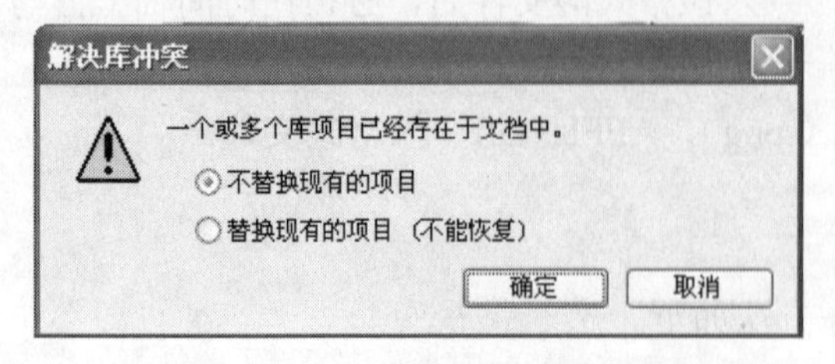

图 3.13 “解决库冲突”提示框

- 利用该对话框，选择文件类型、文件夹和文件。再单击“打开”按钮，即可将选定的文件导入到“库”面板中。
- 如果“库”面板中已有了要导入的图像，则会弹出“解决库冲突”提示框，如图 3.13 所示。单击选中第一个单选钮，则不替换“库”面板中的现有的内容（即项目）；选中第二个单选钮，则替换“库”面板中的现有的内容。然后，单击“确定”按钮。

3. 导入视频

Flash MX 可以导入格式为 AVI， MPEG， MOV（QuickTime）和 DV（Digital Video）的视频文件，导入的视频不像 Flash 5 那样被分解为一帧帧图像。它对导入的视频可以进行放大、缩小、旋转和扭曲处理；还可以将视频做成遮罩，以产生特效；还可以利用脚本程序对视频进行交互控制等。Flash MX 提供的视频播放技术使得 Flash 动画更加精彩。

（1）在“导入”对话框中，选择文件夹和 AVI 格式的视频文件名称，然后单击“打开”按钮，即可调出“导入视频设置”对话框，如图 3.14 所示。利用该对话框进行设置，然后单击“确定”按钮，即可导入相应的视频。

（2）导入视频后，视频会在时间轴上占据许多帧。占的帧数越多，视频播放的时间越长。

4. 位图属性的设置

按照前面介绍的方法，导入两个位图图像、AVI 视频和 MP3 音频素材后，则“库”面板（单击“窗口”→“库”菜单命令，可调出“库”面板）中会加载导入的图像、视频和 MP3 音频，如图 3.15 所示。

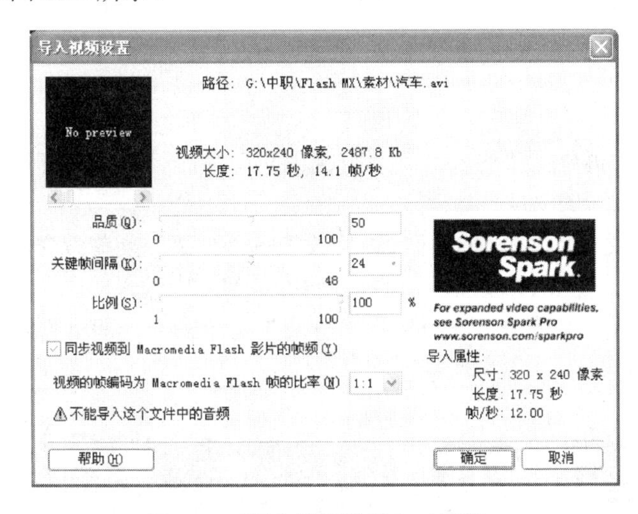

图 3.14 “导入视频设置”对话框

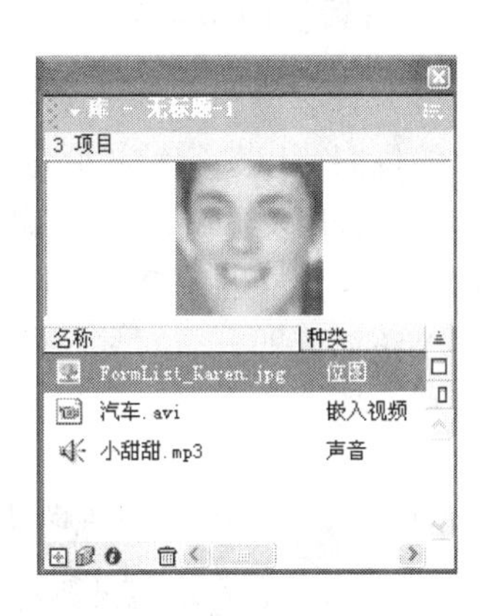

图 3.15 “库”面板

（1）位图属性的设置：双击“库”面板中导入图像的名字或图标，调出该图像的“位图属性”对话框，再单击该对话框中的“测试”按钮，可在该对话框的下半部显示一些文字信息，如图 3.16 所示。利用该对话框，可以了解该图像的一些属性，各选项的作用如下。

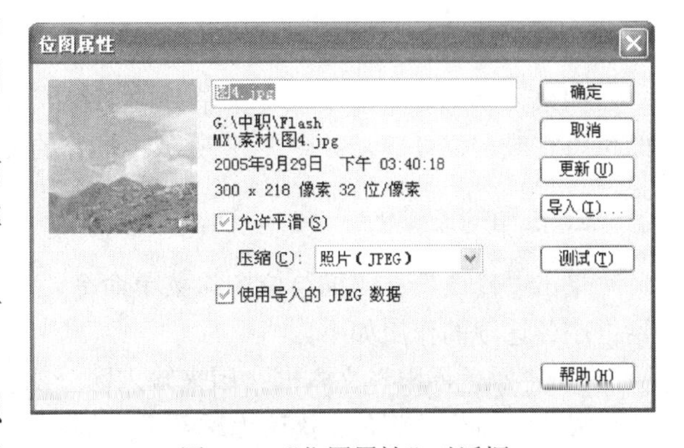

图 3.16 “位图属性”对话框

- “允许平滑”复选框：单击选中它，可以消除位图边界的锯齿。
- “压缩”列表框：其中有两个选项为“照片(JPEG)”和“不失真(PNG/GIF)”。选择第一个选项，可以按照 JPEG 方式压缩；选择第二个选项，基本保持原图像的质量。
- “使用导入的 JPEG 数据”复选框：单击选中它，表示使用文件默认质量。如果不选择该复选框，则它的下边会出现一个“品质”文本框。在该文本框内可输入 1 到 100 的数值，数值越小，图像的质量越高，但文件的字节数也越大。

- “更新”按钮：单击它，可按设置更新当前的图像文件属性。
- “导入”按钮：单击它，可调出“导入位图”对话框，利用该对话框可更换图像文件。
- “测试”按钮：单击它，可以按照新的属性进行设置，在对话框的下半部显示压缩比例、容量大小等测试信息，在左上角显示重新设置属性后的部分图像。

（2）双击“库”面板中导入视频或音频的名字或图标，可调出视频的“嵌入视频属性”对话框或“音频属性”对话框。

利用“音频属性”对话框可以设置音频的属性，这将在后面介绍。

3.2.3 位图的分解和矢量化

在 Flash MX 中，许多操作是针对矢量图形进行的，对于导入的位图就不能操作了。例如要改变位图的局部色彩或形状，进行位图的变形过渡动画制作等就不能实现了。位图必须经过分解（也叫打碎）或矢量化才能操作和编辑。

打碎位图不完全等同于位图的矢量化，例如要制作位图的变形过渡动画，则必须进行位图的矢量化。严格来说，位图打碎之后仍是位图，虽然可以编辑，但没有变成真正的矢量图形。

1. 分解位图和文字

（1）分解位图：单击选中一个位图，再单击“修改”→“分离”菜单命令，将位图打碎。打碎的位图可以进行编辑修改。

（2）分解文字：对于 Flash MX 中的文字，可以通过执行“修改”→“分离”菜单命令，将它们分解为独立的单个字符或汉字。例如，图 3.17 左图所示的是在 Flash MX 中输入的文字，它是一个整体，即一个对象。单击选中它后，再单击“修改”→“分离”菜单命令，即可将它分解为相互独立的 4 个字母和 3 个汉字，如图 3.17 右图所示。

图 3.17 文字的分解

如果，单击选中一个或多个单独的字符或汉字，然后单击“修改”→“分离”菜单命令，即可将它或它们打碎，如图 3.18 所示。打碎的文字可以按照图形来处理。

2. 位图的矢量化

单击“修改”→“描绘位图”菜单命令，调出“描绘位图”对话框，如图 3.19 所示。该对话框中各选项的作用如下。

（1）“颜色界限”文本框：用来输入区分颜色的阈值。F1ash 在比较两个像素时，如果颜色的差异小于设定的阈值，就认为这两个点颜色相同，否则就认为它们的颜色不同。阈值可以是 1 到 500 中的一个整数值，阈值越小，矢量化转换速度越慢。转换后的颜色丢失少，与原位图图像差别较小。

（2）“最小范围”文本框：用来输入最小区域的像素数，这个数值越小，转换后的矢量图形越精确，与原位图像越接近，但转换的速度较慢。

2008年奥運

图 3.18　打碎的文字

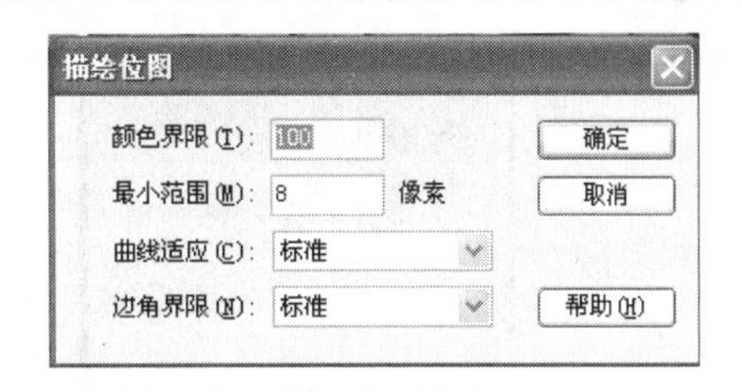

图 3.19　“描绘位图”对话框

（3）“曲线适应”列表框：用来选择曲线适配方式，即设置转换中对色块的敏感程度，以决定转换时曲线的处理方式。

例如：选择“像素”选项时，转换后的矢量图形边缘细节比较清晰，接近原位图图像；选择“平滑”选项时，转换后的矢量图形边缘细节较少。转换后失真越小，转换的速度会越慢。

（4）“边角界限”列表框：用来选择角阈值，决定转换时如何识别图像中的尖角。它有“较多转角”、“标准”和“较少转角”三个选项。设置完后，单击“确定”按钮，即可进行位图到矢量图形的转换。

图 3.20 给出了不同设置情况下的矢量化效果，效果越好，转换的速度越慢，生成的矢量图形的文件字节数越大。图 3.20 中最左边的图像是矢量化以前的位图图像。

  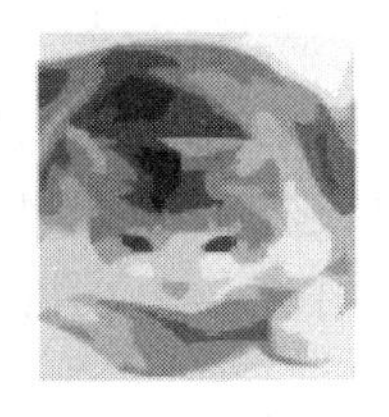 

图 3.20　不同设置情况下的矢量化效果

3.3　导入声音和编辑声音

3.3.1　导入声音和使用声音

在 Flash 作品中，可以给图形、按钮动作和动画等搭配背景声音。从优化音效考虑，可以导入 22kHz、16 位立体声声音格式。从减少文件字节数和提高传输速度考虑，可导入 8kHz、8 位单声道声音格式。可以导入的声音文件有 WAV，AIFF 和 MP3 格式。

1. 导入声音到“库”面板中

（1）首先为声音创建一个图层。也可以为声音创建多个图层，实现多个声音的同时播放。

（2）单击“文件”→“导入”菜单命令，调出“导入”对话框。利用它选择声音文件，并导入声音。导入的声音会加载到“库”面板中，如图 3.21 左图所示。

（3）单击选中“库”面板中的一个声音文件名称或图标，再单击“库”面板上面窗口内的箭头按钮，即可听到播放的声音。

2. 使用“库”面板中的声音文件

用鼠标拖曳“库”面板内的一个声音文件到舞台工作区，即可看到在声音图层“图层 1”图层的第 1 帧内显示出的声音的波形，如图 3.21 右图所示。

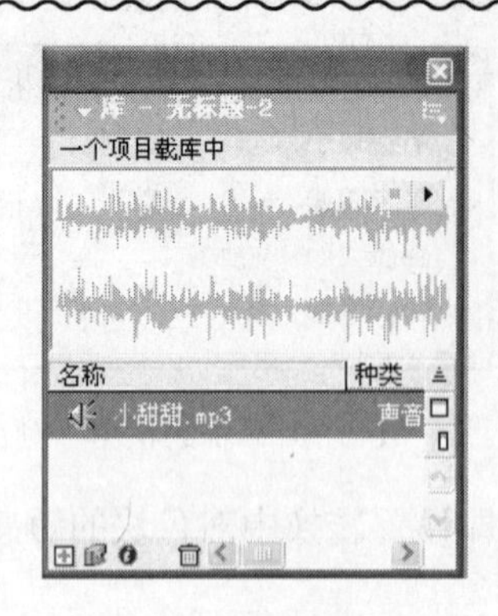

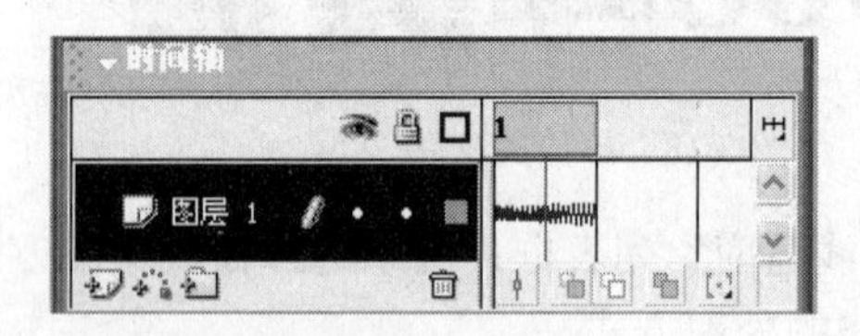

图 3.21 “库”面板中的声音和在图层中导入声音

单击选中“图层 1”图层的第 40 帧，按 F5 键，即可在第 1 帧到第 40 帧内看到声音波形（说明声音占了 40 帧以上）。用鼠标拖曳图层中的声音波形，可以调整它的位置。调整声音波形的位置，可以使声音与动画同步播放。

采用同样方法，也可将声音导入按钮的各帧中，即在按钮事件时能播放声音。

3.3.2 声音的属性和导出声音

1. 声音的属性

双击“库”面板中的声音元件图标，调出“声音属性”对话框，如图 3.22 左图所示。利用该对话框，可以了解声音的一些属性、改变它的属性和进行测试等。

（1）最上边的文本框：给出了声音文件的名字，其下边是声音文件的有关信息，左边是声音的波形。

（2）“压缩”列表框：它在“导出设置”提示框下边，其中有 4 个选项：“默认值”、“ADPCM（自适应音频脉冲编码）”、“MP3”和“Raw（不加工）”。

（3）“ADPCM（自适应音频脉冲编码）”：选择该项后，对话框下面会增加一些选项，如图 3.22 右图所示。各选项的作用如下。

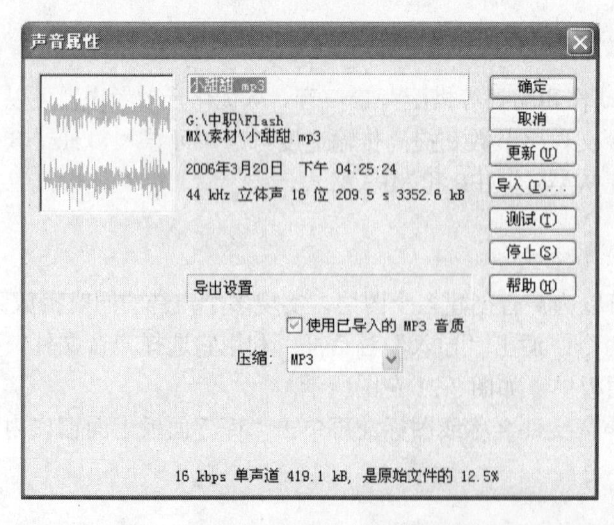

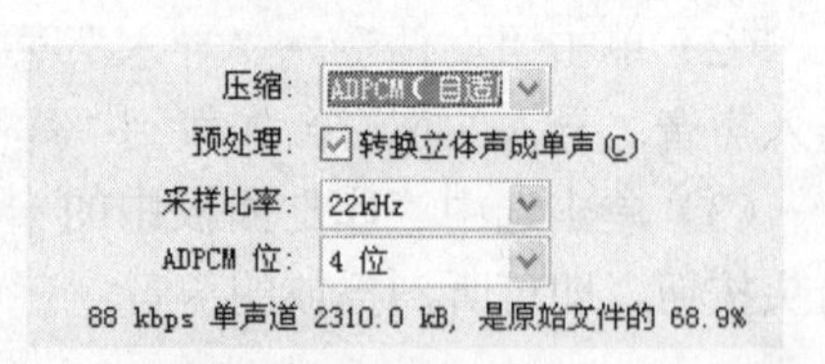

图 3.22 “声音属性”对话框和选择“ADPCM”选项后的新增选项

- “预处理”复选框：选择它后，表示以单声道输出，否则以双声道输出（当然，它必须原来就是双声道的声音）。

- “采样比率”列表框：用来选择声音的采样频率。它有 5kHz，11kHz，22kHz，44kHz 几种选项。
- “ADPCM 位”列表框：用于声音输出时的位数转换，分 2，3，4，5 位几种。

（4）“MP3”（MP3 音乐压缩格式）选项：选择该选项（取消“使用已导入的 MP3 音质”复选框的选取）后，对话框下面会增加一些选项，如图 3.23 左图所示。这些选项的作用如下。

- “位比率”列表框：用来选择输出声音文件的数据采集率。其数值越大，声音的容量与质量也越高，但输出文件的字节数也越大。
- “品质”列表框：用来设置声音的质量。它的选项分为“快速”、“中等”和“最佳”。

（5）“Raw（不加工）”选项：选择它后，对话框下面会增加一些选项，如图 3.23 右图所示。

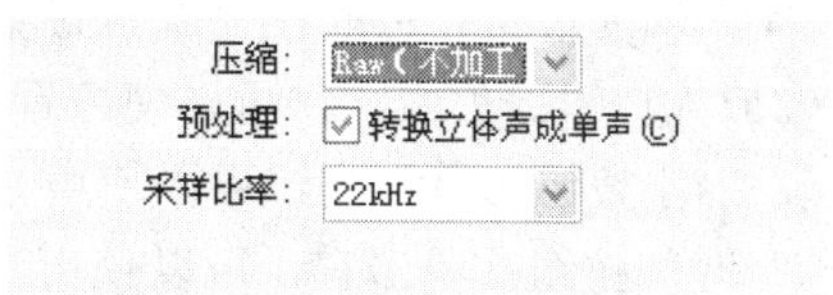

图 3.23　选择“MP3”选项后的新增选项和选择“Raw（不加工）”选项后的新增选项

（6）“声音属性”对话框中几个按钮的作用如下。

- “更新”：单击它，可按设置更新声音文件的属性。
- “导入”：单击它，可调出“导入声音”对话框，利用该对话框可更换声音文件。
- “测试”：单击它，可以按照新的属性设置播放声音。
- “停止”：单击它，可使正播放的声音停止播放。

2. 导出声音

声音的输出要兼顾考虑声音的质量与输出文件的大小。声音的采样频率和位数越高，声音的质量也越好，但输出的文件也越大。压缩比越大，输出的文件越小，但声音的音质越差。

输出声音可以这样实现：单击“文件”→“导出影片”菜单命令，调出“导出影片”对话框，选择 WAV 类型，输入文件名字，单击“保存”按钮，即可输出 WAV 格式的声音文件。

3.3.3　编辑声音

1. 选择声音和声音效果

（1）选择声音：把声音导入舞台工作区后，时间轴的当前帧单元格内会出现声音波形。单击带声音波形的帧单元格，即可调出声音的“属性”面板，如图 3.24 所示。利用该面板，可以对声音进行编辑。

图 3.24　声音的“属性”面板

“声音”下拉列表框内提供了“库”面板中的所有声音文件的名字，选择某一个名字后，其下边就会显示出该文件的采样频率、单声道或双声道、位数和播放时间等信息。

（2）选择声音效果：“效果”列表框内，提供了各种播放声音的效果选项，包括无、左声道、右声道、从左向右淡出、从右向左淡出、淡入、淡出和自定。选择“自定”选项后，会弹出“编辑封套”对话框，如图 3.25 所示。利用该对话框可以自定义声音的效果。

2. 编辑声音

单击“编辑”按钮，调出 “编辑封套”对话框，如图 3.26 所示。利用它可以编辑声音。单击该对话框左下角的“播放”按钮，可以播放编辑后的声音；单击“停止”按钮，可以使播放的声音停止。编辑好后，可单击“确定”按钮退出该对话框。

（1）选择声音效果：选择“效果”列表框内的选项，可以设置声音的播放效果。

（2）再用鼠标拖曳调整声音波形显示窗口左上角的方框控制柄，使声音大小合适。

（3）4 个辅助按钮：它们在“编辑封套”对话框的右下角，作用如下。

- 放大按钮：单击它，可以使声音波形在水平方向放大。
- 缩小按钮：单击它，可以使声音波形在水平方向缩小。
- 时间按钮：单击它，可以使声音波形显示窗口内水平轴为时间轴，如图 3.26 所示。
- 帧数按钮：单击它，可以使声音波形显示窗口内水平轴为帧数轴。从而可以观察到该声音共占了多少帧。知道该声音共占了多少帧后，可调整时间轴中声音帧的个数。

（4）“编辑封套”对话框分上、下两个声音波形编辑窗口，上边的是左声道声音波形，下边的是右声道声音波形。在声音波形编辑窗口内有一条左边带有方形控制柄的直线，它的作用是调整声音的音量。直线越靠上，声音的音量越大。在声音波形编辑窗口内，单击鼠标左键，可以增加一个方形控制柄。用鼠标拖曳各方形控制柄，可调整各部分声音段的声音大小。

（5）拖曳上下声音波形之间刻度栏内两边的控制条，可截取声音片段，如图 3.26 所示。

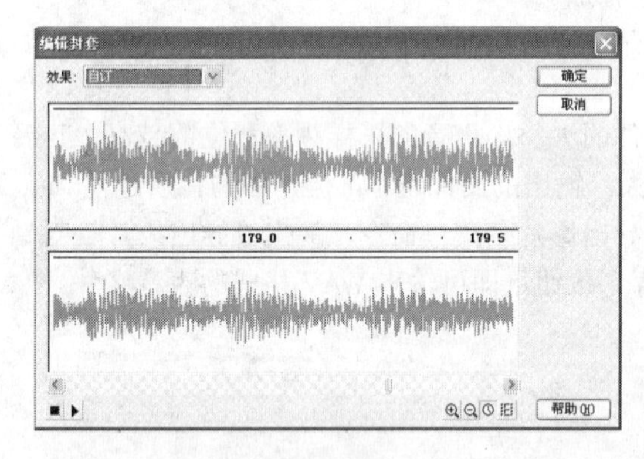

图 3.25 “编辑封套”对话框

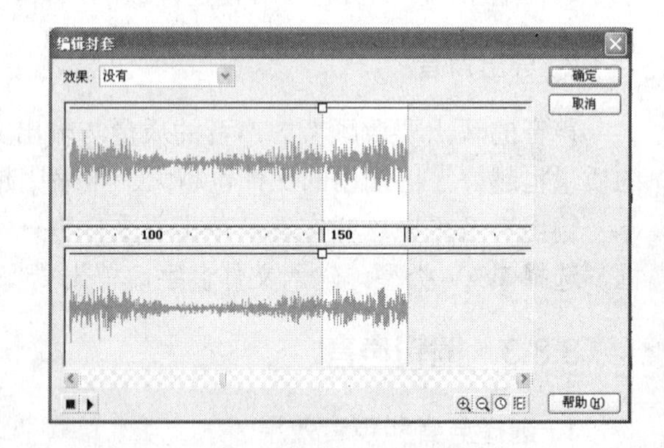

图 3.26 截取声音片段

3. 选择声音的同步方式

利用“同步”下拉列表框可以选择声音的同步方式，它提供了以下 4 种同步方式。

（1）“事件”：选择它后，即设置了事件方式，可使声音与某一个事件同步。当动画播放到引入声音的帧时，开始播放声音，而且不受时间轴的限制，直到声音播放完毕。如果在“循环”文本框内输入了播放的次数，则将按照给出的次数循环播放声音。

（2）“开始”：选择它后，即设置了开始方式。当动画播放到导入声音的帧时，声音开始播放。如果声音播放中再次遇到导入的同一声音帧时，将继续播放该声音，而不播放再次导入的声音。而选择“事件”选项时，可以同时播放两个声音。

（3）“停止”：选择它后，即设置了停止方式，用于停止声音的播放。

（4）“资料流”：选择它后，即设置了流方式。在此方式下，Flash 将强制声音与动画同步，即当动画开始播放时，声音也随之播放；当动画停止时，声音也随之停止。在声音与动画同时在网上播放时，如果选择了“资料流”方式，则 Flash MX 将强迫动画以声音的下载速率来播放（声音下载速率慢于动画的下载速率时），或 Flash MX 将强迫动画减少一些帧来匹配声音的速率（声音下载速率快于动画的下载速率时）。

选择“事件”或“开始”选项后，播放的声音与截取声音无关，从声音的开始播放；选择“资料流”选项后，播放的声音与截取声音有关，只播放截取的声音。

3.4　Flash MX 系统默认属性的设置

3.4.1　Flash MX 系统参数的设置

单击菜单“编辑”→“参数选择”菜单命令，调出“参数选择”（编辑）对话框，如图 3.27 所示。利用该对话框可以进行一些编辑图形和文字的参数设置。该对话框各选项的作用如下。

图 3.27　“参数选择”（编辑）对话框

1.“钢笔工具”栏

该栏有 3 个复选框，它们的作用如下。

（1）“显示钢笔预览”：选中它后，在使用钢笔工具绘图时，随着鼠标指针的移动，会预先显示出上一个节点与鼠标指针之间的连线。

（2）“显示固定点”：选中它后，在使用钢笔工具绘图时，会显示出固定的指向。

（3）“显示精确光标”：选中它后，在使用钢笔工具绘图时，鼠标指针由钢笔状变为小十字状，这样有利于精确定位。

2.“垂直文字”栏

该栏有 3 个复选框，它们的作用如下。

（1）“默认文字方向”：选中它后，默认的文字输入方向是垂直方向；没选中它时，默认的文字输入方向是水平方向。

（2）“从右向左流动”：选中它后，默认的是文字从右向左滚动；没选中它时，默认的是文字从左向右滚动。

（3）“不进行字距调整”：选中它后，默认的是不进行字间距调整；没选中它时，默认的是进行字间距调整。

3.“描绘设置”栏

该栏有 5 个下拉列表框，它们的作用如下。

（1）“连接线”下拉列表框：在绘制线时，设置新绘制线的端点与网格接近到什么程度时，会被捕捉到最近的网格线上。这个设置还将影响到 Flash MX 对水平线和垂直线的识别，即当线在非常接近水平或垂直的情况下，将被识别为水平线或垂直线。

该列表框中有 3 个选项：“必须接近”、“标准”和“可以远离”。

（2）“平滑曲线”下拉列表框：在使用铅笔工具（只在或模式下有效）绘制线时，设置对曲线进行加工的程度。

该列表框中有 4 个选项：“关闭”、“粗略”、“标准”和“平滑”。在画完线后，还可以通过和图标按钮，来进一步加工曲线。

（3）“确认线”下拉列表框：在绘制线时，设置当线接近直线到什么程度时，可被识别为直线，并将它加工为真的直线。

该列表框中有 4 个选项：“关闭”、“严谨”、“标准”和“宽松”。

（4）“确认图形”下拉列表框：在画线时，设置当线接近圆、椭圆、正方形、矩形、90° 和 180° 的圆弧到什么程度时，它们可以被识别为这些规则的外形，并且精确地加工为规则外形的图形。该列表框中有 4 个选项，与上一个列表框的选项一样。

（5）“点击精确度”下拉列表框：指定当单击某个对象时，在怎样的接近程度下将会被认为单击中了该对象。该列表框中的选项与上一个列表框的选项一样，只是没有“关闭”选项。

3.4.2　其他参数的设置

1. 常规参数的设置

单击“参数选择”对话框中的“常规”标签项，此时的“参数选择”（常规）对话框如图 3.28 所示。利用该对话框可以进行一些常规的设置。例如：设置撤销的等级；是否显示工具提示；是否可使时间轴独立；是否使面板嵌入；设置加亮的颜色；设置默认映射的字体等。

2. 剪贴板参数的设置

单击“参数选择”对话框中的“剪贴板”标签项，此时的“参数选择”（剪贴板）对话框如图 3.29 所示。利用该对话框可以进行有关剪贴板的设置。

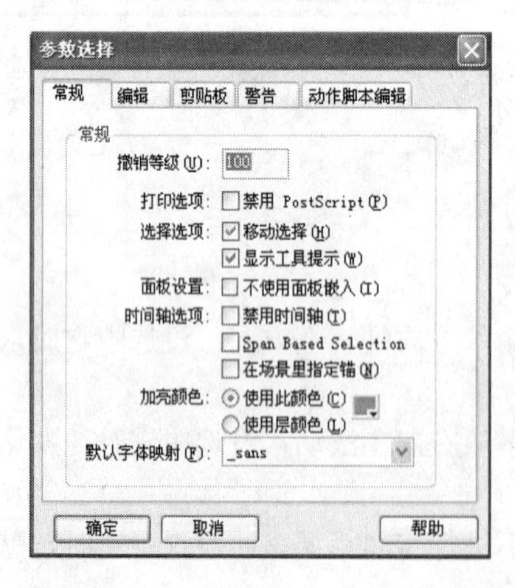

图 3.28　“参数选择”（常规）对话框

图 3.29　“参数选择”（剪贴板）对话框

3. 警告参数的设置

单击“参数选择”对话框中的“警告”标签项，此时的“参数选择”（警告）对话框如图 3.30 所示。利用该对话框可以进行有关警告信息的设置。

4. 动作脚本编辑参数的设置

单击“参数选择”对话框中的“动作脚本编辑”标签项，此时的“参数选择”（动作脚本编辑）对话框如图 3.31 所示。利用该对话框可以进行有关“动作”面板和脚本程序的设置。

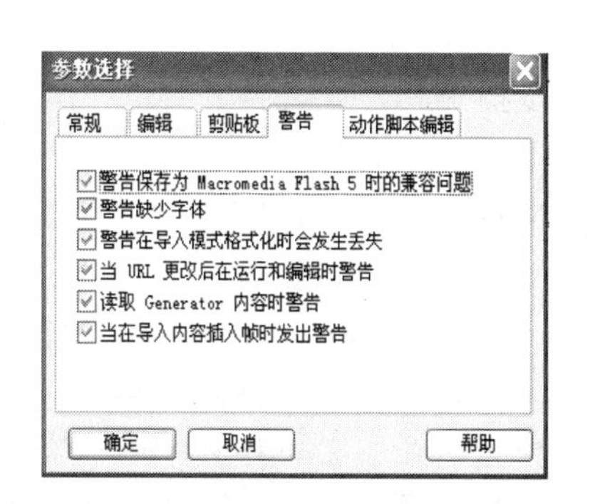

图 3.30　“参数选择”（警告）对话框

图 3.31　“参数选择”（动作脚本编辑）对话框

3.5　实例

实例 9　投影文字

“投影文字”图形效果如图 3.32 所示。可以看到，“投影文字”的颜色是七彩色的，而且有灰色的投影。该图形的制作方法如下。

图 3.32　“投影文字”图形效果

1. 制作七彩文字

（1）设置舞台工作区宽为 500px，高为 200px，背景色为白色。

（2）使用工具箱内的文本工具 A，在其“属性”面板内，设置楷体字体、70 号字和黑色。然后，单击舞台工作区内，再输入“投影文字”文字。使用工具箱内的箭头工具，单击选中文字。再使用工具箱中的任意变形工具，调整文字的大小，如图 3.33 所示。

（3）两次单击“修改”→“分离”菜单命令，将文字打碎。此时的文字可能会出现连笔画现象，如图 3.34 所示。

图 3.33　调整文字的大小

图 3.34　文字连笔画现象

（4）在时间轴右下角的显示比例列表框内选择 800%。使用工具箱中的线条工具，在图 3.34 所示图形的“影”字中绘制一些线条，并调整这些线条，结果如图 3.35 所示。注意：在绘制线条时，最好单击主要工具栏内的“贴紧对象”按钮，使它处于抬起的状态；绘制的线条应构成完全封闭的状态；在不选中线条和填充物的情况下，使用工具箱内的箭头工具，用鼠标拖曳线条和填充，可以调整它们的形状。

（5）按住 Shift 键，双击线条内部，选中线条内部的填充物和线条。按 Delete 键，删除选中的填充和线条。修改好的“影”字如图 3.36 所示。

修改文字的连笔画现象，还可以使用工具箱内的橡皮擦工具。

（6）使用工具箱内的箭头工具，选中所有文字。再单击“修改”→“外形”→“扩展填充”菜单命令，调出“扩展填充”对话框，利用该对话框将文字向外扩充 2 个像素点。文字扩展后也会出现连笔画现象，也可以采用上述方法进行修复。

（7）在工具箱的“颜色”栏内设置填充颜色为多彩线性渐变色。再单击“窗口”→“混色器”菜单命令，调出“混色器”面板，如图 3.37 所示。

（8）利用“混色器”面板，依次将各关键点颜色调整为：红（红=255、绿=0、蓝=0）、橙（红=200、绿=200、蓝=0）、黄（红=255、绿=255、蓝=0）、绿（红=0、绿=255、蓝=0）、青（红=0、绿=255、蓝=255）、蓝（红=0、G=绿、蓝=255）、紫（红=255、绿=0、蓝=255）。

图 3.35 绘制一些线条

图 3.36 修改好的“影”字

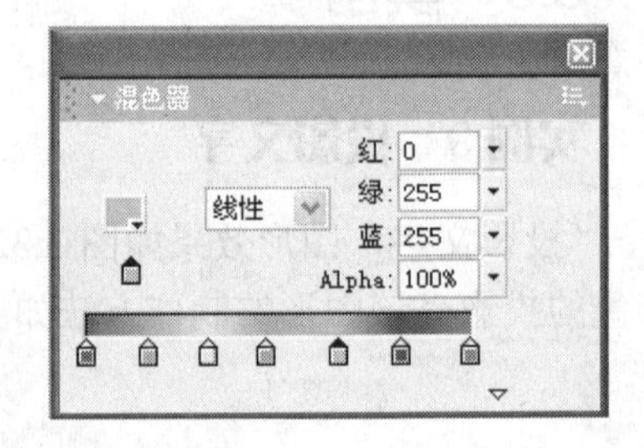

图 3.37 “混色器”面板

（9）单击舞台工作区空白处，不选中文字。使用工具箱内的填充变形工具，再分别单击文字笔画。然后，用鼠标拖曳方形和圆形的控制柄，调整渐变色的倾斜方向与颜色，如图 3.38 所示。

图 3.38 调整渐变色的倾斜方向与颜色

2. 制作投影文字

（1）使用工具箱中的箭头工具，拖曳选中“投影文字”七彩文字。然后，按住 Ctrl 键，同时用鼠标拖曳七彩文字，复制一份。在工具箱的“颜色”栏内设置填充颜色为灰色，将复制的七彩文字填充为灰色，形成文字的投影，如图 3.39 所示。

（2）使用工具箱中的箭头工具，拖曳选中“投影文字”文字，单击“修改”→“组合”菜单命令，将“投影文字”七彩文字组成组合。然后再将七彩文字的投影组成组合。

（3）用鼠标拖曳选中七彩文字的投影。单击“窗口”→“变形”菜单命令，调出“变形”面板。再单击“变形”面板中的“倾斜”单选项，调整文本框内的数据为 70，如图 3.40 所示。然后按 Enter 键，使七彩文字的投影倾斜。

（4）使用工具箱中的任意变形工具，将七彩文字的投影在垂直方向调大，如图 3.41 所示。

在调整时，注意投影字的底部宽度应与图像文字的宽度一样。

图 3.39　文字的投影

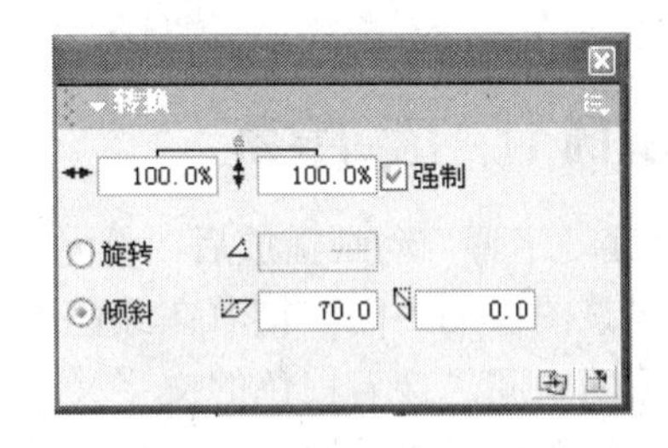

图 3.40　“变形”面板

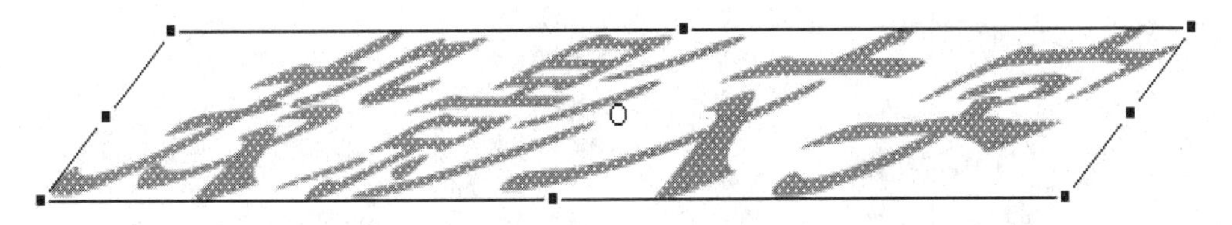

图 3.41　将倾斜的七彩文字投影在垂直方向调大

（5）将投影文字组合。将七彩文字拖曳到投影文字之上。如果七彩文字在投影文字的下边，可在选中七彩文字后，单击“修改”→“排列”→“移至顶层”菜单命令。

实例 10　透视文字

“透视文字”图形如图 3.42 所示。它给出了“迎接 2008 年奥运”透视文字，该文字给人一种进深的立体感。文字的背景是一幅帆船图像，象征着北京 2008 年奥运会一帆风顺。

制作变形文字需使用工具箱中的任意变形工具或者使用“修改”→“变形”菜单下的子菜单命令。如果要将文字进行封套或变形，需要先将文字打碎，否则“变形”和“封套”菜单命令不可以使用。该图形的制作方法如下。

（1）设置舞台工作区宽为 500 像素，高为 230 像素，背景色为白色。单击“文件”→“导入”菜单命令，调出“导入”对话框。利用该对话框，导入一幅“帆船”图像。

（2）在“图层 1”图层之上创建一个名字为“图层 2”的新图层，隐藏“图层 1”图层。单击选中“图层 2”图层的第 1 帧。

（3）输入字体为宋体、字号 60、红色的“迎接 2008 年奥运”文字，再两次单击“修改”→“分离”菜单命令，将文字打碎。打碎的文字如果出现连笔画现象，可参看本章实例 9 所述方法进行修复。

（4）使用工具箱中的箭头工具，拖曳选中文字，再单击“修改”→“变形”→“扭曲”菜单命令，此时文字四周会出现一个黑色矩形和 8 个控制柄。

（5）按住 Shift 键，用鼠标垂直向上拖曳左上角的控制柄，再用鼠标垂直向下拖曳右上角的控制柄。最终结果如图 3.43 所示。

图 3.42　“透视文字”图形

图 3.43　旋转与倾斜调整

（6）使用工具箱中的箭头工具，拖曳选中“迎接 2008 年奥运”透视文字，单击“修改”→“组合”菜单命令，将“迎接 2008 年奥运”透视文字组成组合。

实例 11 滚动字幕

“滚动字幕”动画播放后，首先显示一幅风景图像。然后一幅红色透明矩形图画从左向右移动到风景图像的中间。接着在红色透明矩形之上，一些白色的文字从下向上缓慢移动到红色透明矩形的中间。接着白色的文字又从下向上缓慢移出红色透明矩形。在移出的同时，文字逐渐消失。该动画播放后的 3 幅画面如图 3.44 所示。该动画的制作方法如下。

图 3.44 “滚动字幕”动画播放后的 3 幅画面

1. 制作移动的红色透明矩形

（1）设置舞台工作区宽为 300 像素，高为 200 像素，背景色为白色。然后，导入一幅风景图像，并适当调整该图像的大小。使它和舞台工作区的大小一样。

（2）进入“矩形”图形元件编辑窗口。在它的舞台工作区中，使用工具箱内的矩形工具，以舞台的中心十字为中心绘制一个红色矩形，如图 3.45 所示。然后，回到主场景。

（3）在“图层 1”图层的上边增加一个“图层 2”图层，将“库”面板中的“矩形”图形元件拖曳到舞台工作区内，再调整它的大小与位置，使它比背景图像稍小一些并居中。

（4）单击选中“图层 2”图层的第 1 帧图像。再利用它的“属性”面板将红色矩形的透明度调整为 56% ，如图 3.46 所示。

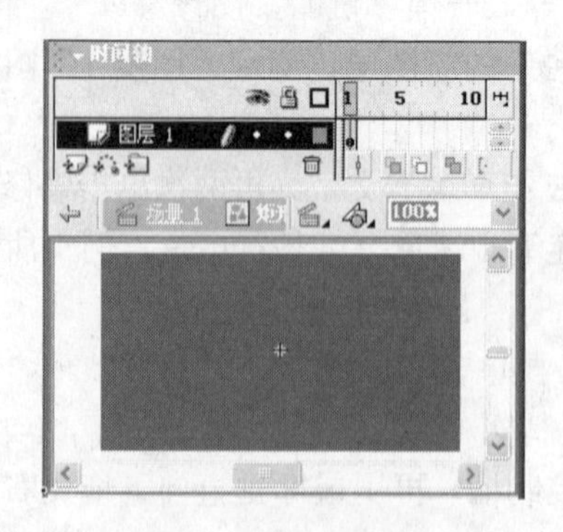

图 3.45 绘制一个无轮廓线的红色矩形

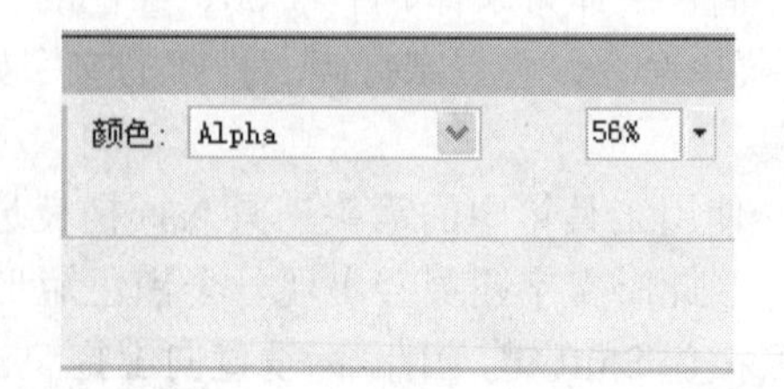

图 3.46 “属性”面板的透明度设置

（5）单击选中“图层 2”图层的第 1 帧，单击鼠标右键，弹出帧快捷菜单，再单击该菜单中的“创建补间动画”菜单命令，使该帧具有动作动画属性。然后，单击选中“图层 2”图层的第 20 帧，按 F6 键，将第 20 帧设置为关键帧，同时创建“图层 2”图层第 1 帧到第 20 帧的动画。

（6）选中“图层 2”图层的第 1 帧，将该帧的红色矩形水平拖曳到风景图像的左边。

2. 制作从下向上移动的文字

（1）在“图层2”图层的上边增加一个“图层3”图层。选中“图层3”图层的第20帧。使用工具箱中的文本工具A，单击舞台工作区内。在文本工具的“属性”面板内，设置文字大小为18号、颜色为白色、字体为宋体。输入一行文字，再用鼠标拖曳文字块右上角的圆形控制柄，使圆形控制柄变为方形控制柄，然后接着输入其他文字，文字将自动换行。

（2）使用工具箱内的箭头工具，单击选中文字块，将文字调整到背景图像的下边。

（3）创建“图层3”图层第20帧到第50帧的动画。单击选中“图层3”图层的第50帧，垂直向上拖曳文字块，使文字块底部在红色矩形底部的上边一点，即可形成文字块垂直向上移动的动画。

3. 制作逐渐消失的文字和遮挡红色矩形外的文字

（1）创建“图层3”图层第50帧到第70帧之间的动作动画。选中“图层3”图层第70帧的文字块，利用它的“属性”面板将文字块的透明度调整为1%。再将“图层3”图层第70帧的文字块垂直向上移动到红色矩形之上，形成文字块逐渐上移并消失的动画。

（2）播放动画，可以看到文字块是从风景图像的下边出现，又在风景图像的上边消失的。为了使文字块能够从透明红色矩形的下边出现，再在透明红色矩形的上边消失，可使用遮罩图层技术。具体操作方法如下。

①在“图层3”图层的上边增加一个“图层4”图层。然后，将“图层4”图层以外的各个图层锁定。

②单击选中“图层4”图层的第1帧。在舞台工作区中的透明红色矩形的中间绘制一个黑色矩形。同时可以看到“图层4”图层的第2帧到第70帧单元格都变为灰色单元格，它们的内容与“图层4”图层的第1关键帧的内容一样，都是黑色矩形。

③将鼠标指针移到“图层4”图层的第1帧单元格处，单击鼠标右键，调出其快捷菜单，再单击该菜单中的“遮蔽”菜单选项。使“图层4”图层成为遮罩图层。

④为了使背景图像与透明的红色矩形成为移动文字的背景，按住Ctrl键，单击选中“图层1”图层和“图层2”图层的第70帧单元格，按F5键。

此时，完整的动画制作完毕。动画的时间轴如图3.47所示。

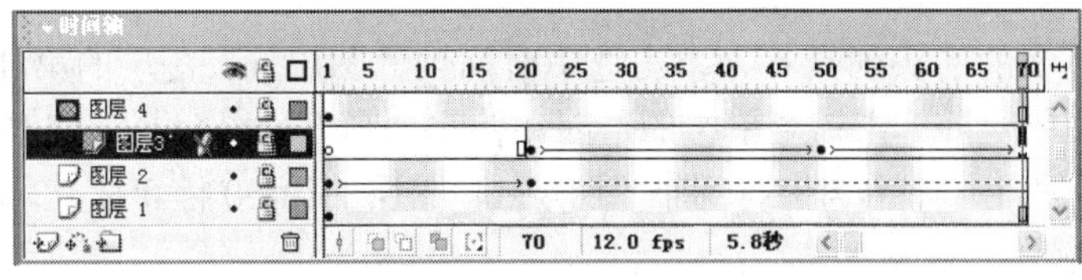

图3.47　完整动画的时间轴

实例12　摆动的转圈文字

“自转文字”动画播放后，一圈“中国体育冲向世界迎接2008年北京奥运会”文字不断自转，同时还上下摆动，其中的一幅画面如图3.48所示。该动画的制作过程如下。

1. 制作“转圈文字”电影剪辑元件

（1）设置舞台工作区宽为550像素，高为200像素，背景色为白色。然后，进入“转圈文字”电影剪辑元件的编辑窗口。

（2）使用工具箱内的椭圆工具，绘制一个蓝色、线粗2pts、没有填充的圆形图形。

（3）单击“窗口”→“信息”菜单命令，调出“信息”面板。按照图 3.49 所示进行设置，单击选中▪的中心点，在“W”和“H”文本框中分别输入 172，在“X”和“Y”文本框中分别输入 0，使蓝色圆形图形的中心与舞台工作区的十字中心对齐。

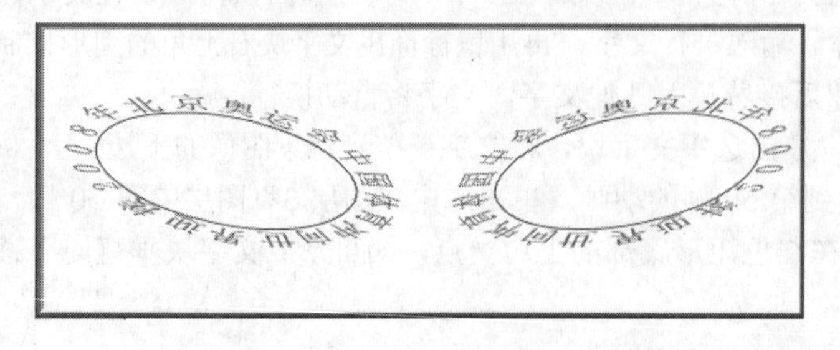

图 3.48 “自转文字”动画播放后的一幅画面

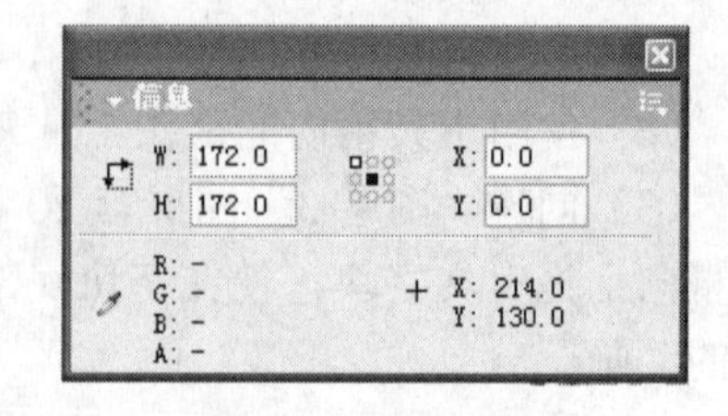

图 3.49 “信息”面板

（4）输入颜色为红色、字体为宋体、字号为 26、加粗的文字“中”。使用工具箱中的箭头工具，单击选中文字“中”。再单击“窗口”→“变形”菜单命令，调出“变形”面板。在该面板的“旋转”文本框内输入 18（因为一共要输入 20 个“中”字，每一个文字要旋转的度数为 360/20=18），如图 3.50 所示。

（5）单击 19 次“变形”面板右下角的图标按钮，复制 19 个不同旋转角度的“中”字。再用鼠标将复制的“中”字拖曳出来，如图 3.51 所示。

（6）将“中”字分别改为其他文字，如图 3.52 所示。然后，将这些文字拖曳到圆形线条的四周，如图 3.53 所示。然后，将文字和圆形线组成一个组合。

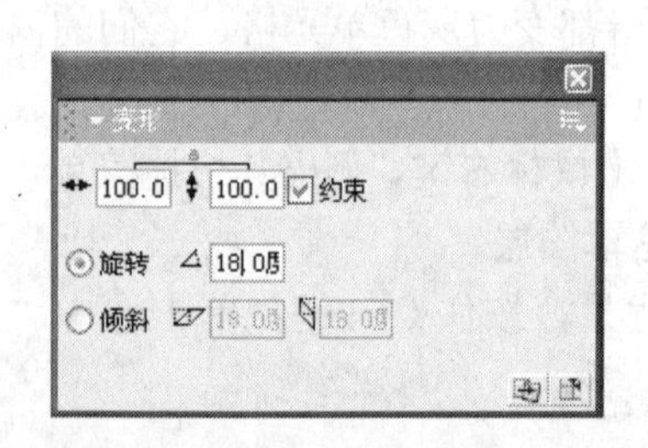

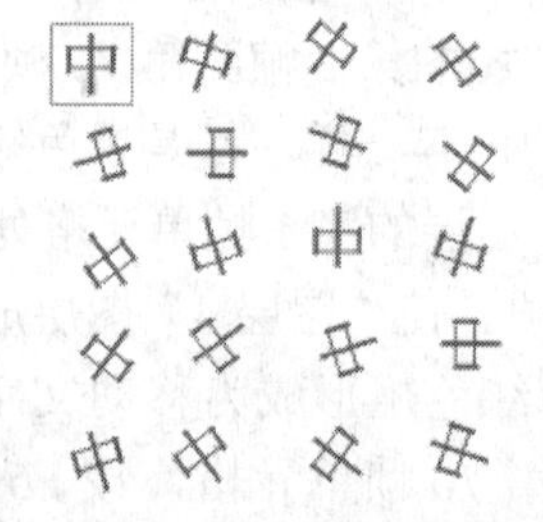

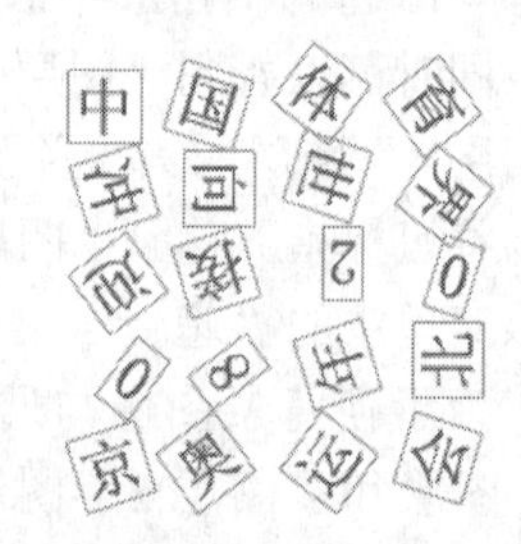

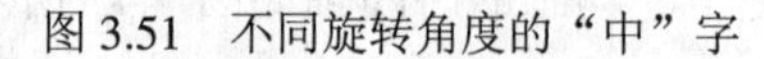

图 3.50 “变形”面板的设置　　图 3.51 不同旋转角度的“中”字　　图 3.52 “中”字改字

（7）使用工具箱中的箭头工具，单击选中时间轴“图层 1”图层的第 1 帧，单击鼠标右键，弹出一个快捷菜单，再单击该菜单中的“创建补间动画”菜单命令，使“图层 1”图层的第 1 帧具有动作动画的属性。单击选中时间轴“图层 1”图层的第 60 帧，按 F6 键，创建“图层 1”图层第 1 帧到第 60 帧的动画。

（8）单击选中第 1 帧，再在其“属性”面板中设置顺时针旋转 1 周，如图 3.54 所示。

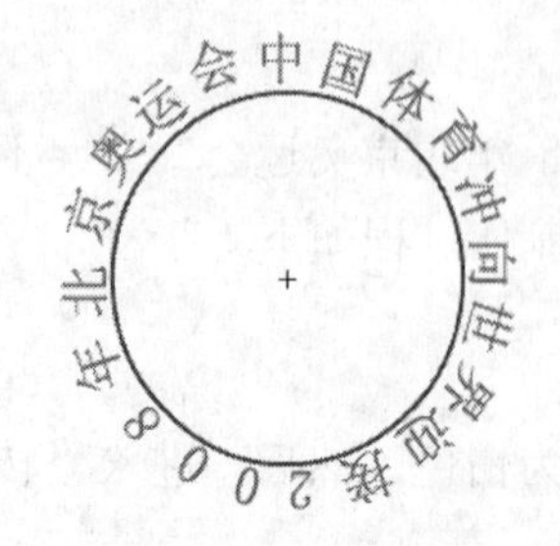

图 3.53 围绕圆形线的文字

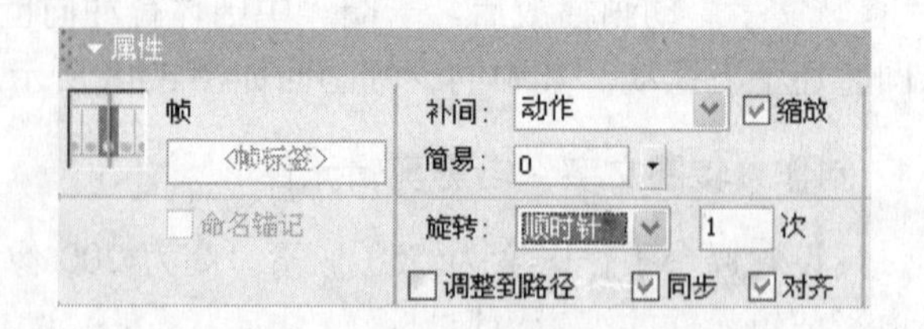

图 3.54 “属性”面板中设置

（9）单击元件编辑窗口中的场景名称图标 场景 1 或 ⇦ 按钮，回到主场景舞台工作区。

2．“摆动文字”电影剪辑元件

（1）进入“摆动文字”电影剪辑元件的编辑窗口。将“库”面板内的“自转文字”影片剪辑元件拖曳到舞台工作区内的正中间，形成一个“自转文字”影片剪辑元件的实例。

（2）单击工具箱中的“任意变形工具”按钮，单击选中“自转文字”影片剪辑实例。按住 Alt 键，向下拖曳“自转文字”影片剪辑实例对象上边中间的控制柄，将该实例对象在垂直方向调小；再向右拖曳“自转文字”影片剪辑实例右边中间的控制柄，将该实例对象在水平方向调大，效果如图 3.55 所示。

（3）单击“选项”栏内的“旋转和倾斜”按钮。将鼠标指针移到“自转文字”影片剪辑实例右上角处，当鼠标指针呈弯曲的箭头状时，垂直向下拖曳鼠标，顺时针旋转该实例对象一定角度，如图 3.56 所示。

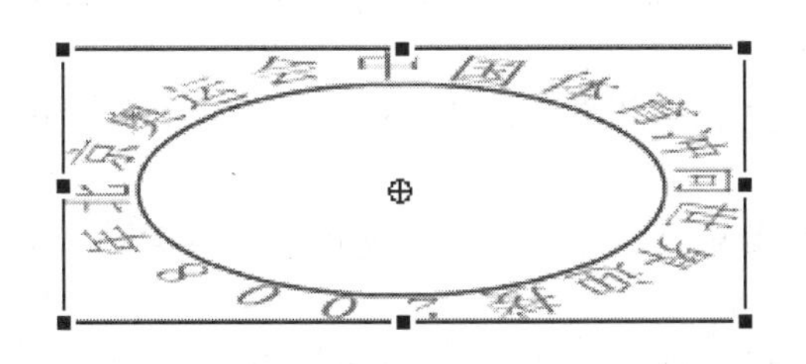

图 3.55　调整大小后的实例对象

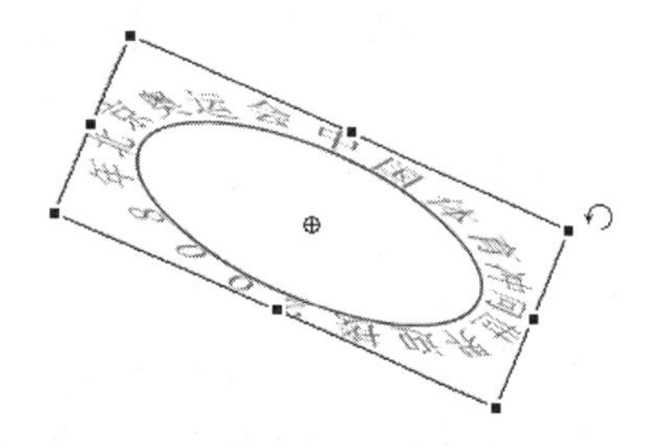

图 3.56　将实例对象顺时针旋转一定角度

（4）选中时间轴“图层 1”图层的第 1 帧，单击鼠标右键，弹出一个快捷菜单，再单击该菜单中的“创建补间动画”菜单命令，使“图层 1”图层的第 1 帧具有动作动画的属性。

（5）单击选中时间轴“图层 1”图层的第 60 帧，按 F6 键，创建“图层 1”图层第 1 帧到第 60 帧的动画。单击选中“图层 1”图层的第 30 帧，按 F6 键，创建一个关键帧。

（6）将鼠标指针移到“自转文字”影片剪辑实例右上角处，当鼠标指针呈弯曲的箭头状时，垂直向上拖曳鼠标，逆时针旋转对象一定角度，如图 3.57 所示。

（7）单击元件编辑窗口中的场景名称图标 场景 1 或 ⇦ 按钮，回到主场景舞台工作区。

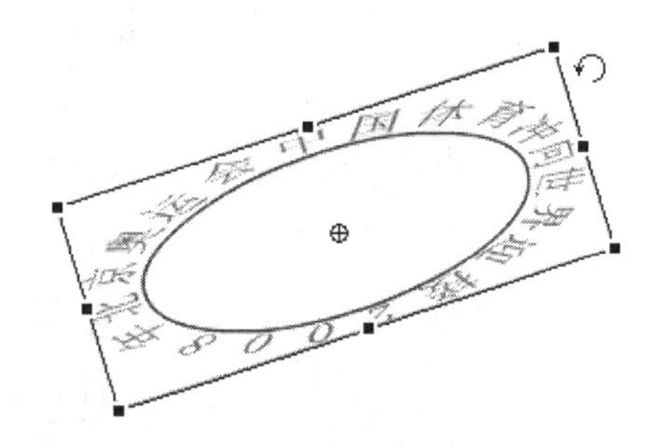

图 3.57　将实例对象逆时针旋转一定角度

3．制作摆动的转圈文字

（1）两次将“库”面板内的“摆动文字”影片剪辑元件拖曳到舞台工作区内的左边和右边，形成两个“摆动文字”影片剪辑元件的实例。

（2）使用工具箱中的箭头工具，单击选中右边的“摆动文字”影片剪辑元件的实例。单击“修改”→“变形”→“水平翻转”菜单命令，将右边的“摆动文字”影片剪辑实例水平翻转。至此整个动画制作完毕。

实例 13　彩珠文字

“彩珠文字”图形如图 3.58 所示。它给出了一个由一些红色立体彩球组成的“彩珠文字”字样。该图形的制作过程如下。

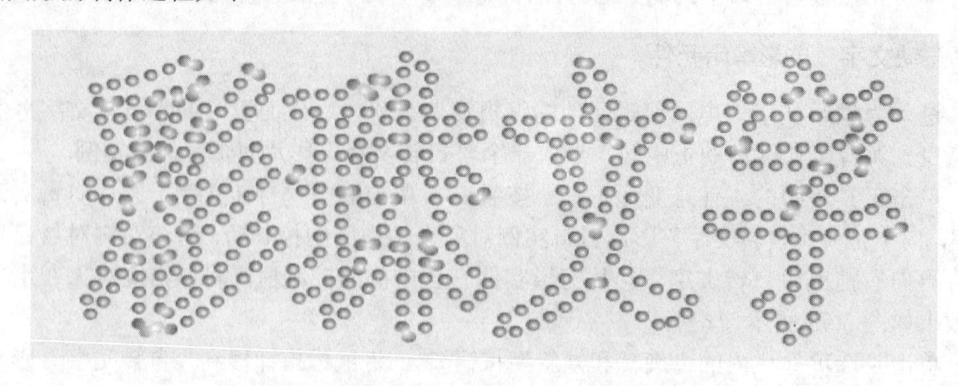

图 3.58 “彩珠文字”图形

（1）设置舞台工作区宽为 550 像素，高为 260 像素，背景色为黄色。

（2）使用工具箱内的文本工具 A，在它的属性栏内设置字体为宋体，字号为 120，颜色为黑色或其他颜色。然后，输入“彩珠文字”文字。

（3）使用工具箱内的箭头工具，单击选中文字。再两次单击“修改”→“分离”菜单命令，将文字打碎。然后将文字适当调大。

（4）单击“修改”→“外形”→“扩展填充”菜单命令，调出“扩展填充”对话框，利用该对话框将文字向外扩充 4 个像素点。

如果打碎的文字或扩展填充后的文字产生连笔画或缺笔画现象，可参考实例 9 所述方法进行修补。

（5）单击舞台工作区的空白处，不选中文字。使用工具箱中的墨水瓶工具，在其属性栏内设置线类型为圆形条状，颜色为红色，线粗为 6 个点。再单击文字笔画的边缘，可以看到，文字的边缘增加了红色的圆形轮廓线，如图 3.59 所示。

图 3.59 添加了红色圆形轮廓线

（6）按住 Shift 键，单击各文字内部的填充物，全部选中它们，再按删除键，将它们删除，只剩下文字的轮廓线，如图 3.60 所示。

（7）使用工具箱内的箭头工具，拖曳鼠标选中所有文字的轮廓线。再单击“修改”→“外形”→“将线条转换为填充”菜单命令，将线条转换成填充。

（8）选中文字的轮廓线。单击“窗口”→“混色器”菜单命令，调出“混色器”面板。按照图 3.61 所示进行设置，放射状渐变填充色从左到右分别为：白、红。此时，可获得如图 3.58 所示的彩珠文字效果。

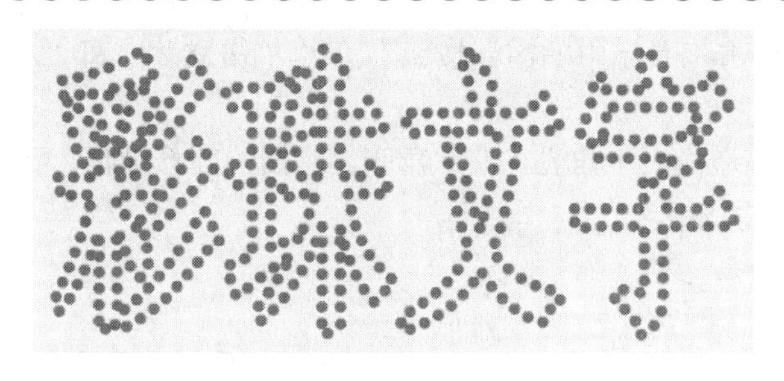

图 3.60　红色圆形轮廓线

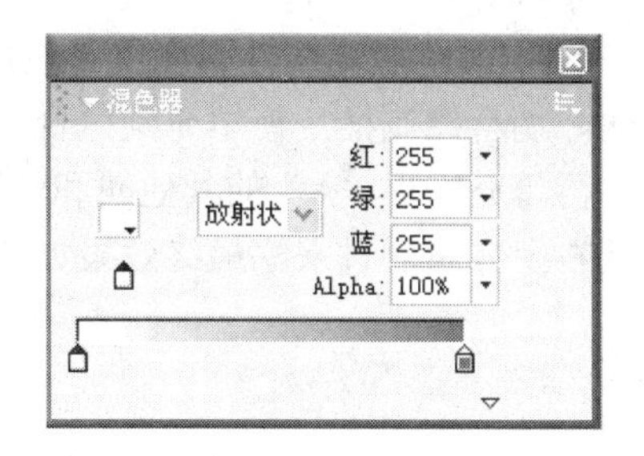

图 3.61　“混色器”面板设置

实例 14　立体文字

图 3.62 给出了一个黄色背景、蓝色的立体文字“ABC”图形。它的立体感很强，文字稍稍倾斜，右上角较亮，左下角较暗，好像光线自右上方向左下方照射过来。这种立体字的制作技术可以用于制作一些宣传画、广告和商标的标题字。

图 3.62　“立体文字”显示效果

1. 制作立体字母“A”

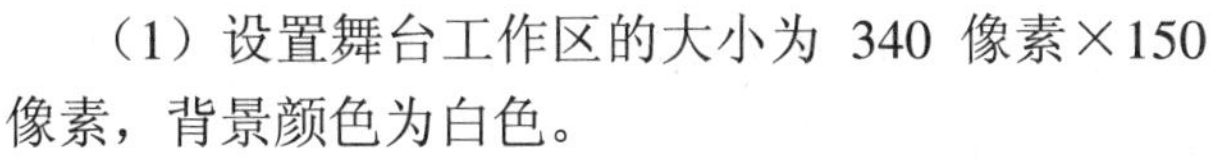

（1）设置舞台工作区的大小为 340 像素×150 像素，背景颜色为白色。

（2）单击“查看”→“网格”→“编辑网格”菜单命令，调出“编辑网格”对话框。在两个文本框内分别输入 10，表示网格的宽和高均为 10 像素。再单击选中“显示网格”复选框，表示显示网格线。设置完后，单击“确定”按钮。

（3）使用工具箱内的文本工具 A，在它的属性栏内设置字体为“Arial Black”，字号为 60，颜色为蓝色。然后，输入字母“A”。再适当将它的大小和长宽比进行调整，如图 3.63 所示。

（4）选取字母“A”，再将字母打碎。

（5）设置线颜色为浅灰色，线粗 2 个点。使用工具箱内的墨水瓶工具，再单击字母“A”的边缘，给字母“A”加轮廓线，如图 3.64 所示。

（6）将字母“A”的填充色删除，只保留字母“A”的轮廓线，如图 3.65 所示。

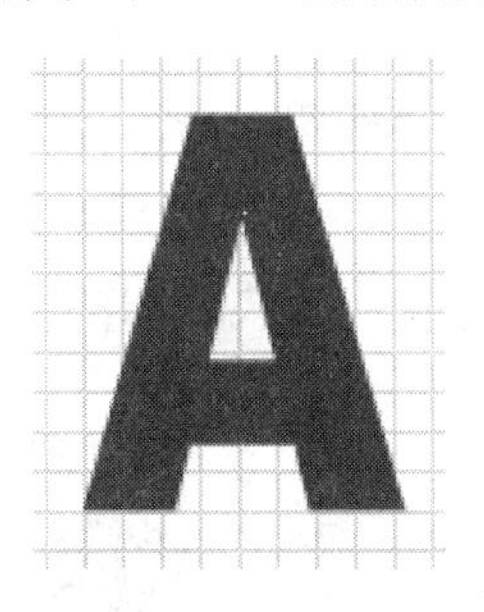

图 3.63　字母“A”

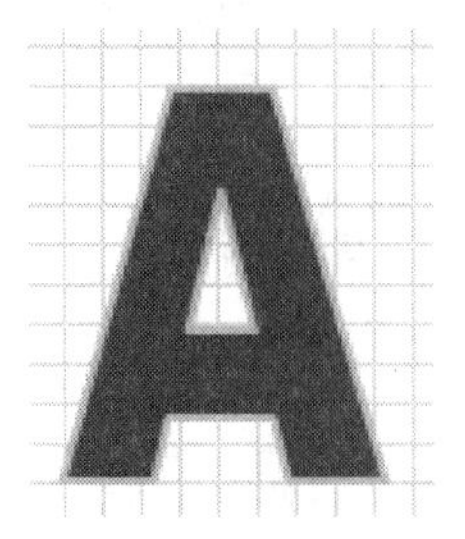

图 3.64　给字母“A”加轮廓线

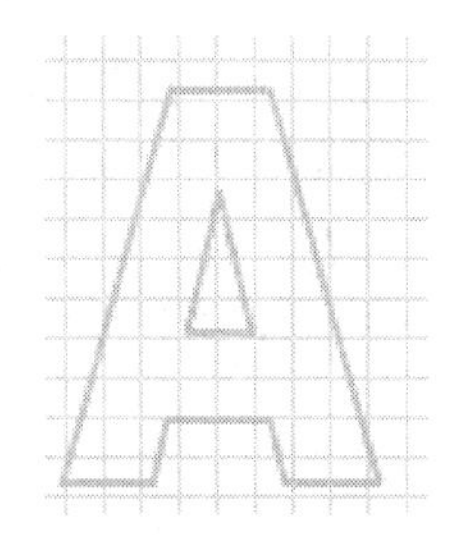

图 3.65　字母“A”的轮廓线

（7）复制一份字母“A”，复制的字母“A”与原字母“A”呈一定的重叠状，如图 3.66 左图所示。删除没用的线条，最后结果如图 3.66 中图所示。

（8）在图 3.66 中图的基础之上，补画几条线，构成了立体字母“A”的轮廓线，如图 3.66 右图所示。

（9）选择填充色为蓝白线性渐变填充色。使用工具箱内的颜料桶工具，再单击立体字母

“A”的正面，填充线性渐变色。然后，单击工具箱中的图标按钮，再单击立体字母“A”的正面，调整控制柄，使填充颜色合适。

再填充字母“A”的其他面和轮廓线，造成右上角亮，左下角暗。遮挡的部分最暗，好像灯光从右上方照射过来。最终效果如图 3.67 所示。

图 3.66 重叠“A”轮廓线，删除没用线条和立体“A”的轮廓线

图 3.67 填充线性渐变色

（10）单击工具箱内的图标按钮，单击选中字母“A”的轮廓线，按删除键，将字母“A”的轮廓线删除，只保留字母“A”的填充色，如图 3.68 所示。

（11）选中立体字母“A”，将它组成组合。

2. 制作立体字母“B”

（1）输入字母“B”，打碎字母“B”，给字母“B”加灰色的轮廓线，再删除字母“B”内部的填充色，获得字母“B”的轮廓线，如图 3.69 所示。

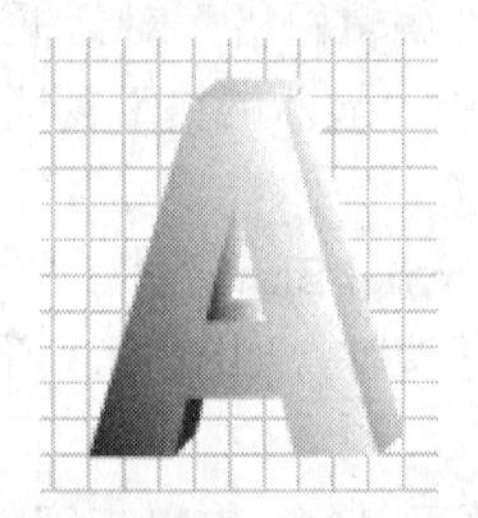

图 3.68 删除字母“A”轮廓线

图 3.69 加工字母“B”

（2）复制一份字母“B”，复制的字母“B”与原字母“B”呈一定的重叠状，如图 3.70 左图所示。删除没用的线条，最后结果如图 3.70 中图所示。

（3）在图 3.70 中图的基础之上，补画几条线，并进行适当的调整，构成了立体字母“B”的轮廓线，如图 3.70 右图所示。

（4）给字母“B”填充线性渐变色，再进行填充色的调整，删除轮廓线，如图 3.71 所示。然后，选中立体字母“B”，将它组成组合。

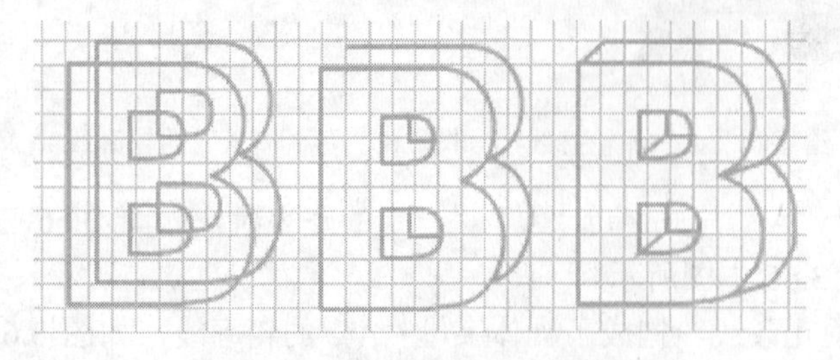

图 3.70 复制字母“B”并加工

图 3.71 线性渐变色、调整填充色和删除轮廓线

3. 制作立体字母“C”

（1）输入字母“C”，打碎字母“C”，给字母“C”加灰色轮廓线，再删除填充色，获得字母“C”的轮廓线，如图 3.72 所示。

（2）复制一份字母“C”，复制的字母“C”与原字母“C”呈一定的重叠状，如图 3.73 左图所示。删除没用的线条，最后结果如图 3.73 中图所示。

图 3.72　输入字母“C”并加工

图 3.73　复制字母“C”并加工

（3）在图 3.73 中图的基础之上，补画几条线，并进行适当的调整，构成了立体字母“C”的轮廓线，如图 3.73 右图所示。

（4）给字母“C”填充线性渐变色，再进行填充色的调整，然后删除轮廓线，如图 3.74 所示。选中立体字母“C”，将它组成组合。

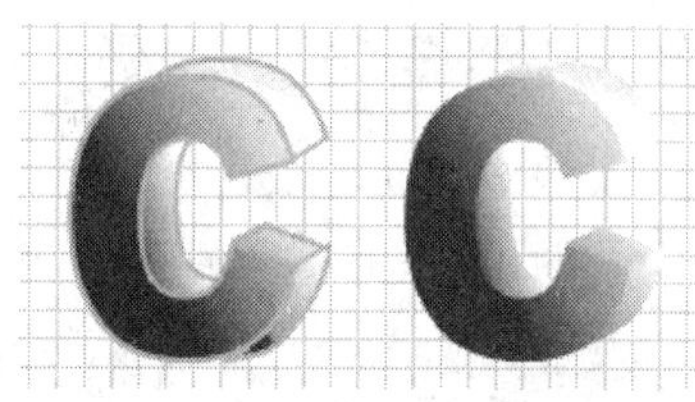

图 3.74　给字母“C”填充线性渐变色、进行填充色的调整和删除轮廓线

思考练习 3

1. 绘制一幅“图像文字”图形，如图 3.75 所示。它由一幅郑州建筑图像填充“中原重镇郑州”文字的内部，文字轮廓线是红色。注意：它是用一整幅图像填充六个文字。

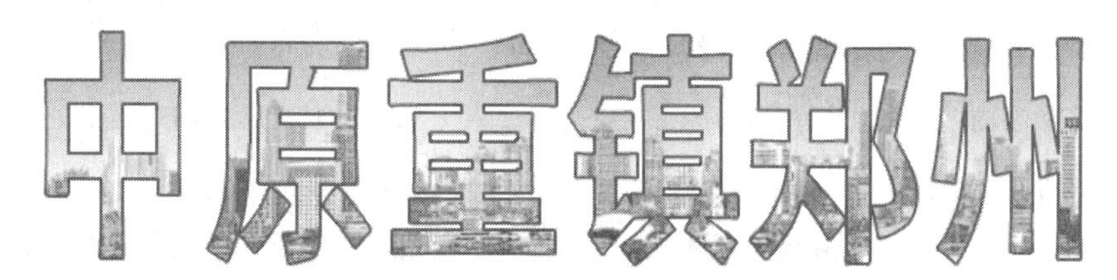

图 3.75　“中原重镇郑州”图像文字

2. 绘制一幅“多彩世界” 动画，该动画播放后的两幅画面如图 3.76 所示，可以看到，在一幅风景图像之上，有一个七彩文字，文字的内容是不断转圈变化的七彩色。

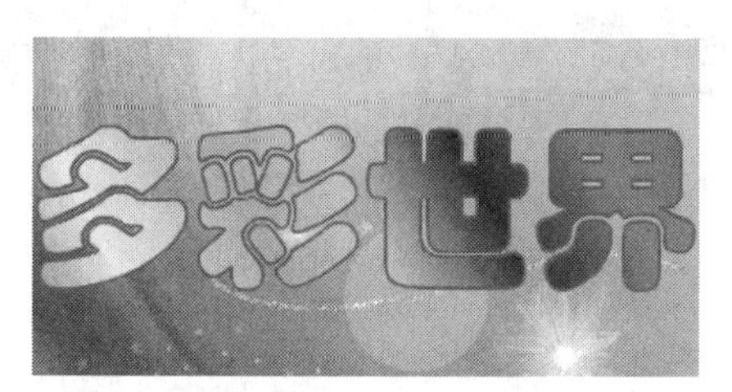

图 3.76　“七彩文字”动画播放后的两幅画面

3. 绘制一幅有平行阴影和拖长阴影的图像文字图形，如图 3.77 所示。

4. 绘制一幅“变形文字”图形，如图 3.78 所示。“变形文字”几个字的一些笔画被改变了形状，成为变形字。而且，还用两朵小花分别置于“形”字和“字”字的一个笔画之上，还有两个卡通动物头像置于“变”和“文”字上边的一个笔画处。

图 3.77　有平行阴影的图像文字图形

图 3.78　“变形文字”图形

图 3.79　“梦幻组合”图形

5. 绘制一幅“梦幻组合”图形，它是一幅宣传“Dreamweaver”、“Flash”和“Fireworks”三个软件的文字图像，如图 3.79 所示。图像的背景颜色是浅紫色。“梦幻组合”几个字是蓝色的轮廓线，内部填充黑白相间的条纹，给人以凹凸不平和亮光斜照的梦幻神秘感觉。

6. 绘制一幅有三色字的马路交通图图形，如图 3.80 所示。图中的“马路交通图”几个文字是由三种颜色组成的。

7. 仿照实例 14，绘制红色的“FLASH”立体文字，如图 3.81 所示。

图 3.80　三色字的“马路交通图”图形

图 3.81　“FLASH”立体文字

8. 制作一个简单的 MTV，该动画播放后，播放一个图像切换动画，同时播放背景音乐。

9. 制作一幅“纪念抗战胜利 60 周年”封套文字图形，如图 3.82 所示。该文字的形状特点是中间凸起，往两边逐渐收缩。

10. 制作一幅“荧光文字”图形，如图 3.83 所示。

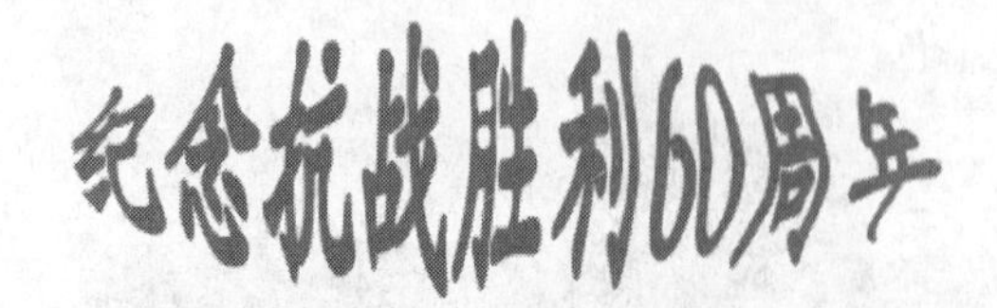

图 3.82　封套文字图形

图 3.83　“荧光文字”图形

第 4 章　元件与实例及动画制作

本章较系统地介绍元件与实例的有关知识，着重介绍制作 Flash MX 动画所需的基本概念和基本操作方法，以及通过实例介绍制作各种动画的基本方法和基本技巧。

4.1　元件与实例

4.1.1　创建图形或影片剪辑元件

1. 创建图形元件和影片剪辑元件的方法

（1）单击“窗口”→“库”菜单命令，调出“库”面板。

（2）单击“插入”→“新建元件”菜单命令或单击“库”面板右上角的图标按钮，弹出“库”面板菜单，再单击该菜单中的“新建元件”菜单命令，即可调出“创建新元件”对话框，如图 4.1 所示。

图 4.1 “创建新元件”对话框

（3）在“创建新元件”对话框中的“名称”文本框内输入元件的名字，默认的名字是“元件 1”。例如，输入“YINGPIAN1”。在“作用”栏内有“影片剪辑”、“按钮”和“图形”三个单选项，表示不同的元件。根据要创建的元件类型选择一个相应的单选项。

（4）设置完后，单击“创建新元件”对话框内的“确定”按钮，即可调出元件的编辑窗口（该窗口内有一个十字线标记，表示元件的中心）。同时，“库”面板中会自动增加一个元件，不过这个元件还是空元件。

单击“高级”按钮，可展开“创建新元件”对话框，此时“创建新元件”对话框增加了一些选项，这些选项的作用将在以后的实例中介绍。

（5）在该窗口内绘制图形（注意：要让图形的中心与十字线标记对齐），导入外部图像，将“库”面板内的元件拖曳到舞台工作区内或制作动画等。

（6）单击“编辑”→“编辑影片”菜单命令或单击元件编辑窗口左上角的场景名称 场景 1 或图标按钮，回到舞台工作区。

2. 将舞台工作区中的对象转换为元件

（1）选中舞台工作区中的一些对象，例如，选中导入的一幅“帆船 1”图像。

（2）单击“插入”→“转换成元件”菜单命令（或按 F8 键），调出“转换为元件”对话框，如图 4.2 所示。输入元件名字，如 “帆船”。再选择元件类型，例如，单击选择“图形”单选项，然后单击“确定”按钮。

（3）此时，即将选中的图像对象转换为元件。“库”面板内会增加一个名字为“帆船”的图形元件，如图 4.3 所示。

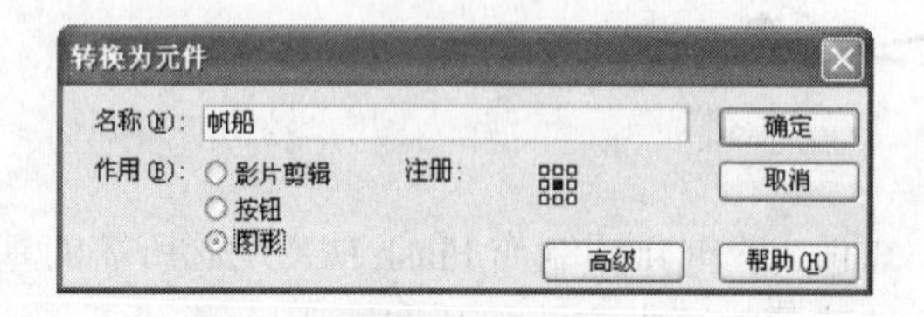

图 4.2 “转换为元件”对话框

图 4.3 “库”面板中新增的元件

3. 将外部的 GIF 动画转换为元件

（1）单击“插入”→“新建元件”菜单命令，调出“创建新元件”对话框。在“创建新元件”对话框的“名称”文本框内输入元件的名字，例如，输入“飞鸟”。在“作用”栏内，单击选择元件类型的单选项，例如，选择“影片剪辑”单选项。

（2）单击“确定”按钮，关闭“创建新元件”对话框，同时切换到元件编辑窗口。此时，“库”面板中增加一个元件名字（例如，“飞鸟”），但它还是一个空元件。

（3）单击“文件”→“导入”菜单命令，调出“导入”对话框，选择 GIF 动画文件（例如，名字为“飞鸟”的 GIF 动画文件），导入元件编辑区中。此时，“库”面板中会加入该动画的各帧图像，时间轴上也会在前几个单元格内出现黑点（关键帧）和灰色单元格，有多少这样的单元格，则表示动画有几帧，如图 4.4 所示。

（4）调整各帧的位置，使它们的中心与元件编辑窗口内的十字线标记对齐。操作方法是：选中“图层 1”图层的第 1 帧，再单击舞台工作区中的对象，调出它的“属性”面板。在“属性”面板的“X”和“Y”文本框内输入一个数据（例如，都输入“0”），如图 4.5 所示。

（5）按照上述方法，调整其他帧内图像的位置，使它们的位置一样。

图 4.4 导入 GIF 动画后的元件编辑窗口与“库”面板

图 4.5 “属性”面板设置

（6）单击元件编辑窗口中的场景名称图标 场景 1 或 ⇦ 按钮，回到主场景舞台工作区。

4. 将舞台工作区的动画转换为元件

（1）将鼠标指针移到时间轴控制区域内第一行，单击鼠标右键，弹出它的帧快捷菜单，再单击其中的“选择所有帧”菜单命令（或按 Ctrl+Alt+A 组合键），选中动画的所有帧。然后，再单击帧快捷菜单内的“拷贝帧”菜单命令，将选中的所有帧复制到剪贴板中。

（2）单击“插入”→“新建元件”菜单命令，调出“创建新元件”对话框，如图 4.1 所示。

（3）在该对话框内，输入元件名字，例如“第一个动画”，选择元件类型单选项，再单击“确定”按钮。此时，“库”面板中增加了一个名字为“第一个动画”的元件，但它还是一个空元件。同时舞台工作区切换到元件编辑窗口。

（4）单击选中时间轴控制区域内第 1 帧，再单击鼠标右键，调出它的帧快捷菜单。单击该菜单内的“粘贴帧”菜单命令，将剪贴板内的所有帧粘贴到元件编辑窗口内，如图 4.6 所示。在元件编辑窗口内看到的是第 1 帧画面。

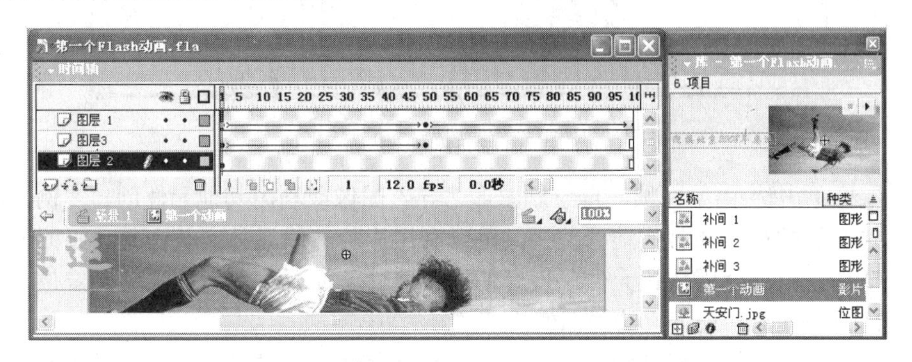

图 4.6　剪贴板内的所有帧粘贴到元件编辑窗口内

（5）单击元件编辑窗口中的场景名称图标 场景 1 或 ⇦ 按钮，回到主场景舞台工作区。

（6）按照上述方法，选择时间轴中的所有动画帧。再单击帧快捷菜单中的“移除帧”菜单命令，删除所有动画帧。以后即可按照前面讲述的方法，使用“库”面板中的新元件了。

4.1.2　创建按钮元件

1. 按钮元件特点

在 Flash 影片动画中可以有按钮，按钮也是对象，当鼠标指针移到按钮之上（鼠标经过）或单击按钮（鼠标按下），即产生交互时，按钮的外观会改变。要使一个按钮在影片中具有交互性，需要先制作按钮元件，再由按钮元件创建按钮实例。在 Flash 中，按钮有 4 个状态，这 4 种状态分别介绍如下。

（1）“弹起”（即 Up，一般）状态：鼠标指针没有接触按钮时，按钮处于弹起状态。

（2）“指针经过”（即 Over）状态：鼠标指针移到按钮上面，但没有单击时的鼠标状态。

（3）“按下”（即 Down，鼠标按下）状态：鼠标移到了按钮上面并单击左键时，按钮处于按下状态；单击鼠标右键时，会弹出它的快捷菜单。

（4）“点击”（即 Hit，反应区）状态：在此状态下可以定义鼠标事件的响应范围和鼠标事件的动作。如果没有设置“反应区”状态的区域，则鼠标事件的响应范围由“弹起”状态的按钮外观区域决定。反应区帧的图形在影片中是不显示的，但它定义了按钮响应鼠标事件的区域。

一个按钮元件在时间轴的每一帧都有特定的功能，并且每一帧都有固定的名称，分别与上面的 4 种状态相对应。在每一帧中分别设定相应状态的按钮外观。

2. 创建按钮

（1）单击“插入”→“新建元件”菜单命令，调出“创建新元件”对话框。

（2）在“创建新元件”对话框内，输入元件的名字（例如，“按钮 1”），选择“按钮”类型。单击“确定”按钮，切换到按钮元件编辑模式，时间轴的第 1 行显示 4 个连续的帧，分别标示为“弹起”、“指标经过”、“按下”和“点击”，如图 4.7 左图所示。

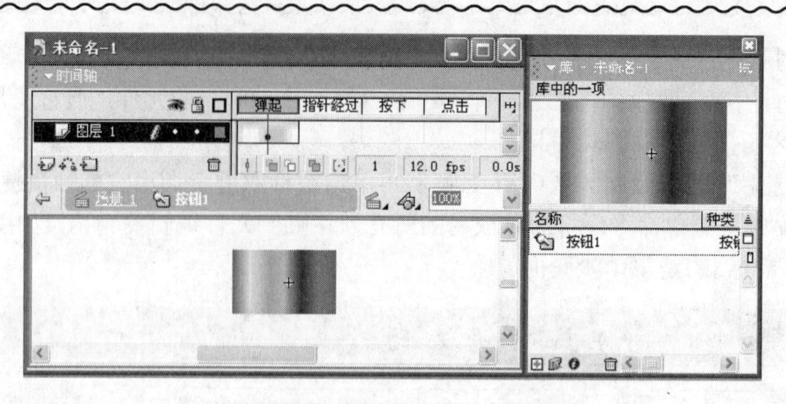

图 4.7　按钮元件编辑窗口和“库”面板

（3）用鼠标单击选中第 1 帧，再绘制图形、导入图像或利用其他元件创建实例，制作好按钮“弹起”状态的外观。要制作动画按钮，可以利用影片剪辑元件（其内是动画）创建实例，但不能在一个按钮中再使用按钮元件。最好使用“属性”面板将按钮图形精确定位，使图形的中心与十字标记对齐，并记下它的坐标值。

（4）单击选中第 2 帧（指针经过），再按 F6 键，使第 2 帧成为关键帧。第 1 帧的按钮图像仍出现在工作区中，可以改变第 2 帧内的对象。如果重新制作第 2 帧画面，可以在选中第 2 帧后按 F7 键，创建一个空关键帧。第 2 帧的对象是鼠标经过状态的按钮外观。

按照上述方法，在第 3 帧制作鼠标按下状态的按钮外观，以及在第 4 帧绘制决定反应区大小和形状的图形。

（5）单击“编辑”→“编辑影片”菜单命令，回到原舞台工作区。

（6）打开“库”面板，可以看到“库”面板中已有了刚刚制作的按钮元件，如图 4.7 右图所示。单击“库”面板右上角的播放按钮，可以看到它是一个变色的按钮元件。从“库”面板中将制作好的按钮元件拖曳到工作区中，即可创建它的按钮实例。

3. 测试按钮

测试按钮就是将鼠标指针移到按钮之上和单击按钮，观察它的动作效果。测试按钮以前要进行下述 3 种操作中的一种。如果按钮中使用了影片剪辑，在舞台工作区是不能播放的，必须采用前两种方法进行播放。

（1）单击“控制”→“测试影片”菜单命令。

（2）单击“控制”→“测试场景”菜单命令。

（3）单击“控制”→“启用简单按钮”菜单选项，使它左边出现一个对钩，表示已经开放了按钮。注意：不能对处于开放状态的按钮进行编辑。如果想去除按钮的开放，可再单击“控制”→“启用简单按钮”菜单选项，使它左边的对钩消失。在按钮开放的情况下，不播放动画也可以在舞台工作区中测试按钮的各种状态。

4. 将声音导入按钮动作

当鼠标指针移到按钮之上和单击按钮时，不但按钮形状会改变，还可以导入声音，使鼠标事件发生时，也会伴随有不同的声音发出。将声音导入按钮动作的方法如下。

（1）双击舞台工作区中的按钮元件实例，调出按钮的编辑窗口。

（2）单击该编辑窗口内时间轴左下角的“插入图层”图标按钮，增加一个新“图层 2”图层。单击选中“图层 2”图层的“指针经过”帧单元格，再按 F6 键，将该帧设置为关键帧。

（3）单击选中“图层 2”图层的“指针经过”帧单元格，再将“库”面板中的声音元件拖曳到舞台工作区中，此时，“指针经过”帧单元格内会出现一些波形，表示声音已经导入到该帧。

（4）单击选中“图层 2”图层的“指针经过”帧单元格，调出它的“属性”面板。在该面板的“声音”列表框中选择一个声音文件的名字选项，在“同步”列表框中选择“事件”或“开始”选项，如图 4.8 所示。

（5）用相同的方法，将“图层 2”图层的“鼠标按下”（Down）帧单元格设置为关键帧，然后再设置其属性。

（6）在“属性”面板中还可以设置声音的播放效果和循环的次数。单击“编辑”按钮，可调出“编辑封套”对话框，利用该对话框可对声音进行编辑，这些可参看第 3 章有关的内容。

加载了声音的按钮编辑窗口如图 4.9 所示。

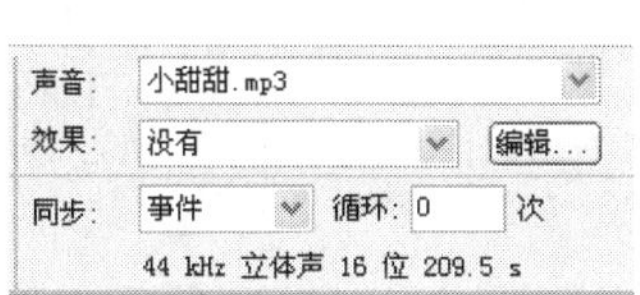

图 4.8　按钮编辑窗口内加载了声音

图 4.9　按钮编辑窗口内加载了声音

（7）单击“编辑”→“编辑影片”菜单命令或单击元件编辑窗口左上角的场景名称或⇦图标按钮，回到主场景的舞台工作区。用鼠标将“库”面板中的按钮元件拖曳到工作区内，形成按钮实例，以后就可以对按钮进行测试了。

4.1.3　编辑元件和实例

1. 编辑元件

元件在创建了若干实例后，可能需要编辑修改。元件经过编辑后，Flash 会自动更新它在影片中的所有实例。编辑元件可以采用许多方法，介绍如下。

（1）方法 1：在舞台工作区内，将鼠标指针移到要编辑的元件实例处，单击鼠标右键，弹出实例快捷菜单。然后，单击该菜单内的“编辑”菜单命令，即可进入相应元件的编辑状态，如图 4.10 所示。

（2）方法 2：双击“库”面板中的一个元件，即可调出元件编辑窗口。效果与第一种方法一样。

（3）方法 3：单击实例快捷菜单中的“在当前位置中编辑”菜单命令，或者双击舞台工作区中的实例。此时，仍在原舞台工作区中，而且保留原工作区的其他对象以供参考，但不可编辑，如图 4.11 所示。双击舞台工作区的空白处，即可退出编辑状态，回到原状态。

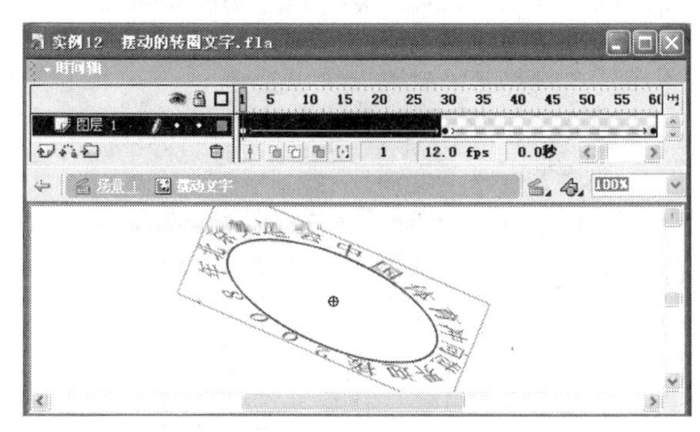

图 4.10　元件的编辑窗口

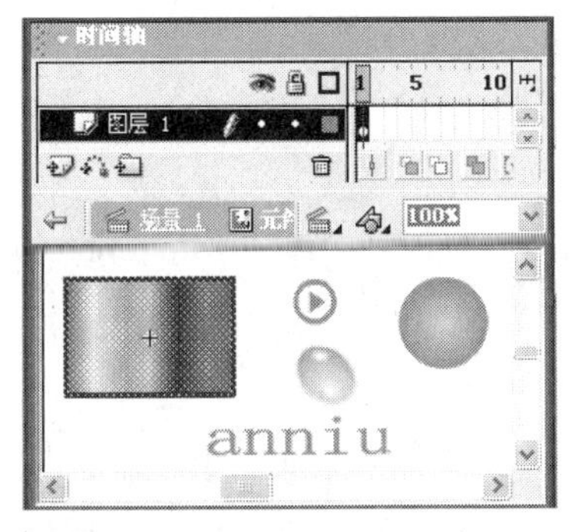

图 4.11　在当前位置中编辑

对于上述方法，在进行完元件编辑后，单击“编辑”→“编辑动画”菜单命令，或单击元件编辑窗口左上角的场景名称或⇦图标按钮，即可回到舞台工作区状态。

（4）方法 4：单击实例快捷菜单中的“在新窗口中编辑”菜单命令，打开一个新的舞台工作区窗口，可在该窗口内编辑元件。单击该工作区右上角的“×”按钮，即可回到原舞台工作区。

2. 编辑实例

编辑实例可以采用前面介绍过的编辑修改一般对象的方法。此外，每个实例都有自己的属性，利用它的“属性”面板可以改变实例的位置、大小、颜色、亮度、透明度等属性，还可以改变实例的类型，设置图形实例中动画的播放模式等。实例属性的编辑修改，不会造成对相应元件和其他由同一元件创建的其他实例的影响。

对于舞台工作区内元件的实例，其“属性”面板中会增加一个“颜色”列表框。利用它可以设置实例的颜色、亮度、色调和透明度等。

实例“属性”面板中的“颜色”列表框内有 5 个选项。如果选中“没有”选项，则表示不进行实例颜色的设置。选择其他选项后的颜色设置方法如下。

（1）亮度的设置：在实例“属性”面板中“颜色”列表框内选择“亮度”选项后，会在“颜色”列表框右边增加一个带滑动条的文本框，如图 4.12 所示。用鼠标拖曳文本框的滑块或在文本框内输入数据，均可调整实例的相对亮度（–100%～+100%）。

（2）色调的设置：在实例“属性”面板中的“颜色”列表框内选择“色调”选项后，会在“颜色”列表框右边增加几个带滑动条的文本框和一个图标按钮，如图 4.13 所示。百分比的文本框可用来调整着色（即掺色）比例（0%～100%）。

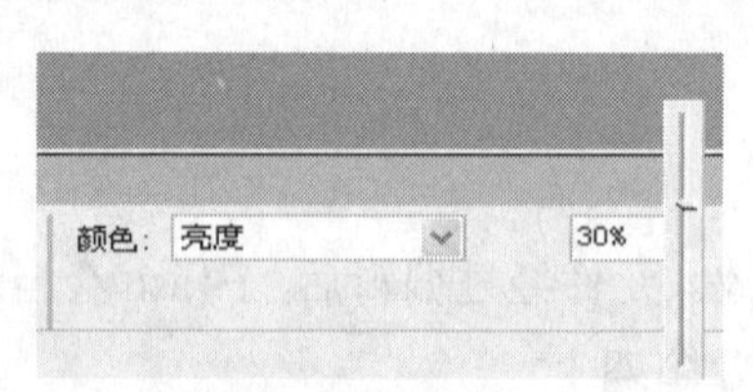

图 4.12　选择“亮度”选项

图 4.13　选择“色调”选项

单击图标按钮▢，会弹出“颜色”面板，利用它可以改变实例的色调。用鼠标拖曳图标按钮▢右边文本框的滑块或在文本框内输入数据，可以改变选中颜色的百分比。用鼠标拖曳 RGB 栏内文本框的滑块或在文本框内输入数据，也可以改变实例的色调。

（3）透明度的设置：在实例“属性”面板中的“颜色”列表框内选择“Alpha”选项后，会在“颜色”列表框右边增加一个带滑动条的文本框，如图 4.14 所示。

用鼠标拖曳文本框的滑块或在文本框内输入数据，可以改变实例的透明度，如图 4.15 所示（文字“ABCDE”是影片剪辑实例，该实例的 Alpha 值调整为 44%）。

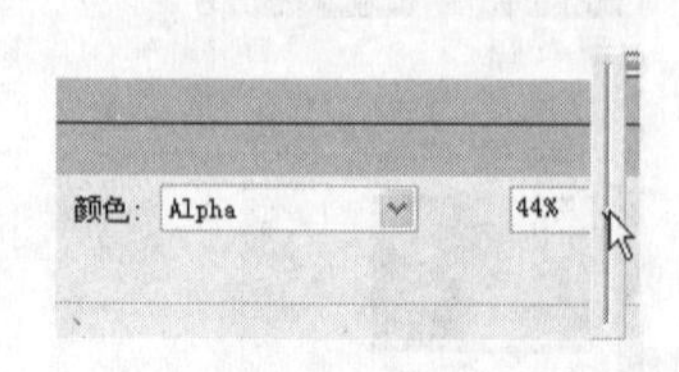

图 4.14　选择“Alpha”选项

图 4.15　改变透明度后的实例图像

（4）高级设置：在实例“属性”面板中的“颜色”下拉列表框内选择“高级”选项后，会在“颜色”列表框右边增加一个“设置”按钮，如图 4.16 所示。单击“设置”按钮，即可调出“高级效果”面板，如图 4.17 所示。利用该面板可以调整实例的色调和透明度等。该面板有两个区域，百分数区域可从 0%～100%调整，数值区域可从–255～+255 调整。可以通过拖曳各文本框的滑块来调整数据，也可以直接在文本框中输入数据。

图 4.16　选择“高级”选项

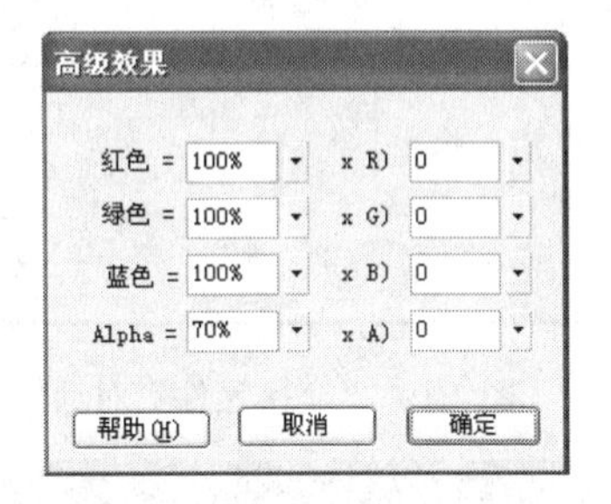

图 4.17　“高级效果”面板

最终的效果将由左右两列文本框中的数据共同决定。修改后每种颜色分量或透明度的值等于修改前的值乘以左边文本框内的百分比，再加上右边文本框中的数值。例如一个实例图像，原来的蓝色是 100，左边文本框的百分比是 80%，右边文本框内的数值是–20，则修改后的蓝色分量为 60。

4.1.4　实例的“属性”面板

1. 影片剪辑实例的“属性”面板

在“Symbol Behavior”（元件行为）列表框中选择了“影片剪辑”选项后，“属性”面板即为影片剪辑实例的“属性”面板，如图 4.18 所示。该面板中各选项的作用如下。

（1）“Symbol Behavior”（元件行为）列表框：利用它们可以改变实例的类型。

（2）“Instance Name”（实例名称）文本框：用来改变实例的名称，它可在程序中使用。

（3）“宽”，“高”，“X”和“Y”文本框：用来确定实例大小与位置，单位均为像素。

（4）“颜色”列表框：用来调整实例的颜色与透明度。

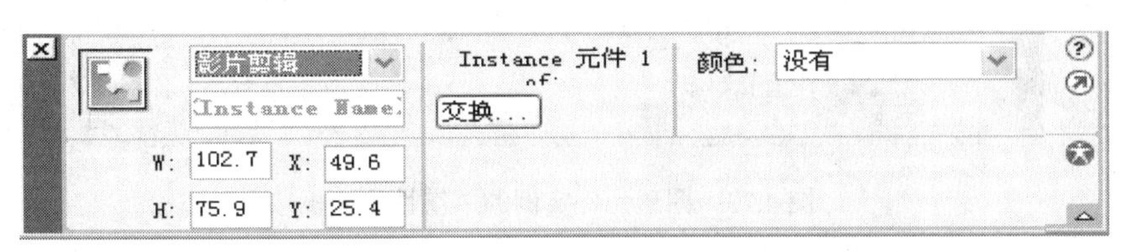

图 4.18　影片剪辑元件实例的“属性”面板

（5）“交换”按钮：单击它可以调出“交换元件”对话框，如图 4.19 所示。在面板中间的列表框中会显示出动画的所有元件的名称或图标，其左边有一个小黑点的元件是当前选中的元件实例。单击这些元件的名称，即可在面板内左上角显示出相应元件的外形。

双击元件的名称后可以改变实例的元件。实例更换了元件后，还可保留原来的一些属性。

单击该面板左下角的“复制元件”图标按钮，可调出“元件名称”对话框，如图 4.20 所示。在“元件名称”对话框内的文本框中输入元件的名称后，再单击“确定”按钮，即可复制一个新元件，如图 4.21 所示。

（6）“编辑辅助选项设置”图标按钮：单击它可以调出“辅助选项”面板，如图 4.22 所示。只有选中其中的“设置对象辅助选项”复选框时，其他选项才有效。利用该面板可以给对象命名、输入描述文字和设置快捷键。

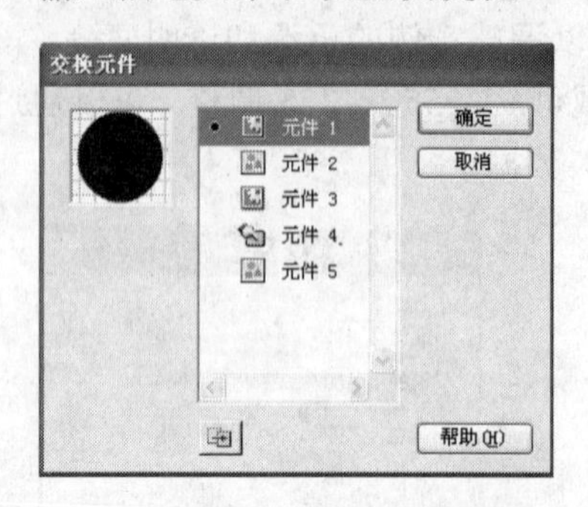

图 4.19 “交换元件”对话框

图 4.20 “元件名称”对话框

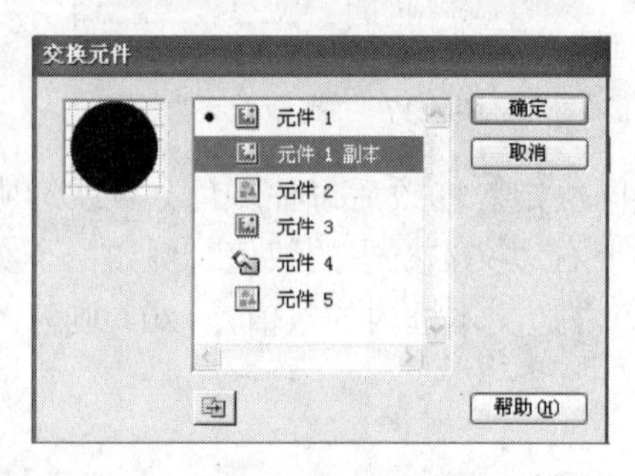

图 4.21 复制了新元件

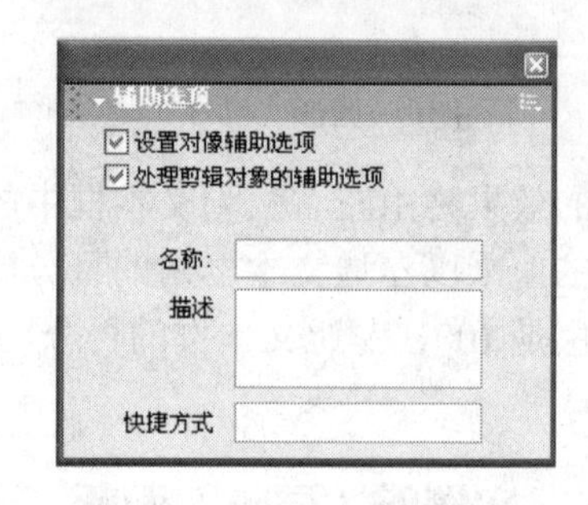

图 4.22 “辅助选项”面板

（7）“编辑此对象的动作脚本”图标按钮：单击它可以调出相应的“动作”面板，用来输入脚本程序。只有按钮实例和影片剪辑实例才有此按钮。

2. 图形实例的“属性”面板

在“Symbol Behavior”（元件类型）下拉列表框中选择了“图形”选项后的“属性”面板如图 4.23 所示。该面板中一些前面没有介绍的选项的作用如下。

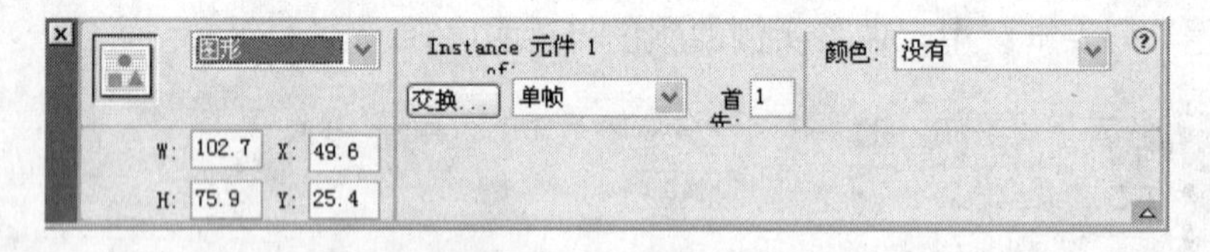

图 4.23 图形元件实例的“属性”面板

（1）“Options for graphics”（关于图形的选择）下拉列表框 单帧 ：它在“交换”按钮的右边，用来选择动画的播放模式。它有“循环播放”、“播放一次”和“单帧”（显示一帧）3 个选项。只有图形实例才有此列表框。

（2）“首先”文本框：用来输入动画先从第几帧开始播放。只有图形实例才有此列表框。

3. 按钮实例的“属性”面板

在“Symbol Behavior”（元件行为）列表框中选择了“按钮”选项后，“属性”面板即为按钮实例的“属性”面板，如图 4.24 所示。该面板中不同的选项是“Options for Buttons”（关于按钮的选择）列表框，它有“按钮形式”和“菜单项目形式”两个选项，用来选择按钮的跟踪模式。只有按钮实例才有此列表框。

图 4.24　按钮元件实例的“属性”面板

4.2　图层

前面曾经介绍了图层的概念：图层就相当于舞台中演员所处的前后位置。图层靠上，相当于该图层的对象在舞台的前面。在同一个纵深位置处，前面的对象会挡住后面的对象。而在不同纵深位置处，可以透过前层看到后层的对象。各个图层之间是完全独立的，各图层的对象除了会出现前层对象遮挡后层对象外，一般不会相互影响。

在制作一个 Flash 影片的过程中，可以根据图形和动画的需要在影片中建立多个图层。图层的多少，不会影响输出影片文件的大小。

4.2.1　创建与编辑图层

1. 创建新图层和改变图层的名称

（1）创建新图层：建立一个新影片文件时，会自动建立一个图层，默认的名字为“图层 1”。创建图层的方法是单击时间轴窗口左下角的“插入图层”图标按钮，或单击“插入”→“图层”菜单命令，即可在选定图层的上面增加一个新图层。

（2）改变图层的名称：双击时间轴图层控制区内的图层名称，使黑底色变为白底色，进入图层名称的编辑状态，然后输入新的图层名称，即可改变图层的名称。

2. 选择图层

（1）选中一个图层：在时间轴窗口图层控制区内，单击要选择的图层，即可选中该图层；也可以单击该图层的某一帧单元格来选中图层。选中的图层，其图层控制区的相应图层行呈黑底色，而且在图层名字的右边出现一个粉笔状图标。

另外，在舞台工作区中，单击选中一个对象，该对象所在的图层就会同时被选中。

（2）选中多个图层：按下 Shift 键，同时单击图层控制区要选择的图层。

3. 复制图层

（1）单击时间轴的图层控制区，选中该图层的所有帧。如果要复制所有图层的所有帧，可将鼠标指针移到时间轴帧控制区的帧单元格之上，单击鼠标右键，调出帧快捷菜单，单击该菜单内的“选择所有帧”菜单命令。

（2）将鼠标指针移到时间轴帧控制区的帧单元格之上，单击鼠标右键，调出帧快捷菜单，单击该菜单内的“拷贝帧”菜单命令，将选中图层中的所有帧内容复制到剪贴板内。

（3）创建一个新图层，使它处于选中状态。调出帧快捷菜单，单击该菜单内的“粘贴帧”菜单命令，将剪贴板内的内容粘贴到选中的图层中。

4. 移动图层

在时间轴图层控制区内，用鼠标拖曳要移动的图层，将图层拖曳到目标处，即可完成图层的上下移动，从而改变图层的顺序。层的顺序决定了工作区各图层的前后关系。

5. 删除图层

首先选中一个或多个图层，然后单击时间轴窗口下侧的垃圾箱图标，或者拖曳图层名称进入垃圾箱图标处。

6. 显示图层对象和隐藏图层对象的切换

（1）全部图层的切换：单击图层控制区第一行的图标，即可隐藏所有图层的对象，所有图层的显示列会出现红色的“×”，表示该层被隐藏了，如图 4.25 所示。再单击图标，即可显示全部图层，红色的“×”也会取消。被隐藏的图层中的对象不会显示出来，但可以正常输出。

（2）一个图层的切换：单击图层控制区某一个图层的显示列，即可使该图层显示列出现一个红色“×”，表示该层被隐藏了。再单击红色的“×”，就会将该图层显示出来。

（3）连续的几个图层的切换：在图层控制区显示列，拖曳鼠标圈起多个图层，可以使所围起的多个连续的图层进行显示或隐藏的切换。

（4）未选中的所有图层的切换：按下 Alt 键，单击图层控制区某一个图层的显示列，可以使所有其他图层进行显示或隐藏的切换。

7. 以轮廓线方式显示和正常显示的切换

（1）全部图层的切换：单击图层控制区第一行的正方形框图标，可以使所有图层中的对象以轮廓线方式显示。这时，以轮廓线方式显示的图层中，轮廓线列各图层行由彩色填充的正方形图标变成了正方形框图标，表示这些图层的对象以轮廓线方式显示。再单击正方形框图标，可使所有图层中的对象恢复正常显示。

（2）一个图层的切换：单击要以轮廓方式显示的图层轮廓线列的填色正方形图标（例如，“图层 2”图层的填色正方形图标），可以使该图层中的对象以轮廓线方式显示，同时该层轮廓线列的填色正方形图标变成了正方形框图标，如图 4.26 所示。再次单击正方形框图标，又可使该图层中的对象恢复正常显示。

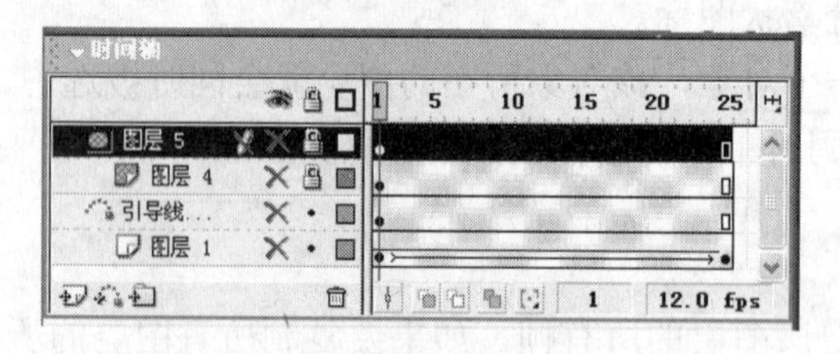

图 4.25 隐藏所有图层

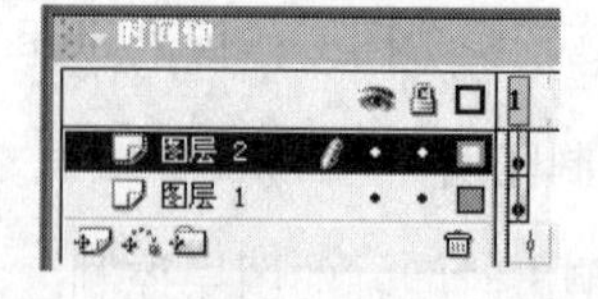

图 4.26 使对象以轮廓线方式显示

（3）未选中的所有图层的切换：按下 Alt 键，单击某一个图层的轮廓线列，可以使所有其他图层进行以轮廓线方式显示和正常显示的切换。

8. 锁定图层解锁和图层的切换

（1）全部图层的切换：单击图层控制区第一行的图标，可以使所有图层锁定，各图层的锁定列会显示一个图标，如图 4.27 所示。锁定图层中的对象不能再被编辑。再单击第一行的图标，可使所有图层解锁。

（2）一个图层的切换：单击图层控制区锁定列，可以使该图层锁定，该图层的锁定列会显示一个🔒图标。再单击该图层的🔒图标，可使该图层解锁。

（3）连续几个图层的切换：在锁定列拖曳鼠标，可以使所围起的多个连续图层锁定。再次拖曳鼠标，可以使这些图层解锁。

（4）未选中的所有图层的切换：按下 Alt 键，单击某一个图层的锁定列，可以使所有其他图层锁定或解锁。

所有图形与动画制作都是在选中的当前图层中进行，任何时刻只能有一个当前图层。在任何可见的并且没有被锁定的图层中，可以进行对象的编辑。

9. 设定图层的属性

单击选中一个图层，单击“修改”→“图层”菜单命令，或双击时间轴图层控制区中的图层图标，都可以调出“图层属性”对话框，如图 4.28 所示。其中各选项的作用如下。

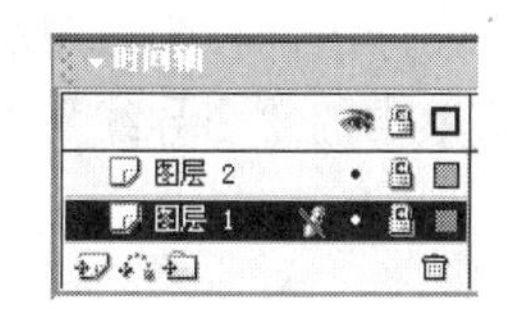

图 4.27　使所有图层锁定

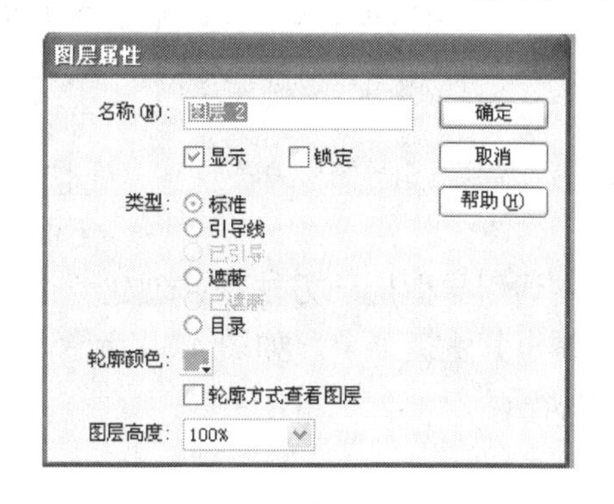

图 4.28　“图层属性”对话框

（1）“名称”文本框：给选定的图层命名。

（2）“显示”复选框：选中它后，表示该图层处于显示状态，否则处于隐藏状态。

（3）“锁定”复选框：选中它后，表示该图层处于锁定状态，否则处于解锁状态。

（4）“类型”栏：利用该栏的选项，可以选择选定图层的类型。

- “标准”单选项：选中它，表示使用默认的图层类型，即标准图层，也叫普通图层。
- “引导线”单选项：选中它，将选定的图层设置为引导图层。
- “已引导”单选项：选中它，将选定的图层设置为被引导图层。这是与某个引导图层关联的普通图层。
- “遮蔽”单选项：选中它，将选定的图层设置为遮罩图层，也叫遮蔽图层。
- “已遮蔽”单选项：选中它，将选定的图层设置为被遮罩图层。这是与某个遮罩图层关联的普通图层。
- “目录”单选项：选中它，可以将图层改为图层文件夹。选中它后，再单击“确定”按钮，会弹出一个 Flash MX 的提示框（提示如果将图层改为图层文件夹后，该图层中的内容会消失），单击该提示框内的“是”按钮后，即可将选定的图层改为图层文件夹。

（5）“轮廓颜色”图标按钮▆：单击它会调出颜色板，用混色器可以设定在以轮廓线显示图层对象时轮廓线的颜色。

（6）“轮廓方式查看图层”复选框：选中它后，将以轮廓线方式显示该图层内的对象。

（7）“图层高度”列表框：用来选择一种百分数，在时间轴窗口中可以改变图层单元格的高度，它在观察声波图形时非常有用。

4.2.2　引导图层

引导图层（Guide 图层）也叫导向图层或引导线图层。引导图层分两种：一种是移动引导图层（名字的左边有图标），它的作用是引导与它相关联图层中的对象沿移动引导图层中的轨迹运动；另一种是普通引导图层（名字的左边有图标），它的作用是为绘制图形定位。

当普通图层与引导图层关联后，就成为被引导图层。可以把多个普通图层关联到一个引导图层上。

引导图层只能在舞台工作区内看到，在输出的电影中不会出现，就像 Dreamweaver 中的描图一样。

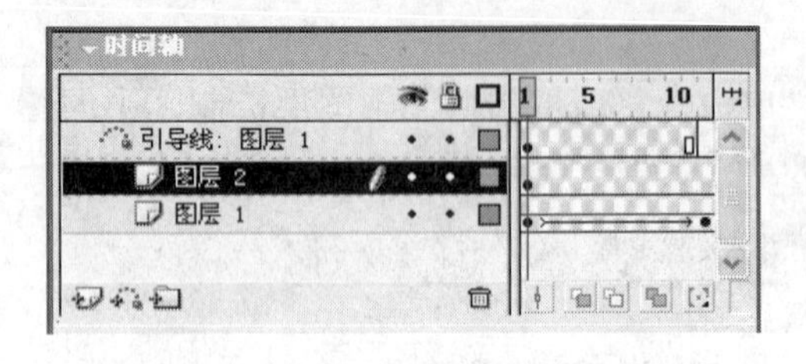

图 4.29　两个图层与引导图层关联

1. 创建引导图层

（1）创建移动引导图层的方法是：单击时间轴左下角的“添加引导图层”图标按钮，则选中图层的上边会增加一个移动引导图层。一个引导图层可以与多个普通图层关联，其方法是用鼠标把一个图层控制区域内的普通图层拖曳到移动引导图层的下面，再松开鼠标左键，其结果如图 4.29 所示。

（2）创建普通引导图层的方法是：创建一个普通图层，将鼠标指针移到该图层名字处，单击鼠标右键，调出其快捷菜单，如图 4.30 所示。再单击快捷菜单中的“引导线”菜单命令，其结果如图 4.31 所示。

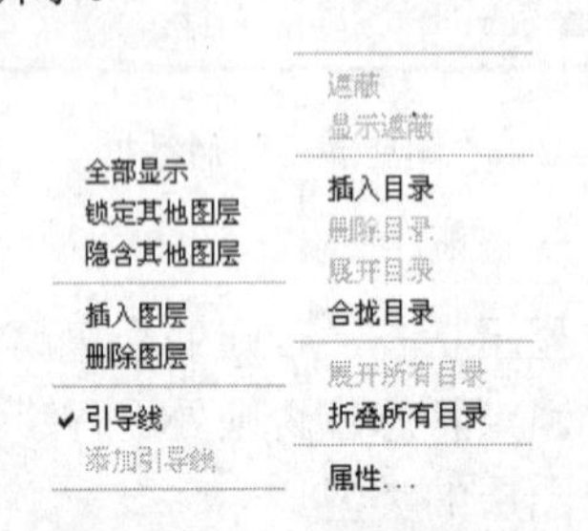

图 4.30　快捷菜单

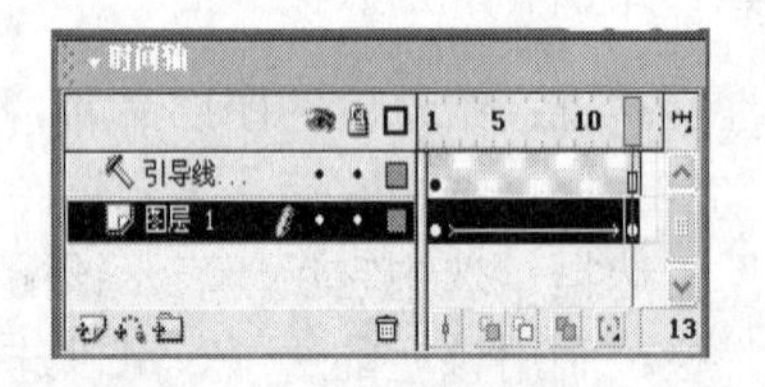

图 4.31　创建普通引导图层

2. 引导图层和普通图层的相互转换

（1）把引导图层转换为普通图层的方法有两种。

- 选中引导图层，再单击图 4.30 快捷菜单中的“引导线”菜单选项，使它左边的对钩消失，这时它就转换为普通图层了。
- 调出图 4.28 所示的“图层属性”对话框，单击“引导线”单选项，取消它的选中，即可将引导图层改为普通图层。

（2）把普通图层转换为移动引导图层的方法是：选中普通图层，再单击图 4.30 快捷菜单中的“添加引导线”菜单选项，使它左边出现对钩，这时它就转换为移动引导图层。也可以调出如图 4.28 所示的“图层属性”对话框，单击选中“引导线”单选项。

（3）把普通图层转换为普通引导图层的方法是：选中普通图层，再单击图 4.30 快捷菜单中的“引导线”菜单选项，使它左边出现对钩，这时它就转换为普通引导图层了。

（4）把普通引导图层转换为移动引导图层的方法是：将普通引导图层转换为普通图层，再将普通图层转换为移动引导图层。

（5）把移动引导图层转换为普通引导图层的方法是：将移动引导图层转换为普通图层，再将普通图层转换为普通引导图层。

4.2.3　遮罩图层

1. 遮罩图层的作用

遮罩图层（Mask 图层）的作用是：可以透过遮罩图层内的图形看到其下面图层的内容，而不可以透过遮罩图层内的无图形处看到其下面图层的内容。

在遮罩图层上绘制的图形或输入的文字，相当于在遮罩图层上挖掉了相应形状的洞，形成挖空区域。通过挖空区域，下面图层的内容就可以被显示出来，而没有绘制图形与输入文字的地方成了遮挡物，把下面图层的其余内容遮挡起来。利用遮罩图层的这一特性，可以制作一些特殊效果。例如，图像文字、影片文字、图像的动态切换和探照灯效果等。

在 Flash MX 中，可以使用影片剪辑实例作为遮罩图层中的对象，还可以使用命令来创建遮罩图层中的对象。

2. 创建遮罩图层

创建遮罩图层的操作步骤如下。

- 创建一个普通图层，并在上面绘制出图形、输入文字或导入图像等，如图 4.32 所示。
- 选中刚刚创建的普通图层，再单击时间轴左下角的“插入图层”图标按钮，在选中的普通图层的上面创建一个新的普通图层。
- 在新建的普通图层上绘制图形与输入文字（颜色为非白色），如图 4.33 所示，作为遮罩图层中挖空的区域。注意：此处文字被打碎，并向外扩展了 2 个像素点。

图 4.32　一幅图像

图 4.33　绘制图形与输入文字

- 将鼠标指针移到遮罩图层的名字处，单击鼠标右键，调出其快捷菜单。单击菜单中的“遮蔽”菜单命令。此时，选中的普通图层的名字会向右缩进，表示已经被它上面的遮罩图层所关联，成为被遮罩的图层。此时的画面如图 4.34 所示，时间轴如图 4.35 所示。

图 4.34　创建遮罩图层

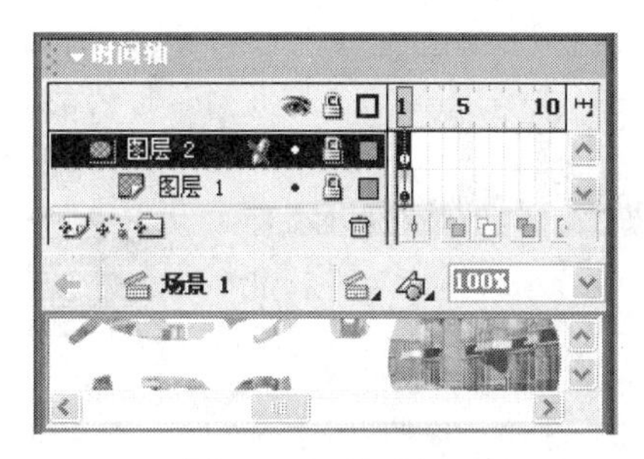

图 4.35　时间轴

在建立遮罩图层后，Flash MX 会自动锁定遮罩图层和被它遮盖的图层，如果需要编辑遮罩图层，应先解锁，再编辑。但解锁后就不会显示遮罩效果了，如果需要显示遮罩效果，需要再锁定该图层。

3. 建立与取消普通图层与遮罩图层的关联

（1）建立普通图层与遮罩图层关联的操作方法通常有两种。

- 在时间轴窗口的图层控制栏中，用鼠标将已经存在的普通图层拖曳到遮罩图层下面。
- 选中一个普通图层，然后在图 4.28 所示的“图层属性”对话框中单击选中“已遮蔽”单选项，再单击“图层属性”对话框中的“确定”按钮。

（2）取消被遮罩的图层与遮罩图层之间关联的操作方法通常有两种。

- 在时间轴窗口的图层控制栏中，用鼠标将被遮罩的图层拖曳到遮罩图层的左下面。
- 选中被遮罩的图层，然后在图 4.28 所示的“图层属性”对话框中，单击选中“标准”单选项，再单击“图层属性”对话框中的“确定”按钮。

4.2.4　插入图层目录

当一个 Flash 动画的图层较多时，会给阅读、调整、修改、复制 Flash 动画等带来不便。为了方便 Flash 动画的阅读和编辑，Flash MX 提供了图层文件夹的功能，可以将同一类型的图层放置到一个图层文件夹中，形成图层目录结构。插入图层目录的操作方法如下。

（1）例如有一个 Flash 动画的时间轴如图 4.36 所示。

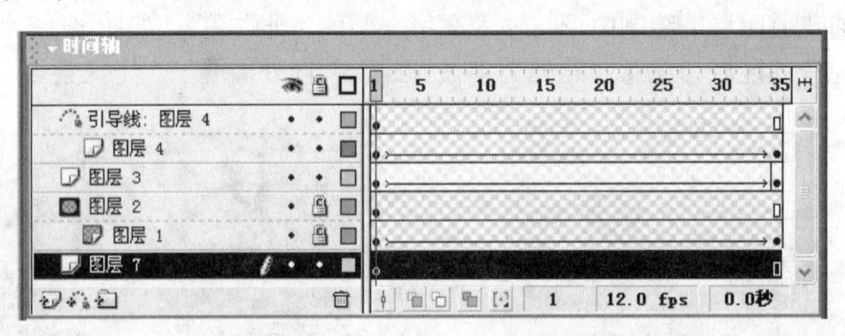

图 4.36　一个 Flash 动画的时间轴

（2）单击选中“图层 2”图层，再单击时间轴左下角的“插入图层目录”图标按钮，即可在“图层 2”图层插入一个名字为“目录 8”的图层文件夹，如图 4.37 所示。

（3）按住 Ctrl 键，单击选中要放入“目录 8”文件夹的各个图层，如图 4.38 所示。

（4）用鼠标拖曳选中的所有图层，移到“目录 8”文件夹中。此时，选中的所有图层会自动向右缩进，如图 4.39 所示，表示它们已放置到“目录 8”文件夹中。

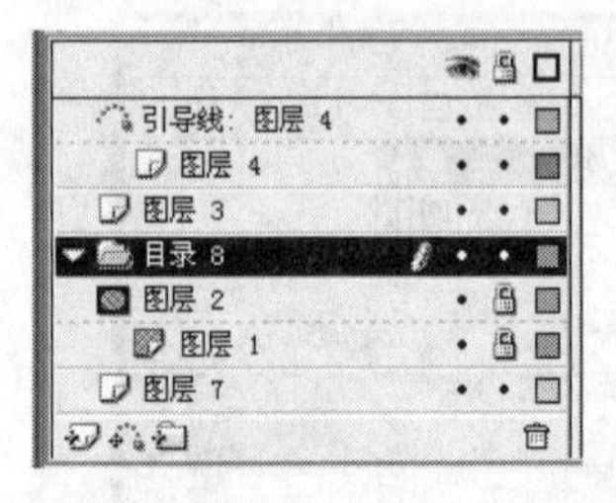

图 4.37　插入一个图层文件夹

图 4.38　选中多个图层

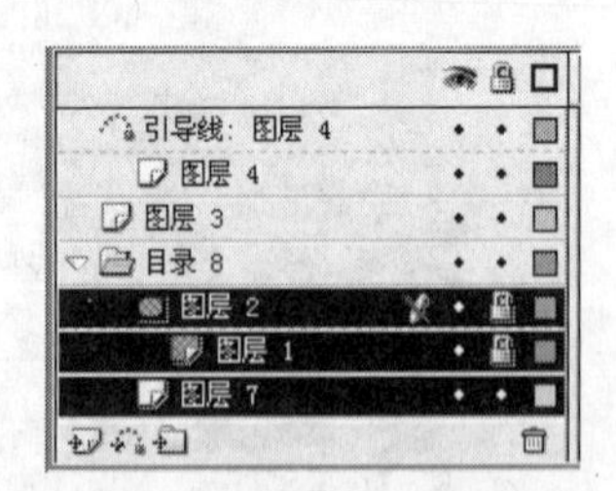

图 4.39　将选中的图层放入图层文件夹中

（5）单击“目录 8”文件夹左边的箭头图标按钮▽，可以将“目录 8”文件夹收缩，不显示该文件夹内的图层，如图 4.40 所示。

（6）单击“目录 8”文件夹左边的箭头图标按钮▶，可以将“目录 8”文件夹展开，如图 4.39 所示。

图 4.40　收缩图层文件夹

4.2.5　时间轴的快捷菜单

时间轴的快捷菜单有两个，一个是图层快捷菜单，一个是帧快捷菜单。分别介绍如下。

1. 图层快捷菜单

将鼠标指针移到时间轴左边的图层控制区内，单击鼠标右键，即可调出图层快捷菜单，可参看图 4.30。图层快捷菜单中各菜单命令的作用如下。

（1）“全部显示”：显示全部图层。

（2）“锁定其他图层”：将选中的图层外的所有图层加锁。

（3）“隐含其他图层：将选中的图层外的所有图层隐藏。

（4）“插入图层”：在选中的图层的上边插入图层。

（5）“删除图层”：删除选中的图层。

（6）“引导线”：将选中的普通图层转换为普通引导图层。

（7）“添加引导线”：将选中的普通图层转换为移动引导图层。

（8）“遮蔽”：将选中的图层设置为遮罩图层。

（9）“显示遮蔽”：将遮罩图层和被遮罩图层加锁，从而显示遮罩效果。

（10）“插入目录”：在选中的图层或图层文件夹之上插入一个新的图层文件夹。

（11）“删除目录”：删除选中的图层文件夹，即文件目录。

（12）“展开目录”：展开图层文件夹，即将选中图层文件夹内的所有图层展开显示。

（13）“合拢目录”：合拢图层文件夹，即将选中图层文件夹内的所有图层合拢到文件夹中。

（14）“展开所有目录”：展开所有的图层文件夹，将所有图层文件夹内的图层展开显示。

（15）“折叠所有目录”：折叠所有的图层文件夹，即将所有的图层文件夹内的所有图层折叠到文件夹中。

（16）“属性”：调出如图 4.28 所示的“图层属性”对话框。

2. 帧快捷菜单

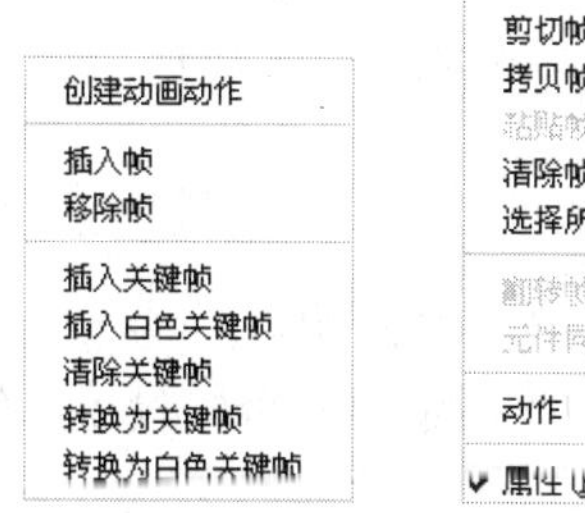

图 4.41　帧快捷菜单

将鼠标指针移到时间轴左边的图层控制区内，单击鼠标右键，调出帧快捷菜单，如图 4.41 所示。帧快捷菜单中各菜单命令的作用如下。

（1）“创建动画动作”：使选中的帧具有动作动画的属性，即可创建两个关键帧之间的动作过渡动画。该菜单命令只有在选中的帧不具有动作动画的属性时才会出现。

（2）“Remove Tween”（取消两者之间）：使选中的帧不具有动作动画的属性，即取消两个关键帧之间的动画。该菜单命令只有在选中的帧已经具有动作动画的属性时才会出现。

（3）“插入帧”：在选中的单元格处插入一个空帧，与按 F5 键的作用一样。

（4）“移除帧”：将选中的所有帧删除。

（5）“插入关键帧”：在选中的单元格处插入关键帧，与按 F6 键的作用一样。

（6）“插入白色关键帧”：在选中的单元格处插入白色关键帧，与按 F7 键的作用一样。

（7）“清除关键帧”：将选中的关键帧清除。

（8）“转换为关键帧”：将选中的帧转换为关键帧。

（9）“转换为白色关键帧”：将选中的帧转换为白色关键帧。如果选中的是关键帧，则可以插入一个关键帧。

（10）“剪切帧”：将选中的帧剪切到剪贴板中。

（11）“拷贝帧”：将选中的帧复制到剪贴板中。

（12）“粘贴帧”：将剪贴板中的帧内容粘贴到选中的单元格处。

（13）“清除帧”：将选中的关键帧清除为白色关键帧。

（14）“选择所有帧”：选中所有图层的所有帧。

（15）“翻转帧”：选中过渡动画中的所有帧，单击该菜单命令，即可使动画的方向颠倒。

（16）“元件同步”：选中动画中的所有帧，单击该菜单命令，可使动画的元件同步。

（17）“动作”：单击它，可调出“帧动作”面板。

（18）“属性”：单击它，可调出帧的“属性”面板。

4.2.6 场景

在 Flash 影片中，演出的舞台只有一个，但在演出过程中，可以更换不同的场景。

1. 增加场景与切换场景

（1）增加场景：单击“插入”→“场景”菜单命令，即可增加一个场景，并进入到该场景的编辑窗口，在舞台的左上角会显示出当前场景的名称。

（2）切换场景：单击舞台右上角的图标按钮，可调出快捷菜单。单击该菜单中的场景名称，可以切换到相应的场景。另外，单击“查看”→“转到”菜单命令，可调出其下一级子菜单。利用该菜单，可以完成场景的切换。

2. 建立新窗口和对齐多个窗口

（1）建立新窗口：单击“窗口”→“新建窗口”菜单命令，即可给同一个动画增加一个新的窗口。在新窗口内可选择其他场景。

（2）层叠多个窗口：单击“窗口”→“层叠”菜单命令，即可将多个窗口层叠放置。

（3）平铺多个窗口：单击“窗口”→“平铺”菜单命令，即可将多个窗口平铺放置。

3.“场景”面板的使用

单击“修改”→“场景”菜单命令，可以调出“场景”面板，如图 4.42 所示。

（1）单击“场景”面板右下角的图标按钮，可新建场景。例如，新建第 4 个场景后，默认的场景名字为“场景 4”。

（2）单击“场景”面板右下角的图标按钮，可复制场景。例如，复制“场景 4”场景后，默认的场景名字为“场景 4 副本”，如图 4.43 所示。

（3）单击“场景”面板中的一个场景名称，再单击“场景”面板右下角的图标按钮，即可将选中的场景删除。

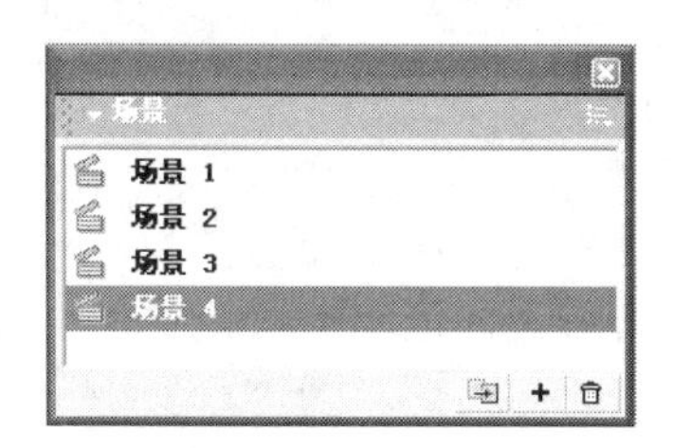

图 4.42 “场景”面板

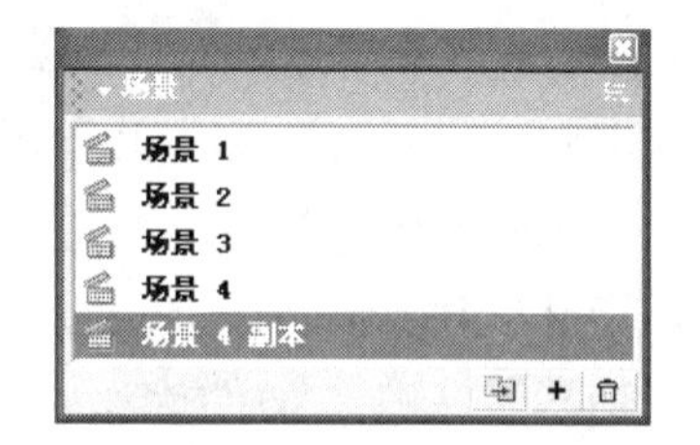

图 4.43 复制场景后的“场景”面板

（4）双击“场景”面板内的一个场景名称后，即可给场景更名。

（5）用鼠标拖曳“场景”面板内的场景图标，可以改变场景的前后次序。

4.3　制作动画的方法

4.3.1　制作 Flash 动画的基本常识与基本操作

1. Flash 动画的种类

（1）“帧帧”动画：制作好每一帧画面，每一帧内容都不同，然后连续依次播放这些画面，即可生成动画效果。这是最容易掌握的动画，Gif 格式的动画就是属于这种动画。

“帧帧”动画适于制作非常复杂的动画，每一帧都是关键帧，每一帧都由制作者确定，而不是由 Flash 通过计算得到。与过渡动画相比，“帧帧”动画的文件字节数要大得多。

（2）“过渡”动画：制作好若干关键帧的画面，由 Flash 通过计算生成各关键帧之间的各个帧，使画面从一个关键帧过渡到另一个关键帧。过渡动画又分为动作过渡动画和形状过渡动画（也叫变形动画）两种。

2. 不同种类帧的表示方法

时间轴窗口如图 4.44 所示。其中，有许多图层和帧单元格（简称帧），每一行表示一个图层，每一列表示一帧。各帧的内容会不相同，不同的帧表示不同的含义。

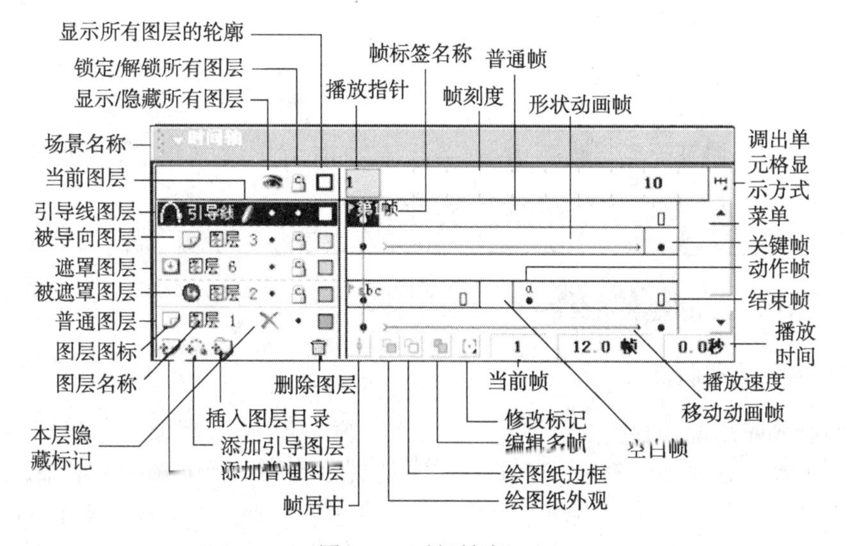

图 4.44　时间轴窗口

（1）关键帧：如果帧单元格内有一个实心的圆圈，表示它是一个有内容的关键帧。关键帧

的内容可以进行编辑。常用的插入关键帧的方法有以下三种。

- 单击选中某一个帧单元格，再按 F6 键。
- 选中一个单元格，再单击“插入”→“关键帧”菜单命令。
- 将鼠标指针移到要插入关键帧的单元格处，单击右键，调出帧快捷菜单。再单击该菜单中的“插入关键帧”菜单命令。

（2）普通帧：在关键帧右边的浅灰色背景帧单元格是普通帧，表示它的内容与左边的关键帧内容一样。常采用的插入普通帧的方法有 4 种。

- 单击选中某一个单元格，再按 F5 键。选中的单元格左边应有关键帧单元格，按 F5 键后，从关键帧单元格到选中的单元格之间的所有单元格均变成普通帧单元格。
- 单击选中某一个单元格，再单击“插入”→“帧”菜单命令。
- 单击帧快捷菜单中的“插入帧”菜单命令。
- 按住 Alt 键，将鼠标移到关键帧单元格处，此时鼠标指针呈黑色箭头状，用鼠标向右拖曳关键帧单元格，即可产生一个或多个普通帧单元格，但最后一帧会是关键帧。

（3）白色关键帧：也叫空白白色关键帧。帧单元格内有一个空心的圆圈，则表示它是一个没有内容的关键帧。白色关键帧内可以创建内容。如果新建一个 Flash 文件，则会在第 1 帧自动创建一个白色关键帧。插入白色关键帧单元格的方法有 3 种。

- 单击选中某一个单元格，再按 F7 键。
- 单击选中某一个单元格，再单击“插入”→“白色关键帧”菜单命令。
- 单击帧快捷菜单中的“插入白色关键帧”菜单命令。

（4）空白帧：也叫帧。该帧是空的。

（5）过渡帧：它是两个关键帧之间的帧，是由 Flash 计算生成的帧，它的底色为浅蓝色或浅绿色。不可以对过渡帧进行编辑。

（6）动作单元格：该单元格本身也是一个关键帧，其中有一个字母“a”，表示在这一帧中分配了动作（Action）。当影片播放到这一帧时会执行相应的动作。创建动作单元格要借助于“帧动作”（Frame Actions）面板。

3. 不同种类动画的表示方法

（1）动作过渡动画：在关键帧之间有一条水平指向右边的黑色箭头，帧单元格为浅蓝色背景。

（2）形状过渡动画：在关键帧之间也有一条水平指向右边的黑色箭头，但帧单元格为浅绿色背景。

（3）虚线：表示在创建过渡动画中存在错误，无法正确完成动画的制作。

4.3.2 动作过渡动画的制作

1. 动作过渡动画的特点

动作过渡动画是过渡动画中的一种，简称动作动画，也叫运动动画。在 Flash MX 中可以创建出丰富多彩的动作过渡动画效果，可以使一个对象在画面中移动、改变其大小、改变其形状、使其旋转、改变对象的颜色、产生淡入淡出效果、动态切换画面等。各种变化可以独立进行，也可以合成复杂的动画。例如一个对象在移动中还不断地改变颜色和大小。

Flash MX 可以使实例、图形、图像、文本和组群产生动作过渡动画。要使图形、图像、文本和组群产生动作过渡动画，必须把它们转换为元件，Flash MX 可以在执行“插入”→“创建补间动画”菜单命令时，自动将它们转换成元件的实例，“库”面板中会自动增加元件，名字为“补间 1”、“补间 2”和“补间 3”等。

Flash MX 还可以使对象沿任意路径运动，即创建引导（也叫导向）动作动画，但这必须借助于引导（也叫导向）图层。

2. 动作过渡动画的制作方法

（1）单击选中时间轴中的一个白色关键帧，在舞台工作区创建一个对象或从“库”面板中把一个元件拖曳到舞台工作区中。例如画一个五彩圆。

（2）单击选中第 1 帧，单击“插入”→“创建补间动画”菜单命令或单击其快捷菜单中的“创建补间动画”菜单命令。即可将该帧创建为动作过渡动画的第 1 帧。

（3）单击选中时间轴中的动画终止帧（如第 20 帧），按 F6 键，创建一个关键帧并选中该关键帧。此时时间轴中两个关键帧之间（例如，第 1 帧到第 20 帧）会产生一个指向右边的水平箭头线，表示过渡动画创建成功。

（4）然后，可调整动画起始帧和终止帧中对象的位置、大小、旋转角度、颜色和透明度等。此处将第 20 帧的圆球移到舞台工作区的右边。

3. 引导动作过渡动画的制作方法

（1）按照上述方法建立沿直线移动的动作过渡动画，例如圆球从左边移到右边的动画。

（2）单击时间轴左下角的“添加引导图层”图标按钮，在选中图层（此处是“图层 1”图层）上边增加一个引导图层，同时选中的图层自动成为与引导图层相关联的被引导图层。关联的图层名字向右缩进，表示它是关联的图层。

（3）单击选中引导图层，在舞台工作区内绘制路径曲线，如图 4.45 所示。

（4）使“图层 1”图层恢复显示，单击选中第 1 帧，用鼠标拖曳对象（圆球）到引导线的起始端，使对象的中心十字与路径起始点重合。再单击选中终止帧，用鼠标拖曳圆球到引导线的终止端，使对象的中心十字与路径终止点重合。

（5）按 Enter 键，播放动画。动画播放后的一个画面如图 4.46 所示。其中的引导线在正式播放时不会显示出来。

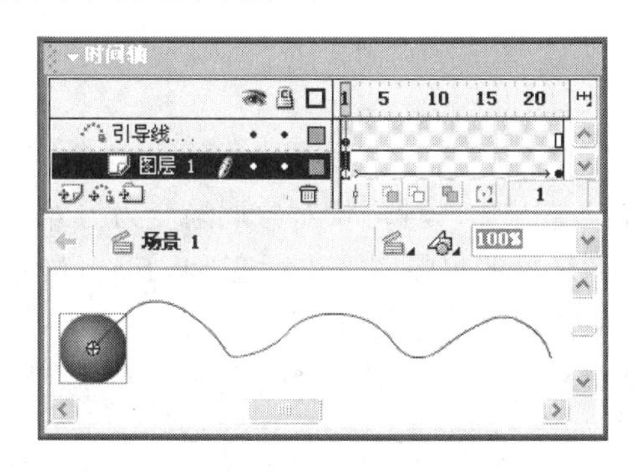

图 4.45　在引导图层的工作区内绘制路径曲线

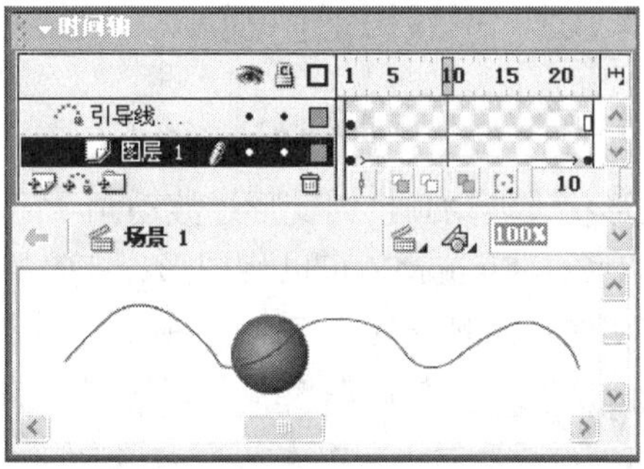

图 4.46　沿引导线移动的动画

4. 动画关键帧的“属性”面板的使用

单击选中动画关键帧，再单击“窗口”→“属性”菜单命令，即可调出动画关键帧的“属性”面板。利用该面板可以设置动画类型和动画属性。在“补间”下拉列表框中选择了“动作”选项后，该对话框如图 4.47 所示。该对话框内有关选项的作用如下。

（1）“帧标签”文本框：用来输入关键帧的标签名称。

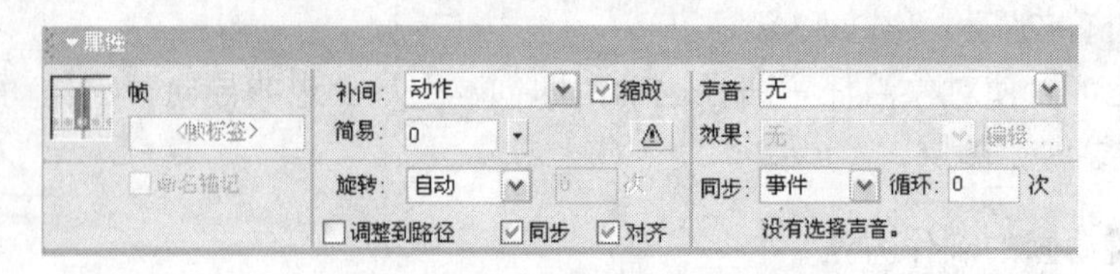

图 4.47　动画关键帧的“属性”面板

（2）“补间”列表框：用来选择动画类型。它包含无（没有动画）、动作（动作过渡动画）和形状（形状过渡动画，也叫变形动画）3 个选项。

（3）“简易”文本框：可输入数据或调整滑条的滑块，来调整运动的加速度。

（4）“旋转”列表框：用来控制对象在运动时是否自旋转。选择“无”，是不旋转；选择“自动”，是在尽可能少运动的情况下旋转对象；选择“顺时针”，是顺时针旋转对象；选择“逆时针”，是逆时针旋转对象。选择后两项后，其右边的“次”（即次数）文本框会变为有效，还须在其右边的“次”文本框内输入旋转的次数。

（5）“调整到路径”复选框：选中它后，可以控制运动对象沿路径的方向自动调整自己的方向。

（6）“同步”复选框：选中该复选框后，可确保影片剪辑实例在循环播放时，与主电影相匹配。

（7）“对齐”复选框：选中该复选框后，可使对象捕捉路径。

（8）“缩放”复选框：选中该复选框后，可使对象动作时更平衡。

（9）“声音”列表框：如果导入了声音（“库”面板中就有了声音文件的名字），则该列表框中会提供所有导入的声音的名称。选择一种声音名称后，会将声音加入动画，时间轴的动画图层中会出现一条水平反映声音的波纹线，如图 4.48 所示。

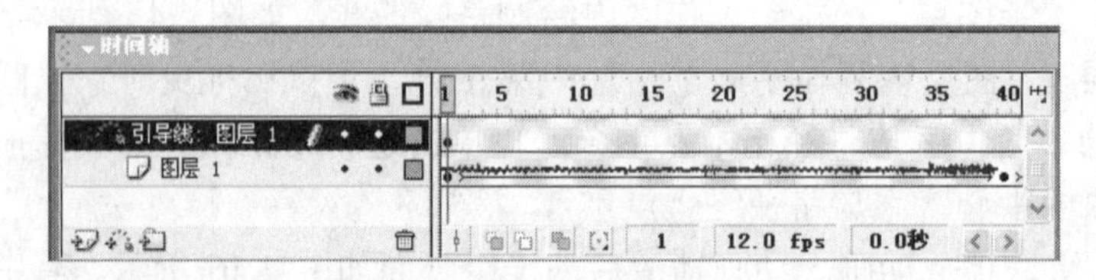

图 4.48　加入声音到动画中后的时间轴

4.3.3　形状过渡动画

1. 了解形状过渡动画

形状过渡动画也叫变形过渡动画（简称变形动画），它是由一种形状对象逐渐变为另外一种形状对象。Flash MX 可以将图形、打碎的文字和由位图转换的矢量图形进行变形。Flash MX 不能将实例、未打碎的文字、位图像、打碎的位图像、组合对象进行变形。

分解文字、打碎图像和分解的文字的方法是：选中对象，再单击“修改”→“分离”菜单命令。

2. 创建形状过渡动画的制作

（1）单击选中在时间轴窗口内的一个图层名称，使它成为当前图层，然后单击选中一个白色关键帧作为动画的开始帧。

（2）在舞台工作区内创建一个符合要求的对象，作为形状过渡的初始对象。

（3）单击形状动画的终止帧，按 F6 键，创建动画的终止帧为关键帧。然后，在舞台工作区内创建一个符合要求的对象，作为形状过渡动画的终止对象。然后，删除原对象，即红色小球对象。注意：一定要后删除原对象。

（4）调出动画关键帧的“属性”面板。单击选中第 1 关键帧与终止关键帧之间的所有单元格，选中“帧”面板内“补间”列表框中的“形状”选项，此时该面板如图 4.49 所示。在时间轴上，从初始帧到终止帧之间会出现一个指向右边的箭头，帧单元格的背景变为浅绿色。

3. 动画关键帧“属性”面板的使用

选择动画关键帧的“属性”面板内的“补间”列表框中的“形状”选项后，“属性”面板如图 4.49 所示。“属性”面板中“混合”下拉列表框内各选项的作用如下。

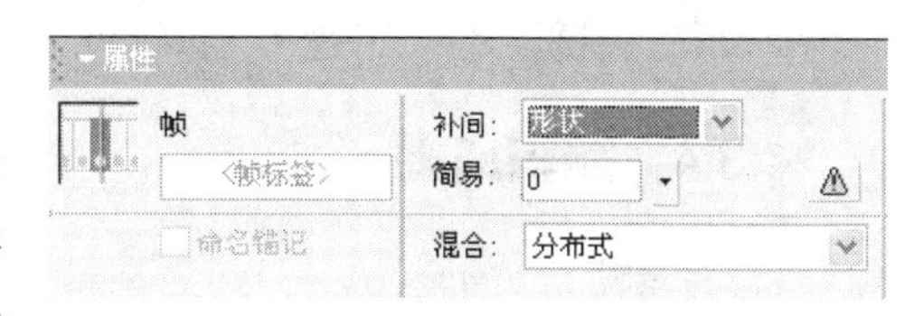

图 4.49　形状过渡动画的“属性”面板

（1）“分布式”选项：选择它后，可使形状过渡动画中创建的中间过渡帧的图形较平滑。

（2）“角形”选项：选择它后，创建的过渡帧中的图形更多地保留了原来图形的尖角或直线的特征。如果关键帧中图形没有尖角，则与选择“分布式”的效果一样。

第 1 章制作一个绿色球形变为七彩矩形的变形过渡动画（如图 1.22 所示）的例子中可以看出，变形的过程，不但改变了初始对象的形状，还改变它的位置和颜色。前面曾讲述过，动作过渡动画也可以改变对象的位置和颜色，但二者不一样。在动作过渡动画中，变化的是同一个实例的位置和颜色属性；而在变形过渡动画中，是在两个对象之间发生位置与颜色的变化。

4. 改进形状效果

为了使形状动画中间过程中各个画面变化流畅，可以使用形状标记来控制复杂或特殊的变形过程。形状标记就是在形状的初始图形与结束图形上分别指定一些形状关键点，这样 Flash 就会根据这些关键点的对应关系来计算形状变化的过程。

（1）单击选中时间轴上第 1 帧单元格，再按 Ctrl+Shift+H 组合键，或单击“修改”→“形状”→“添加形状标记”菜单命令，即可在第 1 帧圆形图形中加入一个关键点标记“a”。再重复上述过程，可以继续增加“b”到“z”多个关键点标记。此处再增加 3 个关键点标记。

（2）用鼠标拖曳这些标记，分别放置在第 1 帧图形的一些位置处，如图 4.50 左图所示。

（3）单击选中终止帧单元格，这时会看到终止帧矩形图形中也有相同的关键点标记。用鼠标拖曳这些标记，分别放置在矩形图形的适当位置，如图 4.50 右图所示。如没有显示关键点标记，可单击“查看”→“显示形状标记”菜单选项。

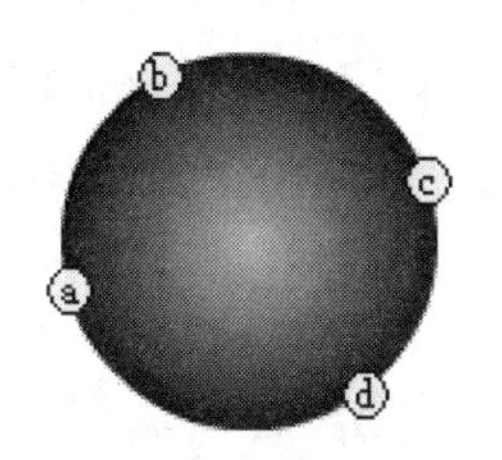

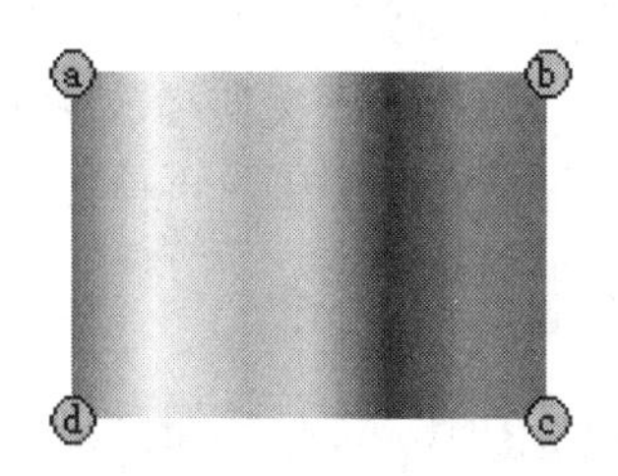

图 4.50　第 1 帧和终止帧图形的关键点标记

（4）在 Flash 中最多可以使用 26 个形状关键点标记，分别用 26 个英文小写字母表示。在起始关键帧，形状关键点用黄色圆圈表示；在终止关键帧，形状关键点用绿色圆圈表示；如果关键点的位置不在曲线上，将显示红色圆圈。

（5）为了获得更好的形状效果，应注意以下原则：

- 如果过渡比较复杂，可以在中间增加一个或多个关键帧。
- 起始关键帧与终止关键帧中关键点标记的顺序应该一致。例如在一条线上添加了 3 个形状关键点标记，应依次为“a”、“b”和“c”。这样无论这条线如何变形，这三个点在线上始终会保持“a”、“b”和“c”的顺序。
- 最好使各形状关键点沿逆时针或顺时针方向对齐，并且从图形的左上角开始。
- 形状关键点不一定越多越好，重要的是位置要合适。位置可以通过实验来决定。

4.3.4 编辑动画

1. 编辑帧

（1）选中一个或多个帧：单击一帧的单元格，即可选中该帧。按住 Shift 键，同时单击帧，可以同时选中多个帧。单击图层控制区域内的某一图层，即可选中该图层的所有帧。

（2）复制帧和动作帧：在时间轴中选中若干帧，然后单击右键，调出快捷菜单，再单击快捷菜单中的“拷贝帧”（或“剪切帧”）菜单命令，将选中的帧复制（或剪切）到剪贴板内。再在时间轴窗口中单击选中一个帧单元格，然后单击快捷菜单中的“粘贴帧”，即可把剪贴板中的内容粘贴到时间轴窗口选定的帧单元格及其右边的帧单元格内。

（3）调整过渡帧的数量：在创建了运动或形状过渡动画后，如果要调整过渡的长度，可先单击选中起始或结束关键帧，再用鼠标水平拖曳该帧单元格，在拖曳帧单元格的时候，可能会出现只拖曳了结束帧单元格的情况，此时需要再拖曳终止关键帧，使它与结束帧单元格重合。

（4）插入普通帧：单击选中要插入帧的帧单元格，然后按 F5 键，或者单击鼠标右键，调出快捷菜单，再单击快捷菜单中的“插入帧”菜单命令，这时就会在选中的帧单元格中新增加一个普通帧，该帧单元格中原来的帧以及它右面的帧都会向右移动一帧。

（5）插入关键帧，单击选中要插入关键帧的单元格，然后按 F6 键，或者单击鼠标右键，调出快捷菜单，再单击快捷菜单中的“插入关键帧”菜单命令。

（6）插入白色关键帧：单击选中要插入白色关键帧的帧单元格，然后按 F7 键，或者单击鼠标右键，调出快捷菜单，再单击快捷菜单中的“插入白色关键帧”菜单命令。

（7）把关键帧转换为普通帧：单击选择一个关键帧，然后单击帧快捷菜单中的“清除关键帧”菜单命令，原关键帧中的内容会被前面的关键帧内容取代。

（8）删除帧：在时间轴窗口中选中一个或多个帧，再单击鼠标右键，调出快捷菜单，再单击帧快捷菜单中的“移除帧”菜单命令。

（9）动画反向播放：动画反向播放就是使起始帧变为终止帧，终止帧变为起始帧。单击选中一段动画，可以包括多个图层，再单击帧快捷菜单中的“翻转帧”菜单命令即可。

2. 移动整个动画

（1）单击“编辑多帧”图标按钮，即可在帧控制区的第一行，显示出一个连续的多帧选择区域，该区域由左右两个圆形控制柄包围着。

（2）在帧控制区内，拖曳第一行中的左或右圆形控制柄，使它包括所有动画的帧。或者单击“修改标记”图标按钮，弹出一个多帧显示菜单，再单击选中菜单中的“绘图全部”菜单选项。

（3）将鼠标指针移到动画所在的图层，单击鼠标右键，调出其快捷菜单，再单击快捷菜单中的“全部选择”菜单命令，选中左右标记所包围的图层以及所有帧。

（4）然后，选中动画的所有图层。以上操作的最终效果，如图 4.51 所示。

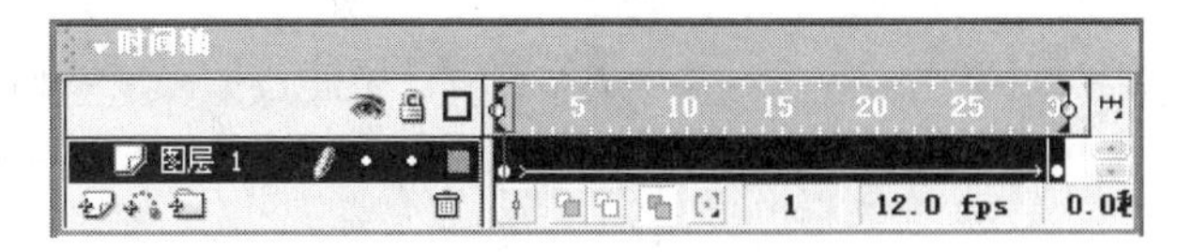

图 4.51　移动整个动画时选中整个动画

（5）在时间轴帧工作区内，用鼠标拖曳整个动画，把它移到目的位置。也可以通过剪贴板将该动画的所有帧复制到其他场景、其他动画的场景和元件中。

4.4 实例

实例 15　人和自然

“人和自然”动画播放后的 2 幅画面如图 4.52 所示。可以看到，在森林中，一只花狗和一只豹子在来回奔跑戏耍，一只飞鸟来回飞翔，一个人在地上来回奔跑。在画面的左上角，一个女人的眼睛一睁一闭。这个画面很自然地使人想到“人和自然”这个主题，人和动物应该和谐地生活在大自然中。该动画的制作方法如下。

图 4.52 “人和自然”动画播放后的 2 幅画面

1. 制作影片剪辑元件

（1）新建一个 Flash 文档，设置舞台工作区宽为 500 像素、高为 400 像素，背景为黄色。

（2）选中“图层 1”图层第 1 帧，导入一幅风景图像，调整它的大小和位置，使它正好将舞台工作区完全覆盖，如图 4.53 所示。

（3）创建并进入“豹”影片剪辑元件，单击“文件”→“导入”→“导入到舞台”菜单命令，调出“导入”对话框。选择“豹子.gif”豹子原地奔跑的 GIF 格式动画文件。单击“打开”按钮，导入到舞台工作区中，每帧放置一幅图像，如图 4.54 所示。每帧的图像如图 4.55 所示。然后，单击元件编辑窗口中的⇦按钮，回到主场景。

图 4.53　风景图像

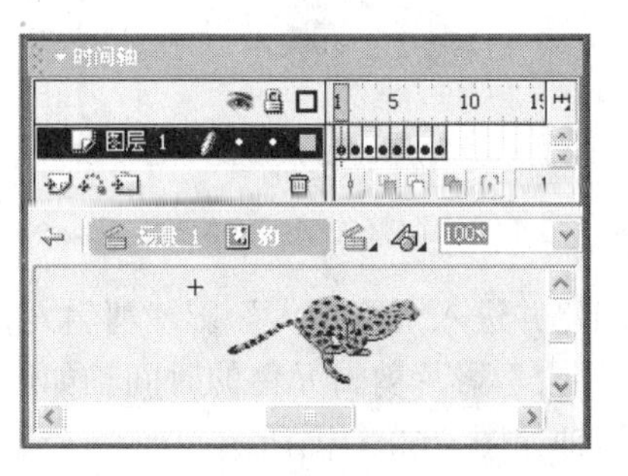

图 4.54 “豹”影片剪辑元件时间轴

图 4.55　一系列豹子图像

（4）创建并进入“狗”影片剪辑元件，导入 2 幅狗原地奔跑的图像（如图 4.56 所示）。使用工具箱内的箭头工具，水平拖曳第 2 关键帧到第 6 帧处，再选中第 10 帧，按 F5 键，如图 4.57 所示，其目的是让狗原地跑的速度慢一些。然后，单击元件编辑窗口中的按钮，回到主场景。

图 4.56　狗原地奔跑图像

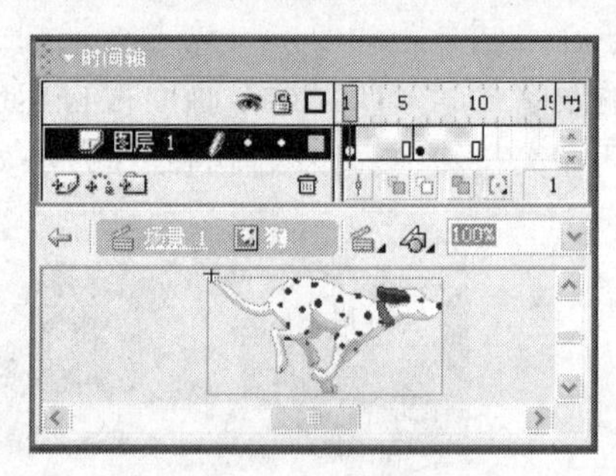

图 4.57　调整关键帧的位置

（5）创建并进入“眨眼女人”影片剪辑元件的编辑状态。使用工具箱内的箭头工具，单击选中“图层 1”图层第 1 帧，导入一幅人睁眼的人像。单击选中“图层 1”图层第 6 帧，导入一幅人闭眼的人像。

（6）将第 1 帧中的人像打碎，将背景白色图像删除。再将第 6 帧中的人像打碎，将背景白色图像删除。选中第 10 帧，按 F5 键，如图 4.58 所示。将它们的位置调整得完全一样（图像大小与原图像完全一样）。2 幅加工后的图像如图 4.59 所示。然后，单击元件编辑窗口中的按钮，回到主场景。

图 4.58　调整关键帧的位置

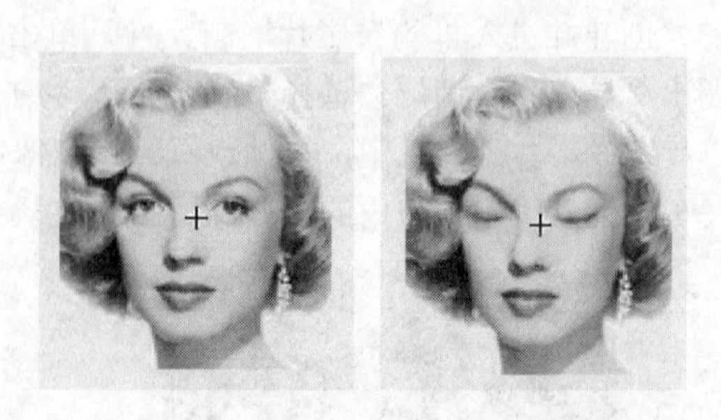

图 4.59　加工后的 2 幅人头图像

（7）创建并进入“跑步人”影片剪辑元件的编辑状态。导入一个“跑步人.swf”动画文件。此时，“跑步人”影片剪辑元件的时间轴如图 4.60 左图所示。然后，回到主场景。“跑步人.fla”动画的时间轴如图 4.60 右图所示。

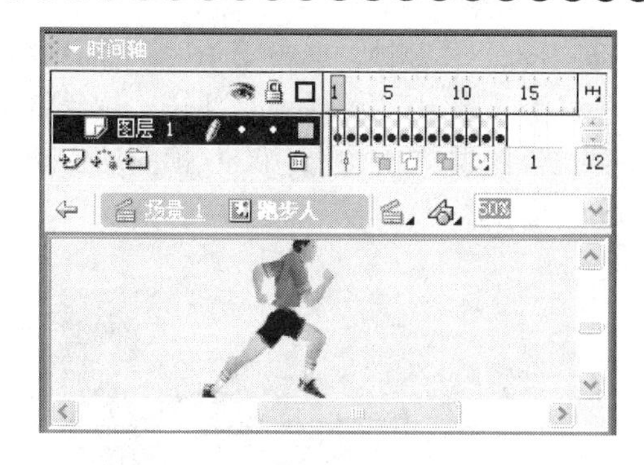

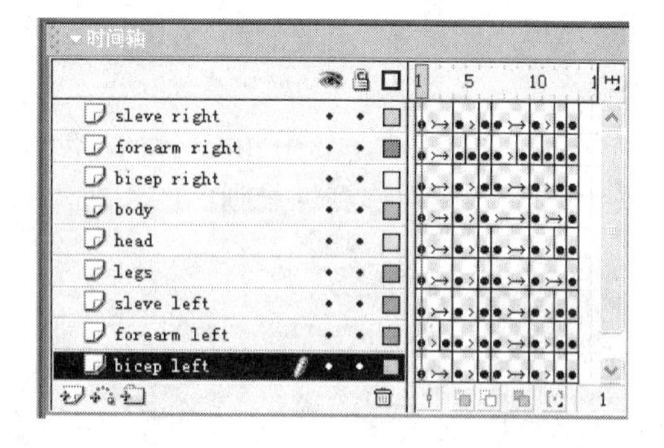

图 4.60 “跑步人”影片剪辑元件和“跑步人.fla”动画时间轴

（8）创建“飞鸟”影片剪辑元件，进入它的编辑状态。导入一个“飞鸟.gif”动画文件。此时，“飞鸟”影片剪辑元件的时间轴如图 4.61 所示，“飞鸟”影片剪辑元件 4 帧画面如图 4.62 所示。然后，单击元件编辑窗口中的⇦按钮，回到主场景。

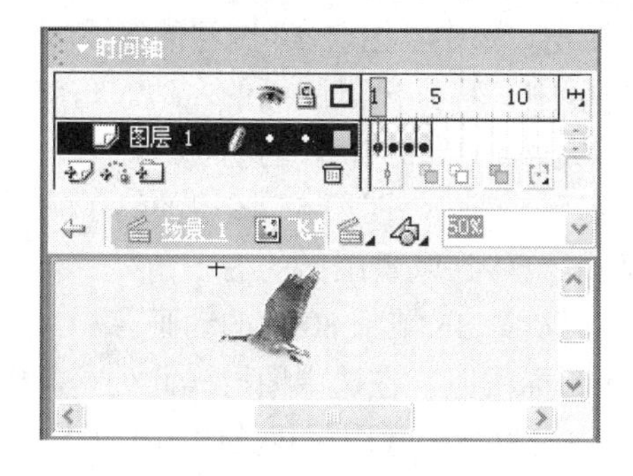

图 4.61 “飞鸟”影片剪辑元件时间轴

图 4.62 “飞鸟”影片剪辑元件 4 帧画面

2. 制作豹子追狗动画

（1）在“图层 1”图层之上新增一个“图层 2”图层，选中“图层 2”图层的第 1 帧，将“库”面板中的“豹”影片剪辑元件拖曳到舞台工作区中，移到风景画面的左边。创建“图层 2”图层第 1 帧到第 45 帧的动作动画，将第 45 帧的豹子图像移到风景画面的右边。

（2）选中“图层 2”图层的第 46 帧，按 F6 键，创建一个关键帧。选中第 46 帧中的豹子图像，单击“修改”→“变形”→“水平翻转”菜单命令，将第 46 帧中的图像水平翻转，然后该豹子图像移到狗图像处。创建“图层 2”图层第 45 帧到第 80 帧的动作动画，将第 80 帧的豹子图像移到风景画面的左边。

（3）在“图层 2”图层之上新增一个“图层 3”图层，选中“图层 3”图层的第 1 帧，将“库”面板中的“狗”影片剪辑元件拖曳到舞台工作区中，移到风景画面的左边，如图 4.63 所示。创建“图层 3”图层第 1 帧到第 45 帧的动作动画，将第 45 帧的豹子图像移到风景画面的右边，如图 4.64 所示。

图 4.63　第 1 帧的画面

图 4.64　第 45 帧的画面

（4）选中“图层 3”图层的第 46 帧，按 F6 键，创建一个关键帧。选中第 46 帧中的狗图像，单击“修改”→“变形”→“水平翻转”菜单命令，将第 1 帧中的图像水平翻转，然后将狗图像移到豹子图像的左边，如图 4.65 所示。创建“图层 2”图层第 45 帧到第 80 帧的动作动画，将第 80 帧的豹子图像移到风景画面的左边，如图 4.66 所示。

图 4.65　第 46 帧的画面

图 4.66　第 80 帧的画面

3. 制作其他动画

（1）在“图层 3”图层之上新增一个“图层 4”图层，选中“图层 4”图层的第 1 帧，将“库”面板中的“跑步人”影片剪辑元件拖曳到舞台工作区中，移到风景画面的左边。仿照上边的制作方法，创建“图层 4”图层第 1 帧到第 45 帧，再从第 46 帧到 80 帧的动画。

（2）在“图层 4”图层之上新增一个“图层 5”图层，选中“图层 5”图层的第 1 帧，将“库”面板中的“飞鸟”影片剪辑元件拖曳到舞台工作区中，移到风景画面的右上角处。仿照上边的制作方法，创建“图层 5”图层第 1 帧到第 45 帧，再从第 46 帧到 80 帧的动画。

（3）单击时间轴左下角的“添加引导图层”图标按钮，在选中图层（此处是“图层 1”图层）上边增加一个引导图层，同时选中的图层自动成为与引导图层相关联的被引导图层。

（4）单击选中引导图层，在舞台工作区内绘制一条曲线路径，参看图 4.45 所示。

（5）单击选中“图层 5”图层第 1 帧，拖曳“飞鸟”影片剪辑实例到引导线的起始端，使对象的中心十字与路径起始点重合。再单击选中“图层 5”图层第 45 帧，拖曳“飞鸟”影片剪辑实例的终止端，使对象的中心十字与路径终止点重合。然后，按照上述方法，调整“图层 5”图层第 46 帧和 90 帧内“飞鸟”影片剪辑实例的位置，分别位于曲线路径的终止处和起始处。

（6）在“图层 5”图层之上新增一个“图层 6”图层，选中“图层 6”图层第 1 帧，将“库”面板中的“眨眼女人”影片剪辑元件拖曳到舞台工作区中，移到风景画面的左上角处。

图 4.67　选区选中部分风景图像

（7）在“图层 6”图层之上新增一个“图层 7”图层。选中“图层 1”图层的第 1 帧风景图像，将风景图像打碎。单击按下工具箱中的“套索工具”按钮，单击按下“选项”栏内的“多边形模式”按钮，创建一个选区，将风景图像右下角的部分图像选中，如图 4.67 所示。

（8）单击“编辑”→“复制”菜单命令，将选中的图像剪切到剪贴板中。选中“图层 7”图层的第 1 帧，单击“编辑”→“粘贴到当前位置”菜单命令，将剪贴板中的图像粘贴到原来的位置。

（9）将“图层 5”图层第 1 帧的图像组成组合，再将“图层 1”图层第 1 帧的图像组成组合。

至此，整个动画制作完毕。该动画的时间轴如图 4.68 所示。

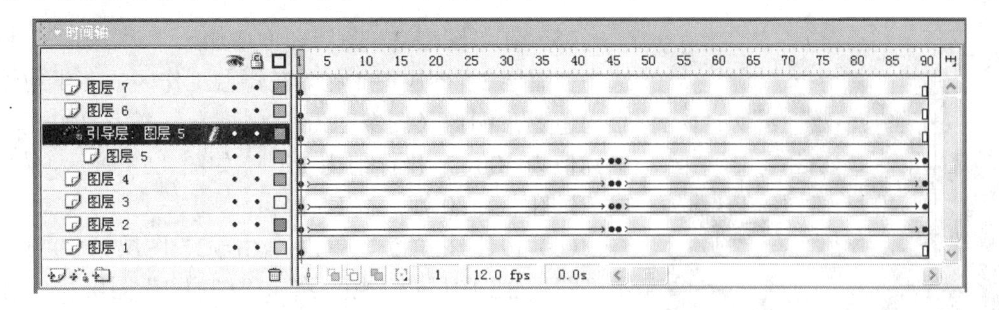

图 4.68 “人和自然”动画时间轴

实例 16　上下推出的图像切换

“上下推出的图像切换”动画播放后，显示出一幅建筑图像，接着一幅家居图像分成左右两部分，左半边图像向下移，右半边图像向上移，逐渐将家居图像推出显示，将建筑图像遮挡。该动画播放后的 2 幅画面如图 4.69 所示。该动画的制作过程如下。

图 4.69 “上下推出的图像切换”动画播放后的 2 幅画面

（1）设置动画的舞台工作区宽为 400 像素，高为 300 像素，背景色为白色。

（2）选中“图层 1”图层的第 1 帧，导入一幅建筑图像，如图 4.70 所示。调整图像的宽为 400 像素、高为 300 像素、X 坐标值为 200、Y 坐标值为 150，其“属性”面板如图 4.71 所示。以后要切换的图像，其大小与位置均与此图像一样。

（3）选中“图层 1”图层第 80 帧，按 F5 键。此时，“图层 1”图层的第 1 帧到第 80 帧的内容都一样。

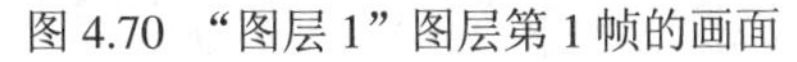

图 4.70 “图层 1”图层第 1 帧的画面　　图 4.71 第 1 帧图像的“属性”面板设置

（4）在“图层 1”图层之上增加一个“图层 2”图层。选中“图层 2”图层的第 1 帧，其内导入家居图像，如图 4.72 所示。制作“图层 2”图层的第 1 帧到第 80 帧的动作动画，将第 1 帧的图像垂直移到舞台工作区的上边。

图 4.72 家居图像

（5）在“图层 2”图层之上增加一个“图层 3”图层。选中“图层 3”图层第 1 帧。在舞台工作区的左半边绘制一个黑色矩形图像（图像宽为 200 像素、高为 300 像素、X 坐标值为 100、Y 坐标值为 150），如图 4.73 所示。选中“图层 3”图层第 80 帧，按 F5 键。

（6）按住 Shift 键，单击“图层 2”图层第 80 帧，再单击“图层 3”图层第 1 帧，选中“图层 2”图层和“图层 3”图层中的所有帧。单击鼠标右键，调出帧快捷菜单，单击该菜单中的“复制帧”菜单命令，将选中的内容复制到剪贴板中。

（7）在“图层 3”图层之上增加一个“图层 4”图层。按住 Shift 键，单击“图层 4”图层第 80 帧和第 1 帧，选中“图层 4”图层中第 1 帧到第 80 帧的所有帧。单击鼠标右键，调出帧快捷菜单，单击该菜单中的“粘贴帧”菜单命令，将剪贴板中的内容粘贴到两个新图层中。然后，将新图层的名称改为“图层 4”和“图层 5”，“图层 4”图层的内容与“图层 2”图层的内容一样，“图层 5”图层的内容与“图层 3”图层的内容一样。

（8）将“图层 4”图层第 80 帧中的图像垂直移到舞台工作区的下边。选中“图层 5”图层的第 1 帧，将舞台工作区左半边的黑色矩形移到舞台工作区的右半边（X 坐标值为 300、Y 坐标值为 150），如图 4.74 所示。

图 4.73 左半边的黑色矩形

图 4.74 右半边的黑色矩形

（9）将“图层 3”图层设置成遮罩层，使“图层 2”图层成为被遮罩图层。将“图层 5”图层设置成遮罩层，使“图层 4”图层成为被遮罩图层。

至此整个动画制作完毕。该动画的时间轴如图 4.75 所示。

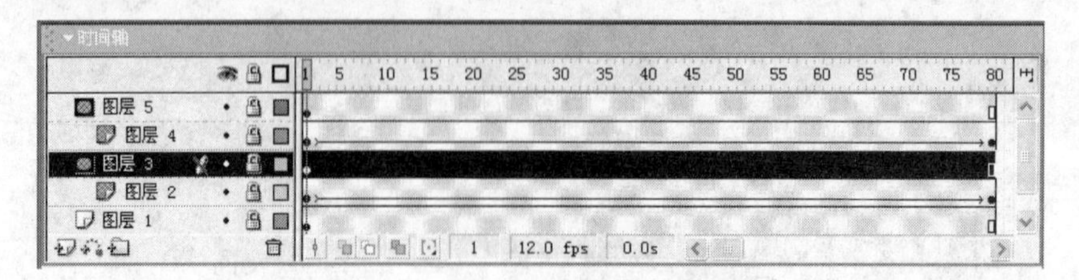

图 4.75 “上下推出的图像切换”动画的时间轴

实例 17 模拟探照灯

“模拟探照灯”动画是模拟探照灯光在黑夜中照射一幅建筑图像的情况。动画播放后的 2 幅画面如图 4.76 所示。该动画的制作过程如下。

图 4.76 “模拟探照灯”动画播放后的 2 幅画面

（1）设置动画的舞台工作区宽为 400 像素，高为 300 像素，背景色为白色。

（2）在“图层 1”图层的第 1 帧导入一幅建筑图像，并调整它的大小和位置，使它刚好将整个舞台工作区完全覆盖。

（3）在“图层 1” 图层之上新增一个“图层 2”图层。再将“图层 1”的第 1 帧导入的风景图像复制粘贴到“图层 2” 图层的第 1 帧。

（4）单击选中“图层 1”图层内的建筑图像，单击“插入”→“转换为元件”菜单命令，调出“转换为元件”对话框，再单击“确定”按钮，将建筑图像转换成名称为“图像 1”的影片剪辑元件的实例。

（5）在“图像 1”影片剪辑实例的“属性”面板中，选择“颜色”下拉列表框中的“亮度”选项，再将“图层 1”的建筑图像调暗。此时的“属性”面板和调暗的建筑图像如图 4.77 所示。

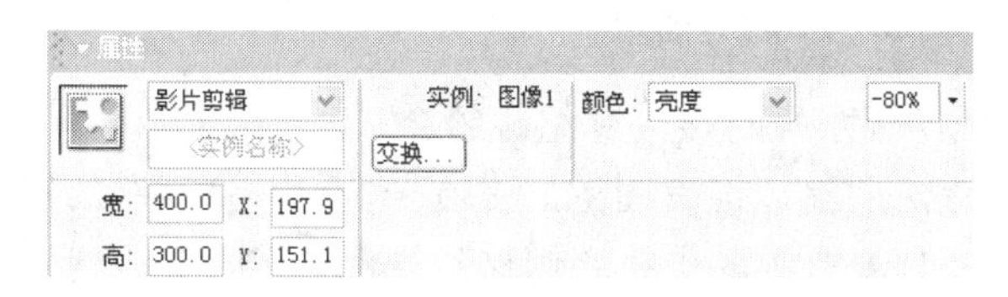

图 4.77 “属性”面板和调暗的建筑图像

（6）在“图层 2”图层的上边创建一个“图层 3”图层，在该图层创建一个第 1 帧到第 80 帧的动作动画。

（7）按住 Shift 键，同时单击选中第 20、40 和 60 帧，按 F6 键，创建 3 个关键帧。调整这 3 个关键帧和第 89 帧内圆形图形的大小和位置，创建移动并逐渐变大的动画。单击“图层 1”的第 80 帧，按 F5 键。

（8）单击选中“图层 3”图层，单击鼠标右键，再单击调出的快捷菜单中的“遮罩”菜单命令，将“图层 3”图层设置为遮罩图层，“图层 2”图层设置为被遮罩图层。此时的时间轴如图 4.78 所示。至此，该动画制作完毕。

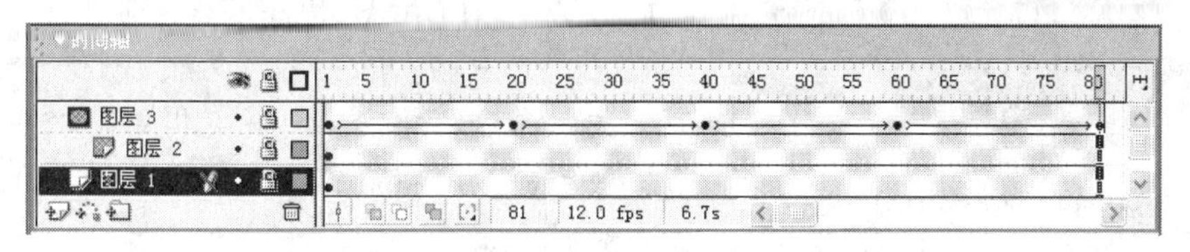

图 4.78 “模拟探照灯”动画的时间轴

实例 18　电影文字 1

“电影文字 1”动画显示的效果是文字“FLASH 电影文字动画”的填充不是固定的颜色或图像，而是从右向左循环移动的一幅幅风景图像。该动画播放后，其中的 2 幅画面如图 4.79 所示。该动画的制作方法如下。

图 4.79　“电影文字 1”动画播放后的 2 幅画面

（1）设置舞台工作区的宽为 400 像素，高为 160 像素，背景色为白色。

（2）导入 3 幅风景图像到舞台工作区内。然后，调整它的大小与位置，使它们水平依次对齐，如图 4.80 所示。然后，将这 3 幅图像组成组合。

图 4.80　导入的 3 幅风景图像

（3）将这 3 幅图像复制一份，再将两幅图像水平对接，并组成组合。

（4）将 3 幅图像组成组合。按住 Ctrl 键，用鼠标拖曳图像，复制一份，并将复制的图像移到原图像的右边，并将它们组成组合，如图 4.81 所示。再将它们移到舞台工作区右边的外边。

图 4.81　复制连接后的 6 幅图像

（5）在“图层 1”图层的上边增加一个“图层 2”图层。单击选中“图层 2”图层的第 1 帧单元格，在舞台工作区内输入字体为“创艺繁琥珀”、字号 70、加粗、红色的文字“FLASH 电影文字动画”。

（6）选中输入的文字，两次单击“修改”→“分离”菜单命令，将文字打碎，再单击“修改”→“组合”菜单命令，将打碎的文字组成组合。最后效果如图 4.82 所示。

图 4.82　“FLASH 电影文字动画”文字

（7）用鼠标拖曳舞台工作区右边的图像，将它们移到文字处，如图 4.83 所示。制作“图层 1”图层中第 1 帧到第 60 帧的动作动画。然后，单击选中“图层 2”图层的第 60 帧，按 F5 键，创建一个普通帧，使第 1 帧到第 60 帧的内容一样。

图 4.83　第 1 帧图像与文字的相对位置

（8）单击选中“图层 1”图层的第 80 帧，按住 Shift 键，水平向左拖曳图像，将图像水平移到如图 4.84 所示的位置。

因为在循环播放时，最后一帧的下一帧是第 1 帧，为了不产生图像移动中的跳跃，要求第 2 组图像与文字的相对位置与第 1 帧的基本一样，第 2 组的图像比第 1 帧的图像位置稍偏右一些。

图 4.84　第 80 帧图像与文字的相对位置

（9）将鼠标指针移到“图层 2”图层的名称处，单击鼠标右键，调出快捷菜单，再单击该菜单内的“遮蔽”菜单命令，使“图层 2”图层成为遮罩图层，“图层 1”图层成为被遮罩图层。同时，“图层 1”和“图层 2”图层被锁定。

至此，整个动画制作完毕。动画的时间轴如图 4.85 所示。

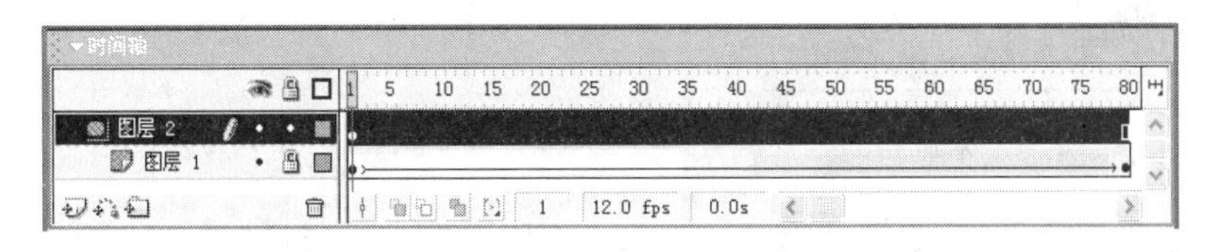

图 4.85　动画的时间轴

实例 19　图像关门式切换

“图像关门式切换”动画显示的效果是一幅风景图像以关门方式逐渐展开显示，并最终覆盖第 1 幅风景图像。该动画播放中的 2 幅画面如图 4.86 所示。

图 4.86 “图像关门式切换”动画播放后的 2 幅画面

1. 方法一

（1）设置舞台工作区的宽为 400 像素，高为 300 像素，背景色为白色。导入 2 幅图像到“库”面板内，导入的图像如图 4.80 左边两幅图像所示。

（2）选中“图层 1”图层第 1 帧，将“库”面板内的一幅图像拖曳到舞台工作区内，调整该图像的大小和位置，使它刚好将舞台工作区完全覆盖。

（3）在“图层 1”图层的上边增加一个“图层 2”图层。单击选中“图层 2”图层的第 1 帧，将“库”面板内的一幅图像拖曳到舞台工作区内，调整该图像的大小和位置，使它的大小和位置与“图层 1”图层第 1 帧内的图像一样。

（4）按住 Ctrl 键，单击选中“图层 1”图层和“图层 2”图层的第 60 帧，按 F5 键，创建两个普通帧，使“图层 1”图层第 2 帧到第 60 帧的内容与第 1 帧内容一样，使“图层 2”图层第 2 帧到第 60 帧的内容与第 1 帧内容一样。

（5）在“图层 2”图层的上边增加一个“图层 3”图层。

（6）单击选中“图层 3”图层的第 1 帧，在风景图像的左边绘制一个黑色、无轮廓线的细长条矩形，如图 4.87 所示。单击选中“图层 3”图层的第 60 帧，按 F7 键，建立一个空关键帧。然后，绘制一个正好将舞台工作区完全覆盖的无轮廓线的黑色矩形。

（7）按住 Shift 键，单击选中“图层 3”图层的第 1 帧到第 60 帧。再调出它的“属性”面板。在该面板内的“补间”下拉列表框内选择“形状”选项，进行变形动画设置。设置后的“属性”面板如图 4.88 所示。

图 4.87 绘制一个黑色的矩形

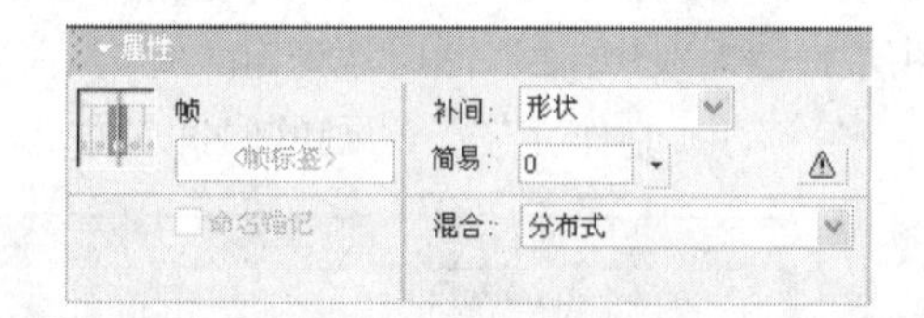

图 4.88 “属性”面板设置

（8）单击选中“图层 3”图层的第 1 帧，单击“修改”→“形状”→“添加形状标记”菜单命令，再按三次 Ctrl+Shift+H 组合键，产生 4 个变形动画的形状标记。移动这些形状标记标记到黑色矩形的两个顶点和右边的边线上，如图 4.89 左图所示。单击选中“图层 3”图层的第 60 帧，调整变形标记点的位置，如图 4.89 右图所示。

（9）将“图层 3”图层设置成遮罩图层，使“图层 2”图层成为被遮罩图层。锁定所有图层，动画制作完毕。

图 4.89 第 1 帧和第 60 帧矩形的变形标记点位置

“图像关门式切换”动画的时间轴如图 4.90 所示。

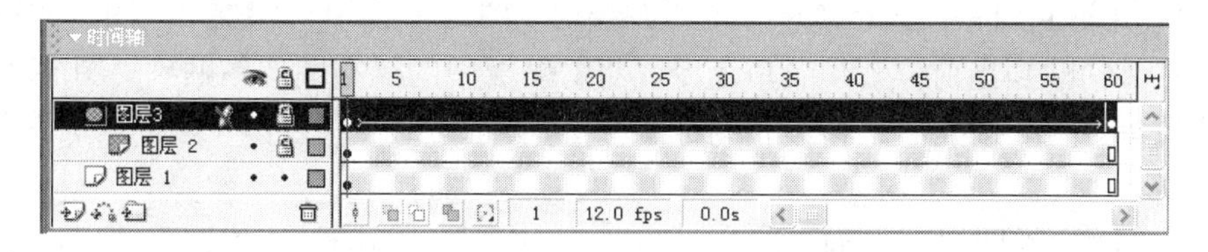

图 4.90 “图像关门式切换”动画的时间轴

2. 方法二

（1）前面的 7 步操作与第 1 种方法的前 7 步操作一样。然后，单击选中“图层 3”图层第 1 帧，使用工具箱内的箭头工具，单击舞台工作区外部，不选中绘制的黑色矩形图形。

（2）将鼠标指针移到黑色矩形图形的右上角，当鼠标指针右下角出现直角线时，垂直向下拖曳到接近黑色矩形图形左边的中点处，如图 4.91 左图所示；再将鼠标指针移到黑色矩形图形的右下角，当鼠标指针右下角出现直角线时，垂直向上拖曳到接近黑色矩形图形左边的中点处，如图 4.91 右图所示。

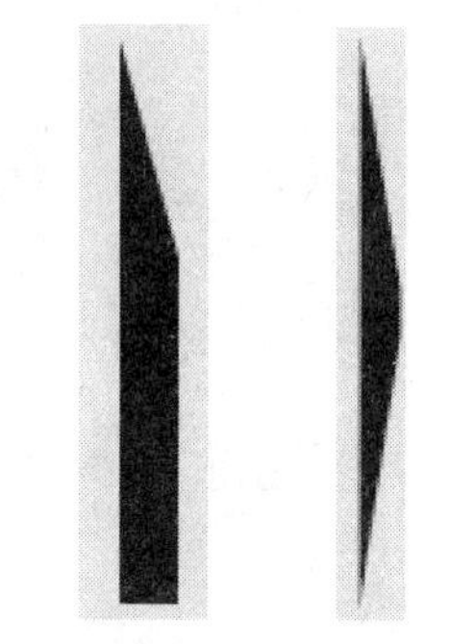

图 4.91 加工“图层 3”第 1 帧内矩形

（3）将“图层 3”图层设置成遮罩图层，使“图层 2”图层成为被遮罩图层。该动画制作完毕。

这个动画和实例 19 中的动画可以分两个场景来制作，一个场景内制作一种图像切换动画。这项工作留给读者来完成。

实例 20　瀑布流水

“瀑布流水”动画播放后的显示效果是显示一幅瀑布从上向下急流，湖面湖水荡漾的画面。动画播放后的一幅画面如图 4.92 所示。通过本实例的学习，可以进一步掌握使用遮罩层来制作动画的方法。该动画的制作方法如下。

（1）设置动画的舞台工作区宽为 600 像素，高为 400 像素，背景色为白色。

（2）单击选中“图层 1”图层的第 1 帧，导入一幅“瀑布流水”图像到舞台工作区内。将该图像的大小和位置进行精确调整，使图像将舞台工作区刚好完全覆盖，如图 4.92 所示。

（3）单击选中“图层 1”图层第 80 帧，按 F5 键。此时，“图层 1”图层的第 1 帧到第 80 帧的内容都一样，都为图 4.92 所示的“瀑布流水”图像。

图 4.92 “瀑布流水”动画播放后的一幅画面

（4）将“瀑布流水”图像打碎，使用工具箱内的套索工具，在“瀑布流水”图像上瀑布的轮廓处拖曳，创建选中所有瀑布的选区，选中所有瀑布，如图 4.93 所示。

（5）单击“编辑”→“复制”菜单命令，将选中的瀑布图像复制到剪贴板中。

（6）在“图层 1”图层之上创建一个“图层 2”图层，选中“图层 2”图层的第 1 帧，单击“编辑”→“粘贴到当前位置”菜单命令，将剪贴板中的瀑布图像粘贴到“图层 2”图层第 1 帧原来的位置处。两次按光标下移键和光标上移键，将图层 2”图层第 1 帧的瀑布图像微微向右下方移动一些。

（7）在“图层 2”图层之上创建一个“图层 3”图层，单击选中“图层 3”图层的第 1 帧，绘制一些曲线线条，如图 4.94 所示。

（8）创建“图层 3”图层第 1 帧到第 80 帧的动画，调整第 80 帧内曲线线条位置，如图 4.95 所示。然后，将“图层 3”图层设置为遮罩图层。

图 4.93 选中所有瀑布

图 4.94 第 1 帧画面

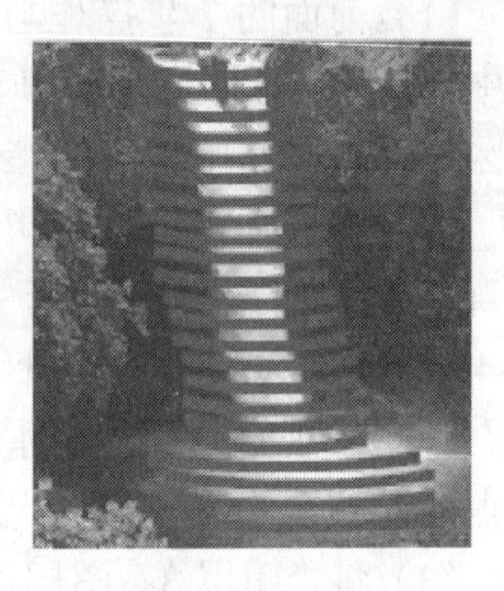

图 4.95 第 80 帧画面

关于湖面流水的动画制作方法与上边瀑布动画的制作方法基本一样，由读者自行完成。

至此，该动画制作完毕。“瀑布流水”动画的时间轴如图 4.96 所示。

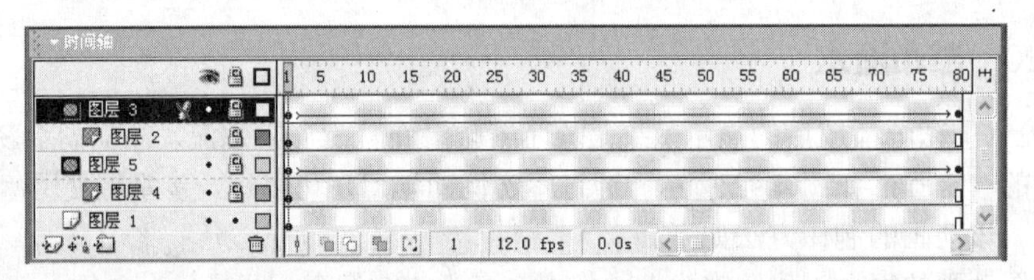

图 4.96 “瀑布流水”动画的时间轴

实例 21 翻页画册

“翻页画册”动画播放后，画册第 1 幅图像慢慢从右向左翻开，接着第 2 幅图像慢慢从右向左翻开。其中的 3 幅画面如图 4.97 所示。当翻页翻到背面后，背面图像与正面图像不一样。该动画的制作方法如下。

图 4.97 “翻页画册”动画播放后的 3 幅画面

1. 制作第 1 页翻页动画

（1）新建一个 Flash 文档，设置舞台工作区宽为 300 像素、高为 300 像素，背景为白色。显示标尺，创建 5 条辅助线，如图 4.98 所示。然后，导入 5 幅卡通娃娃图像到“库”面板中。

（2）选中“图层 1”图层第 1 帧，将“库”面板中的“卡通娃娃 1”图象拖曳到舞台工作区内。在其“属性”面板内设置宽为 121 像素，高为 166 像素，X 坐标值为 161，Y 坐标值为 210，如图 4.99 所示。

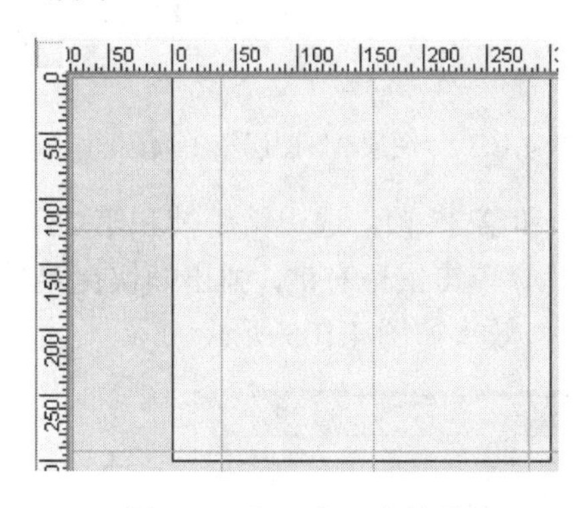

图 4.98　标尺和 5 条辅助线

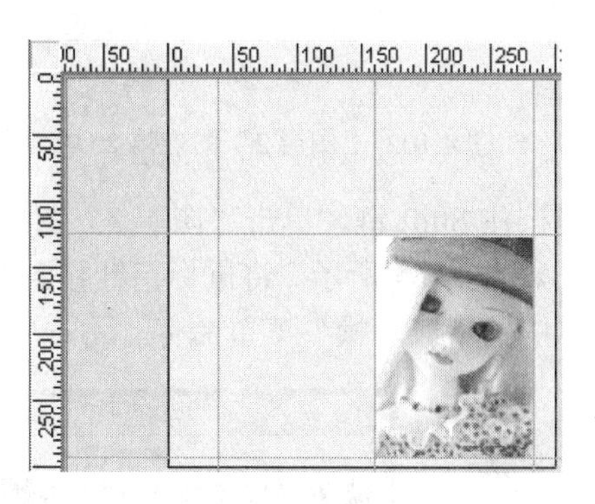

图 4.99　“图层 1”图层第 1 帧画面

（3）在“图层 1”图层之上添加一个名称为“图层 2”的图层，选中“图层 2”图层第 1 帧，将“库”面板中的“卡通娃娃 2”图像拖曳到舞台工作区内。在其“属性”面板内设置宽为 121 像素，高为 166 像素，X 坐标值为 161，Y 坐标值为 210。

（4）创建“图层 2”图层的第 1 帧到第 50 帧的动画。使用工具箱内的任意变形工具，选中第 50 帧图形，并用鼠标将该帧矩形图形对象的中心标记拖曳到如图 4.100 所示位置。然后将第 50 帧复制粘贴到第 1 帧，第 1 帧图形的中心标记位置也如图 4.100 所示。

（5）选中“图层 2”图层第 50 帧图像。使用工具箱内的任意变形工具，用鼠标向左拖曳矩形对象右侧的控制柄，将它水平反转过来（宽度不变），再调整矩形图形左边缘，使矩形图形左边微微向上倾斜，如图 4.101 所示。

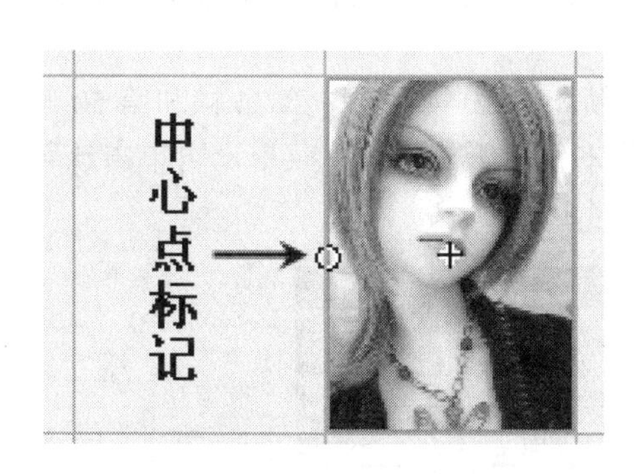

图 4.100　“图层 2”图层第 1 帧画面

图 4.101　“图层 2”图层第 50 帧画面

（6）用鼠标拖曳时间轴中的红色播放头，当移到第 25 帧处时，可以看到舞台工作区内的画册第 1 页已经翻到垂直位置，如图 4.102 所示。

（7）在“图层 2”图层之上添加一个名称为“图层 3”的图层，按照上述方法创建“图层 3”图层第 1 帧到第 50 帧的图像翻页动作动画。只是图像更换为“库”面板内的“卡通娃娃 3”图象，如图 4.103 所示。

（8）选中“图层 1”图层第 50 帧，按 F5 键，使该图层第 1 帧到第 50 帧内容一样。

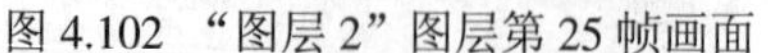

图 4.102 “图层 2”图层第 25 帧画面　　　　图 4.103 “图层 3”图层第 1 帧画面

（9）按住 Shift 键，单击“图层 3”图层的第 1 帧和第 25 帧，选中第 1 帧和第 25 帧之间的所有帧，如图 4.104 所示。将鼠标指针移到选中的帧上，单击鼠标右键，弹出帧快捷菜单，再单击该菜单中的“删除帧”菜单命令，将选中的帧删除，效果如图 4.105 所示。

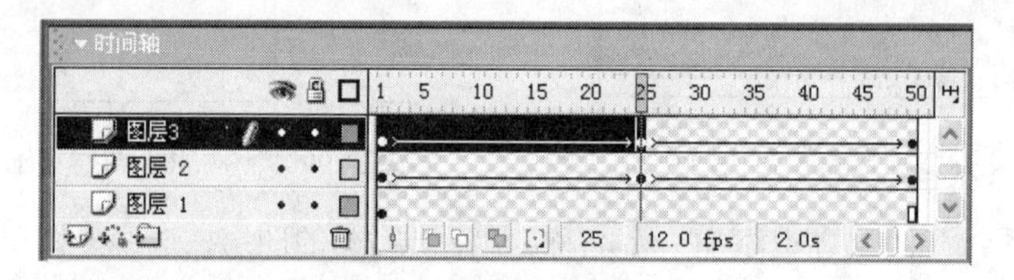

图 4.104 选中“图层 3”图层第 1 帧和第 25 帧之间的所有帧

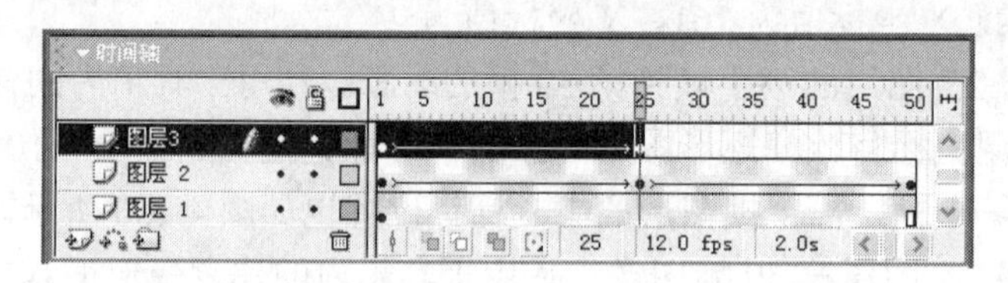

图 4.105 删除一些帧

（10）用鼠标拖曳选中的帧，将第 1 帧和第 25 帧动画移到第 26 帧和第 50 帧处，如图 4.106 所示。

（11）按住 Shift 键，单击“图层 2”图层的第 26 帧和第 50 帧，选中第 26 帧和第 50 帧之间的所有帧。将鼠标指针移到选中的帧之上，单击鼠标右键，弹出帧快捷菜单，再单击该菜单中的“删除帧”菜单命令，将选中的帧删除，效果如图 4.107 所示。

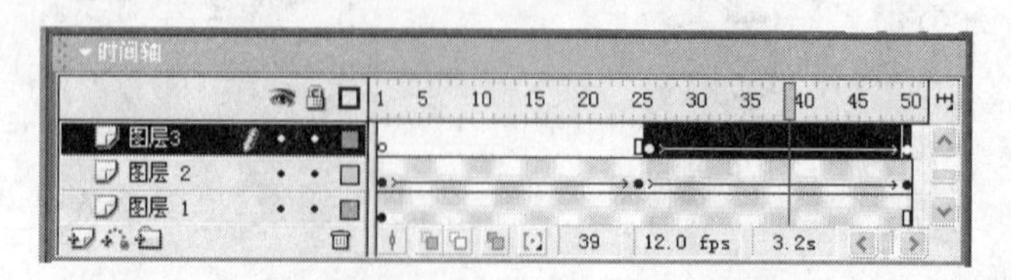

图 4.106 移动“图层 3”图层第 1 帧到第 25 帧之间的所有帧

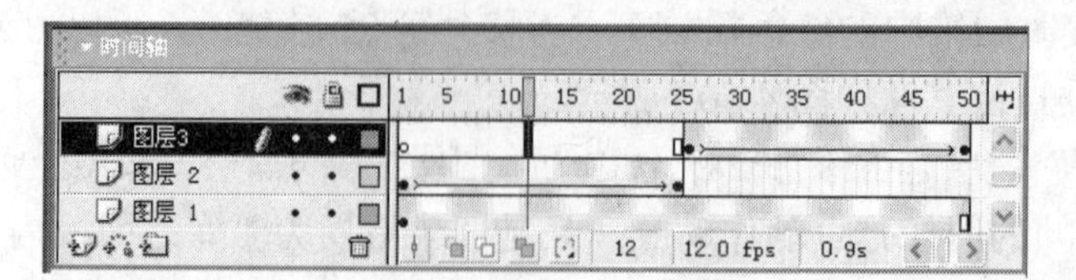

图 4.107 删除“图层 2”图层的第 26 帧到第 50 帧的所有帧

2. 制作第 2 页翻页动画

（1）在“图层 3”图层上边新建一个“图层 4”图层。选中“图层 1”图层的第 1 帧，单击鼠标右键，弹出帧快捷菜单，再单击该菜单中的“复制帧”菜单命令，将该帧内容复制到剪贴板中。

（2）选中“图层 4”图层的第 51 帧，按 F7 键，创建一个空关键帧。选中“图层 4”图层的第 51 帧，单击鼠标右键，弹出帧快捷菜单，再单击该菜单中的“粘贴帧”菜单命令，将剪贴板中的“图层 1”图层第 1 帧的内容粘贴到“图层 4”图层的第 51 帧内。

（3）按照前面介绍的方法，创建“图层 4”图层第 51 帧到第 100 帧的翻页动画。再创建“图层 5”图层第 51 帧到第 100 帧的“卡通娃娃 4”图像的翻页动画。“卡通娃娃 4”图像如图 4.108 左图所示。

（4）选中“图层 3”图层的第 100 帧，按 F5 键，使“图层 3”图层第 26 帧到第 100 帧内容一样。

（5）按照上述方法，将“图层 4”图层的第 51 帧到第 75 帧动画删除，将原来的第 70 帧到第 100 帧动画移回原来的位置。将“图层 5”图层的第 76 帧到第 100 帧动画删除。

（6）在“图层 1”图层下边新建一个名称为“背景”的图层。选中“背景”图层的第 51 帧，按 F7 键，创建一个关键帧。将“库”面板内的“卡通娃娃 5”图像拖曳到舞台工作区内，调整它的宽为 121 像素，高为 166 像素，X 坐标值为 161，Y 坐标值为 210，如图 4.108 右图所示。

图 4.108　“卡通娃娃 4”和“卡通娃娃 5”图像

（7）选中“背景”图层第 100 帧，按 F5 键，使“背景”图层第 76 帧到第 100 帧内容一样。至此，整个“翻页画册”动画制作完毕，该动画的时间轴如图 4.109 所示。

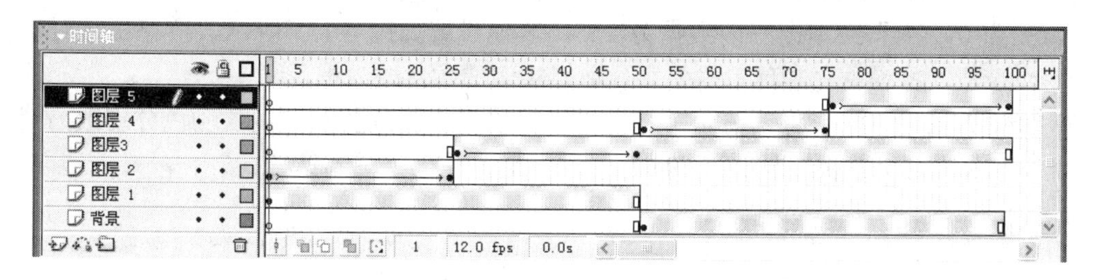

图 4.109　“翻页画册”动画的时间轴

实例 22　单摆运动

“单摆运动”动画是彩球单摆来回摆动的动画。最左边的彩球摆起再回到原处后，撞击其他彩球，使最右边的彩球摆起，当该彩球回到原处后，又撞击其他彩球，使最左边的彩球再摆起。周而复始，不断运动。左右两个彩球在摆动中会由绿色变为紫色，再由紫色变回绿色。该动画播放后的 2 幅画面如图 4.110 所示。该动画的制作过程如下。

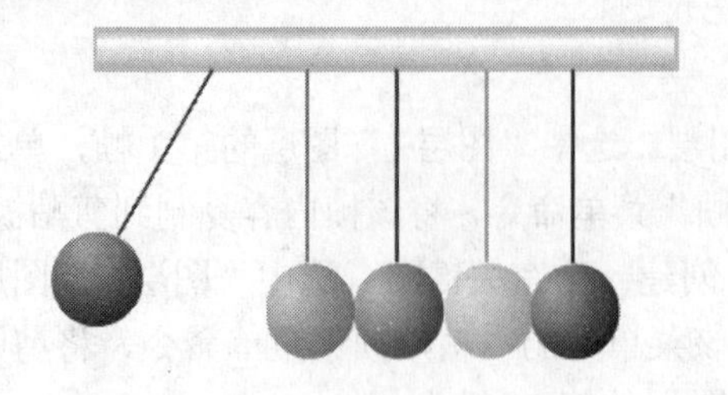

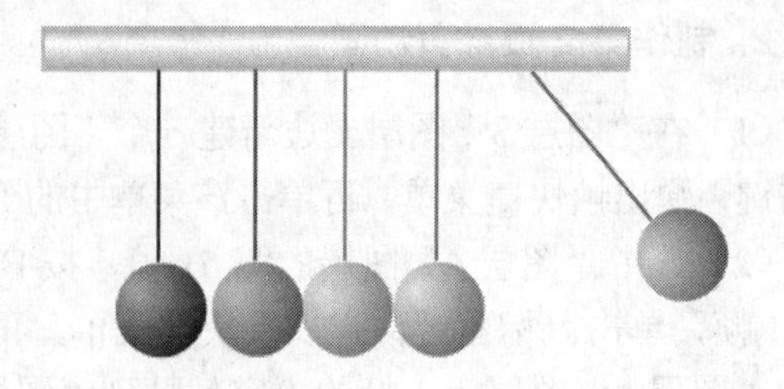

图 4.110 “单摆运动”动画播放后的 2 幅画面

1. 制作“彩球单摆”影片剪辑和静止的画面

（1）新建一个 Flash 文档，设置舞台工作区宽为 500 像素，高为 300 像素，背景为白色。

（2）创建并进入“彩球单摆”影片剪辑元件的编辑状态。在舞台工作区内绘制一个绿色的立体彩球和一条蓝色的垂直直线，并将它们组成组合，即绘制成彩球单摆图形，如图 4.111 所示。然后，单击元件编辑窗口中的⇦按钮，回到主场景。

（3）在“图层 1”图层第 1 帧绘制一个无轮廓线的长条矩形，利用“调色器”面板来设置填充的颜色为金黄色到白色再到金黄色的线性渐变色。然后，使用工具箱中的填充变形工具，单击矩形内的填充，再拖曳填充的控制柄，改变填充，如图 4.112 所示，作为横梁。

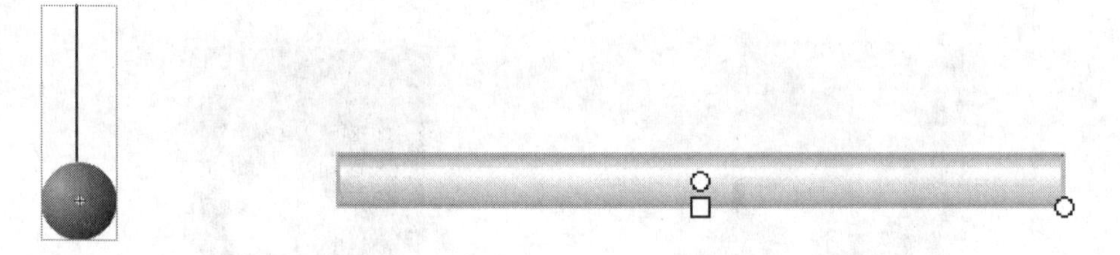

图 4.111　彩球单摆图形　　　　图 4.112　调整横梁图形的填充

（4）三次将“库”面板中的“彩球单摆”影片剪辑元件拖曳到舞台工作区中横梁图形的下边。形成 3 个实例对象，利用“属性”面板调整它们的大小。

（5）使用工具箱中的箭头工具，选中左边的第 1 个绿色“彩球单摆”实例对象，在其“属性”面板内的“颜色”下拉列表框中选择“高级”选项，再单击“颜色”下拉列表框右边的“设置”按钮，调出如图 4.113 所示的“高级效果”对话框（还没有设置），调整“G”和“B”文本框中的数据为 0，“R”文本框中的数据为 255，其他设置如图 4.113 所示。再单击该对话框中的“确定”按钮，将绿色“彩球单摆”影片剪辑实例的颜色改为橙色。

（6）采用相同的方法，将其他两个绿色“彩球单摆”影片剪辑实例的颜色分别改为蓝色和黄色，画面如图 4.114 所示。选中第 60 帧，按 F5 键，使第 1 帧到第 60 帧内容一样。

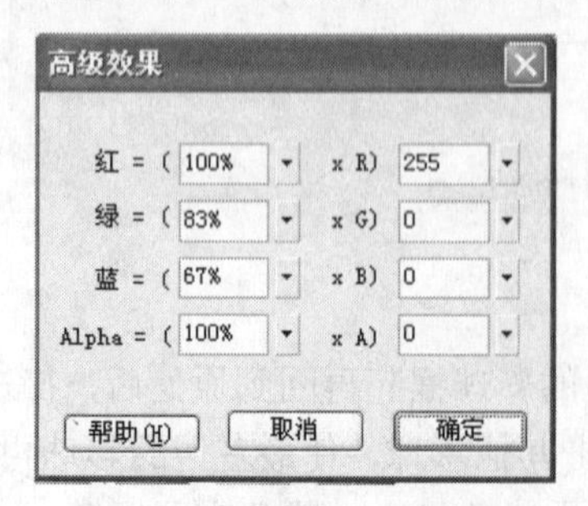

图 4.113　选择“高级”选项

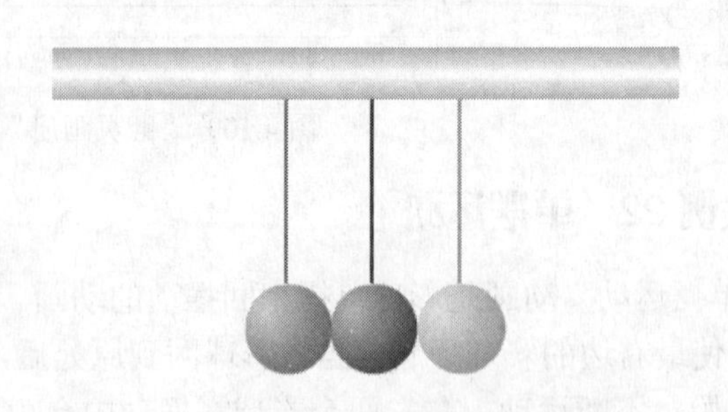

图 4.114　横梁和三个不同颜色的彩球图形

2. 制作彩球摆动动画

（1）在“图层 1”图层之下增加一个“图层 2”图层。选中“图层 2”图层的第 1 帧，再将“库”面板中的“彩球单摆”影片剪辑元件拖曳到横梁下边的左边处，形成“彩球单摆”影片剪辑实例。

（2）使用工具箱内的任意变形工具，选中“彩球单摆”影片剪辑实例，利用“属性”面板调整它的大小，使它与“图层 1”图层中的“彩球单摆”影片剪辑实例大小一样。再拖曳“彩球单摆”影片剪辑实例的中心点标记，使它移到单摆线的顶端，如图 4.115 所示。

（3）创建“图层 2”图层中的第 1 帧到第 30 帧的动作动画。此时，第 1 帧与第 30 帧的画面均如图 4.115 所示。使“图层 2”图层中的第 15 帧为关键帧，将该帧的“彩球单摆”影片剪辑实例的圆形中心点标记移到单摆线的顶端，以确定单摆的旋转中心。再旋转调整“彩球单摆”影片剪辑实例到如图 4.116 所示的位置。

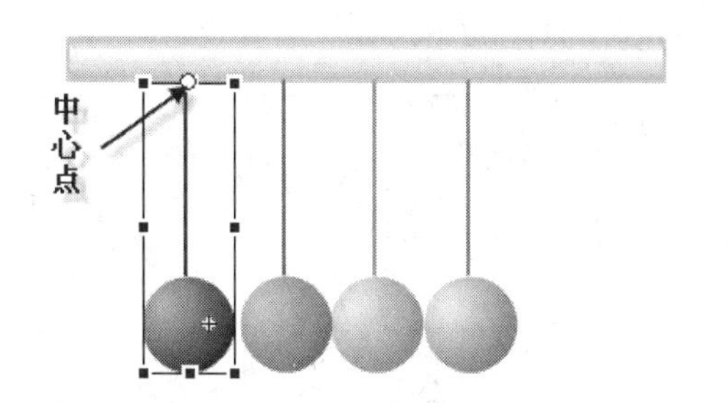

图 4.115 “彩球单摆”影片剪辑实例中心点标记

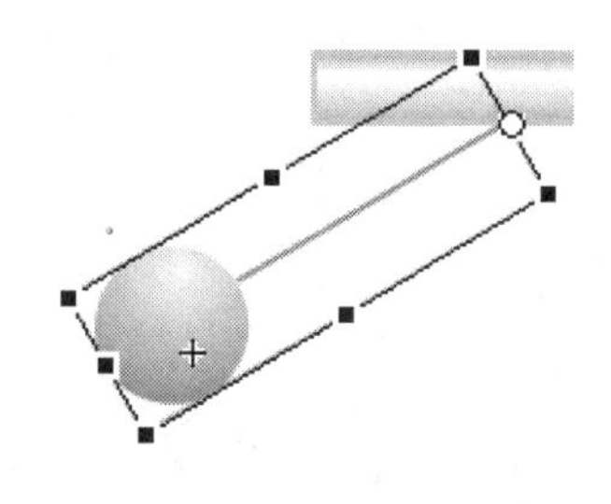
图 4.116 向左旋转“彩球单摆”影片剪辑实例

（4）使用工具箱中的箭头工具，选中“图层 2”图层第 15 帧的“彩球单摆”影片剪辑实例，在其“属性”面板内的“颜色”下拉列表框中选择“高级”选项，再单击“颜色”下拉列表框右边的“设置”按钮，调出“高级效果”对话框，将绿色“彩球单摆”影片剪辑实例的颜色改变为紫色。从而实现彩球单摆变色摆动的动画。

（5）选中“图层 2”图层的第 60 帧，按 F5 键。鼠标右键单击“图层 2”图层的第 30 帧，调出帧快捷菜单，单击该菜单中的“删除补间”菜单命令，使该帧不具有动画属性。

（6）在“图层 2”图层之上增加一个“图层 3”图层。将“图层 2”图层第 1 帧的“彩球单摆”影片剪辑实例复制到“图层 3”图层的第 1 帧。然后调整该“彩球单摆”影片剪辑实例的位置，使它成为最右边的“彩球单摆”影片剪辑实例。选中该图层的第 30 帧，按 F5 键，使“图层 3”图层第 1 帧到第 30 帧的画面一样。第 30 帧的画面如图 4.117 所示。

（7）选中“图层 3”图层中的第 31 帧，按 F6 键，再创建该图层第 31 帧到第 60 帧的动作动画。此时，第 31 帧与第 60 帧的画面均如图 4.117 所示。使“图层 3”图层中的第 45 帧为关键帧，将该帧的“彩球单摆”影片剪辑实例的圆形中心点标记移到单摆线的顶端，以确定彩球单摆的旋转中心。再旋转调整“彩球单摆”影片剪辑实例到如图 4.118 所示的位置。

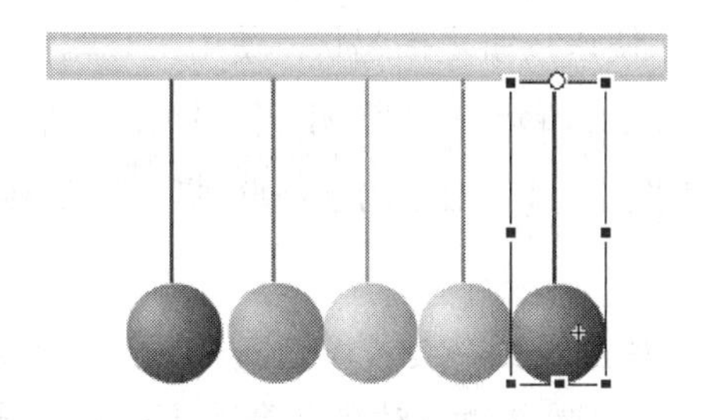
图 4.117　第 30 帧的画面

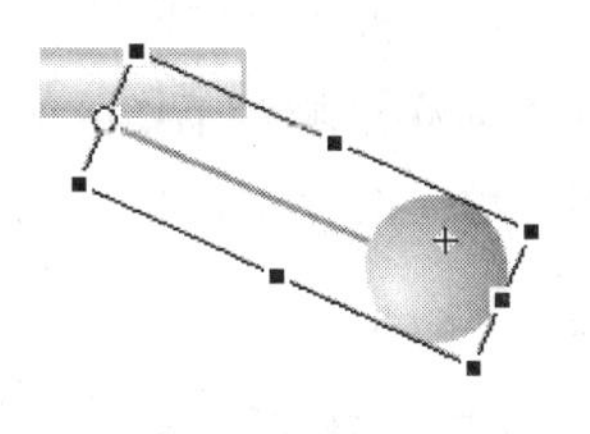
图 4.118　向右旋转“彩球单摆”实例对象

（8）使用工具箱中的箭头工具，选中“图层 2”图层第 45 帧的“彩球单摆”影片剪辑实例，按照上述方法，将绿色“彩球单摆”影片剪辑实例的颜色改为紫色。

至此，整个动画制作完毕。动画的时间轴如图 4.119 所示。

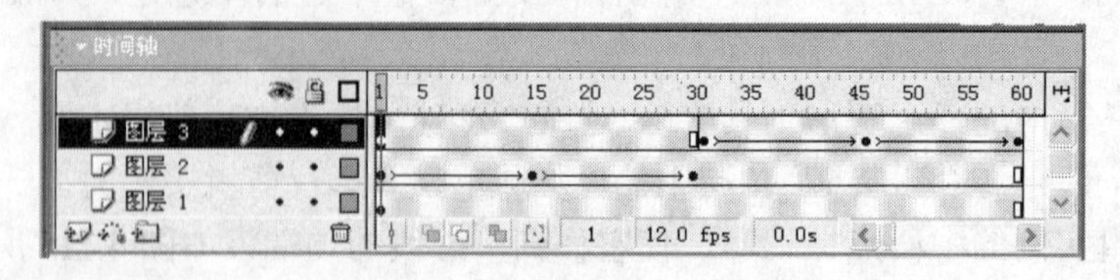

图 4.119　动画的时间轴

实例 23　玩具小火车

“玩具小火车”动画播放后，一列精致的玩具小火车，沿着大理石地面上的八字形轨道行驶。动画播放中的 2 幅画面如图 4.120 所示。该动画的制作方法如下。

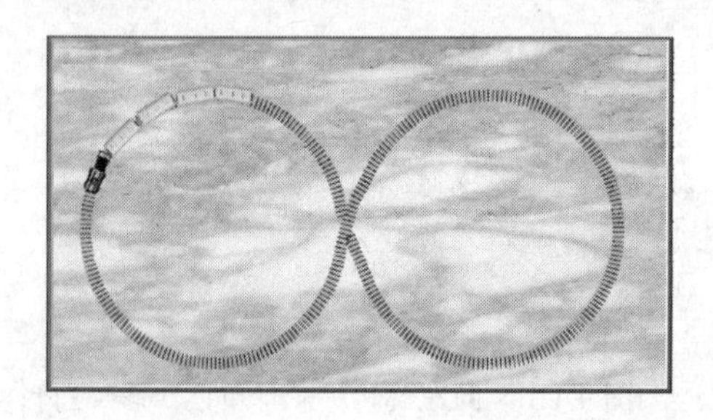
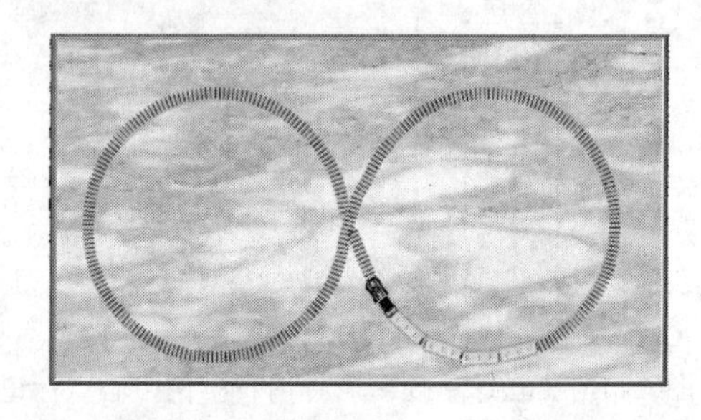

图 4.120　“玩具小火车”动画播放中的 2 幅画面

1. 制作轨迹和轨道

（1）设置舞台工作区的宽为 550 像素，高为 300 像素，背景色为浅蓝色。选中“图层 1”图层第 1 帧。使用工具箱内的椭圆工具，设置轮廓线为黑色、没有填充色。按住 Shift 键，在舞台工作区中绘制出一个圆形。然后再复制一个圆形，如图 4.121 所示。使用工具箱内的橡皮擦工具，擦除两个圆形邻近的边缘，如图 4.122 所示。

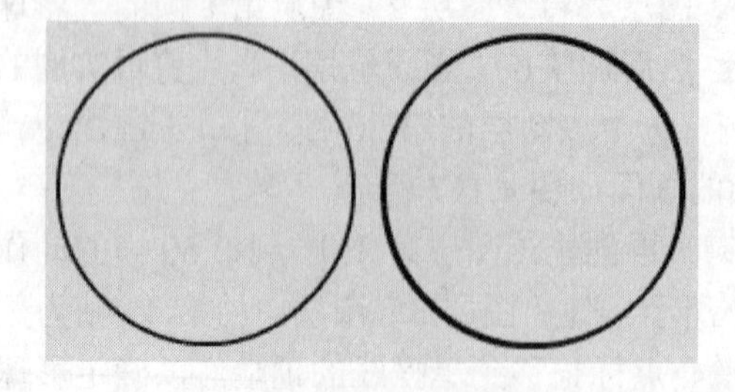

图 4.121　绘制两个圆形

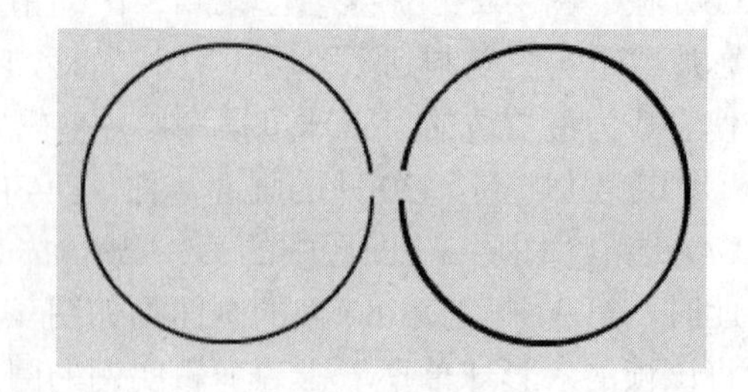

图 4.122　圆形的两个缺口

（2）单击主要工具栏内的“对齐对象”按钮，使该按钮呈抬起状。使用工具箱内的箭头工具，单击舞台工作区的空白处，拖曳如图 4.122 所示左侧圆形线条的头部与右侧圆形线条连接，形成 8 字形，如图 4.123 所示。选中“图层 1”图层的第 200 帧，按 F5 键。

注意

一定要将两条线对象连接成为一条线对象。是否连接成为一条线对象的标志是：单击两条线对象中的任何一个，都可以将另外一条线对象选中，选中的线对象上会蒙上一层白点，如

图 4.124 所示。另外，在调整线条形状和位置时，可以将舞台工作区的显示比例放大，这样有利于线的调整。

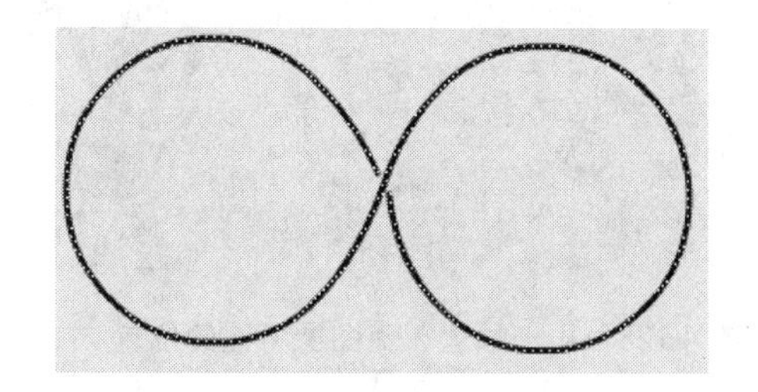

图 4.123　连接两个圆形线条图形

图 4.124　选中一条线条

（3）将“图层 1”图层的名称改为“轨基”在“轨基”图层之上新建一个名称改为“轨道”的图层。将“轨基”图层第 1 帧中的 8 字线复制粘贴到“轨道”图层第 1 帧。选中“轨道”图层第 200 帧，按 F5 键。

（4）“轨道”图层之上新建一个名称为“火车头”的图层。选中“火车头”图层，单击时间轴左下角的“添加运动引导层”按钮，增加一个名称为“引导层：火车头”的引导图层。选中该图层的第 200 帧，按 F5 键。

将“轨基”图层第 1 帧中的 8 字线复制粘贴到“引导层：火车头”图层的第 1 帧。

（5）选中“轨基”图层第 1 帧，使用工具箱内的箭头工具，选中该图层中的 8 字形线条。将线条加粗为 10 个点，颜色调整为灰色，如图 4.125 所示。

（6）选中“轨道”图层第 1 帧，使用工具箱内的箭头工具，选中该图层中的 8 字形线条，利用线的“属性”面板，设置笔触高度为 10 个点，颜色为黑色，笔触样式为“斑马线”，将“轨道”图层第 1 帧中的 8 字线的颜色改为黑色，笔触改为 10 个点粗的斑马线，如图 4.126 所示。

图 4.125 “轨基”图层图形

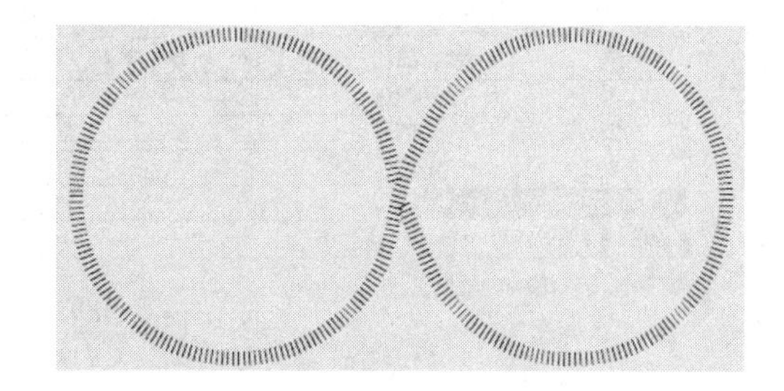

图 4.126 “轨道”图层图形

2. 制作火车头动画

（1）将“火车头”和“车厢”两幅图像（如图 4.127 所示）导入到“库”面板内。如果图像有背景色，可以将图像打碎，再删除背景色。也可以在 Flash 中，创建“火车头”和“车厢”图形元件，在这两个图形元件内分别绘制“火车头”和“车厢”图形。

（2）将“轨基”和“轨道”图层隐藏。选中“火车头”图层第 1 帧，将“库”面板中的“火车头”图像拖曳到舞台工作区中，调整它的大小和位置，并将它旋转一定的角度，与轨道的弯度一致，如图 4.128 左图所示。使用工具箱内的箭头工具，移动“火车头”图像与引导线重合，“火车头”图像的中心点标记应在引导线上，如图 4.128 右图所示。

（3）创建“火车头”图层中的第 1 帧到第 200 帧的运动动画。选中“火车头”图层第 1 帧，选中其“属性”面板中的“对齐”和“调整到路径”复选框。选中“调整到路径”复选框后，可以使火车头在行驶中，沿着轨道自动旋转，调整方向。

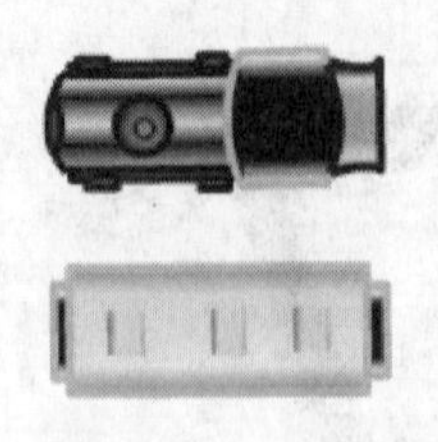

图 4.127　火车头和车厢

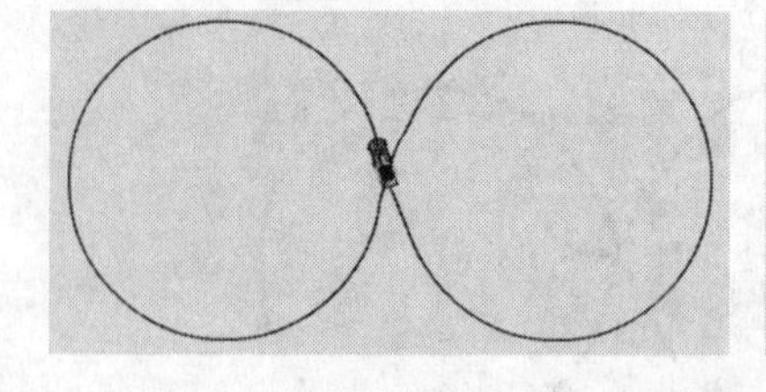
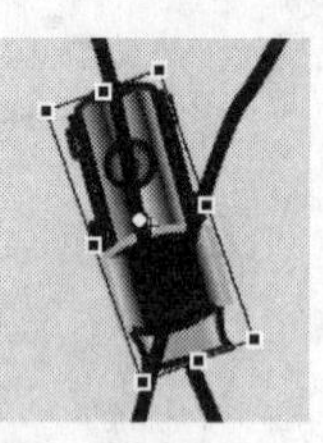

图 4.128　第 1 帧火车头图像所在的位置

（4）选中“火车头”图层第 200 帧，使用工具箱内的箭头工具，移动“火车头”图像与引导线重合，再将它们旋转一定角度，使之与引导线曲线适应，如图 4.129 左图所示。火车头图像的中心点标记应在引导线上，如图 4.129 右图所示。

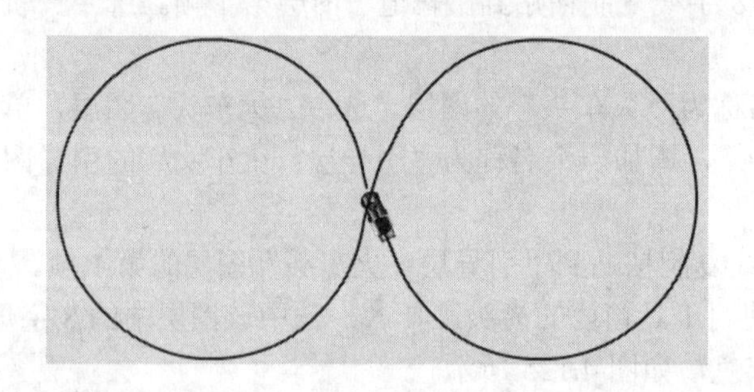
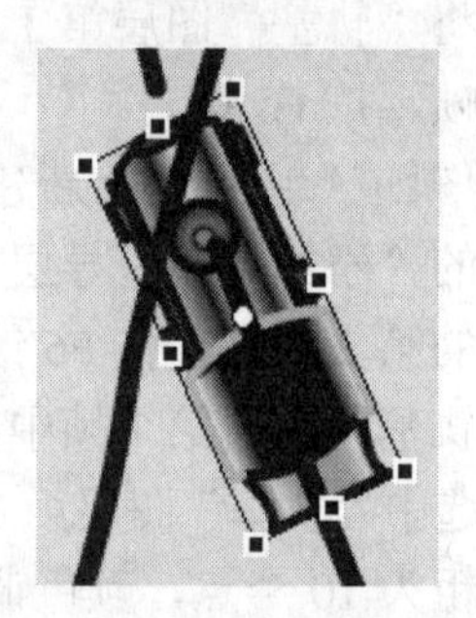

图 4.129　第 200 帧火车头图像所在的位置

至此，小火车头沿轨道动作动画制作完毕，动画的时间轴如图 4.130 所示（其中删除了一些一样的帧）。

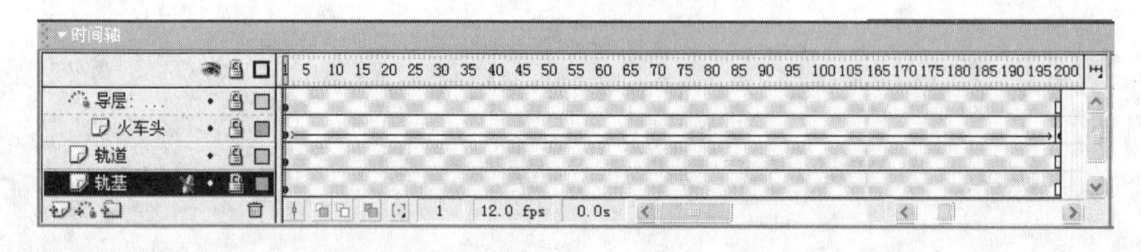

图 4.130　“火车头”动画的时间轴

2. 制作车厢动画

（1）使用工具箱内的箭头工具，选中“火车头”图层第 1 帧，移动火车头的位置如图 4.131 所示。

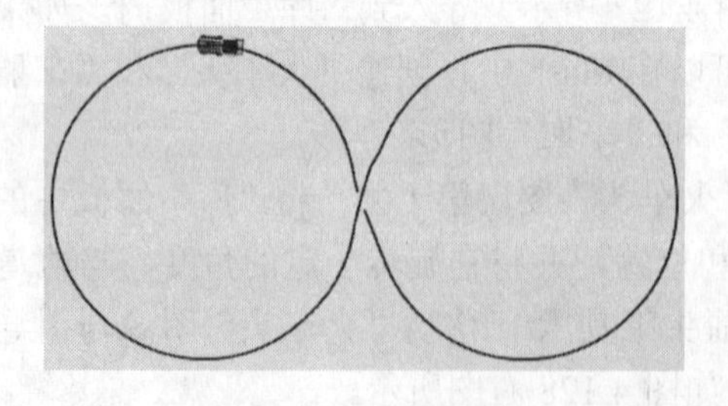
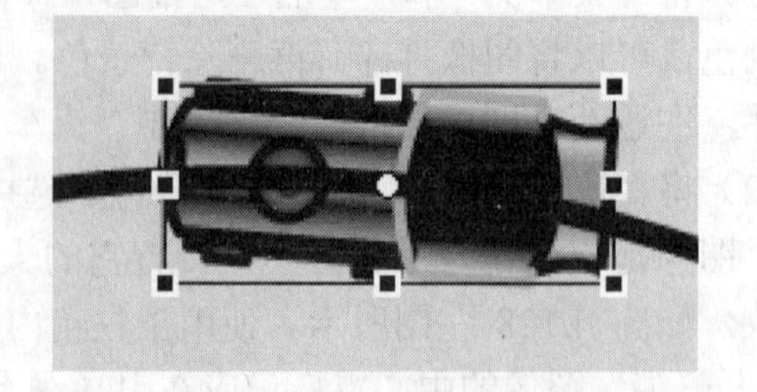

图 4.131　第 1 帧火车头图像所在的位置

（2）选中“火车头”图层，在该图层的下边添加一个名称为“车厢 1”的图层，在该图层制作“车厢 1”图像沿引导线移动的动画。按照相同的方法，添加“车厢 2”、“车厢 3”、“车厢 4”图层，分别创建它们沿引导线移动的动画。第 1 帧内火车头和各车厢的位置如图 4.132 所示，第 200 帧内火车头和各车厢的位置如图 4.133 所示。

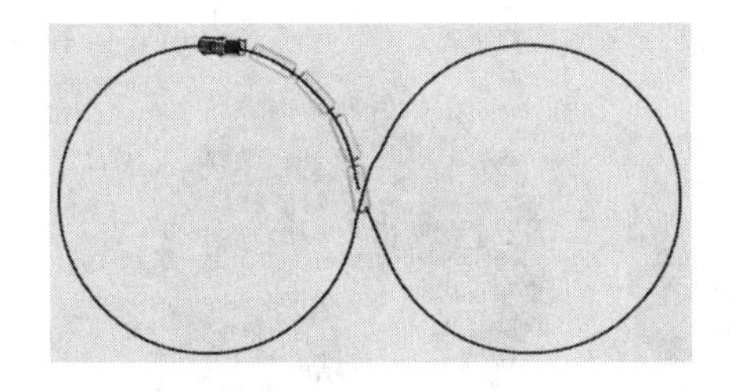

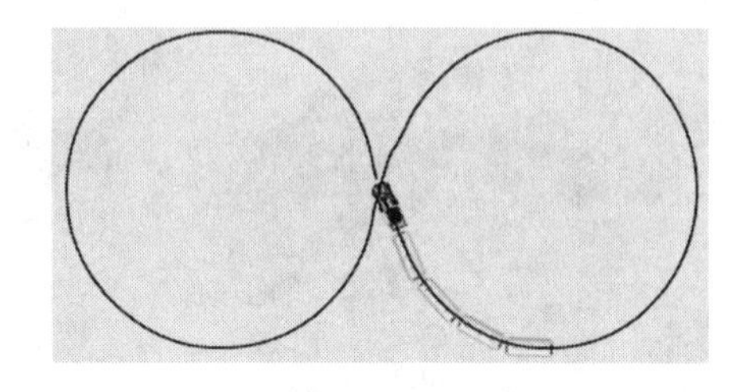

图 4.132　第 1 帧内火车头和各车厢的位置　　图 4.133　第 200 帧内火车头和各车厢的位置

运行该动画，会看到小火车沿轨道移动到第 200 帧后再回到第 1 帧时产生跳跃，这是因为第 1 帧和第 200 帧不连续。

（3）使用工具箱内的箭头工具 ，在不选中引导线的情况下，拖曳引导线的终端端点到火车头起始位置处，如图 4.134 所示。

（4）再重新调整火车头和各节车厢的终止位置，使它们比起点位置稍稍退后一点，从而保证循环播放时的连续性。

（5）为了获得火车一开始速度慢，以后逐渐加快速度的效果，可按住 Ctrl 键，单击选中“火车头”图层第 1 帧和“车厢 1”到“车厢 4”第 1 帧，在其“属性”面板中的“简易”文本框中输入“−40”。

（6）在“轨基”图层的下边创建一个“背景图”图层，选中该图层的第 1 帧，导入一幅纹理图像，调整该图像的大小和位置，使它刚好将整个舞台工作区完全覆盖。

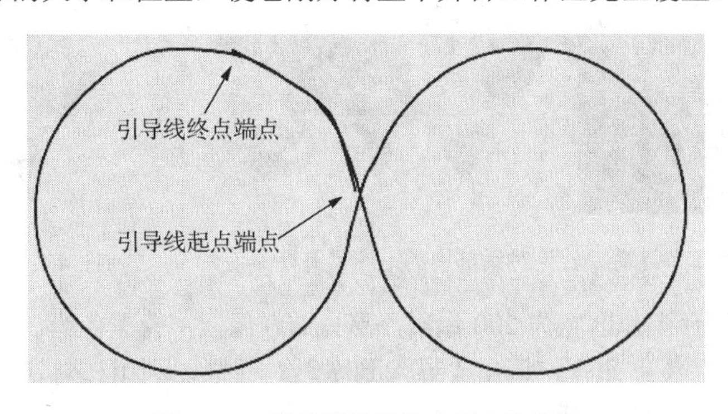

图 4.134　调整引导线终点端点的位置

至此，该动画制作完毕。该动画的时间轴如图 4.135 所示（删去了其中一些帧）。

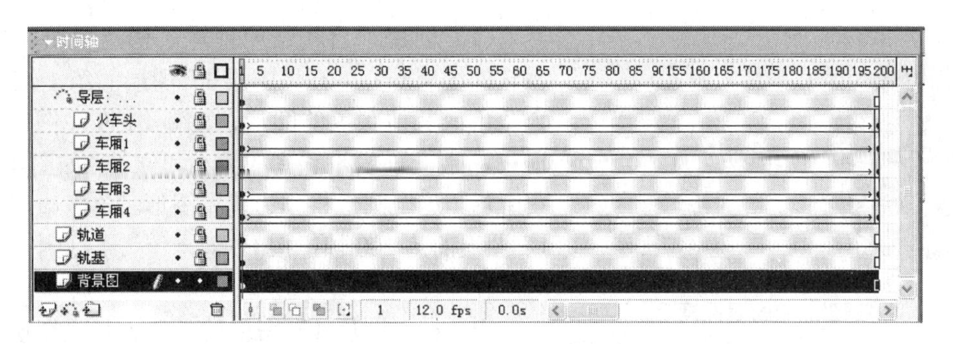

图 4.135　“玩具小火车”动画的时间轴

实例 24 自转透明地球

“自转透明地球”是一个透明地球不断自转的动画，其中的 3 幅画面如图 4.136 所示。该动画的制作方法如下。

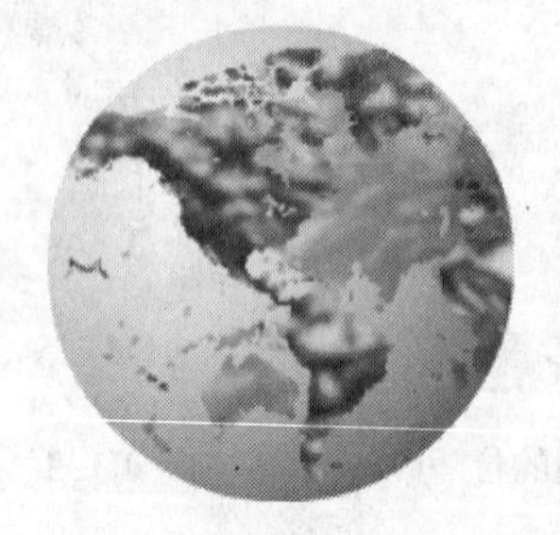

图 4.136 “自转透明地球”动画的 3 幅画面

1. 加工地球展开图

（1）设置动画的舞台工作区宽为 350 像素，高为 300 像素，背景色为白色。

（2）调出 Windows 中的“时间和日期”软件的画面，按住 Alt 键，同时按 PrintScreen 键，将“时间和日期”软件对话框画面复制到剪贴板中。然后可以粘贴到 Photoshop 或其他图像处理软件中，也可以粘贴到 Flash 中处理。该对话框中的地球展开图如图 4.137 左图所示。

（3）将“时间和日期”软件对话框中的地球展开图抠出来。可以在 Photoshop 等软件中进行，如图 4.137 右图所示。在 Photoshop 中将图 4.137 右图所示的地球展开图进行立体化和纹理化加工处理，获得如图 4.138 所示的地球展开图。

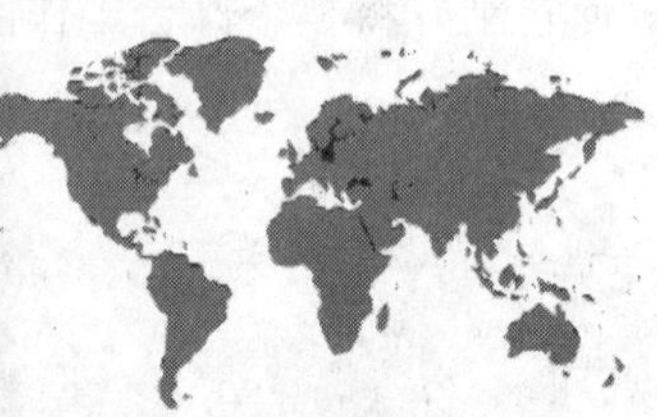

图 4.137 “时间和日期”软件对话框中的地球展开图

图 4.138 立体地球展开图

（4）设置动画的舞台工作区宽为 200 像素，高为 200 像素，背景色为白色。单击“文件”→“导入”→“导入到库”菜单命令，调出“导入到库”对话框，利用该对话框将图 4.138 所示的立体地球展开图导入到“库”面板中。

2. 制作自转的地球

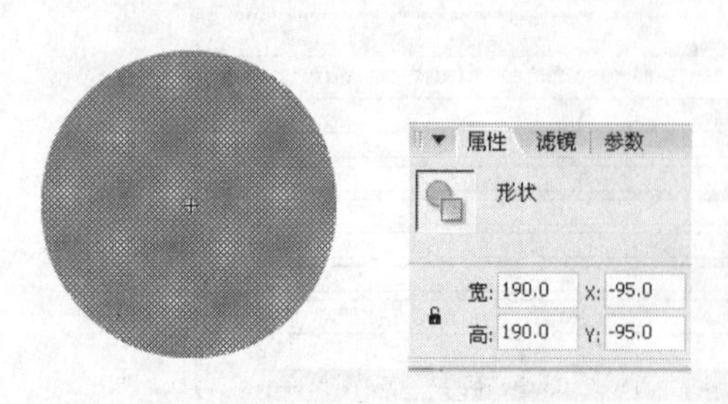

图 4.139 圆形和它的属性设置

（1）创建“自转透明地球”影片剪辑元件，进入它的编辑窗口。在“图层 1”图层的第 1 帧绘制一个蓝色或其他颜色的圆形，如图 4.139 左图所示。利用 “属性”面板设置它的大小和位置，如图 4.139 右图所示。这个圆形将作为遮罩图形。单击选中“图层 1”图层的第 200 帧，按 F5 键，使第 1 帧到第 200 帧的内容一样。

（2）在“图层 1”图层的下边添加“图层 2”图

层。将“图层 1”第 1 帧的图形复制粘贴到“图层 2”图层第 1 帧。然后，将“图层 2”图层第 1 帧的圆形填充由白色（红=0，绿=0，蓝=0，Alpha=75%）到蓝色的（红=0，绿=0，蓝=255，Alpha=85%）放射状渐变透明色，绘制成一个蓝色透明球，这个蓝色透明球将作为自转透明地球的主体。单击选中“图层 1”图层的第 200 帧，按 F5 键，使第 1 帧到第 200 帧的内容一样。

（3）在“图层 2”图层的上边添加“图层 3”图层。然后，两次将“库”面板中的“地球展开图”图像元件拖曳到舞台工作区中，将两幅图像水平排列，再将它们组成组合。调整“图层 3”的图层第 1 帧地球展开图的位置和大小，如图 4.140 所示。

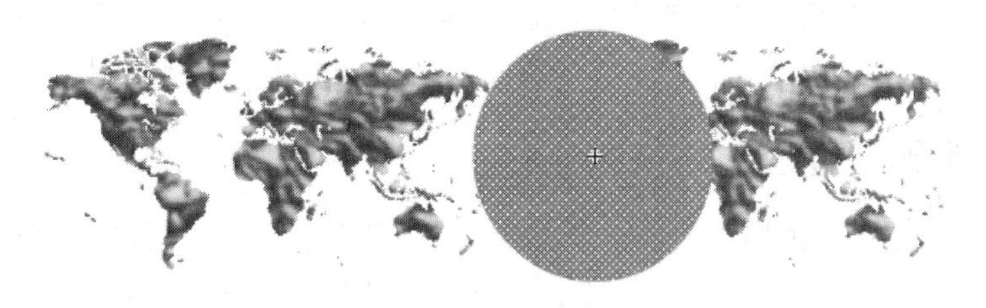

图 4.140 “图层 3”的图层第 1 帧地球展开图的位置和大小

（4）创建“图层 3”图层第 1 帧到第 200 帧的动作动画，地球展开图从左向右水平移动。单击选中“图层 3”图层第 200 帧，使用工具箱中的箭头工具 ，单击选中第 200 帧的地球展开图，按住 Shift 键，用鼠标水平拖曳调整地球展开图的位置，如图 4.141 所示。

图 4.141 “图层 3”的图层第 200 帧地球展开图的位置和大小

注意

在 Flash 动画播放时，播放完了第 200 帧，就又从第 1 帧开始播放，因此第 1 帧的画面应该是第 200 帧的下一个画面，否则会出现地球自转时抖动的现象。

（5）在“图层 2”图层的下边添加“图层 4”图层。再将“图层 3”图层第 1 帧的内容复制粘贴到“图层 4”图层第 1 帧。然后，将“图层 4”的图层第 1 帧和第 200 帧的地球展开图水平颠倒。将“图层 3”图层隐藏。调整“图层 4”图层第 1 帧和第 200 帧地球展开图的位置，如图 4.142 左图所示。

（6）创建“图层 4”图层第 1 帧到第 200 帧的动作动画。使用工具箱中的箭头工具 ，选中“图层 4”图层的第 1 帧，单击选中第 200 帧的地球展开图，按住 Shift 键，水平拖曳调整地球展开图的位置，如图 4.142 右图所示，创建地球展开图从左向右水平移动的动画。

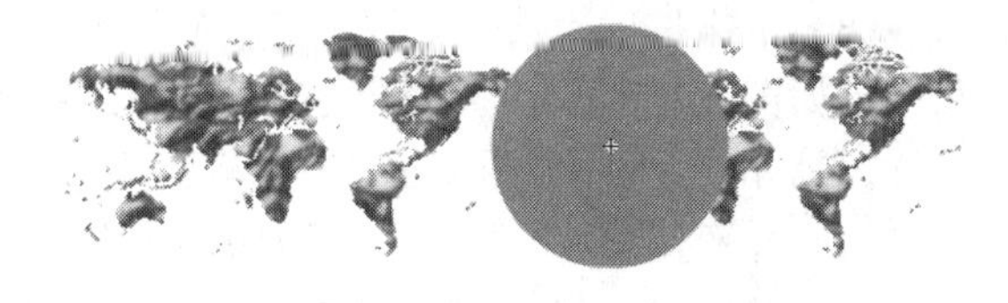

图 4.142 “图层 4”图层第 1 帧和第 200 帧地球展开图的位置

（7）将所有图层显示出来。右键单击“图层 1”图层，调出层快捷菜单，单击该菜单中的“遮罩层”菜单命令，将“图层 1”图层设置为遮罩图层，“图层 3”图层设置为被遮罩图层。向右上方拖曳“图层 2”图层和“图层 4”图层，使这两个图层也成为“图层 1”图层的被遮罩图层。至此，“自转透明地球”影片剪辑元件制作完毕，它的时间轴如图 4.143 所示。

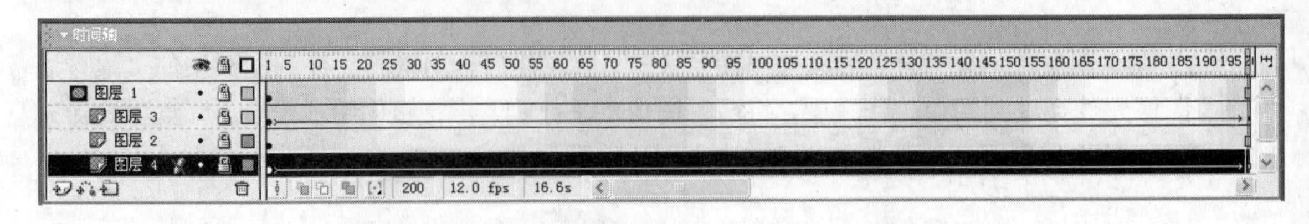

图 4.143 “自转透明地球”影片剪辑元件的时间轴

实例 25 地球和转圈文字

“地球和转圈文字”动画播放后，一个自转的“中国体育冲向世界迎接 2008 年北京奥运会”文字环围绕自转的地球不断转动，同时文字环还不断地上下摆动。该动画播放后的 2 幅画面如图 4.144 所示。“地球和转圈文字”动画的制作方法如下。

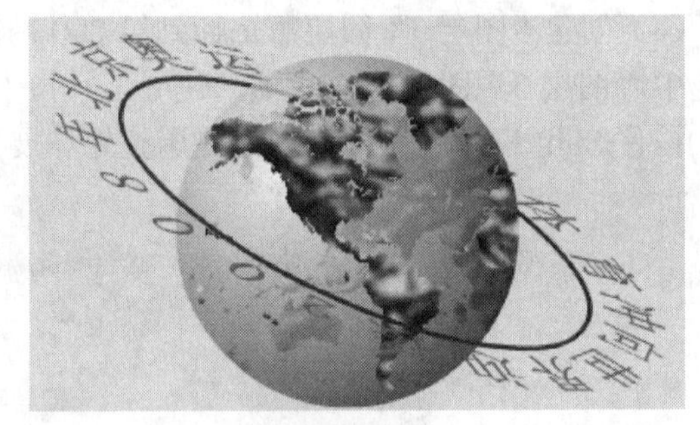

图 4.144 “地球和转圈文字”动画播放后的 2 幅画面

（1）设置动画的舞台工作区宽为 440 像素，高为 300 像素，背景色为白色。然后，将该动画以名字“实例 25 地球和转圈文字.fla”保存。单击选中“图层 1”图层的第 1 帧。

（2）打开实例 24 的 Flash 文档。将该 Flash 文档“库”面板中的“自转地球”影片剪辑元件拖曳到本实例 Flash 文档的舞台工作区中。

（3）在“图层 1”图层之上增加一个“图层 2”图层。选中“图层 2”图层第 1 帧，打开实例 12 的 Flash 文档。将该 Flash 文档“库”面板中的“转圈文字”影片剪辑元件拖曳到本实例 Flash 文档的舞台工作区中。

（4）使用工具栏中的任意变形工具，调整“转圈文字”影片剪辑实例的大小。此时，舞台工作区内的画面如图 4.145 所示。

（5）单击选中图 4.145 所示的“转圈文字”影片剪辑实例，用鼠标拖曳控制柄，在垂直方向将它调小，在水平方向将它调大，如图 4.146 所示。

（6）单击按下“选项”栏中的“旋转与倾斜”按钮，用鼠标拖曳控制柄，调整它的倾斜角度，如图 4.147 所示。再创建第 1 帧到第 40 帧，再到第 80 帧的动画。第 80 帧与第 1 帧画面一样，第 40 帧画面如图 4.148 所示。

（7）在“图层 1”图层的下边增加一个“图层 3”图层。然后，选中“图层 2”图层第 1 帧到第 80 帧动画帧，单击鼠标右键，调出它的快捷菜单，再单击该菜单中的“复制帧”菜单命令，将该帧图层所有动画帧复制到剪贴板中。

图 4.145　自转透明地球和转圈文字

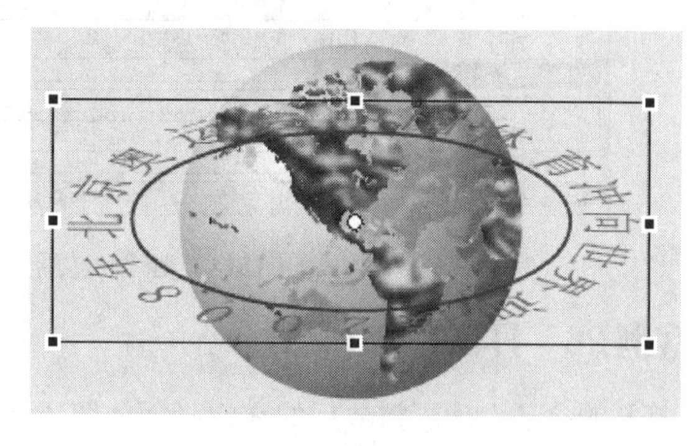

图 4.146　改变环绕文字的形状

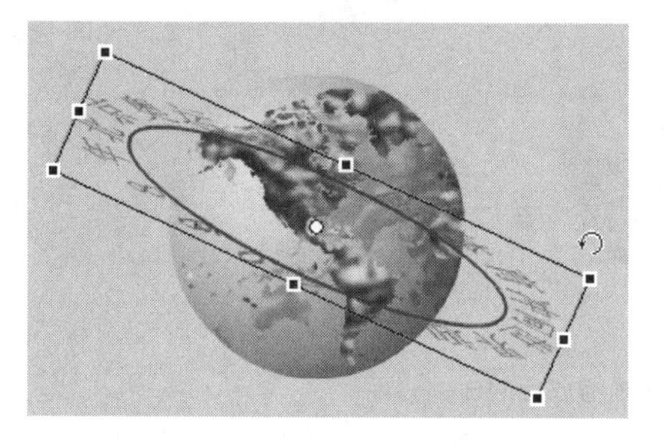

图 4.147　第 1 帧和第 80 帧的画面

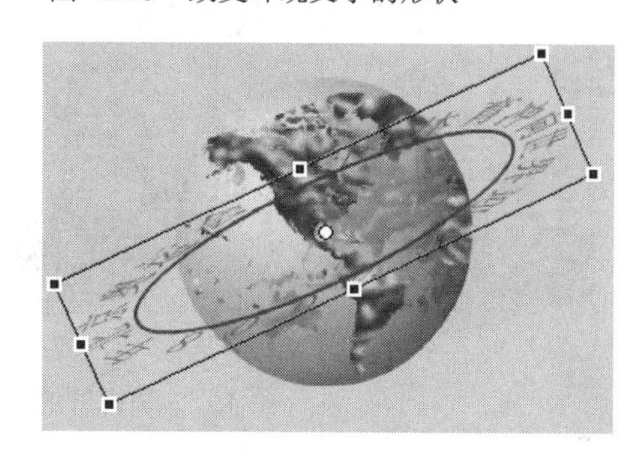

图 4.148　第 40 帧画面

（8）选中“图层 3”图层第 1 帧到第 80 帧，单击鼠标右键，调出它的快捷菜单，再单击该菜单中的“粘贴帧”菜单命令，将剪贴板中的所有动画帧粘贴到“图层 3”图层的第 1 帧到第 80 帧。

（9）在“图层 2”图层的上边增加一个“图层 4”图层。选中“图层 4”图层的第 1 帧，绘制一个黑色的矩形，再将该矩形旋转一定角度，如图 4.149 所示。

（10）制作“图层 4”图层第 1 帧到第 80 帧的动作动画。第 1 帧和第 80 帧的画面一样，如图 4.149 所示。再选中“图层 4”图层的第 40 帧，按 F6 键，创建关键帧。旋转第 40 帧的黑色矩形，如图 4.150 所示。

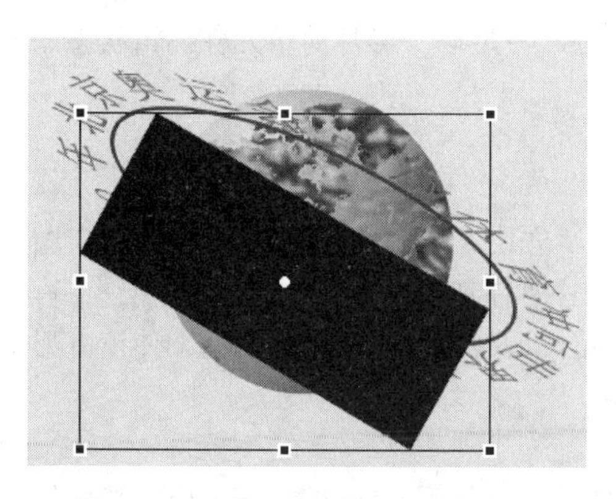

图 4.149　旋转一定角度的黑色的矩形

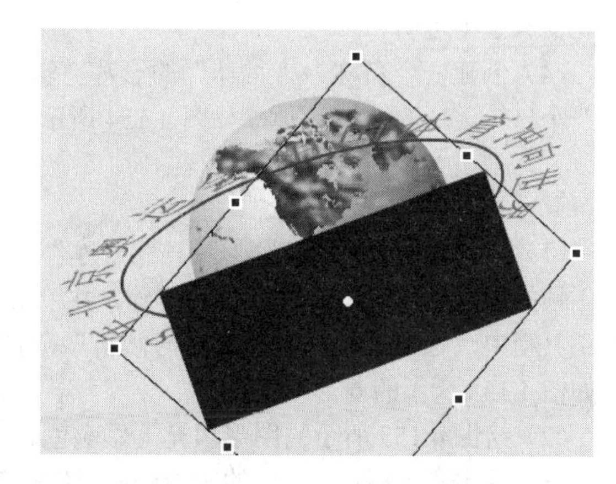

图 4.150　第 40 帧的画面

（11）选中“图层 1”图层的第 80 帧，按 F5 键。然后，将“图层 4”设置成遮罩图层，使“图层 3”成为“图层 4”的被遮罩图层。此时动画的时间轴如图 4.151 所示。

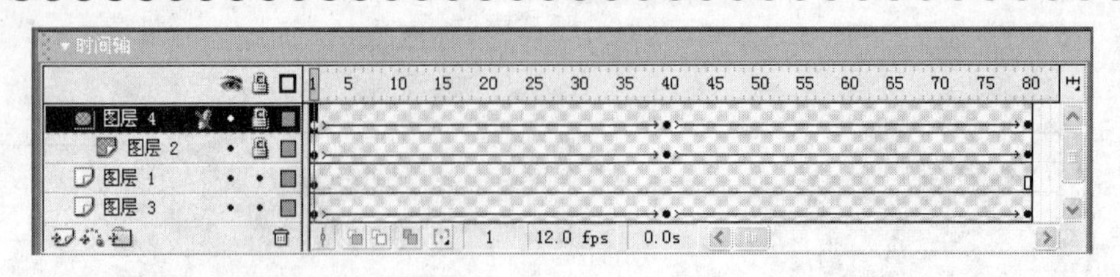

图 4.151 “地球和转圈文字”动画时间轴

实例 26 打开的盒子

“打开的盒子”动画播放后的 3 幅画面如图 4.152 所示。可以看到，在白色的背景下，有一个蓝色的方盒子自动慢慢打开，盒子中有一个不断转动的足球。

图 4.152 “打开的盒子”动画播放后的 3 幅画面

1. 制作图形元件

（1）设置动画的舞台工作区宽为 500 像素，高为 300 像素，背景色为白色。

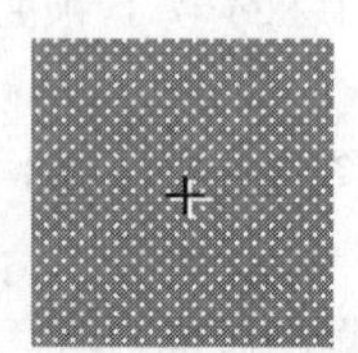

图 4.153 正方形

图 4.154 足球

（2）创建一个名称为“方块”的图形元件，进入该图形元件的编辑状态。使用工具箱中的矩形工具，在舞台工作区中绘制一个无轮廓线的正方形，如图 4.153 所示。

（3）使用工具箱中的箭头工具，选中舞台工作区中的“方块”图形实例。利用“属性”面板，调节 Alpha，使其值为 80%。舞台工作区中的正方形已经变成了半透明。

（4）创建一个名称为“足球”的影片剪辑元件，进入“足球”影片剪辑元件编辑状态。导入一个自转足球的 GIF 动画，如图 4.154 所示。

2. 制作盒子

（1）回到主场景舞台工作区中，将“库”面板内的“方块”图形元件拖曳到“图层 1”图层第 1 帧的舞台工作区中，然后将其打碎，并单击工具箱中“任意变形工具”图标按钮，再单击工具箱中“选项”栏内的“旋转与倾斜”图标按钮，调整方块图形的控制柄，使正方形变成如图 4.155 所示的菱形形状。

（2）给图 4.155 所示的图形填充七彩颜色。

（3）单击“图层 1”图层的第 60 帧，按 F5 键，使第 1 帧到第 60 帧的内容一样。然后将这一图层锁定，防止在编辑其他图层的时候，对本图层误操作。

（4）在“图层 1”图层之上创建一个“图层 2”图层，将“库”面板内的“方块”图形元件拖曳到“图层 2”图层第 1 帧的舞台工作区中。然后将它打碎，并使用工具箱中的任意变形工具，调整方块图形的形状，如图 4.156 所示。

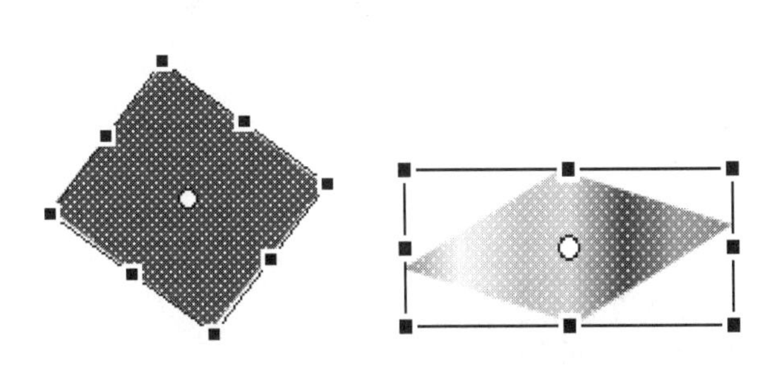

图 4.155　正方形变成菱形并填充七彩颜色

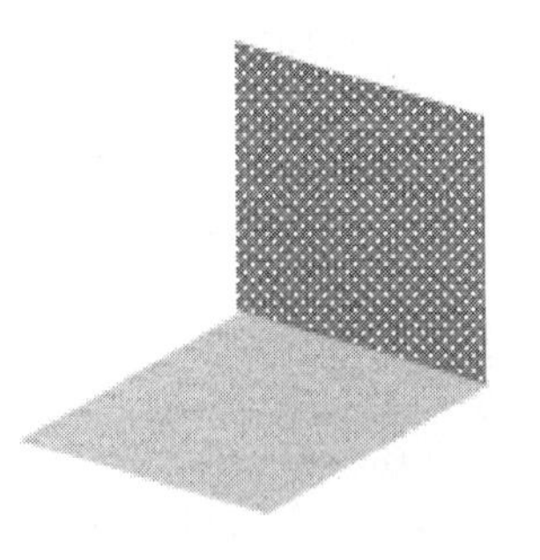

图 4.156　方块调整后的形状

（5）选中“图层 2”图层第 1 帧，在“属性”面板中，选择“补间”下拉列表框中的“形状”选项，设置为变形动画。单击选中“查看”→“显示形状标记”菜单选项。

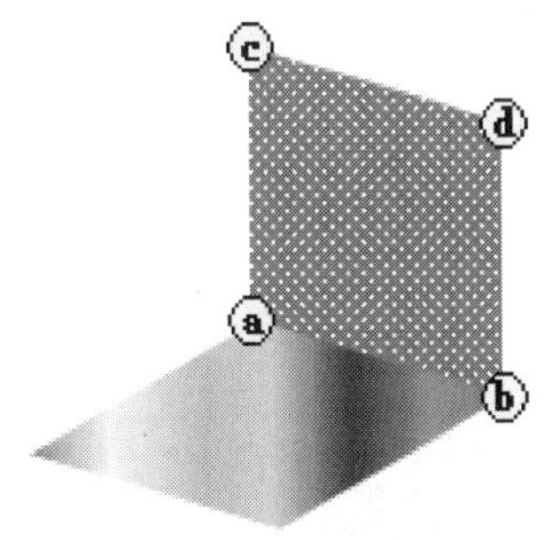

图 4.157　形状标记的位置

（6）单击“修改”→“外形”→“添加形状标记”菜单命令，舞台中将出现一个红色的 a 形状标记。按照上述方法，再加 3 个形状标记。然后用鼠标将形状标记分别移开，如图 4.157 所示。

在移动形状标记时，如果不能确定形状标记是否移动到菱形图形的四角处，可以单击图标按钮，使用吸附功能。当移动到菱形图形四角处附近时，标记会自动贴近过去。

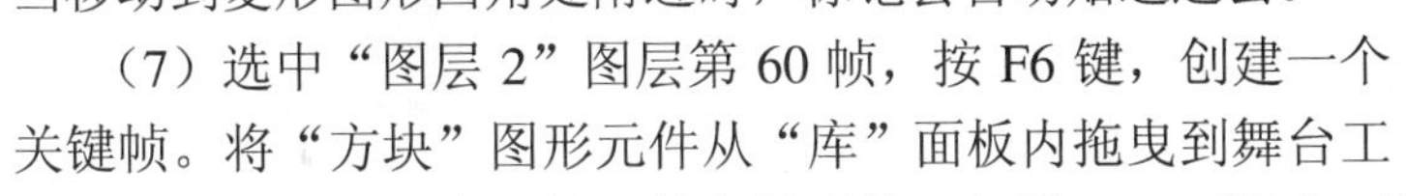

（7）选中“图层 2”图层第 60 帧，按 F6 键，创建一个关键帧。将“方块”图形元件从“库”面板内拖曳到舞台工作区中，再将它打碎，并调整它的形状，如图 4.158 所示。然后，将该关键帧的原图像删除。

（8）将形状标记移动到图 4.159 所示的位置，如果位置正确，形状标记将变成绿色，同时，第 1 帧的形状也会由红色变为黄色。测试动画，盒子的一侧将出现逐渐打开的效果。

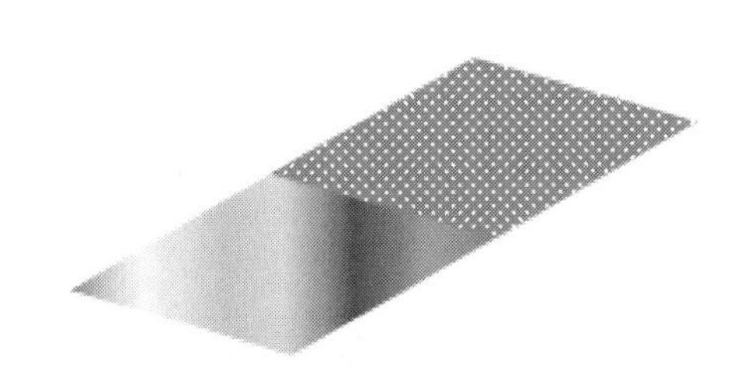

图 4.158　第 60 帧的画面

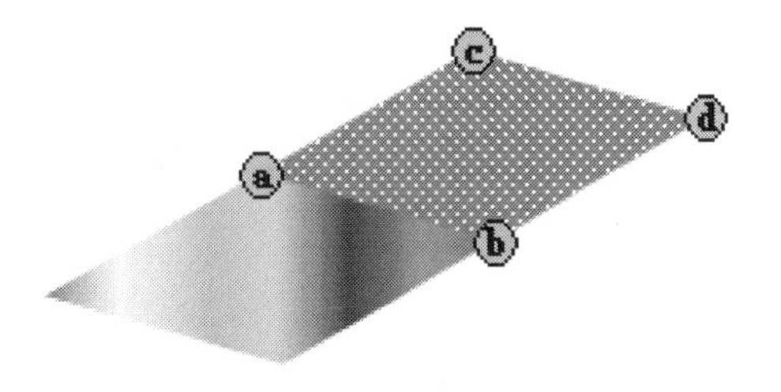

图 4.159　第 60 帧形状标记的位置

（9）如果在制作过程中，无法正确出现动画，可以重新选中图像，然后重新放置标记。

注意

制作精确变形动画的关键就是设定变形的关键位置点（即形状标记的位置点）。一定要有耐心，即使差一点点，结果也可能与预想完全不同。

（10）在“图层 2”图层之上创建一个“图层 3”图层，将“方块”图形元件从“库”面板内拖曳到“图层 3”图层第 1 帧的舞台工作区中，然后将它打碎，并使用工具箱中的任意变形工具，调整方块图形的形状和位置，如图 4.160 所示。

（11）选中“图层 3”图层第 60 帧，按 F6 键，创建一个关键帧。将“库”面板中的“方块”图形元件拖曳到舞台工作区中，将其打碎，再调整其形状，如图 4.161 所示。将该关键帧的原图像删除。

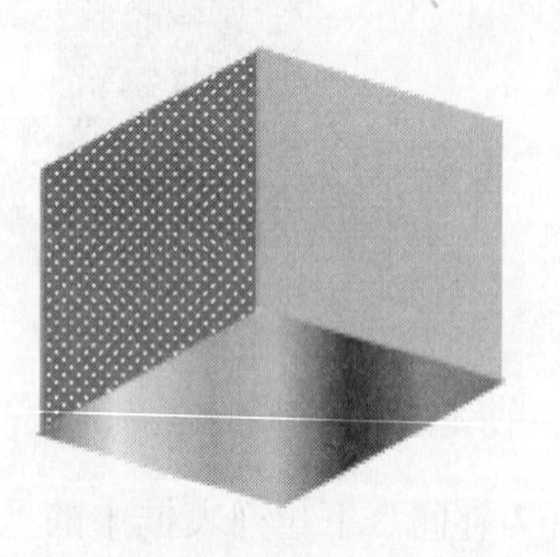

图 4.160 “图层 3”图层的图形　　图 4.161　第 60 帧图形

（12）创建“图层 3”图层第 1 帧到第 60 帧的变形动画。按 Enter 键，测试动画。如果效果不好，可在第 1 帧和第 60 帧图像中间各加入一个形状标记，如图 4.162 所示。

（13）在“图层 3”图层之上创建一个“图层 4”图层，将“库”面板中的“方块”图形元件拖曳到舞台工作区中，将其打碎，并调整其形状，如图 4.163 所示。

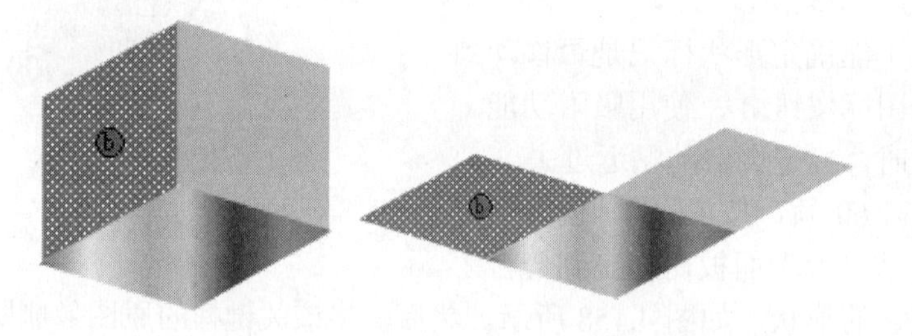

图 4.162 “图层 3”图层第 1 和第 60 帧画面及形状标记

图 4.163　方块的形状和位置

（14）选中“图层 4”图层第 60 帧，按 F6 键，创建一个关键帧，并调整这一帧图像的形状和位置，如图 4.164 所示。

（15）创建“图层 4”图层第 1 帧到第 60 帧的变形动画，在方块的 4 个角分别添加形状标记 a,b,c,d，如图 4.164 和图 4.165 所示。注意：4 个形状标记的位置一定要正确，如果动画不正确，要重新调整标记，直至正确。

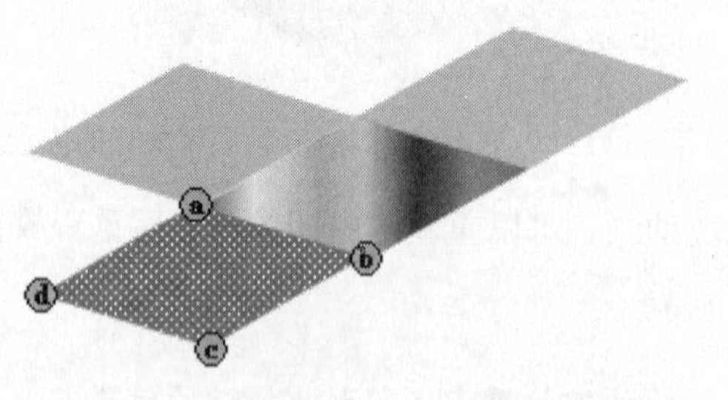

图 4.164　第 60 帧的图形形状和形状标记

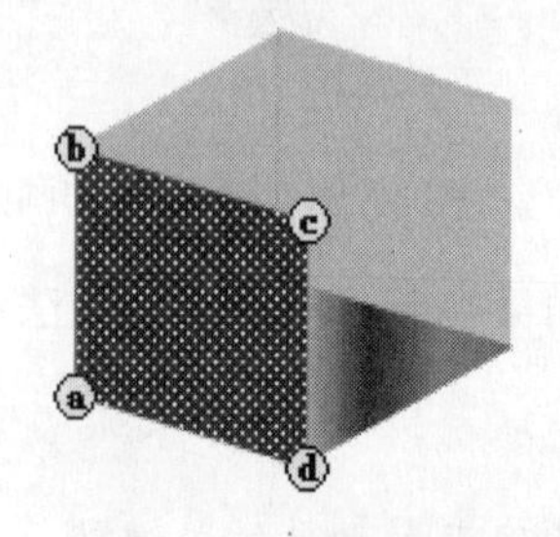

图 4.165　形状标记位置

（16）在“图层 4”图层之上创建一个“图层 5”图层，将“库”面板中的“方块”图形元件拖曳到舞台工作区中，将其打碎，并调整其形状，再在图形的下边两个角和中间，添加 3 个形状标记 a,b,c，如图 4.166 所示。

（17）选中“图层 5”图层第 60 帧，按 F6 键，创建一个关键帧，并将图形形状改变为如

图 4.167 所示的样子。再在图形中添加 3 个形状标记 a,b,c，如图 4.167 所示。

3. 放入足球

（1）创建一个新的图层，命名为“图层 6”。将“库”面板中的“足球”影片剪辑元件拖曳到舞台工作区内，如图 4.168 所示。

（2）在“图层 6”图层的第 60 帧创建一个普通图层。并将“图层 6”图层拖曳到“图层 3”图层和“图层 4”图层中间。至此，该动画制作完毕。

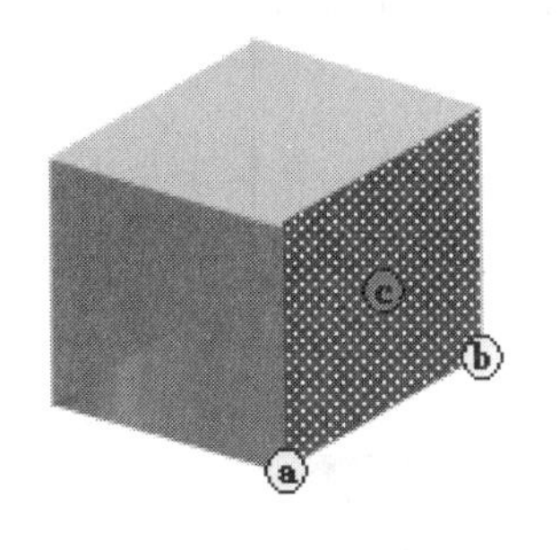

图 4.166　图形的位置和形状

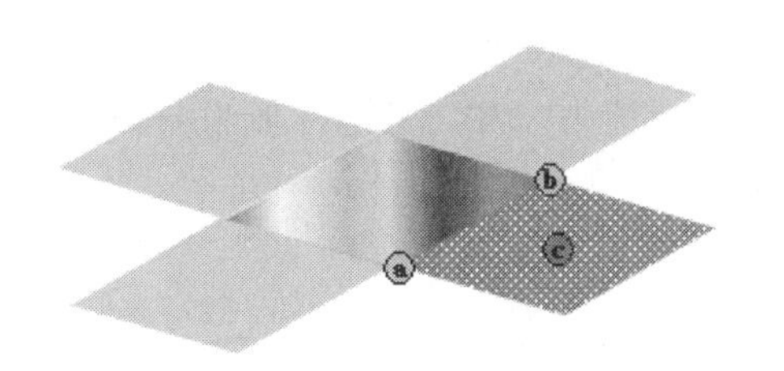

图 4.167　图形的形状和位置

图 4.168　足球的位置

实例 27　百叶窗式图像切换

“百叶窗式图像切换”动画播放后，显示出一幅风景图像，接着以百叶窗方式从上到下切换出另一幅风景图像，接着又以百叶窗方式从右到左切换出第 3 幅风景图像。动画播放后的 2 幅画面如图 4.169 所示。该动画的制作方法如下。

图 4.169 “百叶窗式图像切换”动画播放后的 2 幅画面

1. 创建影片剪辑

（1）设置动画的舞台工作区宽为 460 像素，高为 300 像素，背景色为白色。

（2）创建并进入“百叶”影片剪辑元件的编辑状态，选中“图层 1”图层的第 1 帧，绘制一幅蓝色矩形图形，在其“属性”面板内，调整图形的宽为 460 像素、高为 30 像素、X 坐标值为 0、Y 坐标值为 0。蓝色矩形图形如图 4.170 所示。

图 4.170　蓝色矩形图形

（3）创建“图层 1”图层第 1 帧到第 40 帧的动作动画，选中“图层 1”图层第 1 帧，单击选中第 1 帧内的图形，在其“属性”面板内，调整图形的宽为 460 像素、高为 1 像素、X 坐标值为 0、Y 坐标值为–15。在垂直方向将矩形图形向上调小，如图 4.171 所示。

图 4.171　蓝色矩形图形

（4）单击元件编辑窗口中的⇦按钮，回到主场景舞台工作区。创建并进入“百叶窗”影片剪辑元件的编辑状态，选中“图层 1”图层第 1 帧，10 次将“库”面板内的“百叶”影片剪辑元件拖曳到舞台工作区内，垂直均匀分布，如图 4.172 所示。

（5）将 10 个“百叶”影片剪辑元件实例全部选中，在其“属性”面板内，调整图形的宽为 460 像素、高为 270 像素、X 坐标值为–230、Y 坐标值为–135，如图 4.173 所示。

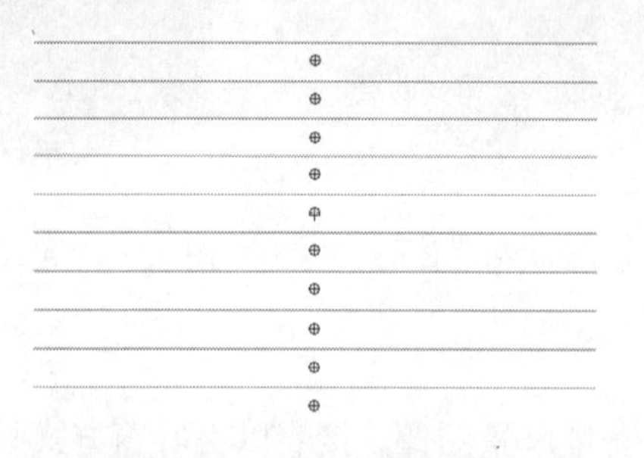

图 4.172　蓝色矩形图形

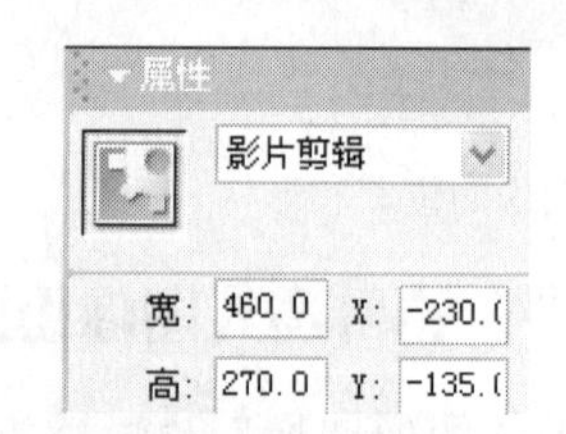

图 4.173　“属性”面板设置

（6）单击元件编辑窗口中的⇦按钮，回到主场景舞台工作区。

2. 创建百叶窗图像切换动画

（1）导入 3 幅风景图像到“库”面板中。3 幅风景图像如图 4.80 所示。

（2）将“图层 1”图层的名称改为“背景图 1”，选中“背景图 1”图层第 1 帧，其内导入第 1 幅风景图像，调整它的大小和位置与舞台工作区完全一样。单击选中第 40 帧（注意：应该与“百叶”影片剪辑元件内动画的帧数一样），按 F5 键，使第 2 帧到第 40 帧的内容与第 1 帧内容一样。

（3）在“背景图 1”图层之上增加一个“图 1”图层。单击选中“图 1”图层的第 1 帧，其内导入第 2 幅风景图像，调整它的大小和位置与舞台工作区完全一样。单击选中第 40 帧，按 F5 键，使第 2 帧到第 40 帧与第 1 帧的内容一样。

（4）在“图 1”图层之上增加一个“遮罩 1”图层。选中“遮罩 1”图层的第 1 帧，将“库”面板内的“百叶窗”影片剪辑元件拖曳到舞台工作区内，使它的上边缘与舞台工作区上边缘对齐，如图 4.174 所示。选中第 40 帧，按 F5 键，使第 1 帧到第 40 帧的内容一样。

（5）在“遮罩 1”图层之上增加一个“背景图 2”图层。选中“背景图 2”图层的第 41 帧，按 F7 键，创建一个空关键帧。将“图 1”图层第 1 帧复制粘贴到“背景图 2”图层第 1 帧。单击选中第 80 帧，按 F5 键，使第 41 帧到第 80 帧的内容一样。

（6）在“背景图 2”图层之上增加一个“图 2”图层。选中“图 2”图层第 41 帧，按 F7 键，创建一个空关键帧，其内导入第 3 幅风景图像，调整它的大小和位置与舞台工作区一样。选中第 80 帧，按 F5 键，使第 41 帧到第 80 帧的内容一样。

（7）在“图 1”图层之上增加一个“遮罩 2”图层。选中“遮罩 2”图层的第 41 帧，按 F7 键，创建一个空关键帧。单击选中“遮罩 2”图层的第 41 帧，将“库”面板内的“百叶窗”影片剪辑元件拖曳到舞台工作区内，旋转 90°，使它的右边缘与舞台工作区的右边缘对齐，如图 4.175 所示。单击选中第 80 帧，按 F5 键，使第 41 帧到第 80 帧的内容一样。

图 4.174　第 3 幅家居图像

图 4.175　“百叶窗”影片剪辑实例位置

（8）将“遮罩 1”图层和“遮罩 2”图层设置成遮罩层，使“图 1”图层和“图 2”图层成为被遮罩图层。至此，该动画制作完毕。该动画的时间轴如图 4.176 所示。

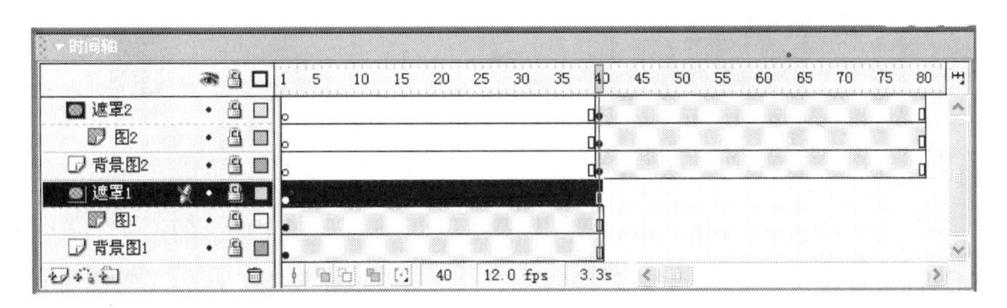

图 4.176　“百叶窗式图像切换”动画的时间轴

实例 28　展开透明卷轴图像

“展开透明卷轴图像”动画的显示效果是一幅图像卷轴从右向左滚动，将图像逐渐展开。同时也逐渐地将原有的图像覆盖。动画播放后的 2 幅画面如图 4.177 所示。该动画的制作方法如下。

图 4.177　“展开透明卷轴图像”动画的显示效果

1. 制作转轴影片剪辑元件

（1）设置动画的舞台工作区宽为 600 像素，高为 400 像素，背景色为白色。

（2）创建并进入名字为“转轴”的影片剪辑元件的编辑窗口。调出“调色板”面板，进行填充色的设置，设置为灰色、蓝色、灰色的线性渐变填充色，如图 4.178 所示。在元件编辑窗口内，使用设置的填充色绘制一个无轮廓线的矩形图形。将绘制的矩形图形转换为图形元件的实例。

（3）选择图形元件实例的“属性”面板内“颜色”下拉列表框中的 Alpha 选项，调整 Alpha 数值为 60，使矩形图形具有一定的透明度，如图 4.179 左图所示。

（4）选中“图层 1”图层的第 80 帧，按 F5 键。此时，“图层 1”图层的第 1 帧到第 80 帧的内容都一样。单击时间轴“图层 1”图层的锁定列，锁定“图层 1”图层。

（5）在“图层 1”图层的下边增加一个“图层 2”图层。选中“图层 2”图层的第 1 帧。绘制一个黑色矩形，其大小与位置均与上边绘制的长条矩形一样，如图 4.179 右图所示。该矩形是用来作为遮罩图形的。单击选中“图层 2”图层的第 80 帧，按 F5 键。此时，“图层 2”图层的第 1 帧到第 80 帧的内容都一样，都为黑色矩形图像。再将“图层 2”图层锁定。

图 4.178 “调色板”面板的设置

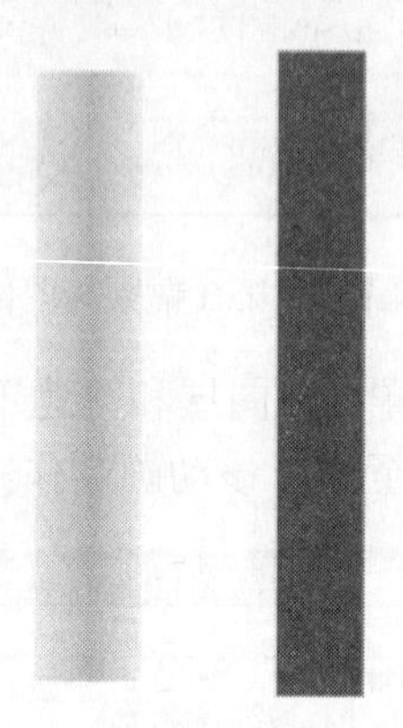

图 4.179 渐变填充的矩形和黑色矩形

（6）在“图层 2”图层的下边增加一个“图层 3”图层。选中“图层 3”图层的第 1 帧。将“库”面板中的“红楼 1”图像拖曳到舞台工作区中，如图 4.180 所示。将图像的大小进行精确调整，图像的宽为 400 像素、高为 300 像素，再将“红楼 1”图像水平镜像，如图 4.181 所示。

图 4.180 “红楼 1”图像

图 4.181 “红楼 1”图像的水平镜像

（7）选中“图层 3”图层第 1 帧的图像，将它移到长条矩形的右边，如图 4.182 所示。

（8）在“图层 3”图层的第 1 帧到第 80 帧之间产生移动动作动画。选中“图层 3”图层第 80 帧，然后将“图层 3”图层第 80 帧图像移到长条矩形的左边，如图 4.183 所示。

图 4.182 第 1 帧的画面

图 4.183 第 80 帧的画面

（9）将“图层 2”图层设置成遮罩图层，使“图层 3”图层成为被遮罩图层。此时的时间轴如图 4.184 所示。

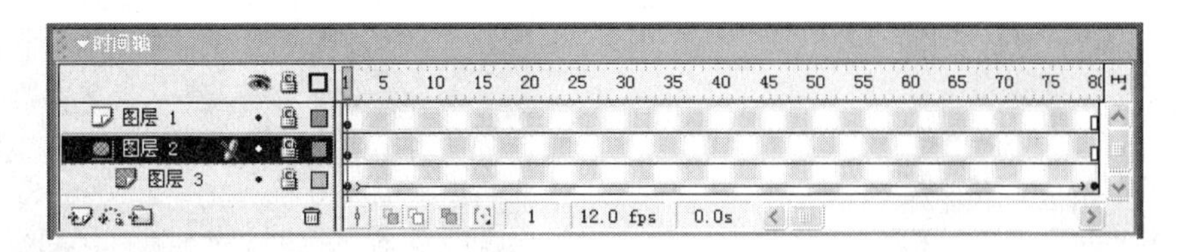

图 4.184 “卷轴”影片剪辑元件时间轴

（10）单击元件编辑窗口中的⇦按钮，回到主场景舞台工作区。

2. 制作转轴动画

（1）选中“图层 1”图层的第 1 帧。用鼠标将“库”面板中的“卷轴”影片剪辑元件拖曳到舞台工作区内，并适当调整它的位置，使它居于舞台工作区右部，其“属性”面板如图 4.185 左图所示。再创建“图层 1”图层的第 1 帧到第 80 帧动作动画，第 80 帧的“卷轴”图形的“属性”面板设置如图 4.185 右图所示。

（2）在“图层 1”图层下边增加一个“图层 2”图层。单击选中“图层 2”图层的第 1 帧。将“库”面板中的“图 6”图像拖曳到舞台工作区中，如图 4.186 所示。

（3）将“图 6”图像的大小调整为宽为 400 像素，高为 300 像素，同时将舞台工作区完全覆盖。选中“图层 2”图层第 80 帧，按 F5 键。此时，“图层 2”图层的第 1 帧到第 80 帧的内容一样，都为图 4.186 所示的图像。

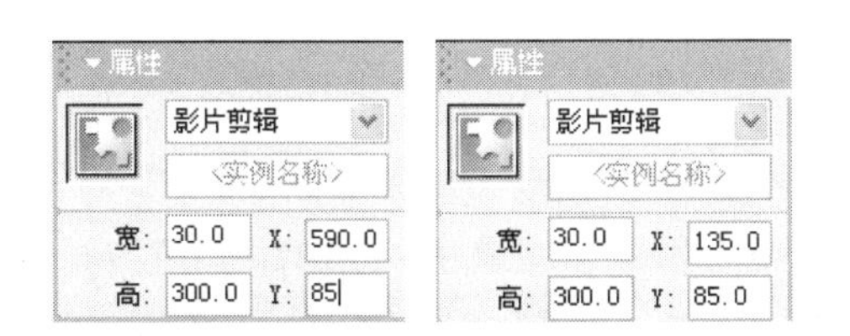

图 4.185 “卷轴”图形实例“属性”面板设置

图 4.186 “图 6”图像

（4）在“图层 2”图层之上增加一个“图层 3”图层。选中“图层 3”图层的第 1 帧，将“库”面板中的“图 5”图像拖曳到舞台工作区中。将图像的大小调整为宽为 400 像素、高为 300 像素，同时将舞台工作区完全覆盖。选中“图层 3”图层第 80 帧，按 F5 键。

（5）在“图层 3”图层之上增加一个“图层 4”图层。单击选中“图层 4”图层的第 1 帧，绘制一幅黑色矩形图形，移至“卷轴”影片剪辑实例处，使黑色矩形左边缘与“卷轴”影片剪辑实例的左边缘对齐，顶部也对齐，如图 4.187 所示。

图 4.187 “图层 4”图层第 1 帧的画面

（6）创建“图层 4”图层第 1 帧到第 80 帧的

动作动画，使黑色矩形从右向左水平移动到第 80 帧时，黑色矩形将整个“红楼 2”图像完全遮盖住，如图 4.188 所示。

图 4.188　第 80 帧的画面

（7）将“图层 4”图层设置成遮罩图层，使“图层 3”图层成为被遮罩图层。

至此，动画制作完毕。“展开透明卷轴图像”动画的时间轴如图 4.189 所示。

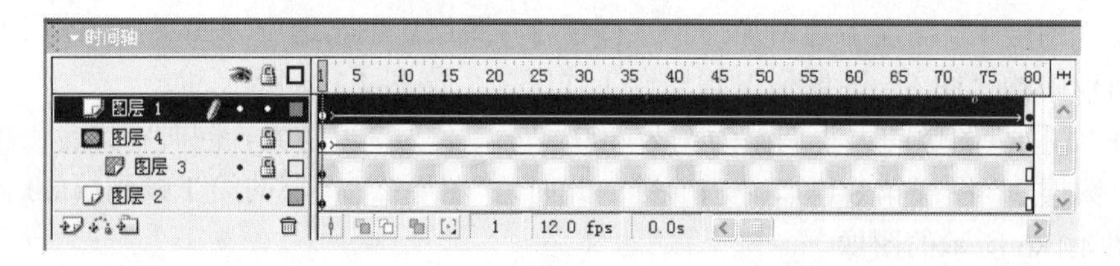

图 4.189　“展开透明卷轴图像”动画的时间轴

思考练习 4

1. 创建两个彩球垂直上下跳跃的动画，再将它转换为名为“垂直跳跃”的影片剪辑元件。

2. 创建一个名字为“AN1”的按钮元件。按钮的 3 个状态分别是：红色文字“北京奥运场馆”（鼠标弹起状态）、蓝色文字“北京奥运场馆”（鼠标经过状态）和一幅“北京奥运场馆”图像（鼠标按下状态）。

3. 制作一个“倒计时”动画。该动画播放后，屏幕中依次显示“5”，“4”，“3”，“2”，“1”，每个数字均显示一定的时间，同时背景是一个不断自转的模拟指针钟，其中的几幅画面如图 4.190 所示。显示完“1”后，屏幕会显示一幅逐渐显示出来的图像。

图 4.190　“倒计时”动画播放中的几幅画面

4. 制作一个“摆动的模拟指针钟”动画。该动画播放后，两个模拟指针钟来回摆动，同时两个模拟指针钟的两个铅笔状的长针和短针在一个色盘中像钟表的分针和时针一样转动。时针转 1 圈，分针转 12 圈。该动画播放后的 2 幅图像如图 4.191 所示。

图 4.191 “模拟指针钟”动画播放后的 2 幅画面

5. 创建一个“字母变化”动画。该动画播放后，红色大写字母“A”逐渐变化为一个蓝色大写字母“B”，再逐渐变化为一个绿色大写字母“C”，最后逐渐变化为一个红色大写字母“A”。

6. 制作一个 MTV 动画。要求伴随 MP3 歌曲的播放，一些不同的图像以不同的方式切换显示。切换的方法包括以下几种：从中间向四周以五角星形式逐渐展开切换，从两边向中间推出切换，以百叶窗方式切换，开门式切换。要求一个场景为一个动画。

7. 制作一个“雪花文字”动画。该动画播放后，“雪花”文字的填充是从上向下不断飘下的雪花。动画播放后的一幅画面如图 4.192 所示。

8. 制作一个“弹性地面”动画。该动画播放后，屏幕上一个小球上下跳跃，当小球落到弹性地面时，弹性地面会随之下凹。然后，弹性地面弹起，再将小球也弹起。小球的跳跃与弹性地面的起伏动作连贯协调。该动画播放后的一幅画面如图 4.193 所示。

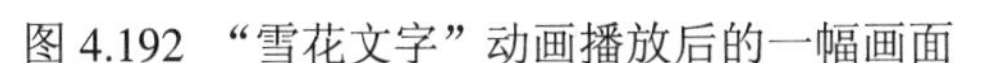

图 4.192 “雪花文字”动画播放后的一幅画面

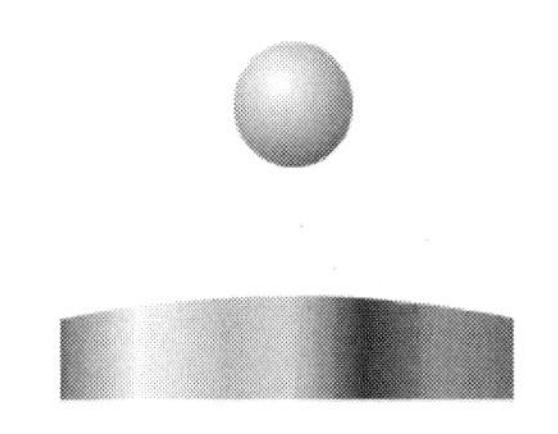

图 4.193 “弹性地面”动画播放后的一幅画面

9. 制作一个“海浪”动画，该动画播放后的的 2 幅画面如图 4.194 所示。可以看到，一只小船在海面上随着海浪的起伏在飘行，一只小鸟在空中飞翔。

图 4.194 “海浪”动画播放后的 2 幅画面

10. 制作一个“翻页画册”动画，该动画播放后的 2 幅画面如图 4.195 所示。可以看到，左边一页慢慢向左翻开，同时右边一页慢慢向右翻开，当翻页翻到背面后，背面的图像与正面的图像不一样。

11. 制作一个“汽车倒影”动画，该动画播放后，显示出一幅漂亮的汽车和它的水中倒影，倒影在水中荡漾。该动画播放后的一幅画面如图 4.196 所示。

12. 制作一个“卫星绕地球转”动画。该动画播放后，是一个球形卫星围绕着透明地球转，同时地球不断地自转。动画播放后的一幅画面如图 4.197 所示。

13. 制作一个“地球和七彩光环”动画。该动画播放后，一个不断旋转的光环围绕一个自转的地球转动，同时上下摆动。该动画播放后的一幅画面如图 4.198 所示。

图 4.195 “翻页画册”动画播放后的 2 幅画面

图 4.196 “汽车倒影”动画播放后的一幅画面

图 4.197 “卫星绕地球转”动画播放后的一幅画面

图 4.198 “地球和七彩光环”动画播放后的一幅画面

第 5 章　ActionScript 编程与交互式动画

通过前面各章的学习，我们已经可以使用 Flash MX 创作一些很酷的图形和动画了，但这还不完全是 Flash MX 的真正魅力所在。是什么吸引我们大量使用 Flash 动画呢？答案是交互动画。具有交互式的动画可以使用户参与并控制动画。用户可以通过鼠标单击或按键盘按键等操作，使动画画面产生跳转变化或者执行相应的程序，来控制这个对象的移动、变色、变形等一些特定任务。这需要用到 ActionScript 编程技术。本章将简要介绍 Flash MX 的 ActionScript 编程技术。

5.1　ActionScript 简介和“动作”面板

5.1.1　ActionScript 简介

1. 什么是 ActionScript

ActionScript 可以译成“动作脚本”。确切地说，ActionScript 是 Flash MX 中的编程语言，它的结构与 JavaScript 基本相同，有自己的语法、变量、函数等。对于有高级语言编程经验的人来说，学习 ActionScript 是较轻松的。ActionScript 也采用面向对象的编程思想，采用事件驱动，以关键帧、按钮和影片剪辑实例为对象，来定义和编写。例如，我们在舞台中定义对象（Object），然后，通过关键帧内、影片剪辑实例内或者某个按钮内的程序代码，来控制这个对象的移动、变色、变形等。

ActionScript 与 Flash MX 动画是紧密联系的。在编写程序的时候，动画会在 ActionScript 的指挥下，发生各种变化。

ActionScript 与 JavaScript 结构类似，但是它的编程要容易得多，每一行代码都可以简单地从 ActionScript 面板中直接调用。在任何时候，对用户输入的 ActionScript 程序，ActionScript 都会任劳任怨地检查语法是否有问题，并提示用户如何修改。ActionScript 是一种面向对象的程序，而且更容易使编程学习者理解面向对象中难以理解的对象、属性、方法等名词。

2. 事件与动作

交互式动画的一个行为包含了两个内容：一个是事件（Event）；另一个是事件产生时所执行的动作（Action）。事件是触发动作的信号，动作是事件的结果。在 Flash MX 中，播放指针到达某个关键帧、用户单击按钮或影片剪辑实例、用户按下了键盘按键等操作，都是事件。创建交互式动画就是要设置在什么事件下执行什么动作。

动作是由一系列的语句组成的程序，因此动作可以有很多，可由读者去发挥创造。最简单的动作是使播放的动画停止播放，使停止播放的动画重新播放等。

事件的设置与动作的设计是通过“动作”面板来完成的。

3. 通过实例看ActionScript

下面制作一个“按钮控制的彩球碰撞”动画，该动画是一个简单的交互式动画，通过制作该动画，可以了解交互式动画的事件与动作的含义，以及设置事件与编写动作程序的过程。该动画播放后的2幅画面如图5.1所示。可以看到，两个彩球水平向内移动，碰撞后再分别向相反方向水平移动到原来的位置。画面中有两个按钮，单击右边的按钮或按“T”键，可使动画暂停播放；单击左边的按钮或按“A”键，可使动画重新播放。该动画的制作方法如下。

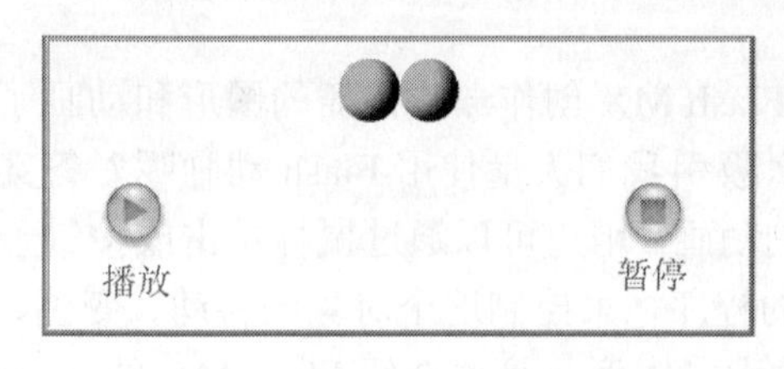

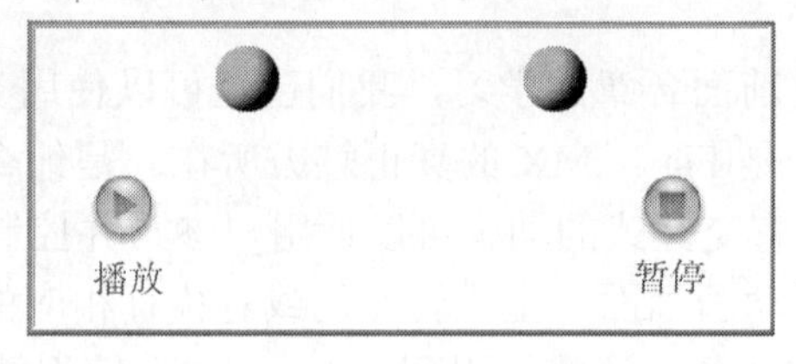

图5.1 “按钮控制的彩球碰撞”动画播放后的2幅画面

（1）单击“文件”→“新建”菜单命令，创建一个新电影。设置动画的舞台工作区宽为400像素，高为200像素，背景色为白色。

（2）创建一个名称为“两球相撞”的图形元件，在其内制作两个小球水平碰撞的动画（共有60帧）。该动画由读者自行完成。然后，回到主场景。

（3）将“库”面板中的“两球相撞”图形元件拖曳到舞台工作区内。再单击选中第60帧单元格，按F5键，使动画有效。

（4）在“图层1”之上新增一个“图层2”图层。选中“图层2”图层第1帧，将“库–Buttons”面板中“Playback”文件夹下的“gel Right”按钮和“gel Stop”按钮分别拖曳到舞台工作区内，再分别输入“播放”和“暂停”文字，如图5.1所示。

（5）将鼠标指针移到舞台工作区内的右边按钮上，单击鼠标右键，弹出其快捷菜单，再单击快捷菜单中的“动作”菜单命令，调出“动作–按钮”面板。

（6）单击“动作–按钮”面板右上角的图标，调出该面板的快捷菜单，再单击选中快捷菜单中的“标准模式”菜单选项，使该面板转换到标准模式状态，如图5.2所示（还没有添加“stop();”命令和事件的设置）。

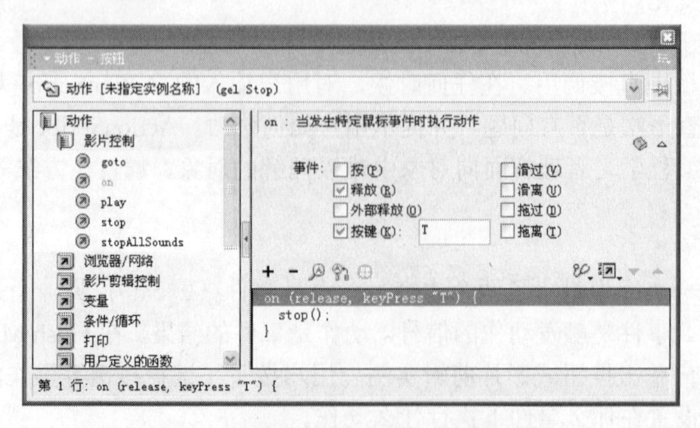

图5.2 右边按钮的“动作–按钮”面板

（7）双击“动作–按钮”面板左边“命令选择区”内的 stop 命令，或者用鼠标拖曳 stop 命令到右边“程序编辑区”内，这时“程序编辑区”内会显示出相应的程序“stop();”。

（8）单击“动作–按钮”面板程序编辑区内程序的第一条命令，则“动作–按钮”面板上面区域（参数设置区）内会增加一些复选框。

（9）选中“释放”和“按键”复选框，单击文本框内，再按“T”键。此时的“动作–按钮”面板和完成动作的程序如图 5.2 所示。

程序中，第 1 行用来设置说明事件，on 是一个事件句柄，它说明这是一个可以通过按钮的触发来产生的事件，release 是事件名称，它说明这个事件是在鼠标单击并释放或按 T 键时产生相应的动作；第 2 行 stop()是用来确定响应事件的动作，即动画暂停播放（播放头停止在当前位置处）。

（10）单击选中舞台工作区内左边的按钮，双击“动作–按钮”面板左边“命令选择区”内的 play()命令，再按照上述方法，给左边按钮加入程序。此时的“动作–按钮”面板如图 5.3 所示。其中 play()命令的作用是接着播放动画。

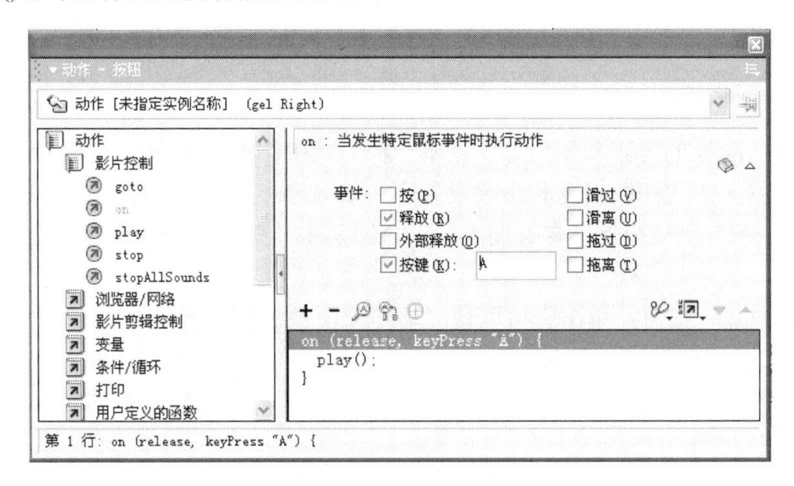

图 5.3　左边按钮的“动作–按钮”面板

按 Ctrl+Enter 组合键，可以看到动画在循环播放，单击“暂停”按钮或按 T 键会使动画暂停播放，单击“播放”按钮或按 A 键会使动画重新播放。由此可以看出交互式动画的特点。

5.1.2 “动作”面板

设置事件与设计动作是通过“动作”面板来完成的。“动作”面板有 3 种：帧的“动作–帧”面板、按钮的“动作–按钮”面板和影片剪辑实例的“动作–影片剪辑”面板。以后称“动作”面板就是指这 3 种面板。

1. 调出“动作”面板的方法

（1）调出“动作–帧”面板：在时间轴的关键帧上单击鼠标右键，调出快捷菜单，单击“动作”菜单命令，即可调出该面板，如图 5.4 所示。

（2）调出“动作–按钮”或“动作影片剪辑”面板：在舞台工作区中的按钮或影片剪辑实例上，单击鼠标右键，调出快捷菜单，单击“动作”菜单命令即可调出该面板。

在选中帧单元格、按钮或影片剪辑实例后，单击“窗口”→“动作”菜单命令，也可调出相应的“动作”面板。

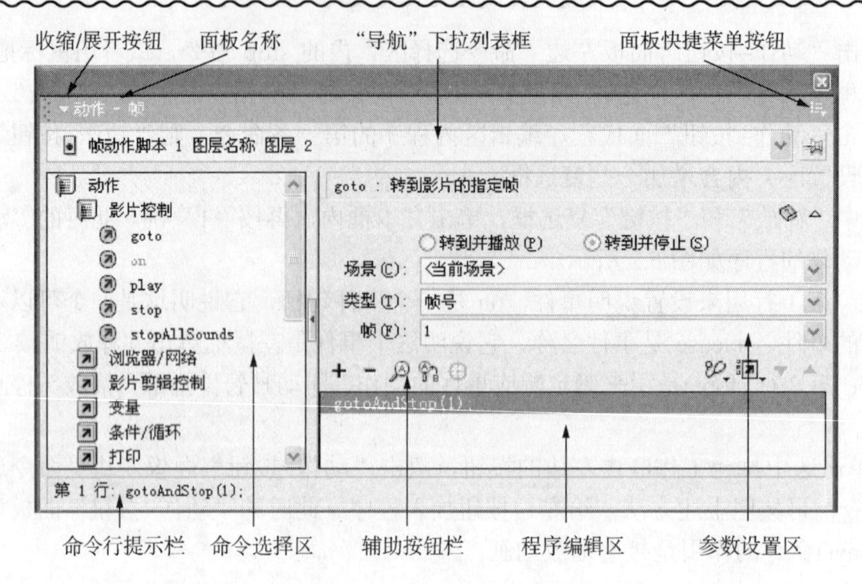

图 5.4 "动作–帧"面板

2. "动作"面板简介

三种"动作"面板的内容和使用方法基本一样，其中的图标按钮也一样。"动作"面板有三个区域：命令选择区、程序编辑区和参数设置区（如果选择了事件句柄，则是事件设置区）。下面以帧的"动作–帧"面板为例（参看图 5.4），介绍其中一些按钮的作用与"动作"面板的使用方法。

（1）"收缩/展开"按钮：单击它可以使"动作"面板收缩或展开。

（2）"导航"下拉列表框：可在该下拉列表框中选择实例对象或帧，同时在程序编辑区内显示相应的脚本程序。单击该下拉列表框右边的图标按钮，可固定选中的对象或帧，同时图标按钮变为图标按钮。

（3）命令选择区：其内有 8 个文件夹，单击它可以展开文件夹。文件夹内有下一级的文件夹或命令，双击命令或用鼠标拖曳命令到程序编辑区内，都可以在程序区内导入相应的命令。这里所说的命令是指程序中的运算符号、函数、指令、属性等的统称。

可以通过单击面板中间的（或）图标按钮来控制是否显示命令选择区。也可以用鼠标拖曳面板中间的竖条来调整命令选择区的大小。

（4）程序编辑区：用来编写 ActionScript 程序的区域。Flash MX 的 ActionScript 程序编辑分为两种编辑模式，"标准模式"和"专家模式"。上面给出的"动作"面板均是在标准模式下的"动作"面板，这种模式比较适合初学者使用。

在不同模式下，程序编辑区的使用方法会稍有不同。例如，在标准模式下，不可以通过键盘输入程序，只能通过拖曳命令选择区内的命令来编写程序；在专家模式下，可以通过键盘直接输入程序，也可以用鼠标拖曳选取程序。

（5）参数设置区：是用来设置命令参数的区域，如果选择了事件句柄，则是事件设置区。在标准模式下，单击程序编辑区内的命令，即可在参数设置区内显示出相应的参数设置选项。在专家模式下，没有参数设置区。可以通过面板左上角的（或）图标按钮来控制是否显示参数设置区。

（6）面板快捷菜单按钮：单击它，可以调出"动作"面板的快捷菜单。

（7）命令行提示栏：它用来显示程序编辑区内当前命令（即选中的命令）和它所在的行号。

（8）辅助按钮栏：辅助按钮栏内有一些图标按钮，它们的作用如下。

- ＋图标按钮：单击它，可选择相应的命令并添加到程序编辑区内。
- －图标按钮：单击它，可以将选中的命令删除。
- 图标按钮：单击它，可以调出“查找”对话框，如图 5.5 所示。在“查找内容”文本框内输入字符串，再单击“查找下一个”按钮，即可选中程序中的该字符串。单击选中“区分大小写”复选框，则在查找时区分大小写。

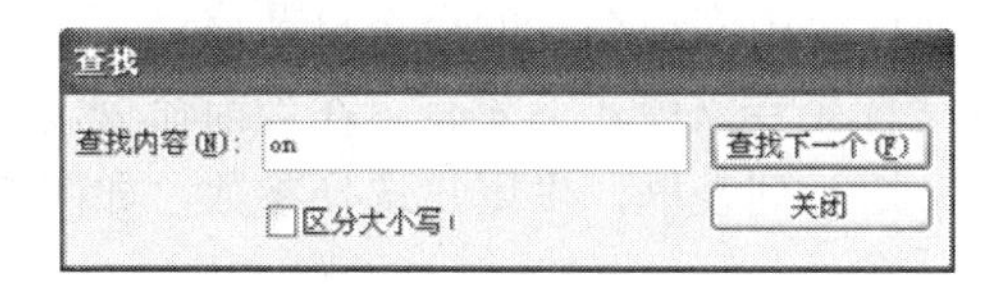

图 5.5　“查找”对话框

- 图标按钮：单击它，可以调出“替换”对话框，如图 5.6 所示。在“查找内容”文本框内输入要查找的字符串，在“替换为”文本框内输入要替换的字符串。然后，单击“查找下一个”按钮，即可选中程序中的该字符串；单击“替换”按钮，即可进行一个字符串的替换；单击“全部替换”按钮，即可将所有查找到的字符串进行替换。

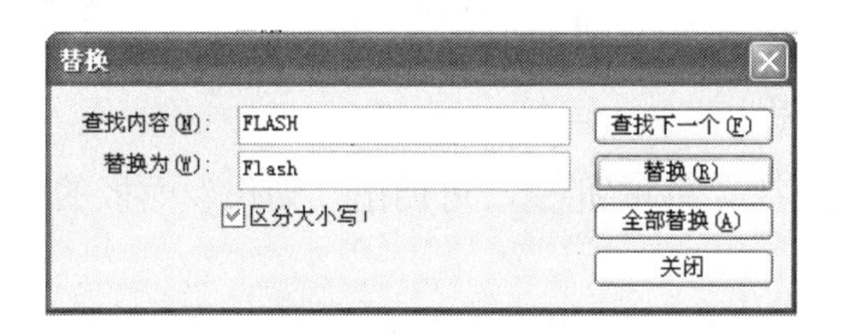

图 5.6　“替换”对话框

- 图标按钮：单击它，可以调出“插入目标路径”对话框，如图 5.7 所示。在该对话框中可以选择路径的方式、路径的符号和对象的路径。
- 图标按钮：单击它，可以调出一个用于调试程序的菜单，如图 5.8 所示。单击“设置断点”菜单命令，可以将选中的命令行设置为断点（该行左边会显示一个红点），运行程序后会在该行暂停。单击“删除断点”菜单命令，可以将选中的断点行设置的断点删除。单击“删除所有断点”菜单命令，可以将设置的所有断点删除。

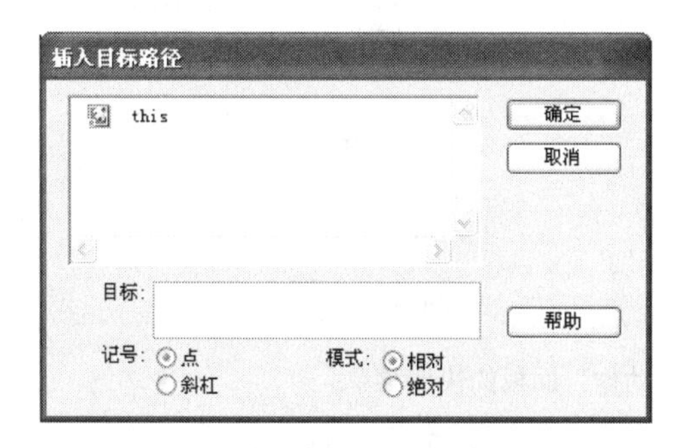

图 5.7　“插入目标路径”对话框

图 5.8　调试程序菜单

- 图标按钮：单击它，可以调出一个菜单，如图 5.9 所示。单击“标准模式”菜单选项，可设置程序编辑为标准模式。单击“专家模式”菜单选项，可设置程序编辑为专家模式。单击“查看行数”菜单选项，可使程序左边显示行号，如图 5.10 所示。
- 图标按钮：单击它，可以将选中的命令下移。

- ▲图标按钮：单击它，可以将选中的命令上移。
- 图标按钮：单击它，可以调出“脚本参考”面板。该面板用来显示当前命令的帮助信息。
- ✔图标按钮：该按钮只有在专家模式下才有。单击它可以检查程序中的语法是否正确，如果不正确，会显示相应的提示信息。
- 图标按钮：该按钮只有在专家模式下才有。单击它，可以使程序中的命令按设置的格式重新调整。例如，使程序中应该缩进的命令自动缩进。
- 图标按钮：该按钮只有在专家模式下才有。在当前命令没有设置好参数时，单击它会调出一个参数（代码）提示列表框，供用户选择参数，如图 5.11 所示。

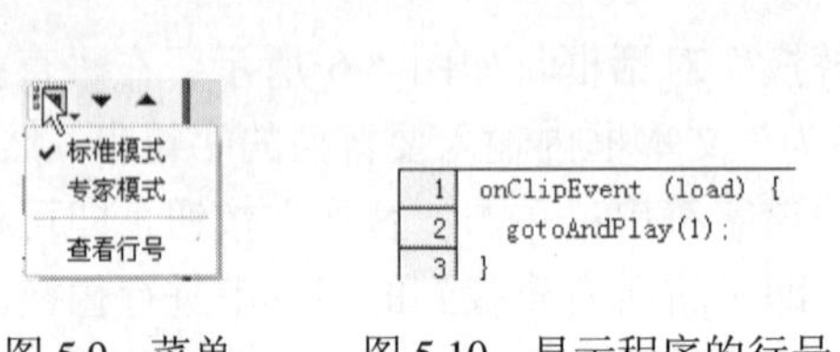


```
1 onClipEvent (load) {
2     gotoAndPlay
3 }
4
load
unload
enterFrame
mouseDown
mouseMove
mouseUp
keyDown
keyUp
```

图 5.9　菜单　　图 5.10　显示程序的行号　　图 5.11　代码提示

3.“动作”面板快捷菜单

单击“动作”面板的快捷菜单按钮，可调出“动作”面板的快捷菜单，如图 5.12 所示。菜单命令的作用如下。

（1）“标准模式”和“专家模式”：单击它们，可进入相应的程序编辑状态。

（2）“转到行”：单击它，可调出“转到行”对话框，如图 5.13 所示。在该对话框的“行数”文本框内输入程序编辑区中的行号，单击“确定”按钮，该行即被选中。

（3）“查找”：单击它，可弹出“查找”对话框。

（4）“再次查找”：单击它，可查找下一个匹配的字符串。

（5）“替换”：单击它，可调出“替换”对话框。

（6）“语法检查”：单击它，可检查程序是否存在语法错误。

标准模式	Ctrl+Shift+N
✔ 专家模式	Ctrl+Shift+E
转到行...	Ctrl+G
查找...	Ctrl+F
再次查找	F3
替换...	Ctrl+H
语法检查	Ctrl+T
显示代码提示	Ctrl+Spacebar
自动套用格式	Ctrl+Shift+F
自动套用格式选项...	
从文件导入...	Ctrl+Shift+I
导出为文件...	Ctrl+Shift+X
打印...	
✔ 查看行号	Ctrl+Shift+L
查看 Esc 快捷键	
首选项...	
帮助	
最大化面板	
关闭面板	

图 5.12　“动作”面板的快捷菜单

（7）“显示代码提示”：单击它，会调出一个代码列表框，供用户选择。

（8）“自动套用格式”：单击它，可以使程序中的命令按设置的格式重新调整。

（9）“查看行号”：单击选中它，可使程序左边显示行号，如图 5.10 所示。

（10）“自动套用格式选项”：单击它，可调出“自动格式选项”对话框，如图 5.14 所示。利用该对话框，可以设置程序的格式。

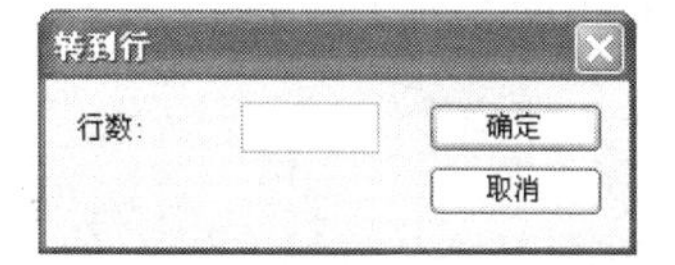

图 5.13　“转到行”对话框

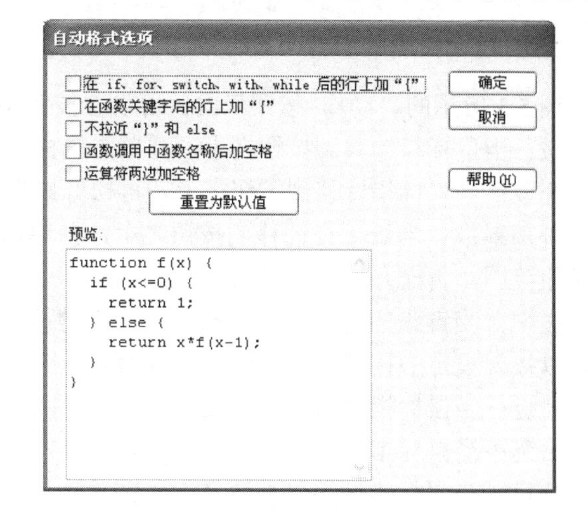

图 5.14　“自动格式选项”对话框

（11）“从文件导入”：单击它，可调出“打开”对话框。利用该对话框，可以从外部导入一个“*.as”的脚本程序文件，它是一个文本文件。

（12）“导出到文件”：单击它，可调出“另存为”对话框。利用该对话框，将当前程序编辑区中的程序作为一个“*.as”的脚本程序文件保存。

（13）“打印”：单击它，将当前程序编辑区中的程序打印出来。

（14）“查看快捷键”：单击选中它，可使命令选择区内各命令右边显示出它的快捷键。

（15）“参数选择”：单击它，可调出“参数选择”对话框。

5.1.3　设置事件与设计动作

1. 设置帧事件与设计动作

帧事件就是当电影或影片剪辑播放到某一帧时的事件。注意：只有关键帧才能设置为事件。例如，如果要求上述的动画播放到第 20 帧时停止播放，那么就可以在第 20 帧处设置一个帧事件，它的响应动作是停止动画的播放。操作的方法如下。

（1）在时间轴中，单击选中第 20 帧单元格，按 F6 键，将该帧设置为关键帧。

（2）单击选中该关键帧单元格，单击鼠标右键，调出其快捷菜单，再单击该菜单内的“动作”菜单命令，调出“动作–帧”面板。可以看出它与“动作–按钮”面板基本一样。

（3）用鼠标将“动作–帧”面板左边命令选择区内的命令拖曳到右边程序编辑区内。这时面板右边程序编辑区内会显示出相应的程序，如图 5.4 所示。

也可单击 + 图标按钮，调出一个菜单，再单击相应的命令。例如：单击“Actions”（基本动作）→“Movie Control”（影片控制）→“stop”，如图 5.15 所示，即可加入“stop()”命令。

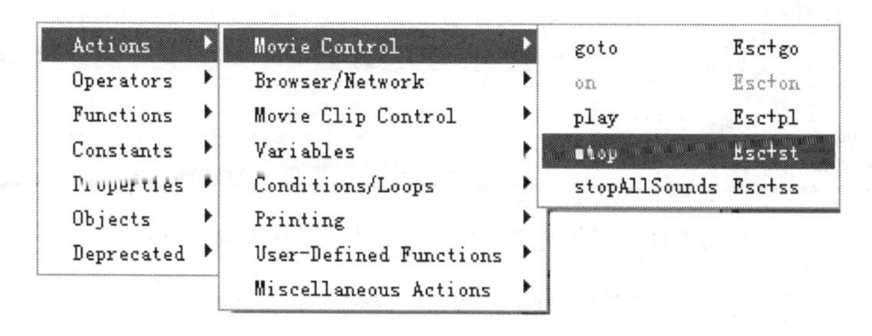

图 5.15　单击 + 图标按钮后调出的菜单

2. 设置按钮、按键的事件与设计动作

利用图 5.3 所示的“动作–按钮”面板可设置按钮事件。其中各选项的作用如下。

（1）按：当鼠标指针移到按钮之上，并单击鼠标左键时。

（2）释放：当鼠标指针移到按钮之上，再松开鼠标左键时。

（3）外部释放：当鼠标指针移到按钮之上，并单击鼠标左键，不松开鼠标左键，将鼠标指针移出按钮范围，再松开鼠标左键时。

（4）按键：当键盘的指定按键被按下时。按键的确定须在其右边的文本框内输入按键的名称，也可以按要设定的按键（文本框内会自动显示出按键的相应名称）。

（5）滑过：当鼠标指针由按钮外面，移到按钮内部时。

（6）滑离：当鼠标指针由按钮内部，移到按钮外边时。

（7）拖过：当鼠标指针移到按钮之上，并单击鼠标左键，不松开鼠标左键，然后将鼠标指针拖曳出按钮范围，接着再拖曳回按钮之上时。

（8）拖离：当鼠标指针移到按钮之上，并单击鼠标左键，不松开鼠标左键，然后把鼠标指针拖曳出按钮范围时。

可以同时选中多个选项，这样在这几个事件中的任意一个发生时都会触发动作的执行。

3. 设置影片剪辑实例的事件与设计动作

将影片剪辑元件从“库”面板中拖曳到舞台时，即完成了一个影片剪辑的实例化，通常将这个对象叫做影片剪辑实例。在舞台中的影片剪辑实例是可以通过鼠标、键盘、帧等的触发而产生事件的，并通过事件来执行一系列动作（即程序）。

将鼠标指针移到舞台中的影片剪辑实例上面，单击鼠标右键，调出快捷菜单，再单击快捷菜单中的“动作”菜单命令，调出“动作–影片剪辑”面板。这个面板与“动作–帧”面板和“动作–按钮”面板的使用方法基本一样。

将“动作–影片剪辑”面板命令选择区的一个命令拖曳到程序编辑区时，Flash MX 会自动在命令上添加一个影片剪辑事件句柄：“onClipEvent()”。单击选中它后，会在“动作–影片剪辑”面板的参数设置区内增加一些单选项，如图 5.16 所示。它们的含义如下。

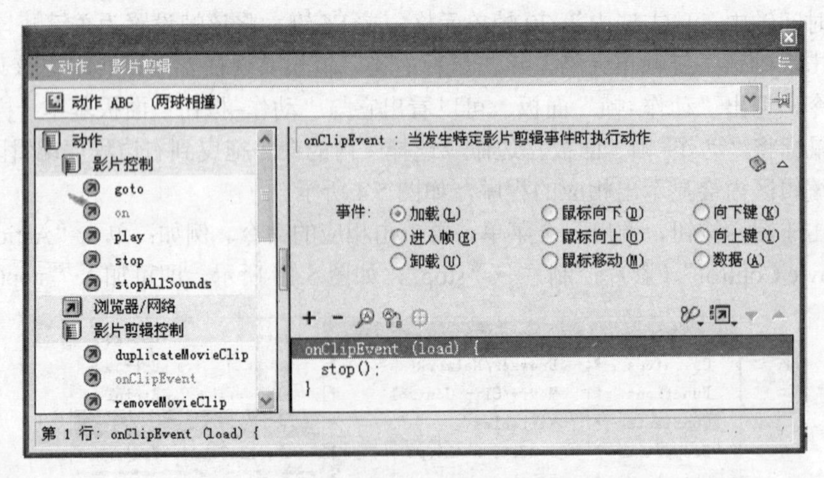

图 5.16 影片剪辑实例的“动作–影片剪辑”面板

（1）加载：当影片剪辑元件下载到舞台中的时候产生事件。

（2）进入帧：当导入帧的时候产生事件。

（3）卸载：当影片剪辑元件从舞台中被卸载的时候产生事件。
（4）鼠标向下：当鼠标左键按下时产生事件。
（5）鼠标向上：当鼠标左键释放时产生事件。
（6）鼠标移动：当鼠标在舞台中移动时产生事件。
（7）向下键：当键盘的某个键按下时产生事件。
（8）向上键：当键盘的某个键释放时产生事件。
（9）数据：当 LoadVariables 或者 LoadMovie 收到了数据变量时产生事件。

5.2　ActionScript 语言

Flash MX 采用类似于 JavaScript 的编程结构和面向对象的编程思想，采用事件驱动，以关键帧、按钮和影片剪辑实例为对象来定义和编写 ActionScript。

5.2.1　ActionScript 语言的常量和变量

常量是程序中不变的量。变量是程序中可以变化的量。通常用变量来保存或改变程序中命令的参数值。

1. 常量

（1）数值型：就是具体的数值。例如 566, 518 和 15.6 等。
（2）字符串型：用引号括起来的一串字符。例如“Flash”、“您好”和“168”等。
（3）逻辑型：用于判断条件是否成立。通常，用“True”或“1”表示真，即成立；用“False”或“0”表示假，即不成立。

2. 变量的命名规则

（1）开头的第一个字符必须是英文字母，不能是非字母，且应避免使用空格和句号等字符。
（2）变量的名称不能使用 ActionScript 的保留字，如 Play, Stop, int 等。
（3）ActionScript 对大小写字母一般不进行识别，应尽量使用具有一定含义的变量名。

3. 变量的特点

（1）变量可以赋值为一个数值、字符串、布尔值、对象、影片剪辑实例。而且，还可以为变量赋一个 Null 值，即空值，它既不是数值 0，也不是空字符串，是什么都没有。例如：

```
n1=6; //给变量 n1 赋值
n2=10; //给变量 n1 赋值
sum=n1+n1; //sum 的值为 16
```

（2）数值型变量都是双精度浮点型。
（3）不必明确地指出或定义变量的类型，Flash 会在变量赋值的时候自动决定变量的类型。在表达式中，Flash 会根据表达式的需要自动改变数据的类型。虽然变量不需要事先定义类型，但最好在电影的第 1 帧定义所有的变量，进行程序的初始化。

4. 定义与使用变量

（1）当为一个变量赋予了影片剪辑实例的数据类型后，就可以通过点操作符来使用这个变量的属性和方法，这些属性和方法都是变量从影片剪辑元件继承过来的。

程序中带“//”符号的语句是注释语句，它可以单独占一行，也可以放在每条语句的最后边。程序中每一条语句的结束处应加“；”号，这与 C 语言和 Java 语言是一样的。

（2）变量的作用范围：Flash MX 的变量分为全局变量和局部变量，全局变量可以在时间轴的所有帧中共享，并可以通过一些外部函数来改变变量的值。而局部变量只在一段代码程序中（在函数的花括弧内）起作用。

图 5.17 “输出”窗口

可以使用 var 命令定义局部变量，例如：“var ab1="中华"”。可以在使用“set variable”命令或者使用赋值号“=”运算符给变量赋值时，定义一个全局变量，例如“ab1=168”。

（3）测试变量的值：可以通过 trace 命令将变量的值传递给“输出”窗口，例如：“trace（ab1）”。播放动画后，会弹出一个“输出”窗口，窗口内会显示变量 ab1 的值 168 和 ab2 的值“中华”，如图 5.17 所示。

（4）用 var 命令来定义一个变量并给它赋值：可以在“动作”面板函数选择区中，选择“Actions”中的 var 命令，并将它拖曳到右边的程序编辑区内，再在参数设置区的“变量”文本框中输入给变量赋值的语句，如图 5.18 所示。

（5）通过“set variable”命令给变量赋值：在“动作”面板函数选择区中，将“Actions”中的“set variable”命令拖曳到右边的程序编辑区内。再在参数设置区的“变量”文本框中输入变量名，在“数值”文本框中输入变量的值，如图 5.19 所示。

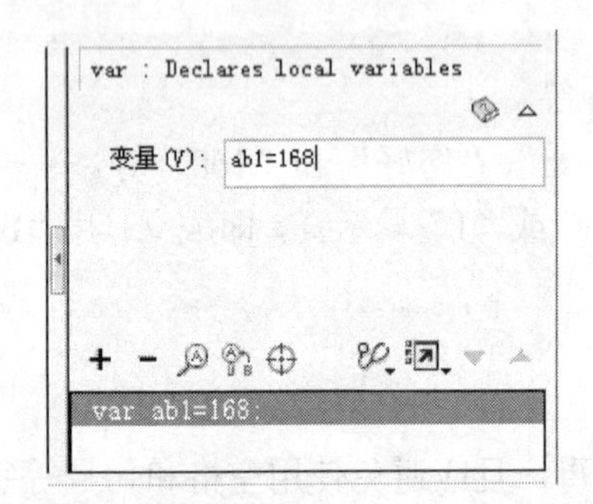

图 5.18 用 var 命令定义一个变量并赋值

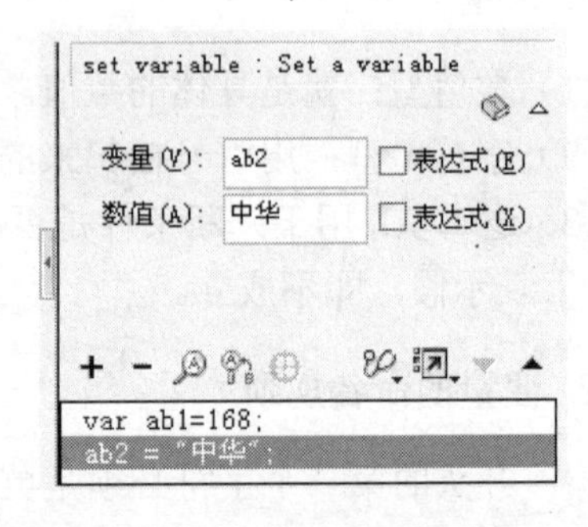

图 5.19 用“set variable”命令定义一个变量并赋值

选中“变量”文本框右边的“表达式”选项，将以“set（variables，value）”形式定义变量和给变量赋值。选中“数值”文本框右边的“表达式”选项，则“数值”文本框中的值可作为一个数值、变量或者表达式，赋给所定义的变量。

5. 文本变量

（1）文本的 3 种类型：静态文本、动态文本和输入文本。利用文本的“属性”面板内的“文本类型”列表框，可以选择文本的类型。选择“动态文本”选项时的“属性”面板如图 5.20 所示，选择“输入文本”选项时的“属性”面板如图 5.21 所示。

图 5.20 选择“动态文本”选项时的“属性”面板

图 5.21　选择“输入文本”选项时的“属性”面板

（2）文本“属性”面板：文本“属性”面板中一些前面没有介绍过的选项的作用简要介绍如下。

- “线条类型”下拉列表框：对于动态文本，有“单行”、“多行”（可以自动换行的多行）和“多行不换行”（不能够自动换行的多行）3 个选项。对于输入文本，其中有 4 个选项，增加了“密码”选项。选择了“密码”选项后，输入的字符不显示，只显示一些“*”。选择“单行”选项，在动画播放后，只可以输入一行字符。选择“多行”选项，在动画播放后，输入字符时可以自动换行。选择“多行不换行”选项，在动画播放后，输入字符并按 Enter 键后，可以换行。
- “将文本呈现为 HTML”图标按钮：选中后，支持 HTML 标记语言的标记符。
- “在文本周围显示边框”图标按钮：选中后，输出的文本周围会有一个矩形边框线。
- “可选”图标按钮：单击它后，允许用鼠标拖曳选择文本，以进行复制、剪贴等编辑。该按钮只在动态文本和静态文本状态下有效。
- “最多字符”文本框：可输入文本中允许的最多字符数量。该文本框只有在输入文本状态下有效。
- “实例名称”文本框：用来输入文本框的实例名称。
- “变量”文本框：用来输入文本框的变量名称，改变该变量的值后，可以改变动态文本框和输入文本框显示的内容。
- “字符”按钮：单击它后，会调出“字符选项”对话框，如图 5.22 左图所示。利用该对话框可以设置只允许输入、输出哪些字符。
- “格式”按钮：单击它后，会调出“格式选项”对话框，如图 5.22 右图所示。利用该对话框可以设置文字的行缩进、行距、左边距和右边距的格式。

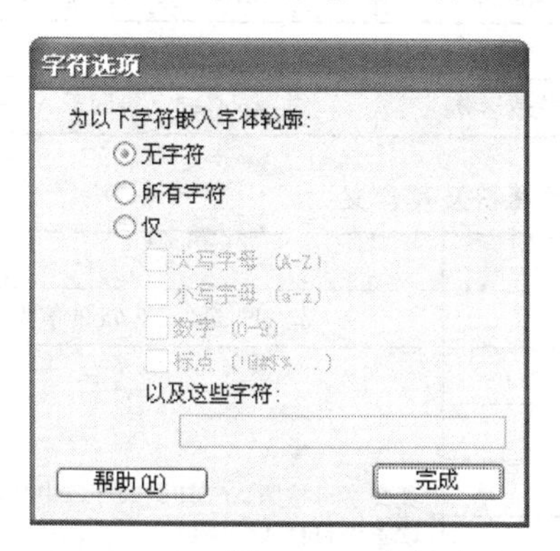

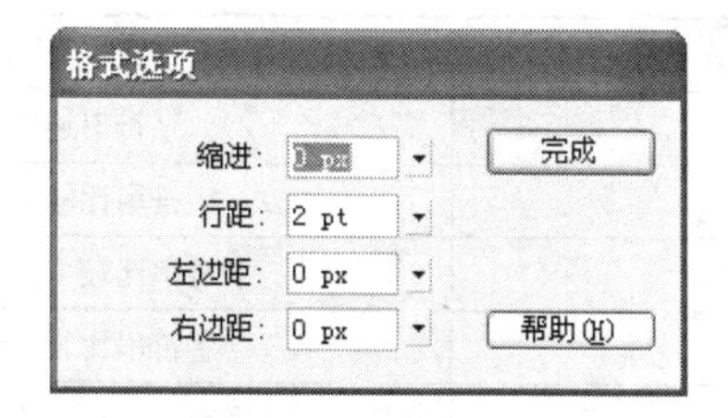

图 5.22　“字符选项”对话框和“格式选项”对话框

5.2.2　运算符、表达式和语句

1. 运算符和表达式

运算符（即操作符）是能够对常量与变量进行运算的符号。在 Flash MX 中提供了大量的运

算符号，包括整数运算符、字符串运算符和二进制数字运算符等。

表达式是用运算符将常量、变量和函数以一定的运算规则组织在一起的式子。表达式可分为 3 种：算术表达式、字符串表达式和逻辑表达式。同级运算按照从左到右的顺序进行。

使用运算符可以在命令的“数值”文本框中直接输入；也可以在命令选择区的“运算”目录中，双击其中一个运算符来输入；还可以单击➕图标按钮，再单击“运算”菜单下的一个运算符。常用的运算符及其含义如表 5.1 到表 5.3 所示（其中“//”是注释符号）。

表 5.1 普通运算符

运 算 符	名 称	举 例	运 算 符	名 称	举 例
!或 not	逻辑非	a=!true; //a 的值为 false	not	逻辑非	b=not a; // 当 a 为 0 时，其值为 true; 当 a 不为 0 时，其值为 false
%	取模	a=21%5; //a=1	*	乘号	5*4; //其值为 20
+	加号、字符串连接	a="abc"+5; //a 的值为 abc5	–	减号	10–6; //其值为 4
++	自加	y++;//相当于 y=y+1	--	自减	y--; //相当于 y=y–1
/	除	9/3; //其值为 3	>	大于	a>1; //当 a=3 时，其值为 true
<>	不等于	a<>5; // a=5 时，其值为 false	<	小于	a<1; //当 a=3 时，其值为 false
<=	小于等于	a<=3; // a=1 时，其值为 true	==	等于	a==3; //当 a=3 时，其值为 true
>=	大于等于	a>=2; //当 a 为 4 时，其值为 true	and 或&&	逻辑与	a and b; //只有当 a 和 b 都为 1 时，其值为 true
!=	不等于	a!=true;//当 a=false 时，其值为 true	or	逻辑或	a or b; //当 a 和 b 中一个不为 0 时，其值为 true

表 5.2 二进制运算和赋值运算符及其含义

<table>
<tr><th>运 算 符</th><th>名 称</th><th>举 例</th></tr>
<tr><td>&</td><td>比特与</td><td>b=5&4; //b 的值为 4，即 101&100 为 100</td></tr>
<tr><td><<</td><td>左移位</td><td>a=5<<1; //5 左移 1 位，a 的值为 10</td></tr>
<tr><td>>></td><td>右移位</td><td>c=4>>1; //4 右移 1 位，c 的值为 2</td></tr>
<tr><td>^</td><td>比特异或</td><td>1^1=0，1^0=1，0^0=0，0^1=1</td></tr>
<tr><td>|</td><td>比特或</td><td>1|1=1，1|0=1，0|0=0，0|1=1</td></tr>
<tr><td>～</td><td>比特非</td><td>～0=1，～1=0</td></tr>
<tr><td>%=、&=、*=、+=、–=、/=、<<=、>>=、>>>=、^=、|=</td><td>赋值运算</td><td>Abc%=5; //等同于 Abc=Abc%5</td></tr>
</table>

表 5.3 字符串运算符及其含义

运 算 符	名 称	举 例
add	字符串连接	a="ab" add"cd"; //a 的值为"abcd"
Eq	字符串比较等于	英文字母按照 ACSII 码顺序，中文按照内码顺序，读者可自行实践验证
Ge	字符串比较大于等于	
Gt	字符串比较大于	
Le	字符串比较小于等于	
Lt	字符串比较小于	
Ne	字符串比较不等于	

2. 语句

首先我们先看一段 ActionScript 程序：

```
var au1="FLASH MX";
au2=50+10;
```

在这段程序中，“var aul="FLASH MX";”就是一条 ActionScript 语句。其中 var 是命令字；au1 是一个变量；“=”是赋值运算符；“FLASH MX”是一个字符串值。每一条语句都必须以“;”结尾。语句组成了 Flash MX 的程序主体。

5.2.3　目标路径和点操作符

1. 层次结构

这里的层次结构是指编程的层次结构，即引用对象的层次结构。

（1）Flash MX 的层次结构的最根本是场景，一个动画可以有很多个场景，每个场景都是一个独立的动画，在动画播放的时候，可以通过设置场景的播放顺序依次播放场景。调出“场景”面板，如图 5.23 所示，通过这个面板可以设置场景的播放顺序。

（2）每个场景之间是无法实现实例对象的互相调用的，所以在制作交互动画的时候，尽量使用一个独立的场景进行编程。

（3）每一个场景的结构都是一样的。每一个舞台工作区可以由许多图层（Layer）组成，每一个图层中的关键帧可以由许多层（Level）组成。层类似于在绘制动画时的图层，但它与图层并不是一个概念。每一个层的上面可以放置不同的影片剪辑实例。层是有严格的顺序的，最底下的层是“层 0”，其上面的层是“层 1”，依次向上，如图 5.24 所示。

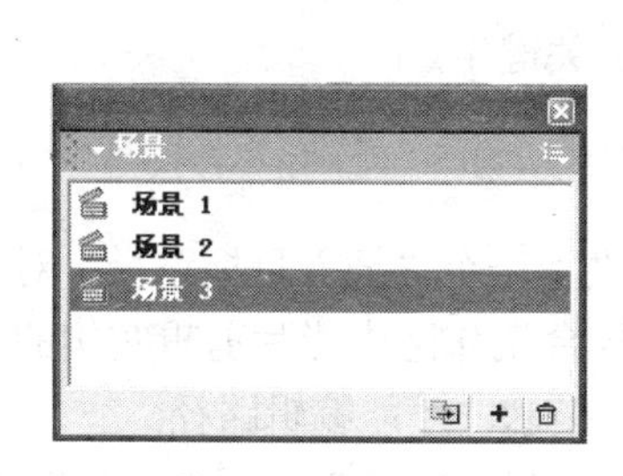

图 5.23　“场景”面板

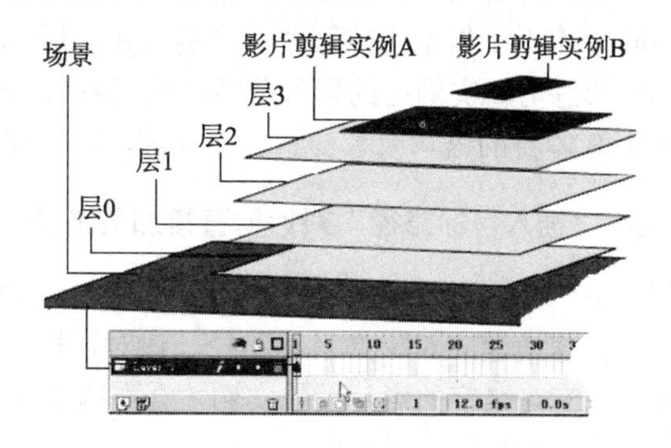

图 5.24　层（Level）的结构

在每一个层上最多只能放置一个实例对象，如果将实例对象放置到有对象的层上，原有对象会被新的对象所替换。每一个影片剪辑元件的舞台工作区也都是由场景和层组成的。

2. 影片剪辑元件的路径关系

在主场景的舞台工作区中放入一个影片剪辑实例 A，影片剪辑实例 A 中有影片剪辑实例 B。如果在主场景中指示影片剪辑实例 A，则路径可写成 A；如果在主场景中指示影片剪辑实例 B，路径可以写成 A.B（使用了点运算符连结两个影片剪辑实例）；如果在影片剪辑实例 A 中指示影片剪辑实例 B，路径可写成 B。

3. 点操作符和 root，_parent，this 关键字

（1）点操作符：在 ActionScript 中，点操作符“.”通常被用来指定与一个对象或影片剪辑实例有关系的属性和方法。它也通常被用来标识一个影片剪辑实例或者变量的目标地址。点操作符的左边是对象或者影片剪辑实例的名称，点操作符的右边是它们的属性或者方法。

（2）_root 关键字：指主场景。使用它来创建绝对路径。

- 在电影的任何位置都可以利用这个关键词来指示主场景中的某个对象。例如：在主场景第 1 帧定义并赋值了一个变量 A，然后在任何的影片剪辑元件中，都可以采用“_root . A”来使用这个变量。又如：在主场景的舞台工作区中加入一个影片剪辑实例，实例名称为“影片 1”，而且这个影片剪辑实例内时间轴上的第 1 帧定义了一个变量 B，那么可以采用“_root . 影片 1 . B”来使用这个变量。
- 如果影片剪辑实例或变量 ab1 位于影片剪辑实例 B 的舞台工作区中，在任何地方调用影片剪辑实例或变量 ab1 时，都可以使用“_root . B . ab1”。
- 这里要特别说明一下：在主场景中，如果舞台工作区中的某个影片剪辑实例上加有程序命令“onMovieClip()”，那么在调用主场景某个帧中的变量时，应使用“_root”。

（3）_parent 关键字：指“父”一级对象。它指定的是一种相对路径。

- 当把新建的一个影片剪辑实例放入到了另一个影片剪辑实例的舞台工作区时，被放入的影片剪辑实例就是“子”，承载对象的影片剪辑实例就是“父”。例如：前面提到的影片剪辑实例 A 中有影片剪辑实例 B，那么 A 相对于 B 来说就是“父”，B 相对于 A 来说是“子”。如果在影片剪辑实例 B 中调用影片剪辑实例 A 的 ab1 变量或实例对象，可使用“_parent.ab1”。
- 在编辑影片剪辑实例 B 的时候，如果想使用影片剪辑实例 A 的“gotoAndPlay（1）”语句，使用的命令是“_parent . gotoAndPlay（1）”。

（4）this 关键字：指示当前影片剪辑实例和变量。它指定的是一种相对路径。例如：“this.ab1”就是指当前影片剪辑实例内的影片剪辑实例或变量 ab1。在影片剪辑实例 A 中，如果想调用影片剪辑实例 B 本身的语句或者变量、属性等，可以使用 this 关键字。

4. 使用“插入目标路径”对话框直接加载路径

在程序中，直接书写目标路径容易出错，Flash MX 提供了一个“插入目标路径”对话框，可以方便、快速地建立对象的目标路径。该对话框只显示舞台工作区中影片剪辑实例的名称，也就是说，只有有名字的影片剪辑实例才会在这个对话框中显示，才能编辑路径。

（1）单击“动作”面板中的⊕图标按钮，即可调出“插入目标路径”对话框，如图 5.25 所示。在专家模式下，任何时候这个图标按钮都是有效的；但是在普通模式下，只有语句中需要说明目标路径的时候，这个图标按钮才会有效。在“插入目标路径”面板中，目标路径的层次结构将显示在目标路径显示区中。

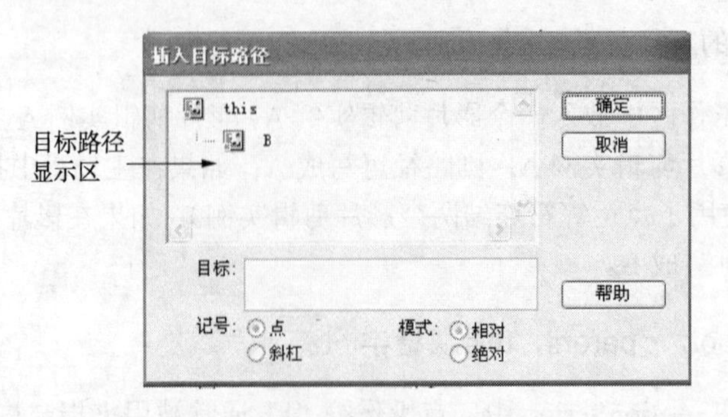

图 5.25 “插入目标路径”对话框

（2）在“记号”选项区中，可以设置目标路径的显示方式，以决定程序使用的目标路径格式是使用点操作符，还是使用斜杠操作符。

（3）在“模式”选项区中，可以设置目标路径结构，是使用相对路径结构，还是使用绝对路径结构指示路径。

（4）在目标路径显示区中，双击某个需要加载的影片剪辑实例名称，对应这个影片剪辑实例的路径将显示在“目标”列表框中，单击“确定”按钮，这个影片剪辑实例的完整路径将自动加在“动作”面板的程序编辑区中。

5. “影片浏览器”面板

“影片浏览器”面板如图 5.26 所示。它用于管理 Flash 电影的所有元素，这些元素包括各种元件、图像、程序、层、帧等。该面板的功能类似 Windows 操作系统中的资源管理器，它通过层状结构将这些元素显示出来，便于资源的管理。事实上，在制作一般的动画时，并不用这个面板，只有在动画或者程序非常大的时候，才使用这个面板。

（1）单击“窗口”→“影片浏览器”菜单命令，可以调出“影片浏览器”面板。

“影片浏览器”面板上各过滤按钮的作用如下。

- A：在元素显示区中显示字体信息、文本信息。
- ：在元素显示区中显示按钮元件、影片剪辑元件、图形元件。
- ：在元素显示区中显示程序代码。
- ：在元素显示区中显示声音和点阵图信息。
- ：在元素显示区中显示帧和层的信息。

（2）单击“影片浏览器”面板上的按钮，可调出“影片管理器设置”对话框，如图 5.27 所示。通过选择该对话框内的复选框，可以决定在“影片浏览器”面板中显示哪些元素。

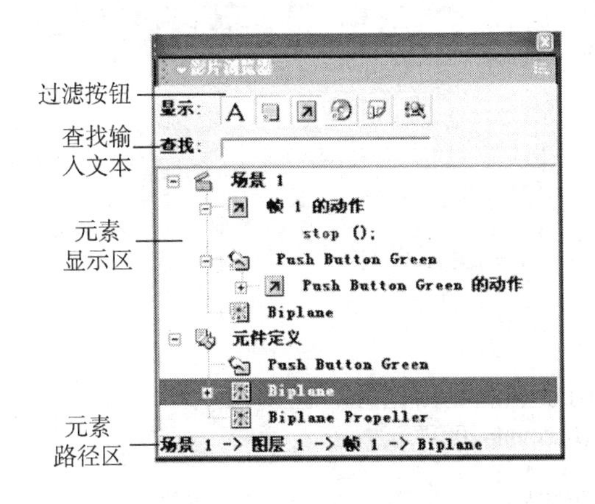

图 5.26 “影片浏览器”面板

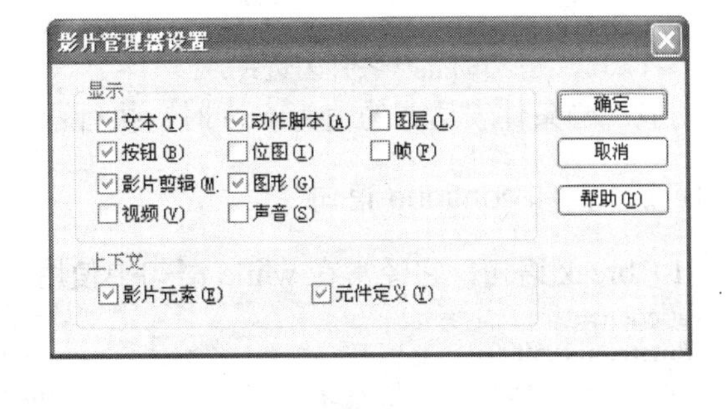

图 5.27 “影片管理器设置”对话框

（3）单击“影片浏览器”面板上的过滤按钮，可以决定元素显示区中显示的内容。

（4）使用“影片浏览器”面板，可以快速定位一个元素，例如要找一个影片剪辑元件，可以在“查找”文本输入框中输入这个影片剪辑实例的名称，按 Enter 键，元素显示栏就会定位在这个影片剪辑实例上。通过元素路径区，可以快速找到这个影片剪辑实例。

（5）在元素显示区中的任意元素上单击鼠标右键，调出快捷菜单或单击面板右上角的按钮，也可以调出快捷菜单。利用该菜单命令，能进行有关的编辑。

5.2.4 分支语句与循环语句

由表达式和一些数据、函数、对象属性或者方法组成了语句。在函数编辑区的“动作”目录中可以选择分支语句和循环语句。

1. if 语句

（1）格式 1：

```
if（条件表达式）{
   语句体}
```

功能：如果条件表达式的值为 true，则执行语句体；如果条件表达式的值为 false，则退出 if 语句，继续执行后面的语句。

（2）格式 2：

```
if（条件表达式）{语句体 1
 }else{语句体 2}
```

功能：如果条件表达式的值为 true，则执行语句体 1；否则执行语句体 2。

（3）格式 3：

```
if（条件表达式 1）{语句体 1
 }else if（条件表达式 2）{语句体 2}
```

功能：如果条件表达式 1 的值为 true，则执行语句体 1。如果条件表达式 1 的值为 false，则判断条件表达式 2 的值，如果其值为 true，则执行语句体 2；如果其值为 false，则退出 if 语句，继续执行 if 后面的语句。

2. while 循环语句

（1）while 循环语句：

```
格式：while（条件表达式）{
              语句体}
```

功能：当条件表达式的值为 true 时，执行语句体，否则退出循环。

（2）do while 循环语句：

```
格式：do{
          语句体
              }while（条件表达式）
```

功能：当条件表达式的值为 true 时，执行语句体，否则退出循环。

3. break 和 continue 语句

（1）break 语句：它经常在 while 语句中使用，用于强制退出循环。例如：

```
var count=1;
while(count<5000){
  count++;
      If(count=200){
      break;}
}//结束循环
```

本程序运行后，count 的值为 200。

（2）continue 语句：强制循环回到 while 开始处。例如：

```
var count=0;
var sum=0;
var x=0
while(count<100){
    x++;
    if((x%5)==0){
      continue;
      }
    sum=sum+x;
}//计算 100 以内的不能被 5 整除的数的和
```

4. for 语句

（1）格式：

```
for(init; condition; next){
   语句体；}
```

（2）功能：for 括号内由三部分组成，每部分都是表达式，用分号隔开，其含义如下。

- init：用于初始化一个变量，它可以是一个表达式，也可以是用逗号分隔的多个表达式。init 总是只执行一次，第一次执行 for 语句时最先执行它。
- condition：用于 for 语句的条件测试，可以是一个条件表达式，当表达式的值为 false 时结束循环。
- next：在每次执行完语句体时执行它。它可以是一个表达式，一般用于计数循环。

举例如下：

```
var count=0;
var x;
for(x=1; x<=100; count++){
    count=count+x;
}
//该程序用于计算 1 到 100 的整数和
```

5. switch 语句

（1）格式：

```
switch(表达式)
  {
   case 结果:
        语句体;
   default:
          默认执行语句体;
  }
```

（2）功能：这是多分支选择语句。通过计算表达式的值，判断它与哪个 case 后面的“结果”值匹配，如果匹配则执行其 case 后面的语句体，直到遇见 break 后，退出 switch 多分支结构。如果没有遇到匹配的值，则执行 default 后面的语句体。

5.2.5 常用的动作指令

这些指令可以从“动作”面板命令选择区的“基本动作”和“动作”目录中找到。

1. 影片控制类指令

（1）stop()指令：停止当前动画的播放，使播放头暂停在当前位置。

（2）play()指令：如果当前动画暂停播放，而且动画没有播放完时，开始继续从当前播放头的位置继续播放动画。

（3）gotoAndPlay([scene,]frame)指令：这条指令指定从某个帧开始播放动画，参数 scene 是设置开始播放的帧所在的场景，如果省略 scene 参数，则默认为当前场景；参数 frame 是指定播放的帧。

（4）gotoAndStop([scene,]frame)指令：这条指令是指定转至某个帧并停止播放动画。

（5）nextFrame()指令：播放下一帧，并停在下一帧。

（6）prevFrame()指令：播放上一帧，并停在上一帧。

（7）nextScene()指令：动画进入下一场景。

（8）prevScene()指令：动画进入上一场景。

（9）stopAllSounds 指令：停止当前动画所有声音的播放，但是动画仍然继续播放。该指令不含参数。

2. setProperty 指令

（1）格式：setProperty(target, property, expression)

（2）功能：用来设置影片剪辑实例的属性。

（3）参数：target 用来设置和改变影片剪辑实例在舞台中的地址路径和实例名称；property

用来设置影片剪辑实例的属性，参看表 5.4；expression 是属性值，可以是一个表达式。

表 5.4 影片剪辑实例的属性表

属性名称	定义
_alpha	透明度，以百分比的形式表示，100%为不透明，0%为透明
_currentframe	当前影片剪辑实例所播放的帧号
_droptarget	返回最后一次拖曳影片剪辑实例的名称
_focusrect	当使用 Tab 键切换焦点时，按钮元件实例是否显示黄色的外框。默认显示是黄色外框，当设置为 0 时，将以按钮元件的 UP 状态来显示
_framesloaded	返回通过网络下载完成的帧的数目，在预下载时用到
_height	影片剪辑实例的高度，以像素为单位
_highquality	影片的视觉质量设置：1 为低，2 为高，3 为最好
_name	返回影片剪辑实例的名称
_quality	返回当前影片的播放质量
_rotation	影片剪辑实例相对于垂直方向旋转的角度
_soundbuftime	Flash 中的声音在播放之前要经过预下载然后播放，这个属性说明预下载的时间
_target	用于指定影片剪辑实例精确的字符串，在使用 Tell Target 时常用到
_totalframes	返回电影或者影片剪辑实例在时间轴上所有帧的数量
_url	返回该.swf 文件的完整路径名称
_visible	设置影片剪辑实例是否显示：1 为显示，0 为隐藏
_width	影片剪辑实例的宽度，以像素为单位
_x	影片剪辑实例的中心点与其所在舞台的左上角之间的水平距离。影片剪辑实例在移动时，会动态地改变这个值，单位是像素。需要配合“信息”面板来使用
_xmouse	返回鼠标指针相对于舞台水平的位置
_xscale	影片剪辑实例相对于其父类实际宽度的百分比
_y	影片剪辑实例的中心点与其所在舞台的左上角之间的垂直距离。影片剪辑元件在移动时，会动态地改变这个值，单位是像素。需要配合“信息”面板来使用
_ymouse	返回鼠标指针相对于舞台垂直的位置
_yscale	影片剪辑实例相对于其父类实际高度的百分比

3. getProperty 指令

（1）格式：getProperty(instancename, property)

（2）功能：用来得到影片剪辑实例属性的值。

（3）参数：括号内的参数 instancename 是舞台工作区中的影片剪辑实例的名称；参数 property 是影片剪辑实例的属性名称。

4. startDrag 和 stopDrag 指令

（1）格式：startDrag 指令有 3 种使用格式。

- 格式 1：startDrag(target)
- 格式 2：startDrag(target, [lock])
- 格式 3：startDrag(target[,lock[,left, top, right, bottom]])

（2）功能：该指令用来设置鼠标拖曳舞台工作区的影片剪辑实例对象。其中 startDrag()是开始拖曳对象，stopDrag()是停止拖曳对象。

（3）参数：target 是要拖曳的对象，lock 参数是是否以锁定中心拖曳，参数 left, top, right 和

bottom 是拖曳的范围。在[]中的参数是可选项。可以通过 startDrag()指令的参数设置区来改变参数，如图 5.28 所示。

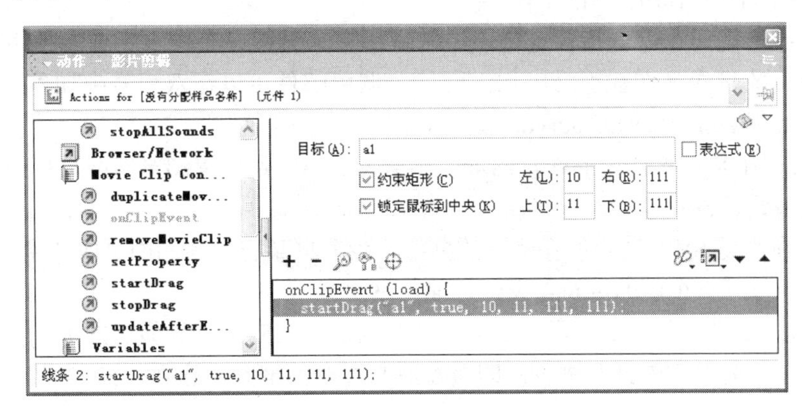

图 5.28　startDrag()指令的参数设置区

（4）stopDrag(target)指令：它没有参数，用来停止拖曳。

5. duplicateMovieClip 指令

（1）格式：duplicateMovieClip(target, newname, depth)

（2）功能：复制一个影片剪辑实例对象到舞台的指定层，并给该实例赋予一个新的实例名称。

（3）参数：target 给出要复制的影片剪辑元件的目标路径；newname 给出新的影片剪辑实例的名称；depth 给出新的影片剪辑元件所在的层号码。

6. removeMovieClip 指令

（1）格式：removeMovieClip(target)

（2）功能：该指令用于删除指定的对象，其中参数 target 是对象的目标地址路径。

7. fscommand 指令

（1）格式：fscommand(command, arguments)

（2）功能：它是 Flash 系统用来支持它的应用程序（指可以播放 Flash 电影的应用程序，如 Flash Player 播放器或安装了插件的浏览器）互相传达指令的工具。在 Web 上，它的典型应用是 Flash 发送指令给程序语言（Javascript 或 VBScript）或程序语言发送指令给 Flash。

（3）使用说明：当使用它向 Flash Player 传递参数，并控制 Flash Player 动画播放的时候，参数 command 是指令字，参数 arguments 是指令字的参数，指令字对应的参数设置见表 5.5。

表 5.5　指令字对应的参数设置

命　令	参　数	使 用 说 明
quit	none	关闭播放程序
fullscreen	true/false	设置 true 后，动画将全屏播放；设置 false 后，动画播放器将回到窗口播放模式
allowscale	true/false	设置 true 后，播放器将以 1∶1 的大小播放动画，也就是说，播放器的窗口变小，则动画也变小相同的比例；设置 false，动画将保持原有的大小，不管播放器窗口如何变化
showmenu	true/false	设置 true 后，在播放器的窗口中，单击鼠标右键，将显示动画控制菜单；设置 false 后，将不会显示控制菜单
exec	应用程序的路径	将参数设置成一个外部应用程序的文件名，播放器将执行外部应用程序
trapallkeys	true/false	设置 true 后，播放器将屏蔽热键；设置 false 后，播放器将使热键有效

8. getURL 指令

（1）格式：getURL(url[, window])

（2）功能：启动一个综合指针定位，经常使用它来调用一个网页，或者使用它来调用一个邮件。调用网页的格式是在双引号中加入网址，调用邮件可以在双引号中加入“mailto:”跟一个邮件地址，如“mailto:Flash@ouryour.com”。

（3）参数：url 是设置调用的网页网址。参数 window 是设置浏览器网页打开的方式，这个参数可以有 4 种设置方式。

- _self：在当前 SWF 动画所在网页的框架，当前框架将被新的网页所替换。
- _blank：打开一个新的浏览器窗口，显示网页。
- _parent：如果浏览器中使用了框架，则在当前框架的上一级显示网页。
- _top：在当前窗口中打开网页，即覆盖原来所有的框架内容。

9. loadMovie 指令

（1）格式 1：loadMovie(url[,target, variables])

- 功能：该指令用来从当前播放的动画外部加载 SWF 动画到指定的位置。
- 参数 url 是被加载外部动画的 url 路径。如果使用 Flash Player 播放动画，或者在 Flash MX 的测试环境测试动画，那么需要将被加载的动画与播放动画放到一个文件夹中，且文件名称不能够包括文件夹或者磁盘驱动器的标识。参数 target 是可选参数，用来指定播放的动画中，哪个影片剪辑实例将被外部加载的动画所替换，被加载的动画将继承被替换掉的影片剪辑元件实例的属性。参数 variable 是可选参数，用来指定传递被加载动画的变量方法，只能使用 GET 和 POST 两个关键字，如果没有变量传递，将自动忽略这两个参数。另外，GET 方法传递变量，是直接将变量连接到 url 的尾部，这样适合小数量的变量传送；POST 方法是将传递变量放到 HTTP 的数据中，适合大数量的变量传递。例如：“loadMovie("loadedSWF.swf"，"replaceMC")”。其中，“loadedSWF.swf”是要加载的外部动画，“replaceMC”是要被外部加载动画所替换的影片剪辑实例名。

（2）格式 2：loadMovieNum(url[,location, variables])

- 功能：与格式 1 的功能相同。
- 参数：location 是可选的参数，用来指定播放的动画中，外部动画将加载到播放动画的哪个层。

10. loadVariables 指令

（1）格式 1：loadVariables(url, target[, variables])

格式 2：loadVariablesNum(url, location[, variables])

（2）功能：从外部的文件读取数据。外部文件可以是文本文件，或者是由 CGI 程序文件、ASP（Active Server Pages）、PHP（Personal Home Page）生成的文本文件。它将这些值赋给动画中的变量。文本格式必须使用标准的 MIME 格式：application/x-www-urlformencoded。

（3）参数：url 是被加载变量的 url 路径名；target 是变量要加载到当前动画的影片剪辑动画实例的名称；location 是变量要加载到当前动画的哪个层。

11. tellTarget 指令

（1）格式：

```
tellTarget(target){
    statement;}
```

（2）功能：用于控制某个指定的影片剪辑实例。

（3）指令参数 target 是要控制的影片剪辑元件的目标路径，使用斜线操作符指示目标路径；参数 statement 是控制影片剪辑元件的指令体。

12. with 指令

（1）格式：

```
with(object){
    statement(s);
}
```

（2）功能：用于控制指定的影片剪辑实例，Flash MX 使用它替换 tellTarget 指令。

（3）指令参数 object 可以是要控制的影片剪辑实例目标路径，使用点操作符指示目标路径；参数 statement 是控制影片剪辑元件的指令体。

```
例如：    on(release){
              with(_root.McBall){
                  GotoAndPlay(20);
              }
          }//通知影片剪辑元件“McBall”，从第 20 帧开始播放动画
```

13. trace 指令

（1）格式：trace（表达式）

（2）功能：将表达式的值传递给“输出”面板，在面板中显示表达式的值。

（3）在某动画的程序中，加入“trace("abcd")”指令，单击“控制”→“测试影片”菜单指令，进入动画的测试界面。当指令“trace("abcd")”执行的时候，将调出“输出”面板，并在该面板中显示字符串“abcd”。

14. “#initclip”和“#endinitclip”

首先在“动作–帧”面板中，添加这两个语句，它们必须成对使用，在这两个语句中间，编写我们的脚本程序，这些脚本程序将会在影片剪辑实例播放前被执行一次。一般来说，在这两个语句中间添加组件的初始化语句，当组件在舞台工作区定义的时候，这些语句被执行一次。

5.3　面向对象的编程

5.3.1　面向对象编程概述

1. 类、对象、属性和方法

在面向对象的编程中，最重要的一个概念就是“类”(class)，类是各种信息的一个集合。打个比喻，用月饼模子可以扣出月饼，每个月饼都继承了模子的属性，比如模子的形状是圆形，那扣出来的月饼就是圆形。月饼模子可以看成是一个“类”，扣出的月饼就是对象，每个对象都继承了类的属性。当然，每个月饼还具有它自己的特有属性，例如，某个月饼的馅是枣泥馅，某个月饼的馅是蛋黄的。所以每个对象还具有自己特殊的属性。

对象对应真实世界中的“东西”：地球、时间、动物等。任何“东西”都具有它的特点和行为，如月饼的大小、月饼馅的种类、月饼的形状这些属性。通过一些方法可以改变这些属性，

如把月饼掰成两半等。

Flash 库中的元件就是“类”，由元件在舞台工作区内产生的影片剪辑实例，通过“属性”面板为一个影片剪辑实例起一个名字，这个过程就是做一次 new 操作，将一个元件对象（类）实例化，产生对象。可以说类的实例就是对象。在面向对象的编程中，对象拥有它的“属性”和“方法”。属性就是一些有特殊用途的变量，方法就是函数，通过函数改变变量的值，也就是改变了对象的属性。

2. “矩形变色”实例分析

（1）新建一个“矩形”影片剪辑元件，在其内绘制一个黄色矩形图形。然后，回到主场景。

（2）将“库”面板中的“矩形”影片剪辑元件拖曳到舞台工作区内，创建一个“矩形”影片剪辑元件的实例，给该实例命名为“juxing”。

（3）使用 Flash MX 的内置对象（也就是类）Color 来实例化一个 myjx 实例。

（4）在舞台工作区中放置一个 Flash MX 系统提供的按钮，给它的“动作–按钮”面板加入如下程序。

```
on(release){
  var myjx=new Color(juxing); //用 new 命令定义了一个实例 myjx
   myjx.setRGB(0xff0000); //其中"0xff0000"是 16 进制数，表示设置红色
}//通过 myjx 的 setRGB 方法改变了 myjx 的颜色属性
```

（5）将创建的 Flash 动画以名称“矩形变色”保存。单击“控制”→“测试影片”菜单指令，单击按钮元件，舞台中的矩形从黄色变成了红色。矩形的颜色属性通过矩形的 setRGB 方法，从黄色变成了红色。

5.3.2 ActionScript 的函数

1. 函数与方法

（1）定义：函数是完成一些特定任务的程序，通过定义函数，就可以在程序中通过调用这些函数来完成具体的任务。函数有利于程序的模块化。方法实际上就是函数，是为了完成对对象属性进行操作的函数。可以通过“Function(){ }”来定义自己需要的函数和方法。例如：在舞台中创建一个输入文本框，其变量名为“text”，在舞台中加入一个按钮元件实例，在按钮元件的程序编辑区内，输入如下程序。

```
on(release){
  function example1(n){
        var temp;
        temp=n*n;
        return temp;
  }
  _root.text=example1(text);
} //计算平方的程序
```

然后，单击“控制”→“测试影片”菜单指令，测试该程序。在输入文本框中输入 3，然后单击按钮元件，输入文本框中会显示 27（3 的三次方是 27）。

（2）函数的返回值：刚才那个函数中的 return 就用来指定返回的值，在指令选择区中选择 return 指令，在 return 指令的参数设置区中的“值”（Value）文本输入框中，输入函数所要返回的变量，这个变量包含着所要返回的值。注意，并非所有的函数都有返回值，有的函数可以通过共享一些变量来传递值，当然也并非所有的函数都有参数。

（3）调用函数的方法：如上个例子中的“text=example1(text)”，直接将文本变量 text 的值作

为参数传递给 example1(n)函数的参数 n。通过函数内部程序的计算，将函数的返回值直接返回到文本变量 text 中。

实际上我们很少自己定义一个函数，Flash MX 所提供的内置函数已经非常丰富。在指令选择区中，单击“Functions”（函数）目录，即出现函数菜单列表，可以选择 Flash MX 的内置函数。

2. 常用的 Flash MX 内置函数介绍

（1）boolean(表达式)：如果表达式是零或字符串时，则函数返回 False；否则返回 true。例如执行“var n=Boolean(−25*2);”后，n 的值为 true。

（2）eval(变量、字符串或表达式)：它可以将括号内的参数进行计算，将计算结果作为变量返回。例如：

```
ab1="china";
ab2="ab1";
text=eval(ab2);
//执行该程序后 text 的值为“china”
```

（3）false 和 true：布尔函数，false 返回布尔值是 false，true 返回布尔值 true。

（4）getProperty(target, property)：得到影片剪辑实例的属性值，其中，target 参数是影片剪辑实例的路径和实例名称，property 是属性。例如，在舞台中，创建一个名字为“sample”的影片剪辑实例（Alpha 值为 50）、一个按钮实例和一个名字为“text”的动态文本框。在按钮实例的程序编辑区内输入如下程序：text=getProperty(_root.sample,_alpha)。

测试电影，单击按钮，文本框中显示 50。

（5）getTimer()：返回影片开始播放以来经过的时间，以秒为单位。

（6）hitTest(target, x, y)：冲突检测函数。这是很有用的一个函数，用来判断目标是否到达指定的坐标。如果到达，则返回 true；如果未到达或者已经离开，则返回 false。target 是所要判断的目标，它可以是一个影片剪辑实例；x 和 y 是指定的坐标值。

例如：在舞台中，创建一个名字为“sample”的红方块影片剪辑实例、一个名字为“text”的动态文本框和一个按钮实例，按钮实例的程序为：

```
text=hitTest("_root.sample", 100, 100);
```

然后测试电影，如果红色方块不位于电影舞台坐标为（100，100）的位置，文本框中将显示 false；反之，文本框中将显示 ture。

（7）int(number)：返回参数 number（变量或者表达式）的整数部分。

（8）maxScroll：返回文本变量中，可能显示到文本框最上面一行内容的行号。

（9）newLine：在字符串中增加一个换行符。例如：text="hello"add newLine add "China"。如果 text 是文本变量，将在文本框中分两行显示：“hello”和“China”。

（10）number(expression)：将表达式以数值方式返回。

（11）parseFloat(string)：函数将字符串参数转换为一个浮点数，再返回该浮点数。当该函数遇到字符串中非数字字符时，则会停止搜索；如果未发现数字，则返回 NaN（非数字）。

例如：执行“n=ParseFloat("1.25abcde")”后，n 的值为 1.25。

（12）parseInt(string, radix)：string 参数根据 radix 参数所给定的数制的基数，进行搜索和转换为十进制数，直至遇到第一个非法字符为止。如果是二进制，则其基数为 2，遇到非 0 和 1 的数时停止搜索。例如：执行“n=parseInt("1a", 16)”后，判断“1a”是 16 进制数，则 n 的值为十进制数 26。执行“n=parseInt("1011a", 2)”后，n 的值为 11。

（13）random(number)：返回[0, number−1）范围内的一个随机数，参数可以是一个变量、数值或者表达式。

（14）scroll：给出文本可视区域中最上面一行的行号。

（15）string(expression)：将表达式的值转换为字符串并将其值返回。

（16）targetPath(movieClip)：返回指定的影片剪辑实例的路径。

（17）字符(string)函数集。

- chr(number)：用来将 number 数值转换成对应的 ASCII 字符。
- mbchr(number)：将多字节的数值转换成对应的 ASCII 字符。
- ord(char)：用来将 char 字符转换成对应的 ASCII 数值。
- mbord(char)：将多字节 char 字符转换成对应的 ASCII 数值。

（18）isFinite(expression)：判断参数值为一个有限大的数值，则返回 true；如果参数值为一个无穷大数或者负无穷大数，则返回 false。经常用于判断数学计算的错误，如除数不为 0。例如，执行“isFinite(56)”，则返回 true。

（19）isNaN(expression)：判断参数的值是否为一个数值，如果不为数值，则返回 true。参数 expression 可以为布尔值、变量或者其他表达式。例如，执行“isNaN("Tree")”，则返回 true，执行“isNaN(56)”，则返回 false。

5.3.3 创建对象的方法与访问对象的属性

1. 创建对象的方法

有两种方法可以创建对象：使用 new 操作符或者使用对象初始化操作符“{}”。后一种方法不常采用，本书都用 new 操作符来创建对象。

“currentDate=new date()”这条语句就是使用了 Flash MX 的日期内置对象（类）来创建了一个新对象（也叫实例化），这里 currentDate 可以使用内置对象 date 的 getDate()等方法和属性。

使用 new 操作符来创建一个对象需要使用构造函数（构造函数是一种简单的函数，它用来创建某一类型的对象）。Actionscript 的内置对象也是一种提前写好的构造函数。

2. 访问对象的属性

可以使用点操作符来访问对象的属性，在点操作符的左边写入对象名，点操作符右边写入要使用的方法或属性。

```
s=new sound(this);
s.setVolume(50);
```

其中，s 是对象，setVolume()是方法，通过点操作符来连接。

5.3.4 Flash MX 的部分内置对象

如果要使用内置对象，可以从指令选择区中的“Objects”（对象）目录中寻找，然后将要使用的对象拖入到程序编辑区中使用。

1. 数组对象

数组对象是一种很常用的 Flash Actionscript 内置对象，在数组元素“[”和“]”之间的名称叫做“索引”（index），数组通常用来储存同一类的数据。

（1）指定你所要使用的对象属性的元素。例如：move[1]="a"; move[2]="b"; move[3]="c"等。

（2）使用 new Array( )创建一个数组对象并赋值。例如：

```
myArray=new Array();
myArray[0]=1;
myArray[1]=2;
myArray[2]=3;
…
```

（3）数组对象的方法如下。

- .concat(array1，…，arrayN)：用来连接 array1 到 arrayN 数组的值。
- .length()：返回数组的长度。

2. Color（颜色）对象

通过 new Color()来实例化一个颜色对象。例如，我们在舞台中创建了一个红色方块的电影剪辑实例，并命名为“sample”。然后使用“myColor=new Color(sample)”语句实例化一个 myColor 对象实例，通过这个实例的一些属性可以得到 sample 影片剪辑实例中红色方块的颜色值。

（1）格式：myColor=new Color()

（2）Color 对象常用的方法如下。

- .getRGB()：得到对象的颜色值。
- .setRGB()：通过括号中的数值设置对象的颜色。

3. Date（时间）对象

Date 对象是将计算机系统的时间填入到对象实例中去。

（1）格式：myDate=new date()

（2）Date 对象的常用方法如下。

- getDay()：返回从 0 到 6，0 代表星期一，1 代表星期二，等等。
- getFullYear()：根据系统时间，返回当前年份，如 2000。
- getHours()：根据系统时间，返回当前小时，值为 0～23。
- getMonth()：根据系统时间，返回当前月份，0 代表一月，1 代表二月等。
- getSeconds()：根据系统时间，返回当前秒数，值为 0～59。
- getTime()：根据系统日期，返回距离 1970 年 1 月 1 日午夜的秒数。

4. key（键盘）对象

Key 对象是一种比较特殊的对象，不需要实例化就可以使用它的方法和属性。

（1）key 对象的常用方法如下。

- key.getAscII()：返回最近一次按键的 ASCII 码。
- key.getCode()：返回最近一个按键的 VirtualKey 码。
- key.isDown()：当键盘上的任意键按下的时候，返回 true 逻辑值。
- key.isToggled()：当小键盘加了字母锁时返回 true。

（2）key 对象的常用属性：key 对象的常用属性如表 5.6 所示。

表 5.6　key 对象的常用属性

key.Backspace	作为一个常量，值为 9	key.capslock	作为一个常量，值为 20
key.control	作为一个常量，值为 17	key.deletekey	作为一个常量，值为 46
key.down	作为一个常量，值为 40	key.end	作为一个常量，值为 35
key.enter	作为一个常量，值为 13	key.escape	作为一个常量，值为 37
key.home	作为一个常量，值为 36	key.insert	作为一个常量，值为 45
key.left	作为一个常量，值为 37	key.pgdn	作为一个常量，值为 34
key.pgup	作为一个常量，值为 33	key.right	作为一个常量，值为 39
key.shift	作为一个常量，值为 16	key.space	作为一个常量，值为 32
key.tab	作为一个常量，值为 9	key.up	作为一个常量，值为 38

5. Math（数学）对象

Math 对象也不需要实例化。Math 对象的常用方法如下。

- math.abs(number)：求 number 的绝对值。
- math.acos(number)：求 number 的反余弦值，返回弧度值。
- math.asin(number)：求 number 的反正弦值，返回弧度值。
- math.atan(number)：求 number 的反正切值，返回弧度值。
- math.ceil(number)：返回大于或等于 number 的最小整数，例如，math.ceil(18.99999)，将返回 19。
- math.cos(number)：返回余弦弧度值。
- math.exp(number)：返回自然数的乘方。
- math.floor(number)：返回小于或等于 number 的最大整数。
- math.log(number)：返回以自然数为底的对数的值。
- math.max(x,y)：返回 x 和 y 中数值大的。
- math.min(x,y)：返回 x 和 y 中数值小的。
- math.pow(base,exponent)：返回 base 的 exponent 次方。
- math.random()：返回一个随机数。
- math.round(number)：四舍五入到最近整数的参数。
- math.sin(number)：返回正弦弧度值。
- math.sqrt()：返回平方根。
- math.tan(number)：返回正切弧度值。

6. mouse（鼠标）对象

鼠标对象不需要实例化，它只有两个方法：mouse.hide()鼠标隐藏和 mouse.show()鼠标显示。

7. string（字符串）对象

在使用 string 之前，必须将 string 对象实例化，然后使用字符串的对象实例进行字符串的连接、分隔、大小写转换。

（1）string 对象的格式：myString=new String("")

例如：下面这两种方法均有效。

```
s1=new String("hello guandain");
s2="hello guandian";
```

（2）string 对象的属性。

length：返回字符串的长度。

（3）string 对象的方法。

- charAt：返回指定索引数字指示的字符，字符的数目从 0 到字符串长度减 1。例如：

```
myString="ABCDEFGHIJK";
mystring.charAt(6);
将返回字母“E”。
```

- Concat：将两个字符串组合成一个新的字符串。

```
例如：myString="ABCDE";
    myString.concat("FGHIJK");
    将返回一个“ABCDEFGHIJK”字符串。
```

- substr(start,length)：从字符串的 start 开始，截取长为 length 的子字符串。

8. sound（声音）对象

使用 new 操作符实例化 sound 对象可采用“mySound=new Sound();”或“mySound=new Sound(target);”命令。如果指定 target（目标），则只对指定的对象起作用；如果没指定 target，则对所有时间轴上的声音对象有控制效果。sound 对象可以不实例化。sound 对象的方法与属性如下。

（1）格式：sound.getVolume()

功能：返回一个 0～100 的整数，0～100 指定了当前声音对象的音量，0 是无音量，100 是最高音量。可以将 sound.getVolume()的值赋给一个变量。它的默认值是 100。

（2）格式：sound.setVolume(n)

功能：用来设置当前声音对象音量的大小。其中参数 n 可以是一个整数值或一个变量，其值为 0～100 之间的整数，0 为无声，100 是最大音量。

（3）格式：sound.stop()

功能：停止当前声音对象的播出。

（4）格式：sound.start()

功能：开始当前声音对象的播放。

（5）格式：mySound.getPan()

功能：这个方法返回一个从–100～100 之间的值，这个值代表左右声道的音量，–100～0 是左声道的值，0～100 是右声道的值。

（6）mySound.attachSound(idName)

功能：这个方法是绑定一个在“库”面板中的声音对象，绑定后就可以用声音的其他方法来控制声音的各个属性了。其中，idName 是指库中声音元件的标识符（即 id）名称，它是在“链接属性”对话框“标识符”文本框中输入的，不是声音元件的名字。

在“库”面板中的声音元件上，单击鼠标右键，调出快捷菜单，单击“连接”菜单命令，可调出如图 5.29 所示的“链接属性”对话框。在“标识符”文本框内输入元件的标识符名称，再选择复选框，需要的话还应该在“URL”文本框内输入 URL 数据，单击“确定”按钮退出。

图 5.29　“链接属性”对话框

（7）格式：mySound.getTransform()

功能：返回声音变化的属性值，其中属性包括 ll（控制左声道进入左扬声器的音量）、lr（控制右声道进入左扬声器的音量）、rr（控制右声道进入右扬声器的音量）、rl（控制左声道进入右扬声器的音量）。它们的取值为–100～100。

通过下面的公式可以计算左右音量的大小：左输出=左输入*ll+右输入*lr，右输出=右输入*rr+左输入*rl。如果不指定这几个属性，系统默认为：ll=100，lr=0，rr=100，rl=0。

（8）格式：mySound.setTransform(sxform)

功能：用来设置声音对象的属性，其中 sxform 是一个使用对象创建的对象名称。通过对象创建一个声音对象模型，然后通过这个模型设置 mySound 对象的 4 个属性。

例如：

```
xSound1=new Object();
xSound1.ll=100;
xSound1.lr=100;
xSound1.rr=0;
xSound1.rl=0;
```

9. MovieClip（影片剪辑）对象

MovieClip 实例本身就是一个对象，可以将影片剪辑实例当做一个独立的动画加以控制。例如，在主场景舞台工作区中，有一个影片剪辑实例“myMC1”，利用下面的 MovieClip 对象的方法将会独立控制这个影片剪辑实例，如控制影片剪辑实例的播放 myMC1.play()。

设置当前影片剪辑实例名称为“MC1”，“MC1”对象的方法介绍如下。

（1）MC1.attachMovie(idName,newname,depth)：绑定一个影片剪辑元件，这个影片剪辑元件位于 Flash 库中，同时它是一个被共享的元件。参数 idName 是需要绑定的对象名，也就是被共享的元件名称，参数 newname 是绑定的对象被赋予的新的实例名称。

（2）MC1.dupicateMovieClip(newname,depth)：复制“MC1”影片剪辑实例对象到动画对象的指定级层数，并给新的实例赋予一个新的实例名称。参数“newname”是新的实例名称，参数 depth 是级层数。

（3）MC1.getURL(URL[,window,variables])：一个超级链接。参数 window 是设置浏览器网页打开的方式，这个参数可以有 4 种设置方式。

- _self：在当前 SWF 动画所在网页的框架，当前框架将被新的网页所替换。
- _blank：打开一个新的浏览器窗口，显示网页。
- _parent：如果浏览器中使用了框架，则在当前框架的上一级显示网页。
- _top：在当前窗口中打开网页，即覆盖原来所有的框架内容。

参数 variables 是可选的参数，用来指定传递被加载动画变量的方法，只能使用两个关键字：GET 和 POST。如果没有变量传递，将自动忽略这两个参数。用 GET 方法传递变量是直接将变量连接到 URL 的尾部，这适合于小数量的变量传送；用 POST 方法传递变量是将变量放到 HTTP 的数据中，这适合于大数量的变量传递。

（4）MC1.gotoAndPlay(frame)：跳转到指定帧，并播放。参数 frame 用来设置从第几帧开始播放。

（5）MC1.gotoAndStop(frame)：跳转到指定帧，并停止播放。参数 frame 用来设置跳转到的帧号。

（6）MC1.loadMovie(URL[,variables])：从当前播放的动画外部加载 SWF 动画。

参数 URL 是被加载外部动画的 URL 路径，如果使用 Flash Player 播放动画，或者在 Flash MX 的测试环境测试动画，那么需要将被加载的动画与播放动画放到一个文件夹中，且文件名称不能够包括文件夹或者磁盘驱动器的标识。可选参数 variables 的用法参见前文。

（7）MC1.loadVariables()：从外部的文件读取数据。外部文件可以是文本文件，或者由 CGI 脚本文件、ASP（Active Server Pages）、PHP（Personal Home Page）生成的文本，并将这些值赋给动画中的变量。文本格式必须使用标准的 MIME 格式：application/x-www-URLformencoded。参数 URL 是被加载变量的 URL 路径名，参数 target 是变量要加载到当前动画的影片剪辑实例的名称。参数 variables 与 LoadMovie()语句中的参数 variables 的使用方法相同。

（8）MC1.nextFrame()：播放下一帧。

（9）MC1.play()：播放当前动画对象，播放到动画的最后时，跳回动画的开始部分继续播放。

（10）MC1.prevFrame()：播放前一帧。

（11）MC1.removeMovieClip()：删除用 duplicateMovieClip 创建的影片剪辑实例。

（12）MC1.startDrag([lock,left,right,top,bottom])；开始拖曳影片剪辑实例“MC1”。lock 参数是否以锁定中心拖曳，参数 left、top、right 和 bottom 是拖曳的范围。在[ ]中的参数是可选项。

（13）MC1.stop()：停止动画对象的播放。

（14）MC1.stopDrag()：停止拖曳。

（15）MC1.unloadMovie()：卸载由 loadMovie 调入的影片剪辑实例。

（16）MC1.createEmptyMovieClip(参数 1，参数 2)：用来在 MC1 所指定的影片剪辑实例的层上创建一个新的影片剪辑实例。参数 1 是指定创建的新的影片剪辑实例的名称，是个字符串值；参数 2 是这个被创建的影片剪辑实例的层号。

10. MovieClip 对象的绘图方法

（1）lineTo 方法

- 语法结构：myMovieClip.lineTo(x,y)
- 参数说明：x 是个整型的变量值，用来指定横坐标，这个坐标的原点与 myMovieClip 影片剪辑实例所在的上一级影片剪辑实例的注册原点相关。y 也是个整型的变量值，用来指定纵坐标，它的原点同样与 myMovieClip 影片剪辑实例所在的上一级影片剪辑实例的注册点相关。
- 这种方法只适用 Flash MX 的 Flash Player 6 播放器。
- 说明：使用当前设定的线风格和坐标位置，绘制一条线，线的起始位置为当前坐标位置，线的终点为 x,y 设定的坐标位置。如果绘制的影片剪辑实例中含有使用绘图工具绘制的图形内容，那么使用绘图方法绘制的内容将会被这些图形覆盖。如果没有指明坐标参数，则方法将会调用失败，影片剪辑实例不会发生改变。

（2）moveTo 方法

- 语法结构：myMoiveClip.moveTo(x,y)
- 参数说明：x,y 的含义参见 Lineto 方法。
- 说明：移动当前坐标点的位置。如果函数调用错误，则当前坐标点不会发生变化。

（3）lineStyle 方法

- 语法结构：myMovieClip.lineStyle(参数 1，参数 2，参数 3)
- 参数说明：参数 1 用来设定当前线的粗细程度，是个整型的变量值，值的有效范围为 0～255，如果将这个参数赋予 undefined 类型，则线将不会被绘制。如果参数的值小于 0，则按 0 处理，如果参数大于 255，则按 255 处理。参数值为 0 时，线最细，参数值为 255 时，线最粗。参数 2 是线的颜色，是一个可选的参数，参数值为一个十六进制的值，如红色为 0xFF0000，如果这个参数被忽略，则使用黑色 0x000000 绘制。参数 3 是个可选的参数，指明第 2 个参数颜色的透明度，值的有效范围为 0～100。
- 说明：这种方法用来指明当前绘制线的风格，包括线的粗细、线的颜色及颜色的透明度。可以在绘制线的过程中通过改变参数，实现绘制风格的变化。
- 实例：绘制一个线粗为 5 个点的绿色三角形。

```
_root.createEmptyMovieClip("myMovieClip",1);
with(_root.myMovieClip)
```

```
{
    lineStyle(5,0x00ff00,100);
    moveTo(200,200);
    lineTo(300,300);
    lineTo(100,300);
    lineTo(200,200);
}
```

（4）clear 方法

- 语法结构：myMovieClip.clear()
- 参数说明：没有参数。
- 说明：用来清除所有通过 myMovieClip 对象绘制的内容和所有设定的绘制风格。

（5）beginFill 方法

- 语法结构：beginFill(参数 1，参数 2)
- 参数说明：参数 1 为可选参数，用来指明填充的颜色，使用十六进制值，如果这个值被忽略，则不进行填充处理；参数 2 为可选参数，用来指明填充颜色的透明度，取值范围为 0～100。
- 说明：开始填充一个闭合的绘图路径，使用 endFill()方法结束填充，那么结束填充后的闭合路径将不会被填充。
- 实例：绘制一个边框为 5 个点粗细，边框为绿色的红色实心三角形。

```
_root.createEmptyMovieClip("myMovieClip",1);
with(_root.myMovieClip)
{
    beginFill(0xff0000,100);
    lineStyle(5,0x00ff00,100);
    moveTo(200,200);
    lineTo(300,300);
    lineTo(100,300);
    lineTo(200,200);
}
```

（6）endFill 方法

- 语法结构：endFill()
- 参数说明：没有参数。
- 说明：结束填充设定，在 beginFill 方法后，所有封闭的绘图路径都会被填充由 beginFill 方法设定的风格，使用 endFill 可以结束填充。

（7）beginGradientFill 方法

- 语法结构：beginGradientFill(参数 1，参数 2，参数 3，参数 4，参数 5)
- 参数说明：参数 1 是字符串常数，必须设置为“linear”或者“radial”，“linear”表示线性填充，“radial”表示径向填充。参数 2 是一个数组，这个数组的元素表示了在渐变过程中的填充颜色，使用十六进制表示，如 0xFF0000 为红色。参数 3 是一个数组，用来表示对应参数 2 中的颜色的透明度，取值范围为 0～100，如果取值小于 0，则按 0 处理，如果取值大于 100，则按 100 处理。参数 4 是一个数组，用来表示对应参数 2 中的每个颜色的占有率，一个渐变的过程可以分为 255 等份，从左到右为 0～255。如图 5.30 所示，红色占 0，蓝色占 255；如图 5.31 所示，红色约占 150，蓝色占 255。

图 5.30 渐变颜色的分布　　　　图 5.31 渐变颜色的分布

参数 5 是一个数组，用来设置渐变颜色的范围、缩放、旋转、扭曲。数组的第 1 个元素必须是“matrixType:"box"”，用来设置渐变属性的类型；第 2 个数组元素指明颜色起始点 x，这个坐标值与绘制的影片剪辑实例所在的父影片剪辑实例相关，父影片剪辑实例的注册原点为原点；第 3 个数组元素指明起始点的 y 坐标；第 4 个数组元素指明渐变色范围的宽度；第 5 个数组元素指明渐变色范围的高度；最后一个数组元素指明渐变色的旋转角度，使用弧度计算，常用的格式如：{matrixType:"box", x:100, y:100, w:200, h:200, r:(45/180)*Math.PI}。

参数 5 数组的另一种格式是：matrix={a:200, b:0, c:0, d:0, e:200, f:0, g:200, h:200, i:1}。其中，a, b, c, d, e, f, g, h, i 表示矩阵的九个点，“：”右边是它们相应的数值。

- 实例 1：创建一个红黄渐变的正方形。

```
_root.createEmptyMovieClip("grad", 1);
with(_root.grad)
{
    colors=[0xFF0000, 0Xffff00];
    alphas=[100, 100];
    ratios=[100, 0xFF];
    matrix={a:200, b:0, c:0, d:0, e:200, f:0, g:200, h:200, i:1};
    beginGradientFill("linear", colors, alphas, ratios, matrix);
    moveto(100,100);
    lineto(100,300);
    lineto(300,300);
    lineto(300,100);
    lineto(100,100);
    endFill();
}
```

- 实例 2：创建一个红黄渐变的正方形。红黄渐变的填充色倾斜 45°。

将上边的“matrix={a:200,b:0,c:0,d:0,e:200,f:0,g:200,h:200,i:1}”语句更换为“{matrixType:"box", x:100, y:100, w:200, h:200, r:(45/180)*Math.PI}”。

实例 1 和实例 2 执行后的效果图分别如图 5.32 左图和右图所示。

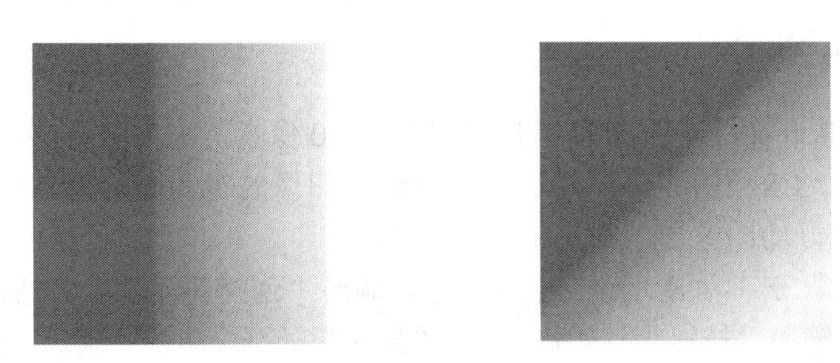

图 5.32　实例 1 和实例 2 执行后的效果图

5.4　制作交互式动画实例

实例 29　图像浏览 1

“图像浏览 1”动画播放后，屏幕显示 6 个图像按钮和一个图像框，如图 5.33 所示。当鼠标指针经过“1”按钮时，会发现“1”按钮中的“1”字颜色发生了变化，同时在按钮上边显示一幅图像，如图 5.34 所示。当单击“1”按钮时，会发现“1”按钮中的“1”字颜色又发生了变化，同时在按钮上边显示另一幅图像，如图 5.35 所示。

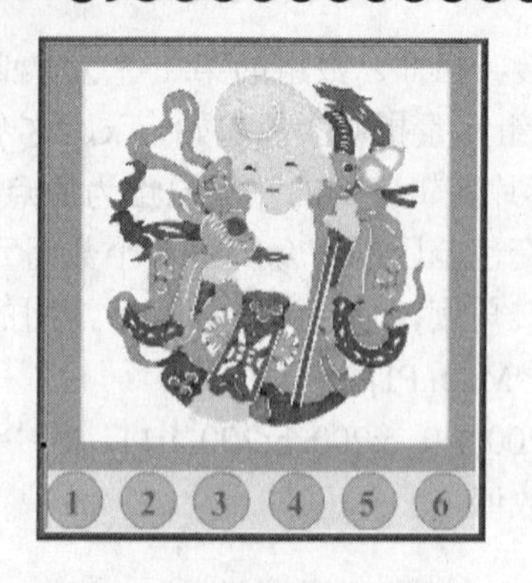

图 5.33　按钮弹起的画面

图 5.34　指针经过“1”按钮

图 5.35　单击“1”按钮

当鼠标指针经过或单击“2”、“3”、“4”、“5”和“6”按钮时，会发现按钮中数字的颜色发生变化，同时在按钮上边显示不同的图像，部分效果如图 5.36 所示。通过学习该实例，可以掌握制作按钮元件的基本方法。该动画的制作方法如下。

图 5.36　鼠标指针经过“2”、“3”和“6”按钮时的画面

1. 制作按钮元件

（1）新建一个 Flash 文档，设置舞台工作区宽为 240 像素，高为 260 像素，背景色为黄色。

（2）在 Photoshop CS2 中加工 13 幅图像，使这些图像的宽和高均为 200 像素。回到 Flash MX，将这 13 幅加工好的图像导入到“库”面板中。

（3）单击“插入”→“新建元件”菜单命令，调出“创建新元件”对话框。在该对话框内的“名称”文本框中输入“按钮 1”文字，选择“按钮”类型。单击“确定”按钮，切换到“按钮 1”按钮元件的编辑状态。

（4）单击选中“弹起”帧，在“图层 1”图层下边创建一个名称为“图层 2”的图层。选中“图层 2”图层“弹起”帧，绘制一个金黄色圆形图形，它的宽和高均为 30 像素。单击选中“图层 1”图层第 1 帧，输入红色、Times New Roman 字体、30 磅、加粗文字“1”，使它位于金黄色圆形内的正中间。还可以给该文字填加滤镜效果。

（5）单击选中“图层 1”图层“指针经过”帧，按 F6 键，创建一个关键帧。将文字的颜色改为蓝色。单击选中“图层 1”图层“按下”帧，按 F6 键，创建一个关键帧。将文字的颜色改为绿色。

按钮响应区域由“点击”帧的图像（即圆形图形）来决定。

（6）单击元件编辑窗口中的 ⇦ 按钮，回到主场景。

（7）鼠标右键单击“库”面板内的“按钮 1”元件，调出它的快捷菜单，单击该菜单中的“复制”菜单命令，调出“复制元件”对话框，如图 5.37 所示。在其内的“名称”文本框中输入“按钮 2”，再单击“确定”按钮，即可在“库”面板中复制一个名称为“按钮 2”的按钮元件。

图 5.37 “复制按钮”对话框

（8）按照上述方法，在“库”面板复制“按钮 3”，…，“按钮 6”按钮元件。

2. 制作动画和修改按钮元件

（1）选中“图层 1”图层第 1 帧，制作一个矩形框架图形，将“库”面板内的“背景图像”图像拖曳到框架图像内，再将“库”面板中“按钮 1”等 6 个按钮元件拖曳到框架图像的下边，如图 5.33 所示。

（2）双击舞台工作区中的“按钮 1”按钮，进入它的编辑状态，选中“指针经过”帧，将“库”面板中的“1–1”图像拖曳到框架图像内，如图 5.38 左图所示；选中“指针经过”帧时，将“库”面板中的“1–2”图像拖曳到框架图像内，如图 5.38 右图所示。

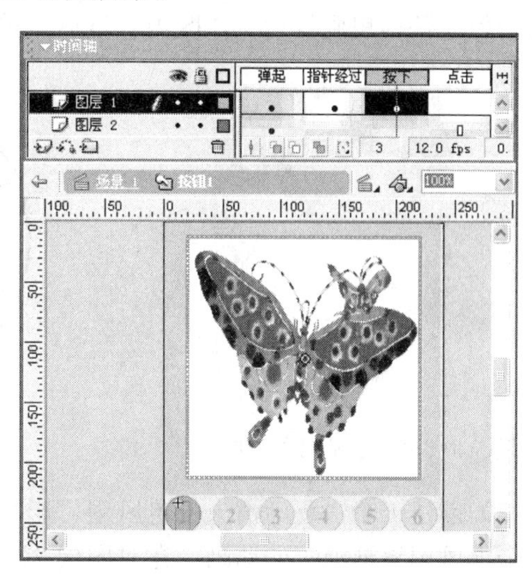

图 5.38 “按钮 1”按钮元件的编辑状态

（3）单击元件编辑窗口中的⇦按钮，回到主场景。

（4）按照上述方法，修改“按钮 2”，…，“按钮 6”按钮。注意：在修改按钮时，除了要导入 2 幅图像外，还要修改按钮上的数字。

实例 30　鼠标控制的电风扇

“鼠标控制的电风扇”动画播放后，屏幕显示一个电风扇图形，如图 5.39 左图所示。将鼠标指针移到电风扇图形之上后，鼠标指针变为小手状，电风扇的扇叶开始转动，如图 5.39 中图所示。单击鼠标左键后，电风扇会慢慢消失，同时逐渐显示“转动的电风扇”文字，如图 5.39 右图所示。当鼠标指针移出电风扇之后，电风扇又停止转动。该动画的制作方法如下。

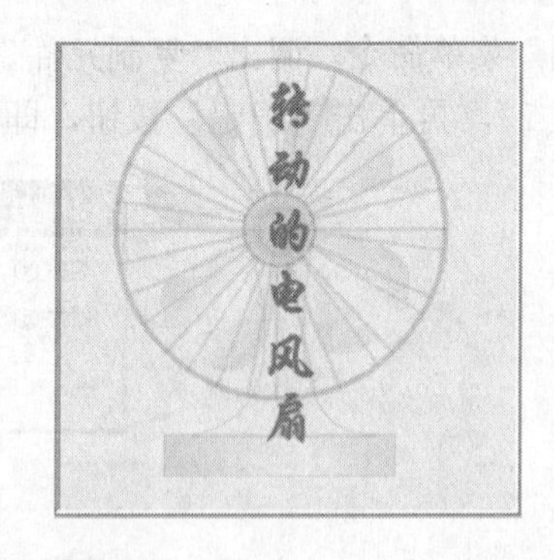

图 5.39 “鼠标控制的电风扇”动画播放后的 3 幅画面

1. 制作影片剪辑元件

（1）创建一个“转动的扇叶”影片剪辑元件，其内是一个可以顺时针旋转的扇叶动画，该动画的一幅画面如图 5.40 所示。这个动画由读者自行完成。然后，单击元件编辑窗口中的⇦按钮，回到主场景。

（2）创建一个“电风扇”影片剪辑元件，在“图层 1”图层第 1 帧的舞台工作区内绘制如图 5.41 左图所示的电风扇框架图形；在“图层 2”图层第 1 帧的舞台工作区内绘制如图 5.41 右图所示的电风扇后框架和座图像；选中“图层 3”图层第 1 帧，将“库”面板内的“转动的扇叶”影片剪辑元件拖曳到舞台工作区内。然后，单击元件编辑窗口中的⇦按钮，回到主场景。

图 5.40 顺时针旋转的扇叶

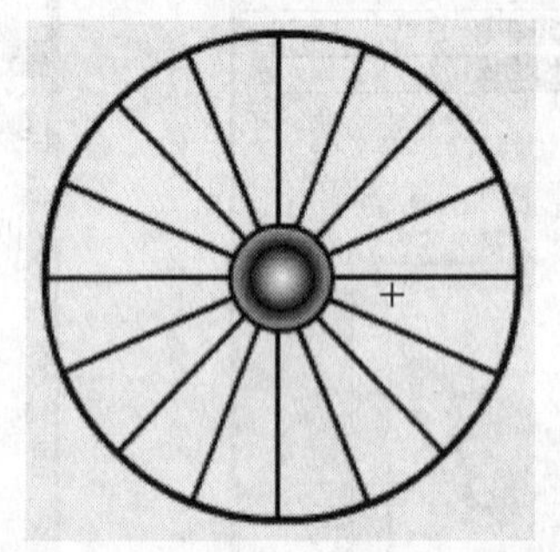
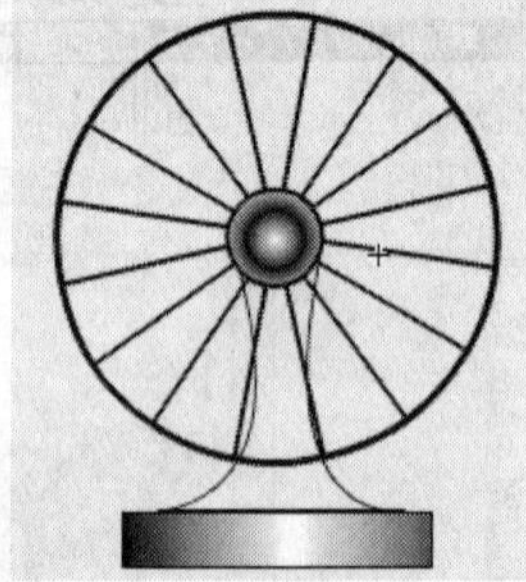

图 5.41 电风扇框架和座图形

（3）创建一个“逐渐消失的电风扇”影片剪辑元件，在“图层 1”图层第 1 帧到第 60 帧创建一个电风扇逐渐消失的动画；在“图层 2”图层第 1 帧到第 60 帧创建一个“转动的电风扇”文字逐渐显示的动画。然后，单击元件编辑窗口中的⇦按钮，回到主场景。

上述三个影片剪辑元件中的动画和图形由读者自行完成。

（4）将“库”面板内的“电风扇”影片剪辑元件拖曳到舞台工作区内，单击“文件”→“导出”→“导出图像”菜单命令，调出“导出图像”对话框，利用该对话框将当前 Flash 文档第 1 帧的画面以“电风扇图像.jpg”输出，然后将该图像导入到“库”面板中。

（5）将舞台工作区内的“电风扇”影片剪辑元件实例删除。

2. 制作按钮元件和动画

（1）单击“插入”→“新建元件”菜单命令，调出“创建新元件”对话框。在该对话框内的“名称”文本框中输入“按钮 1”文字，选择“按钮”类型。单击“确定”按钮，进入“按钮 1”按钮元件的编辑状态。

（2）选中“弹起”帧，将“库”面板内的“电风扇图像”图像拖曳到舞台工作区内的正中心处，然后，将该图像的白色背景删除，再将该图像组成组合。

（3）选中“指针经过”帧，按 F7 键，创建一个空关键帧，将“库”面板内的“电风扇”影片剪辑元件拖曳到舞台工作区内的正中心。单击元件编辑窗口中的⇦按钮，回到主场景。

（4）单击选中“按下”帧，按 F7 键，创建一个空关键帧。然后，将“库”面板内的“逐渐消失的电风扇”影片剪辑元件拖曳到舞台工作区内的正中心。单击元件编辑窗口中的⇦按钮，回到主场景。

（5）选中“图层 1”图层第 1 帧，将“库”面板中的“按钮 1”按钮拖曳到舞台工作区内的正中心。

实例 31　按钮控制电风扇

“按钮控制电风扇”动画播放后显示一个电风扇和两个按钮，如图 5.42 左图所示。单击“播放”按钮▶，即可看到电风扇开始转动，如图 5.42 右图所示。单击“停止”按钮■，电风扇停止转动，回到原始状态，如图 5.42 左图所示。该动画的两种制作方法如下。

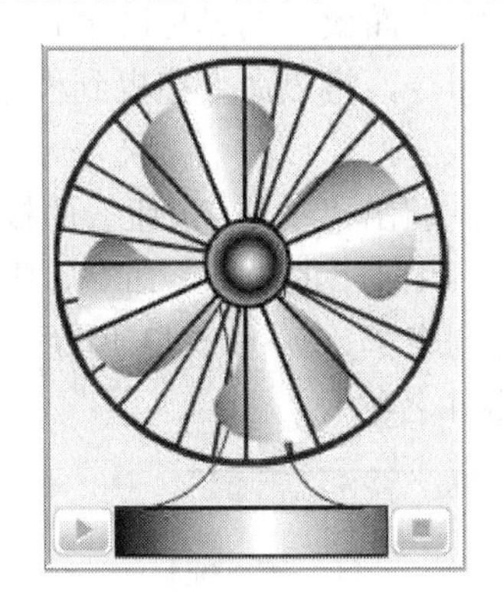

图 5.42 “按钮控制电风扇”动画播放后的 2 幅画面

1. 方法 1

（1）设置舞台工作区的宽为 190 像素，高为 250 像素，背景色为黄色。将它保存为名称是“按钮控制电风扇 1.fla”的 Flash 文件。

（2）单击“导入”→“作为库打开”菜单命令，调出“作为库打开”对话框，利用该对话框打开实例 30“鼠标控制的电风扇.fla”Flash 文档的“库”面板。

（3）将实例 30 的 Flash 文档“库”面板内的“电风扇”影片剪辑元件和“电风扇图像”图像拖曳到本实例文档的舞台工作区内。此时，本实例文档的“库”面板内会自动添加“电风扇”影片剪辑元件和“电风扇图像”图像。

（4）将“图层 1”图层的名称改为“电风扇”，选中“电风扇”图层第 2 帧，按 F6 键，创建一个关键帧。将“电风扇”图层第 1 帧内的“电风扇”影片剪辑实例删除，将“电风扇”图层第 2 帧内的“电风扇图像”图像删除。

（5）在“电风扇”图层之上创建一个“按钮”图层。选中“按钮”图层第 1 帧，将按钮公用库中的两个按钮元件■和▶，分别拖曳到舞台工作区内，形成两个按钮实例，调整按钮的大小和位置，如图 5.42 所示。

（6）选中“按钮”图层第 2 帧，按 F5 键，创建一个普通帧。

（7）单击选中“停止”按钮■，在其“属性”面板的“实例名称”文本框中输入按钮实例的名称“ANSTOP”。采用相同的方法，给“播放”按钮实例命名为“ANPLAY”。

（8）单击选中“按钮”图层第 1 帧，调出“动作–帧”面板，选择专家模式。在“动作–帧”面板右边的程序编辑区内输入如下程序。

```
stop()
ANPLAY.onPress=function(){
      gotoAndStop(1);  //转至第 1 帧停止
}
ANSTOP.onPress=function(){
      gotoAndStop(2);  //转至第 2 帧停止
}
```

在给舞台工作区中的一个按钮元件编写事件代码的时候，可以将所有的语句都集中到一个关键帧中，此时应给按钮实例命名（例如：“ANPLAY”）。按钮实例事件的书写格式如下。

ANPLAY.onPress=function(){//响应事件的语句体}。

2. 方法 2

（1）前 6 步操作方法与方法 1 中的操作方法一样。

（2）单击选中“按钮”图层第 1 帧，调出“动作–帧”面板，选择标准模式。在该面板内左边的命令列表区内选中“影片控制”目录下的“stop”命令，将该命令拖曳到程序编辑区内，相当于在程序编辑区内输入了“stop();”命令。

（3）单击选中“按钮”图层第 1 帧内右边的按钮，调出“动作–按钮”面板，选择标准模式。在该面板内左边的命令列表区内选中“影片控制”目录下的“on”命令，将该命令拖曳到程序编辑区内，会自动出现一个按钮事件名称选择的列表框，如图 5.43 所示。双击列表框内的“release”命令，即可在小括号内添加“release”事件名称。

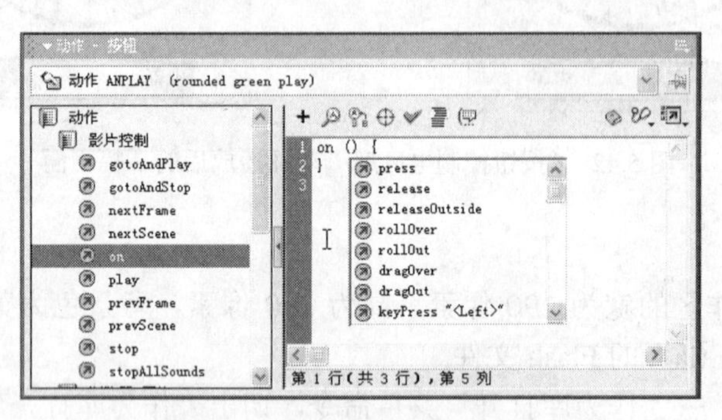

图 5.43 “动作–按钮”面板

（4）单击“}”左边，将光标定位在“}”左边，将“gotoAndStop”命令拖曳到程序编辑区内，再在“()”内输入 1，如图 5.44 所示。

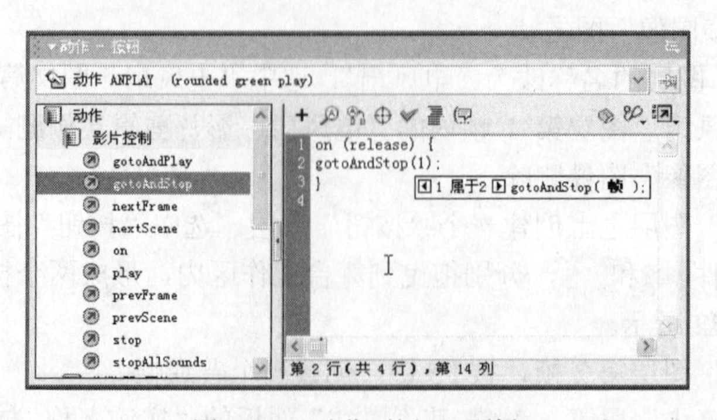

图 5.44 “动作–按钮”面板

此时，“动作–按钮”面板程序编辑区内的程序如下。

```
on (release) {
  gotoAndStop(1);
}
```

（5）用鼠标拖曳选中“动作–按钮”面板程序编辑区内的所有程序，单击鼠标右键，调出它的快捷菜单，单击该菜单中的“拷贝”菜单命令，将程序复制到剪贴板中。

（6）单击选中“按钮”图层第 1 帧内左边的按钮，调出“动作–按钮”面板。将鼠标指针移到程序编辑区内，单击鼠标右键，调出它的快捷菜单，单击该菜单中的“粘贴”菜单命令，将剪贴板内的程序粘贴到程序编辑区内。然后，将“gotoAndStop(1);”命令中的“1”改为“2”。此时，“动作–按钮”面板程序编辑区的程序如下。

```
on (release) {
  gotoAndStop(2);
}
```

实例 32　图像浏览 2

“图像浏览 2”动画播放后，屏幕显示如图 5.45 左图所示。单击画面中的“下一帧”按钮 ▶，即可显示下一帧画面，如图 5.45 右图所示。单击“上一帧”按钮 ◀，可显示上一帧画面。单击“起始帧”按钮 ⏮，可显示第 1 帧画面。单击“终止帧”按钮 ⏭，可显示最后一帧画面。该动画的制作方法如下。

图 5.45 “图像浏览 2”动画播放后的 2 幅画面

1. 方法 1

（1）设置舞台工作区的宽为 400 像素，高为 360 像素，背景色为黄色。将 10 幅大小一样的红楼图像导入到“库”面板中。

（2）选中“图层 1”图层的第 1 帧，在舞台工作区内导入一幅框架图像，调整它的大小和位置，如图 5.45 所示。再将按钮公用库中的四个按钮拖曳到舞台工作区中，然后利用“对齐”面板将四个按钮和四个文字块分别排列对齐，如图 5.45 所示。

（3）在“图层 1”图层上面添加一个“图层 2”的图层。单击选中“图层 2”图层第 1 帧，用鼠标将“库”面板中的一幅红楼图像拖曳到舞台工作区中，并调整它的大小和位置。

（4）单击选中“图层 2”图层的第 2 帧，按 F7 键，用鼠标将“库”面板中的一幅红楼图像拖曳到舞台工作区中，并调整它的大小和位置。

按照上述方法，在“图层 2”图层的第 3 帧到第 10 帧分别导入一幅红楼图像。

（5）单击选中“起始帧”按钮 ⏮，在其“属性”面板中的“实例名称”文本框内输入实例名称“AN1”。按照相同的方法，依次给其他按钮实例分别命名为“AN2”、“AN3”和“AN4”。

（6）单击选中“图层 1”图层的第 1 帧，调出“动作–帧”面板，输入如下程序。

```
stop()
AN1.onPress=function(){
  gotoAndStop(1);  //转至起始帧停止
}
AN2.onPress=function(){
  prevFrame();  //转至上一帧播放
}
AN3.onPress=function(){
  nextFrame();  //转至后一帧播放
}
AN4.onPress=function(){
  gotoAndStop(10);  //转至最后一帧停止
}
```

（7）单击选中“图层 1”图层的第 10 帧，按 F5 键，使第 1 帧到第 10 帧内容一样。

2. 方法 2

（1）操作的方法同上边介绍的基本一样。只是 10 幅图像不是加载在主场景“图层 1”图层的 10 帧内，而是加载在“图像”影片剪辑元件的“图层 1”图层的第 1 帧到第 10 帧。另外，在“图像”影片剪辑元件的“图层 1”图层第 1 帧内的“动作–按钮”面板中添加“stop();”程序。

（2）选中主场景“图层 2”图层第 1 帧，将“库”面板内的“图像”影片剪辑元件拖曳到舞台工作区内，调整它的位置，给该实例命名为 TX。

（3）单击选中“图层 1”图层的第 1 帧，调出“动作–帧”面板，输入如下程序。

```
stop();
AN1.onPress=function(){
  _root.TX.gotoAndStop(1);  //转至起始帧停止
}
AN2.onPress=function(){
  _root.TX.prevFrame();  //转至上一帧播放
}
AN3.onPress=function(){
  _root.TX.nextFrame();  //转至后一帧播放
}
AN4.onPress=function(){
  _root.TX.gotoAndStop(10);  //转至最后一帧停止
}
```

实例 33　跟随鼠标移动的小鸭

“跟随鼠标移动的小鸭”动画的效果是：随着鼠标指针的移动，一个动画小鸭也跟随鼠标移动，在这个小鸭的后边跟着 4 只动画小鸭，这几个小鸭的透明度不一样，形成一串渐渐地变成透明的动画轨迹，如图 5.46 所示。将该动画中的小鸭改为十字线或其他图形等，可以创作出其他更有趣的动态效果。该动画的制作过程如下。

图 5.46 “跟随鼠标移动的小鸭”动画效果

（1）创建一个名字为“小鸭”的影片剪辑元件，其内导入一个“小鸭.gif”动画。将“库”面板中的“小鸭”影片剪辑元件 5 次拖曳到主场景的舞台工作区中，创建 5 个“小鸭”影片剪辑实例，调整这 5 个“小鸭”影片剪辑实例的位置，使它们水平排列，如图 5.47 所示。

图 5.47　舞台工作区中的 5 个“小鸭”影片剪辑实例

（2）单击选中舞台中最左边的“小鸭”影片剪辑实例，在其“属性”面板内的“实例名称”文本框中输入 1，在“颜色”下拉列表框内选择“Alpha”，在“Alpha”文本框中输入 11%。根据上述方法，将第 2 个“小鸭”影片剪辑实例至第 5 个“小鸭”影片剪辑实例的名字依次设置为 2、3、4、5，“Alpha”文本框中的值分别为 25%、45%、60%和 100%。此时的画面如图 5.48 所示。

图 5.48　调整 5 个“小鸭”影片剪辑实例的 Alpha 值

（3）单击选中“图层 1”图层第 4 帧，按 F6 键，创建一个关键帧。然后，分别在“图层 1”图层的第 7、10、13 帧上创建一个关键帧。单击选中“图层 1”图层第 15 帧，按 F5 键，创建一个普通帧。

（4）单击选中“图层 1”图层的第 1 帧，然后单击鼠标右键，调出其快捷菜单，再单击菜单中的“动作”菜单命令，调出“动作–帧”面板。

（5）在“动作–帧”面板左边的命令选择区中，单击选择“影片剪辑控制”目录中的“startDrag”命令。在标准模式下，将“startDrag”命令拖曳到“动作–帧”面板右边的程序编辑区中，并在参数设置区设置参数，如图 5.49 所示。

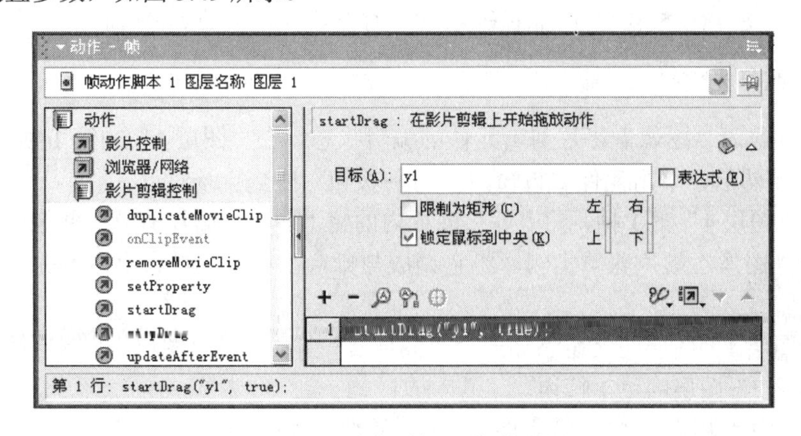

图 5.49　“动作–帧”面板的设置

（6）“动作–帧”面板中各选项的作用如下所述。

- “目标”文本框：在场景中，影片剪辑元件就是一个目标，在该文本框内可以定义这个目标的名字，在以后的编程过程中可以通过这个名字调用这个目标。“目标”文本框中既可输入目标的名字，也可选中“表达式”复选框，再在“目标”文本框中输入表达式。这样，可通过表达式计算出目标的名字。
- “限制为矩形”复选框：选中它后，可在“动作–帧”面板下边命令行提示栏中增加一些参数选择项，用来为目标制定一个活动范围，依次分别是左侧、右侧、最上边和最下边。同时“左”、“右”、“上”和“下”文本框变为有效。
- “锁定鼠标到中央”复选框：选中它后，可将目标中心锁定在鼠标所指的地方。

（7）根据上述方法，进行其他帧的“动作–帧”面板设置，均单击选中“锁定鼠标到中央”复选框。

- 设置第 4 帧命令“startDrag”的参数：“目标”文本框内输入为 2。
- 设置第 5 帧命令“startDrag”的参数：“目标”文本框内输入为 3。
- 设置第 10 帧命令“startDrag”的参数：“目标”文本框内输入为 4。
- 设置第 13 帧命令“startDrag”的参数：“目标”文本框内输入为 5。

实例 34 可用鼠标移动的探照灯

“可用鼠标移动的探照灯”动画播放后，可以用鼠标拖曳移动模拟的探照灯光，单击左下角的按钮可以使探照灯光变小，单击右下角的按钮可以使探照灯光变大。动画的 2 幅画面如图 5.50 所示。该动画的制作过程如下。

图 5.50 “可用鼠标移动的探照灯”动画播放后的 2 幅画面

1. 制作探照灯光效果

（1）创建并进入“图像”影片剪辑元件的编辑状态，在“图层 1”的第 1 帧导入一幅图像，如图 4.70 所示。然后，单击元件编辑窗口中的⇦按钮，回到主场景。

（2）选中“图层 1”第 1 帧，将“库”面板内的将“图像”影片剪辑元件拖曳到舞台工作区内，创建一个“图像”影片剪辑实例，将它调成与舞台工作区一样大小，并完全将舞台工作区覆盖。

（3）在“图层 1”图层的上边添加一个“图层 2”图层。将“图层 1”图层第 1 帧的内容复制粘贴到“图层 2”图层的第 1 帧内。

（4）单击选中“图层 1”的图像实例，在其“属性”面板内的“颜色”下拉列表框中选择“亮度”选项，再在其右边的文本框内输入–86%，将“图像”影片剪辑实例的亮度调暗。

（5）创建并进入“遮罩”影片剪辑元件的编辑状态，在舞台工作区内绘制一个黑色填充的

圆形图形。然后，单击元件编辑窗口中的⇦按钮，回到主场景。

（6）在主场景的“图层 2”图层上边创建一个“图层 3”图层。将“库”面板中的“遮罩”影片剪辑元件拖曳到舞台工作区内，形成一个“遮罩”影片剪辑实例。然后，利用“属性”面板给该影片剪辑实例命名为“ZZ”。

（7）单击选中“图层 3”图层，单击鼠标右键，调出它的快捷菜单，再单击快捷菜单中的“遮罩”菜单命令，将“图层 3”图层设置为遮罩图层，“图层 2”图层为被遮罩图层。此时即可获得探照灯光效果，效果与图 5.50 左图所示基本一样，只是没有按钮。

2. 输入程序

（1）在“图层 3”图层上边创建一个“图层 4”图层。选中“图层 4”图层第 1 帧。

（2）将 Flash MX 的公用按钮库内的两个不同按钮拖曳到舞台工作区中。然后，利用“属性”面板给左下角的按钮命名为“AN1”，给右下角的按钮命名为“AN2”。

（3）单击选中“图层 3”图层的第 1 帧，再调出“动作–帧”面板，进入专家模式。然后，在“动作–帧”面板中输入如下程序。

```
startDrag("ZZ", true);//允许用鼠标拖曳“ZZ”影片剪辑实例
AN1.onPress=function() {
    K++;//变量 K 自动加 1
    setProperty("ZZ", _width, ZZ._width-K); //减小“ZZ”实例的宽度
    setProperty("ZZ", _height, ZZ._height-K); //减小“ZZ”实例的高度
};
AN2.onPress=function() {
    K++;//变量 K 自动加 1
    setProperty("ZZ", _width, ZZ._width+K); //增加“ZZ”实例的宽度
    setProperty("ZZ", _height, ZZ._height+K); //增加“ZZ”实例的高度
};
```

该程序的含义是：在单击按钮“AN1”后，变量 K 自动加 1，将“ZZ”实例的原宽度值减变量 K 的值去更改“ZZ”实例的宽度，使“ZZ”实例的宽度变小；将“ZZ”实例的原高度值减变量 K 的值去更改“ZZ”实例的高度，使“ZZ”实例的高度变小。在单击按钮“AN2”后，变量 K 自动加 1，将“ZZ”实例的原宽度值加变量 K 的值去更改“ZZ”实例的宽度，使“ZZ”实例的宽度变大；将“ZZ”实例的原高度值加变量 K 的值去更改“ZZ”实例的高度，使“ZZ”实例的高度变大。

实例 35　电影文字 2

“电影文字 2”动画的播放效果与实例 18“电影文字 1”动画的播放效果一样，只是本实例使用程序控制图像的移动。动画的设计方法如下。

（1）打开实例 18 Flash 文档，再以名称“电影文字 2.fla”保存。

（2）选中“图层 1”和“图层 2”图层的第 2 帧以后的所有帧，删除这些帧，只剩下这两个图层的第 1 帧和第 2 帧。

（3）选中“图层 1”第 1 帧，单击鼠标右键，调出帧快捷菜单，单击该菜单中的“删除补间”菜单命令，取消“图层 1”第 1 帧的动画属性。

（4）将“图层 1”图层第 1 帧内的图像转换为影片剪辑实例，给该实例命名为“TU”。调整“TU”影片剪辑实例内图像的中心点标记在图像的中心处，水平坐标 X 的初始值为 0。

（5）选中“图层 1”第 1 帧，调出它的“动作–帧”面板，输入如下程序。

```
setProperty("_root.TU",_x,getProperty("_root.TU",_x)-1);
if  (_root.TU._x<=0){
```

```
    _root.TU._x=600;
}
```

程序运行后会不断执行上述程序，每次执行该程序就会将“TU”影片剪辑实例的水平坐标值_x 减 1 后再赋给_x。当“TU”影片剪辑实例向左移出一半后，再将“TU”影片剪辑实例的水平坐标值还原。“TU”影片剪辑实例的宽为 1200 像素，X 值为 600 像素。

实例 36 图像动态切换

该动画播放后，一幅轮廓呈鱼状的风景图像逐渐旋转变大，替代原来的风景图像。当新的风景图像完全遮盖了原来的风景图像后，动画停止播放。该动画播放中的两个画面如图 5.51 所示。该动画的制作过程如下。

图 5.51 “图像动态切换”动画播放后的两个画面

1. 导入图像和制作影片剪辑遮罩

（1）设置舞台工作区的宽为 400 像素，高 300 像素，背景色为黄色。将两幅居室图像和一幅 JPEG 格式的鱼图像导入到“库”面板中。

（2）将“库”面板中的一幅居室图像拖曳到舞台工作区的中间，再调整图像的大小，使它刚好将整个舞台工作区覆盖。

（3）在“图层 1”图层的下边添加一个名字为“图层 2”的新图层。选中“图层 2”图层的第 1 帧，将“库”面板中的第 2 幅居室图像拖曳到舞台工作区的正中间。然后，将该图像调整成与“图层 1”图层第 1 帧图像完全重合。

（4）创建并进入“遮罩”影片剪辑元件的编辑状态。然后，将“库”面板中的鱼图像拖曳到舞台工作区的正中间，如图 5.52 左图所示。再将鱼图像打碎，将鱼图像的背景白色图像删除，使它透明，如图 5.52 右图所示。

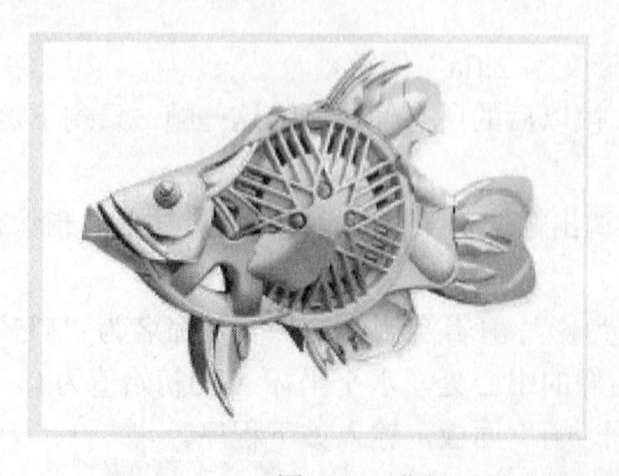

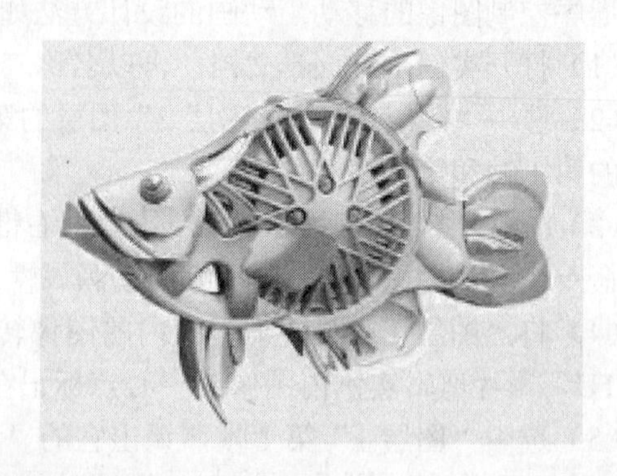

图 5.52 背景不透明的鱼图像和使背景透明后的鱼图像

（5）在“图层 1”图层之上添加一个名字为“图层 3”的新图层。单击选中“图层 3”图层的第 1 帧，再将“库”面板中的“遮罩”影片剪辑元件拖曳到舞台工作区中，形成实例。再将它调整得很小，并利用其“属性”面板给该实例命名为“ZZ”。

（6）单击选中“图层 3”图层，单击鼠标右键，调出它的快捷菜单，再单击该菜单中的“遮蔽”菜单命令，将“图层 3”图层改为“遮罩”图层。

2. 创建脚本程序

单击选中“图层 3”图层的第 1 帧，调出“动作–帧”面板，在“动作–帧”面板的专家模式下，输入如下程序。

```
k ++; //变量 k 的值自动加 1
setProperty("zz", _width, getProperty("zz", _width)+5);
setProperty("zz", _height, getProperty("zz", _height)+5);
setProperty("zz", _rotation, getProperty("zz", _rotation)+3);
if(k==150){   //变量 k 的值等于 150 时，停止动画的播放
   stop();
}
```

程序中，第 2 到第 4 条语句的作用如下。

第 2 条语句的作用是：将影片剪辑实例“ZZ”的宽度在原宽度的基础之上增加 5 个像素点。“getProperty("zz", _width)”指令是用来获取影片剪辑实例“ZZ”的宽度值，setProperty 指令用来改变指定的影片剪辑实例的属性，_width 是影片剪辑实例的宽度属性。

第 3 条语句的作用是：将影片剪辑实例“ZZ”的高度在原来的基础之上增加 5 个像素点。

第 4 条语句的作用是：将影片剪辑实例“ZZ”的旋转角度在原来的基础之上增加 3°。

实例 37　四则运算 1

“四则运算 1”动画运行后的 2 幅画面如图 5.53 所示。可以看到，上边的两个文本框是输入文本框，下边的文本框是动态输出文本框，两个输入文本框内两个数是随机产生的，也可以输入数据。

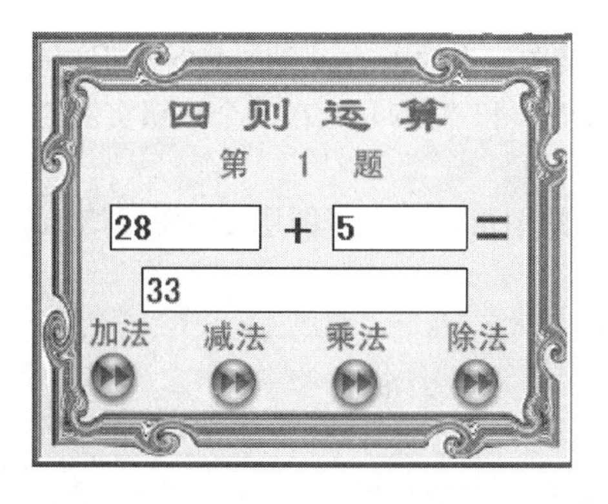

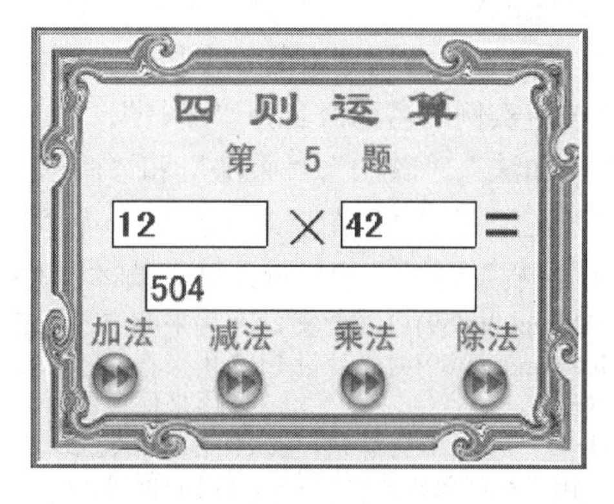

图 5.53 “四则运算 1”动画播放后的 2 幅画面

在两个输入文本框内输入数值后，单击“=”按钮，即可在下边的动态文本框内显示两个数的四则运算结果，如图 5.53 所示。单击“加法”按钮，可以显示下一道随机加法题目，题号会自动加 1；单击“减法”、“乘法”、“除法”按钮，效果类似。例如：单击“加法”按钮，再单击“=”按钮，效果如图 5.53 左图所示；单击“乘法”按钮，再单击“=”按钮，效果如图 5.53 右图所示。该动画的制作方法如下。

1. 制作外观

（1）设置舞台工作区的宽 300 像素，高 230 像素，背景色为黄色。

（2）选中“图层 1”图层第 1 帧，导入一幅框架图像，制作红色立体文字“四则运算”，调整它们的大小和位置，效果如图 5.53 所示。

（3）选中“图层 1”图层第 1 帧，在舞台工作区中创建 2 个输入文本框，在它们的“属性”面板内的“变量”文本框中分别输入“LN1”和“LN2”，给 2 个文本框的文本变量分别命名为“LN1”和“LN2”，再在两个输入文本框之间创建一个动态文本框，文本框内输入“+”。

利用 3 个文本框的“属性”面板，设置 3 个文本框的字体为黑体，大小为 20，颜色为蓝色。

（4）选中第 1 个输入文本框，单击其“属性”面板中的“字符”按钮，调出“字符选项”对话框，如图 5.54 所示。单击选中该对话框中的“仅”单选项中的“数字”，在“以及这些字符”文本框内输入“–”和“.”，单击“完成”按钮，从而设置该动态文本框内只可以输入数字、小数点和负号“–”。按照相同方法，设置第 2 个输入文本框。

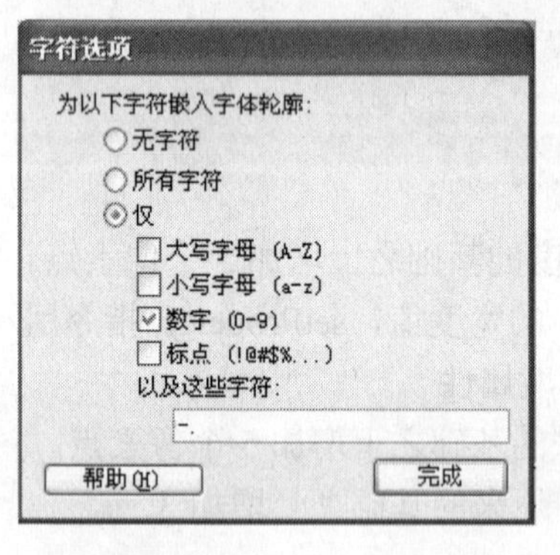

图 5.54 “字符选项”对话框

（5）在第 2 个输入文本框的下边创建一个动态文本框，它的文本变量命名为 LN12。单击选中该动态文本框，调出“字符选项”对话框，设置与图 5.54 所示一样。

（6）在标题文字的左边输入“第”和“题”文字，如图 5.53 所示。然后，在“第”和“题”文字之间创建一个动态文本框，它的文本变量命名为 TH。

两个动态文本框的字体为黑体，大小为 20，颜色分别为红色和蓝色。

2. 制作按钮和程序

（1）创建一个文字按钮，其内是一个“=”字符。在第 2 个输入文本框和动态文本框之间放置这个按钮的实例，它的实例名称为“DY”。

（2）将 Flash 公用库中的 4 个按钮分别拖曳到框架图像内的下边，形成 4 个按钮实例。分别将 4 个按钮实例的名称命名为“AN1”、“AN2”、“AN3”和“AN4”。在 4 个按钮实例的上边分别输入“加法”、“减法”、“乘法”和“除法”文字。

（3）在“图层 1”图层之上添加一个“图层 2”的图层。选中“图层 2”图层第 1 帧，调出“动作–帧”面板，然后输入如下脚本程序。

```
LN2=random(89)+1; //变量 LN1 用来存储一个随机的两位自然数
LN1=random(89)+1; //变量 LN2 用来存储一个随机的两位自然数
TH=1;                //变量 TH 用来保存题号
FH="+";        //变量 FH 用来保存运算符号
//单击“＝”按钮后执行大括号内的程序
DY.onPress=function() {
  if ( FH=="+") {         //如果 FH 变量的值等于"+"，则执行下边的程序
    LN12 =LN1+ LN2;
  }
  if ( FH=="–") {         //如果 FH 变量的值等于"–"，则执行下边的程序
    LN12=LN1–LN2;
  }
  if (FH=="×") {         //如果 FH 变量的值等于"*"，则执行下边的程序
    LN12=LN1*LN2;
  }
```

```
    if (FH=="÷") {          //如果 FH 变量的值等于"+"，则执行下边的程序
      LN12=LN1/LN2;
    }
  }
  AN1.onPress=function() {
    LN1=random(89)+10; //变量 LN1 用来存储一个随机的两位自然数
    LN2=random(89)+10; //变量 LN2 用来存储一个随机的两位自然数
    TH=TH+1;              //题号自动加 1
    FH="+";          //变量 FH 用来保存运算符号"+"
  }
  AN2.onPress=function() {
    LN1=random(89)+10; //变量 LN1 用来存储一个随机的两位自然数
    LN2=random(98)+10; //变量 LN2 用来存储一个随机的两位自然数
    TH=TH+1;              //题号自动加 1
    FH="-";            //变量 FH 用来保存运算符号"-"
  }
  AN3.onPress=function() {
    LN1=random(89)+10; //变量 LN1 用来存储一个随机的两位自然数
    LN2=random(89)+10; //变量 LN2 用来存储一个随机的两位自然数
    TH=TH+1;              //题号自动加 1
    FH="×";            //变量 FH 用来保存运算符号"×"
  }
  AN4.onPress=function() {
    LN1=random(89)+10; //变量 LN1 用来存储一个随机的两位自然数
    LN2=random(89)+10; //变量 LN2 用来存储一个随机的两位自然数
    TH=TH+1;              //题号自动加 1
    FH="÷";            //变量 FH 用来保存运算符号"÷"
  }
```

实例 38　猜字母游戏

"猜字母游戏"动画播放后，计算机产生一个随机字母，提示玩游戏者在字母 A 到字母 Z 之间猜字母，如图 5.55 左图所示。屏幕左上角显示的是玩游戏已经用的时间，单位为秒。屏幕的下边显示正在猜的是第几个随机字母。单击白色的文本框内，然后输入一个 A 到 Z 之间的大写字母，输入后单击文本框左边的按钮或按 Enter 键，计算机会根据输入的字母进行判断，给出提示。如果猜错了，则显示的提示是"太大!"或"太小!"。如果猜对了，会显示"正确!"，并显示您共用的次数，如图 5.55 右图所示。单击右下角的按钮，会在左下角显示要猜的字母。单击右上角的按钮，会产生一个新的随机字母。

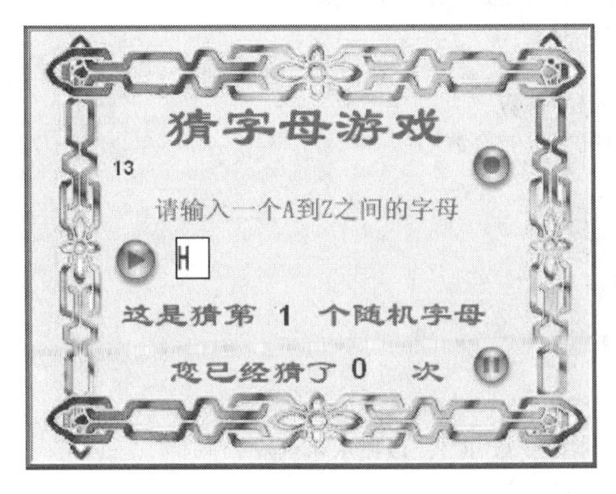

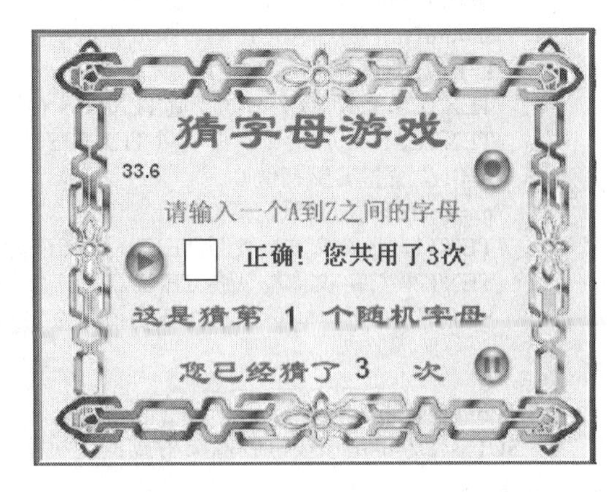

图 5.55 "猜字母游戏"动画播放后的 2 幅画面

1. 界面设计

（1）新建一个 Flash 文档，设置舞台工作区宽为 400 像素，高为 300 像素，背景色为黄色。

（2）输入一些红色、楷体、26 号字的文字，加入 Flash 系统库中的 3 个按钮。3 个按钮实例的名称分别为 AN1、AN2 和 AN3（从上到下）。

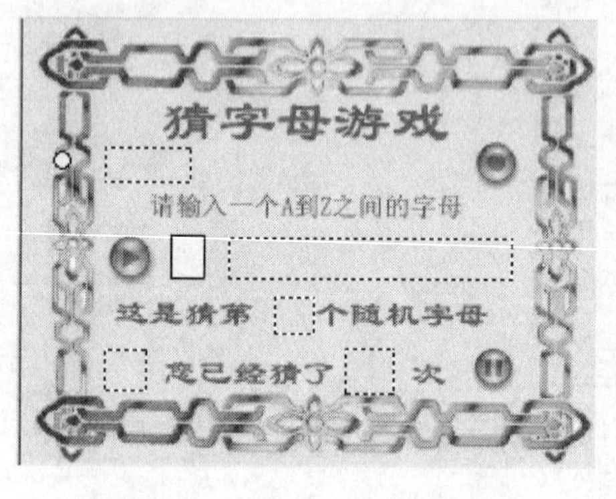

图 5.56 舞台工作区界面设计

（3）加入 6 个文本框。第 1 行左边的文本框变量名为“TEXTSJ”，是不加框动态文本框，用来显示已用的时间。第 2 行输入红色、宋体、18 号字文字，作为提示信息。第 3 行左边的文本框变量名为“TEXT1”，是加框输入文本框，用来输入要猜的字母。第 3 行右边的文本框变量名为“TEXT2”，是不加框动态文本框，用来显示提示信息。第 4 行中间的文本框变量名为“TEXTCS”，是不加框动态文本框，用来输出产生随机字母的个数；第 5 行左边的文本框变量名为“SC1”，是不加框动态文本框，用来输出产生的随机字母；第 5 行右边的文本框变量名为“TEXTCS1”，是不加框动态文本框，用来输出猜的次数。此时的舞台工作区如图 5.56 所示。

2. 输入程序

（1）选中“图层 1”图层的第 1 帧，调出“动作–帧”面板，输入如下程序。

```
stop(); // 暂停动画播放，即播放指针停在第 1 帧，按钮还起作用
k=1; // 初始化程序，并产生第 1 个随机字母
n=0; // 变量 k 用来存储猜随机字母的个数
cj=0; // 变量 n 用来存储猜随机字母的次数
su=random(26)+65; // 变量 su 用来存储 A 到 Z 之间的随机字母的 ASCII 码
sc=chr(su); // 变量 sc 用来存储 A 到 Z 之间的随机字母
TEXTSJ=getTimer()/1000; // 给文本框变量 TEXTSJ 存储所用的时间
TEXTCS=k; // 给文本框变量 TEXTCS 存储随机字母的个数
TEXTCS1=n; // 给文本框变量 TEXECS1 存储猜随机字母的次数
SC1=""; // 给文本框变量 SC1 存储空字符
TEXT1=""; // 给文本框变量 TEXT1 存储空字符
AN1.onPress=function() {
if (nn= =1) {
     su=random(26)+65; // 猜对数后产生一个新的 A 到 Z 之间的随机字母的 ASCII 码
     sc=chr(su); // 将 ASCII 码转换成相应的字符，并赋给变量 sc
     k=k+1; // 变量 k 自动加 1
     TEXTCS=k; // 给文本框变量 TEXTCS 存储随机字母的个数
     TEXTCS1=n; // 给文本框变量 TEXTCS1 存储猜随机字母的次数
     n=0; // 变量 n 赋初值 0
     nn=0; // 变量 nn 赋初值 0
     TEXT1=""; // 文本框变量 TEXT1 赋初值为空字符串
     TEXT2=""; // 文本框变量 TEXT2 赋初值为空字符串
     SC1=""; // 文本框变量 SC1 赋初值为空字符串
}
};
AN3.onPress=function() {
  SC1=sc; // 单击该按钮后将 sc 存储的随机字母赋给文本框变量 SC1，以显示随机数
};
```

（2）单击选中第 3 行的按钮实例 AN2，调出“动作–按钮”面板，输入如下程序。

```
// 单击按钮或按回车键后执行下面大括号内的程序
on (press, keyPress "<Enter>") {
n++; // 统计每回猜字母的次数，保存在变量 n 内
nn=0;        // 变量 nn 赋初值 0
TEXTCS1=n; // 给文本框变量 TEXTCS1 存储猜随机字母的次数
// 如果猜的字母小于随机字母，则将“太小！”文字赋给文本框变量 TEXT2
if (TEXT1<sc) {
    var TEXT2="太小!";
}
// 如果猜的字母大于随机字母，则将“太大！”文字赋给文本框变量 TEXT2
if (TEXT1>sc) {
    var TEXT2="太大!";
}
// 如果猜的字母等于随机字母，则将“正确! 您共用了”文字与变量 n 的值和“次”字连接在一起，并赋给文本框变量 TEXT2
if (TEXT1= =sc) {
    var TEXT2="正确! 您共用了"+n+"次";
    nn=1; // 变量 nn 等于 1 时，表示猜对了，可以再产生新的随机数
}
var TEXT1="";
}
```

（3）上述动画制作完后还不能随时显示所用的时间，这是因为执行第 1 帧后不再执行第 1 帧中的程序，因此文本框变量 TEXTSJ 不会被刷新。为了刷新文本框变量 TEXTSJ 的内容，可以采用如下方法来解决。创建一个名字为 sj 的影片剪辑元件，在该影片剪辑元件的“图层 1”图层第 1 帧内加入如下程序。注意，变量前面一定要加“_root.”。

```
//给文本框变量 TEXTSJ 存储所用的时间
_root.TEXTSJ=int((getTimer()-_root.SJ1)/100)/10;
```

将“库”面板中的“sj”影片剪辑元件拖曳到主场景舞台工作区内或外边，会有一个圆圈产生。在动画播放时不会显示出来。这样，可以不断播放这个影片剪辑实例，也就不断执行上述的程序，刷新文本框 TEXTSJ 的内容。

实例 39 迎接北京 2008 年奥运

“迎接北京 2008 年奥运”动画播放后，文字“2000 年”在屏幕中间，由小变大地显示。接着，文字从“2000 年”到“2008 年”依次变化，同时文字的放光颜色也由金黄色变为蓝色，象征了从 2000 年开始到 2008 年的历程。在文字发生变化后，背景图像也随之更换，同时由小变大。当文字变至最大时，会暂停一会，然后进入下一个数字变化。该动画播放后的 2 幅画面如图 5.57 所示。该动画的制作方法如下。

图 5.57 “迎接北京 2008 年奥运”动画播放后的 2 幅画面

1. 方法 1

（1）设置舞台工作区宽为 400 像素，高为 300 像素，背景色为浅绿色。将 9 幅风景图像（名称为“P1”，…，“P9”）导入到当前动画的“库”面板中。

（2）进入名称为“背景图像”的影片剪辑元件编辑窗口。用鼠标将“库”面板中的“P1”图像拖曳到舞台工作区中，再调整第 1 帧的图像宽为 400 像素，高为 280 像素，坐标位置 x=–200，y=–140。选中“图层 1”图层第 2 帧，按 F7 键，创建一个空关键帧，将“库”面板中的“P2”图像拖曳到舞台工作区中，调整第 2 帧的图像大小和位置与第 1 幅图像一样。

按照相同的方法，创建第 3 帧到第 9 帧为关键帧，各帧内均导入一幅图像，图像大小和位置与第 1 幅图像一样。然后，回到主场景。

（3）选中主场景“图层 1”图层第 1 帧，将“库”面板中的“背景图像”影片剪辑元件拖曳到舞台工作区中。在该实例“属性”面板内的“实例名称”文本框中输入实例的名称“PC”，选择“颜色”下拉列表框中的 Alpha 选项，调整 Alpha 值为 70%。

（4）输入红色文字“迎接北京 2008 年奥运”。选中“图层 1”图层第 70 帧，按 F5 键。

（5）在“图层 1”图层之上创建一个名称为“图层 2”图层。单击选中“图层 2”图层第 1 帧。使用工具箱内的文本工具，单击舞台工作区，创建一个文本框。然后在其“属性”面板内“文本类型”下拉列表框中选择“动态文本”选项，设置字体为 Georgia、加粗，颜色为红色，字号为 30，在“变量”文本框中输入文本框的变量名称“TEXT1”。使用工具箱中的选择工具，选中动态文本，将它拖曳到舞台工作区中间。

（6）将创建的动态文本转换为影片剪辑实例，实例名称设置为“wenzi”。

（7）制作“图层 2”图层的第 1 到 70 帧的动作动画。选中“图层 2”图层的第 1 帧，将该帧内的文本框调小。选中“图层 2”图层的第 70 帧，将该帧内的文本框调大。

（8）在“图层 2”图层之上创建一个名称为“图层 3”图层。单击选中“图层 3”图层第 1 帧，调出它的“动作–帧”面板，输入如下脚本程序，实现初始化。

```
m=1999;
n++;
if (n ==10) {// 如果 n 等于 0，则
   n=1;    // 变量 n 赋初值 1
}
wenzi.text1=m+n+"年"; // 将变量 n 的值赋给动态文本框 text
PC.gotoAndStop(n); // 播放 PC 影片剪辑实例的第 n 帧画面
```

（9）在“图层 3”图层第 70 帧加入如下脚本程序，用来使显示的数字暂停和播放头跳转，构成一个循环。

```
var x;
for (x=1;x<=10000;x++){
}//延时程序
gotoAndPlay(1);
```

“迎接北京 2008 年奥运”动画的时间轴如图 5.58 所示。

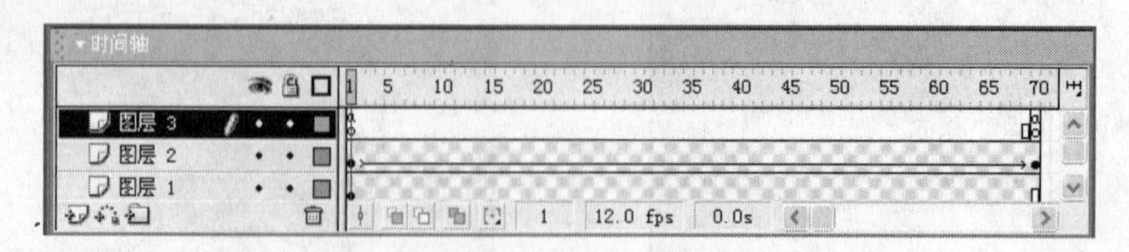

图 5.58 “迎接北京 2008 年奥运”动画的时间轴

2. 方法 2

（1）打开方法 1 的 Flash 文档，以名称“迎接北京 2008 年奥运 2.fla”保存。

（2）将“图层 2”图层第 1 帧关键帧拖曳到第 2 帧处，使第 2 帧成为关键帧，第 1 帧成为空关键帧。将“图层 3”图层第 1 帧关键帧拖曳到第 2 帧处，使第 2 帧成为关键帧，第 1 帧成为空关键帧。

（3）单击选中“图层 3”图层第 1 帧，调出它的“动作–帧”面板，输入如下脚本程序，实现初始化。

```
n=0;
m=1999;
```

（4）将“图层 3”图层第 2 帧的程序修改如下。

```
n=n+1;
if (n==10){          //如果 n 等于 0，则
  gotoAndPlay(1);      //跳转到第 1 帧继续播放
}
wenzi.TEXT1=m+n+"年";                //将变量 n 的值赋给动态文本框 TEXT1
//播放 PC 影片剪辑实例的第 n 帧画面
with(_root.PC){
    gotoAndStop(n);
}
```

（5）将“图层 3”图层第 70 帧的程序修改如下。

```
var x;
for (x=1;x<=10000;x++){
}//延时程序
gotoAndPlay(2);
```

实例 40　变化的飞鸟

“变化的飞鸟”动画播放后的 2 幅画面如图 5.59 所示。第 1 次单击按钮或按“T”键，可以使飞鸟的水平位置发生变化；第 2 次单击按钮或按“T”键，可以使飞鸟垂直的位置发生变化；第 3 次单击按钮或按“T”键，可以使飞鸟旋转角度发生变化；第 4 次单击按钮或按“T”键，可以使飞鸟的透明度发生变化；第 5 次单击按钮或按“T”键，可以使飞鸟的高度发生变化；第 6 次单击按钮或按“T”键，可以使飞鸟的宽度发生变化。每一次单击按钮或按“T”键后，飞鸟的变化都是在上一次变化基础之上的变化。第 6 次单击按钮或按“T”键以后再单击按钮或按“T”键，可以使飞鸟各种属性发生综合变化。该动画制作方法如下。

图 5.59　“变化的飞鸟”动画播放后的 2 幅画面

（1）设置舞台工作区宽为 500 像素，高为 300 像素，背景色为白色。

（2）创建并进入一个名字为“飞鸟”的影片剪辑元件，其内导入一个“飞鸟 1.gif”动画。然后，单击元件编辑窗口中的⇦按钮，回到主场景。

（3）将“库”面板内的“飞鸟”影片剪辑元件拖曳到舞台工作区的右下角，将该影片剪辑实例命名为“FN”。

（4）将按钮公用库中的一个按钮元件▶拖曳到舞台工作区内左下角，形成一个按钮实例，调整该按钮的大小和位置，如图 5.59 所示。

（5）在屏幕的底部中间建立一个输出动态文本框，设置文本框中文字的颜色为红色、加粗、字体为宋体、字号为 18，文本框的名字为“TEXT”。

（6）选中按钮元件▶，调出“动作–按钮”面板，设置为专家模式，输入如下程序。

```
on (press, keyPress "T") {
  n++;
  // 计数，并存入变量 n 中
  // 变量 m 用来存放每次复制的影片剪辑元件实例的名字：S1, S2, …
  var m="S" add n;
  // 复制一个影片剪辑实例，名字由 m 确定，层由 n+1 确定
  duplicateMovieClip(_root.FN, m, n);
  sj=random(101);
  // 产生 0 到 101 之间的随机数
  // 产生一个 0～100 之间的随机字母，并赋给变量 sj
  if (n==1) {
    setProperty(_root.FN, _x, 50+sj*3);
    // 改变影片剪辑实例“FN”的水平位置
    TEXT=n+":改变水平位置："+(50+sj*3);
    // 在文本框“TEXT”内显示次数和水平位置
  }
  if (n==2) {
    removeMovieClip("_root.s" add n);
    // 删除影片剪辑实例“S2”
    setProperty(_root.FN, _y, sj*2);
    // 改变影片剪辑实例“FN”的垂直位置
    TEXT=n+":改变垂直位置："+sj*2;
    // 在文本框“TEXT”内显示次数和垂直位置
  }
  if (n==3) {
    removeMovieClip("_root.s" add n);
    // 删除影片剪辑实例“S3”
    setProperty(_root.FN, _rotation, sj*3.6);
    // 改变影片剪辑实例“FN”的旋转角度
    TEXT=n+":改变旋转角度："+sj*3.6;
    // 在文本框“TEXT”内显示次数和旋转量
  }
 // 赋给文本框“TEXT”文字和数据
  if (n==4) {
    removeMovieClip("_root.s" add n);
    // 删除影片剪辑实例“S4”
    setProperty(_root.FN, _alpha, sj);
    // 改变影片剪辑实例“FN”的透明度
    TEXT=n+":改变透明度："+sj;
    // 在文本框“TEXT”内显示次数和透明度
  }
  if (n==5) {
    removeMovieClip("_root.s" add n);
    // 删除影片剪辑实例“S5”
```

```
    setProperty(_root.FN, _height, sj);
    // 改变影片剪辑实例“FN”的高度
    TEXT=n+":改变高度："+sj;
    // 在文本框“TEXT”内显示次数和高度
  }
  if (n==6) {
    removeMovieClip("_root.s"+n);
    // 删除影片剪辑实例“S6”
    setProperty(_root.FN, _width, sj);
    // 改变影片剪辑实例“FN”的宽度
    TEXT=n+":改变宽度："+sj;
  }
  // 赋给文本框“TEXT”文字和数据
  if (n>6) {
    removeMovieClip("_root.s"+n);
    // 删除相应的影片剪辑实例“S7”，“S8”等
    TEXT=n+":综合变化";
    // 赋给“TEXT”文本框内次数和“综合变化”文字
    // 改变电影片段实例“FN”的位置、旋转角度、透明度、大小和形状等
    setProperty(_root.FN, _x, 100+random(300));
    setProperty(_root.FN, _y, random(200));
    setProperty(_root.FN, _rotation, random(360));
    setProperty(_root.FN, _alpha, random(100));
    setProperty(_root.FN, _height, random(100));
    setProperty(_root.FN, _width, random(100));
  }
}
```

实例 41　跟随鼠标移动的气泡

“跟随鼠标移动的气泡”动画播放后的一幅画面如图 5.60 所示。可以看到，一些逐渐变大和变小，同时逐渐消失并变色（绿色变红色）的气泡，跟随着鼠标指针的移动而移动。该动画的制作方法如下。

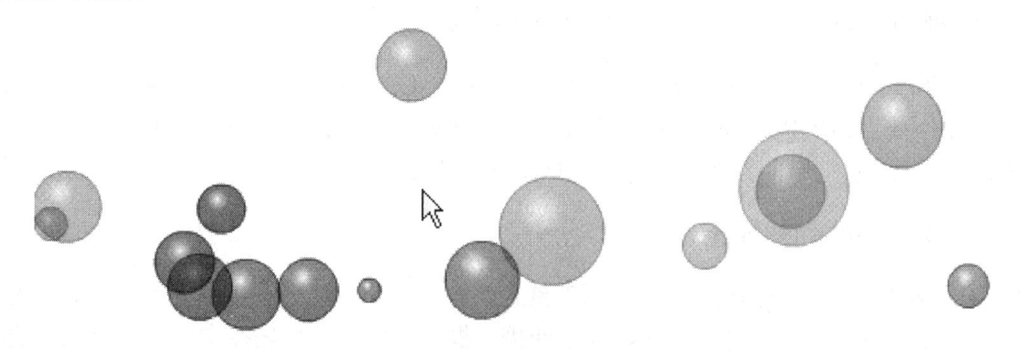

图 5.60 “跟随鼠标移动的气泡”动画播放后的画面

（1）创建并进入“气泡”影片剪辑元件的编辑状态，选中“图层 1”图层第 1 帧，绘制一个绿色气泡，如图 5.61 左图所示。

（2）制作“图层 1”图层第 1 帧到第 60 帧的动作动画。单击选中“图层 1”图层第 30 帧，按 F6 键，创建一个关键帧。在其“属性”面板内，将气泡图形调大一些，在“颜色”下拉列表框中选择“高级”选项，单击“设置”按钮，调出“高级效果”对话框，按照图 5.62 所示进行设置。单击“确定”按钮，将第 20 帧气泡调整为透明红色气泡，如图 5.61 右图所示。

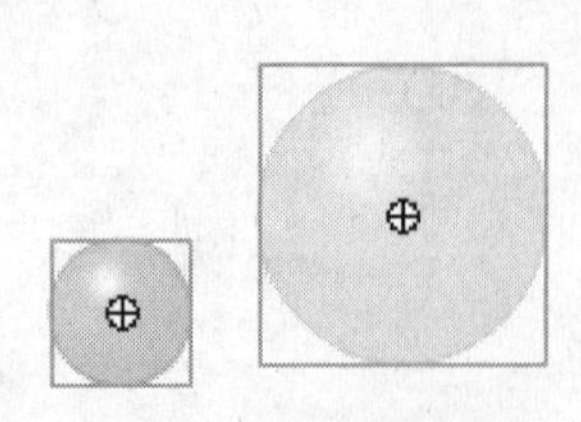

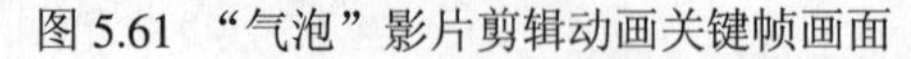
图 5.61 “气泡”影片剪辑动画关键帧画面

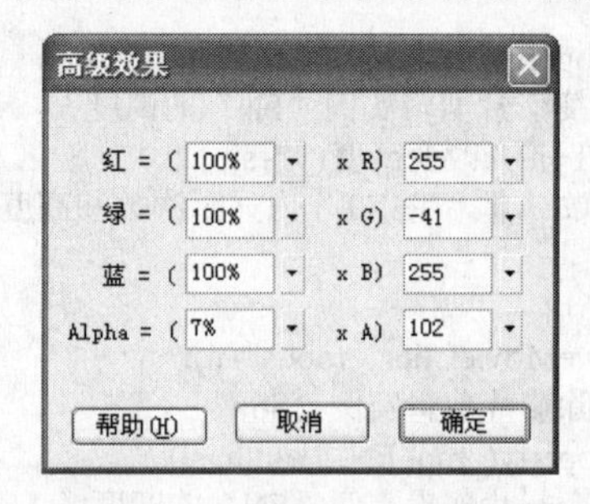

图 5.62 “高级效果”对话框

（3）单击选中“图层 1”图层第 60 帧，在其“动作–帧”面板内添加“Stop();”程序。

（4）单击元件编辑窗口中的 ⇦ 按钮，回到主场景。

（5）进入“移动气泡”影片剪辑元件的编辑状态，单击选中“图层 1”图层第 1 帧，将“库”面板中的“气泡”影片剪辑元件拖曳到舞台工作区内，创建“图层 1”图层第 1 帧到第 30 帧气泡沿着圆形引导线转圈移动的动画，而且气泡在移动时还逐渐消失（使第 30 帧的气泡对象的 Alpha 值为 20%）。该动画由读者自行完成。

（6）将“库”面板中的“移动气泡”影片剪辑元件拖曳到舞台工作区外，设置该实例的名称为“YDQP”。然后，在第 1 帧的“行为–帧”面板的程序设计区内输入如下程序。

```
YDQP._visible=false;      //隐藏“YDQP”影片剪辑实例
//执行第 1 帧时产生事件，执行{}内的程序
YDQP.onEnterFrame=function() {
    YDQP.startDrag(true);      //允许鼠标拖曳“YDQP”影片剪辑实例
    i++;
    if (i>20) {      //用来确定复制“YDQP”影片剪辑实例的个数，此处为 20 个
        i=1;
    }
        //复制“YDQP”影片剪辑实例，其名称为“YDQP”加变量 i 的值
        YDQP.duplicateMovieClip("YDQP"+i, i);
        YDQPK=_root["YDQP"+i];          //将复制的影片剪辑实例赋给变量 YDQPK
        //使复制的影片剪辑实例 YDQPK 等比例随机缩小
   YDQPK._xscale=YDQPK._yscale=Math.random()*80+20;
}
```

如果没有将“移动气泡”影片剪辑元件实例放置在舞台工作区外，则必须要“YDQP_visible=false;”语句。如果不要“YDQP.onEnterFrame=function()”和最后的“}”，则该动画不能够正常运行。使“图层 1”图层第 2 帧为普通帧后，可以恢复动画的正常运行。

实例 42　小球随机撞击

“小球随机撞击”动画播放后，一个透明红色小球在一个背景为一幅图像的矩形框架内来回移动。红色小球的运动轨迹是随机的，并不断撞击框架内框，而且先撞击框架的左或右边框，再撞击框架的上或下边框，然后再撞击框架的左或右边框，交替进行，周而复始。同时，在红色小球撞击框架边框后，背景图像也随之切换。

另外，在框架的下边还会显示撞击的次数。单击右下角的按钮，可以使小球移动暂停；单击左下角的按钮，可以使小球继续移动。“小球随机撞击”动画播放后的 2 幅画面如图 5.63 所示。该动画的制作过程如下。

（1）设置舞台工作区宽为 22 像素，高为 220 像素，背景色为白色，设置“帧频”（播放速度）为 80 帧/秒。选中“图层 1”图层第 1 帧，在舞台工作区内导入一幅框架图像，然后调整该图像的大小和位置。

图 5.63 “小球随机撞击”动画播放后的 2 幅画面

（2）单击选中“图层 1”图层的第 1 帧，再将两个 Flash MX 提供的按钮拖曳到舞台工作区中。在“属性”面板内，给左边按钮命名为“AN1”，右边按钮命名为“AN2”。

（3）在两个按钮之间，加入一个输出动态文本框，名字为“TEXT”，字体为宋体，字号为 16，颜色为红色。

（4）创建并进入“彩球”影片剪辑元件的编辑状态，其内绘制一个透明红色立体彩球，它的大小与位置（小球中心的坐标值）是：x=0，y=0，宽和高均为 20 像素。然后，单击元件编辑窗口中的⇦按钮，回到主场景。

（5）创建并进入“C1”影片剪辑元件的编辑状态，其内导入一幅风景图像，适当调整它们的大小和位置，x=0，y=0，宽和高均为 143 像素。创建并进入“C1”影片剪辑元件的编辑状态，其内导入另一幅风景图像，适当调整它们的大小和位置，x=0，y=0，宽和高均为 143 像素。

（6）在“图层 1”图层之上添加一个“图层 2”图层，选中“图层 2”图层第 1 帧，将 5 中的两个影片剪辑元件拖曳到舞台工作区内，创建两个实例。然后利用“属性”面板，分别将这两个影片剪辑实例分别命名为“C1”和“C2”。

（7）在“图层 2”图层的上边新增一个“图层 3”图层。单击选中“图层 3”图层的第 1 帧，再将“库”面板中的这个红色立体球影片剪辑元件拖曳到舞台工作区中，形成实例。利用它的“属性”面板，给该实例命名为“Q”。

（8）选中“图层 3”图层的第 1 帧，调出“动作–帧”面板，添加如下脚本程序。

```
//确定小球移动的起始坐标
x0=_root.q._x; //将小球实例“q”的水平坐标值赋给变量 x0
y0=_root.q._y; //将小球实例“q”的垂直坐标值赋给变量 y0
k++;//变量 k 是为了第 1 次产生随机坐标值而设置的，变量 k 第一次的值为 1
/*如果是第一次执行该关键帧或起始坐标值（x0, y0）和终止坐标值（x1, y1）相等，则产生一个新的终止
坐标数，并记小球撞击方形边框的次数（nn），赋给输出动态文本框变量 text，以显示小球撞击方形边框的次数。
*/
if (x0==x1 or k==1){
   text=nn; //将小球撞击方形边框的次数赋给文本变量 text
   H=1–H; //当 H 原来的值为 0 时，即可使 H=1；当 H 原来的值为 1 时，即可使 H=0
   m=119–m; //变量 m 在 0 或 119 这两个数之间切换
   x1=random(121–m)*(m+1)+50; //产生终止坐标 x1 的随机数
   y1=random(m+2)*(120–m)+50; //产生终止坐标 y1 的随机数
   nn++; //记小球撞击正方形边框的次数
}
if (x1>x0){
    x=x0+1; //如果 x1>x0，则小球 x 坐标值等于当前（即起始）坐标 x0 的值加 1
}
```

```
if (x1<x0){
    x=x0-1; //如果 x1<x0，则小球 x 坐标值等于当前（即起始）坐标 x0 的值减 1
}
y=y0+((y1-y0)/(x1-x0))*(x-x0); //根据已知的坐标值，计算小球 y 坐标值
setProperty (_root.q, _x, x); //改变小球的水平位置属性，以产生移动效果
setProperty (_root.q, _y, y); //改变小球的垂直位置属性，以产生移动效果
setProperty (_root.c1,_visible, 1-H); // 当 H=0 时，图像 C1 显示
setProperty (_root.c2,_visible, H); //当 H=1 时，图像 C2 显示
AN1.onPress=function() {
        play(); //单击按钮后，播放动画
}
AN2.onPress=function() {
      stop(); //单击按钮后，暂停动画的播放
}
```

（9）产生随机数的算法：随机数是不能随便产生的。为了产生小球不断撞击方形边框的效果，并保证小球先撞击方形的左或右边框，再撞击方形的上或下边框，交替进行，周而复始，则随机数应符合下述要求，第 1 次 x1 等于 50 或 170，y1 等于 50～170 之间的任意一个数（保证撞击左或右边框）；第 2 次 y1 等于 50 或 170，x1 等于 50～170 之间的任意一个数（保证撞击上或下边框）；第 3 次又与第 1 次一样，第 4 次又与第 2 次一样，不断继续下去，都保证遵从这个规律。

为此，第 1 次，m=0，m=119–m 的值为 119，x1=random(121–m)*(m+1)+40 的值等于 50 或 170（考虑小球的半径为 10），y1=random(m+2)*(120–m)+50 的值为 50～170 之间的数。第 2 次，m=119，m=119–m 的值为 0，x1=random(121–m)*(m+1)+50 的值等于 50～170 之间的数，y1=random(m+2)*(120–m)+50 的值为 50 或 170。变量 H 用来切换图像，当 H 原来的值为 0 时，即可使 H=1–H=1，图像 C2 显示，图像 C1 隐藏；当 H 原来的值为 1 时，即可使 H=0，图像 C1 显示，图像 C2 隐藏。

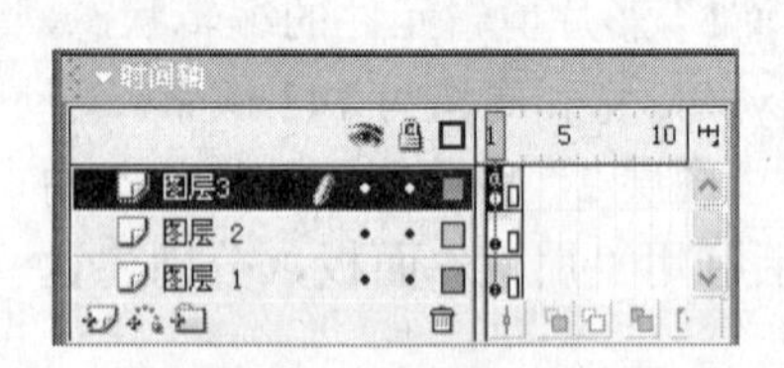

图 5.64　动画的时间轴

（10）分别单击各图层的第 2 帧，再按 F5 键，这一点很重要，可以保证不断播放第 1 帧。此时的时间轴如图 5.64 所示。

实例 43　定时数字表

“定时数字表”动画播放后会显示一个数字表，数字表显示计算机系统当前的年、月、日、星期、小时、分钟和秒的数值，同时显示一幅卡通人图像，如图 5.65 左图所示。单击按钮，可以调出定时面板，如图 5.65 右图所示。在两个文本框内分别输入定时的小时和分钟数，单击按钮，回到图 5.65 左图所示状态。到了定时时间，卡通动物活动起来，一分钟后回到静止状态。该动画的制作方法如下。

图 5.65 “定时数字表”动画播放后显示的 2 幅画面

1. 制作外形

（1）设置舞台工作区宽为 300 像素，高为 120 像素，背景色为黄色。

（2）创建并进入“卡通 1”影片剪辑元件的编辑状态，导入一个“卡通动物. gif”GIF 格式动画。然后，单击元件编辑窗口中的⇦按钮，回到主场景。

（3）创建并进入“卡通 2”影片剪辑元件的编辑状态，导入一个“卡通动物. gif”GIF 格式图像。然后，单击元件编辑窗口中的⇦按钮，回到主场景。

（4）选中“图层 1”图层第 1 帧，制作一幅立体框架图像，调整它的大小和位置，使它刚刚将舞台工作区完全覆盖。选中“图层 1”图层第 2 帧，按 F5 键。

（5）选中“图层 2”图层第 1 帧，将“库”面板内的“卡通 1”和“卡通 2”影片剪辑元件依次拖曳到舞台工作区内，调成一样大小（高 92 像素、宽 106 像素），移到框架图像内的左边。给“卡通 1”影片剪辑实例命名为“TUXIANG1”，给“卡通 2”影片剪辑实例命名为“TUXIANG2”。

（6）在“图层 2”图层之上，添加一个“图层 3”图层。选中“图层 3”图层第 1 帧，将按钮公用库内的一个按钮拖曳到框架内右下角，给按钮实例命名为“AN1”。选中“图层 3”图层第 2 帧，按 F7 键，将按钮公用库内的一个按钮拖曳到框架内右下角，给按钮实例命名为“AN2”。

（7）选中“图层 3”图层第 1 帧，创建三个动态文本框，它的变量名称分别为“DATE1”、“WEEK1”和“TIME1”（按照从上到下，从左到右的顺序）。设置 3 个文本框的字体为宋体，字号为 20，颜色为红色。

（8）选中“图层 3”图层的第 2 帧，创建一个静态文本框，输入字体为宋体，字号为 16，颜色为红色的文字“请输入定时时间（小时：分钟）”和“：”。在“：”文本框两边分别创建一个输入文本框，字体为宋体，字号为 16，颜色为红色。输入文本框用来输入定时的小时和分钟数。输入文本框的变量名称分别为“HOUR2”和“MINUTE2”。

2. 制作核心程序

单击选中“图层 3”图层的第 1 帧，调出“动作–帧”面板，输入如下脚本程序。

```
stop();// 使播放头暂停
_root.onEnterFrame=function() {
 mydate=new Date();// 创建日期对象 mydate
 myyear=mydate.getFullYear();   // 获取年份，存储在变量 myyear 中
 mymonth=mydate.getMonth()+1;        // 获取月份，存储在变量 mymonth 中
 myday=mydate.getDate(); // 获取日子，存储在变量 mymonth 中
 myhour=mydate.getHours();      // 获取小时，存储在变量 myhour 中
 myminute=mydate.getMinutes();        // 获取分钟，存储在变量 myminute 中
 mysec=mydate.getSeconds();    // 获取秒，存储在变量 mysec 中
 myarray=new Array("日", "一", "二", "三", "四", "五", "六"); // 定义数组
 myweek=myarray[mydate.getDay()];  // 获取星期，存储在变量 myweek 中
 // 获取日期存储在文本框变量 DATE1 中
 DATE1=myyear+"年"+mymonth+"月"+myday+"日";
WEEK1="星期"+myweek; // 显示星期
TIME1=myhour+":"+myminute+":"+mysec;  // 显示时间
//判断是否到了定时的时间
 if (myhour==HOUR2 && myminute==MINUTE2) {
     setProperty(this.TUXIANG2, _visible, false);// 隐藏实例“TUXIANG2”
     setProperty(this.TUXIANG1, _visible, true);// 显示实例“TUXIANG1”
  } else {
     setProperty(this.TUXIANG2, _visible, true);// 显示实例“TUXIANG12”
     setProperty(this.TUXIANG1, _visible, false);// 隐藏实例“TUXIANG1”
  }
};
AN1.onPress=function() {
   gotoAndStop(2);
};
```

上述程序是该动画的核心程序，程序解释如下。

（1）因为该动画播放头停止在第 1 帧，不断执行第 1 帧，所以不断触发帧事件“_root.onEnterFrame=function(){}”，显示的计算机系统时间会不断变化。如果不使用“_root.onEnterFrame=function(){}”语句，则显示的计算机系统时间不会变化。

（2）“myyear=mydate.getFullYear()”语句：获得当前系统的年份数，其值赋给变量“myyear”。

（3）“mymonth=mydate.getMonth()+1”语句：获得当前系统月份数，其值赋给变量“mymonth”。月份数的范围是从 0 到 11，0 对应一月、1 对应二月、2 对应三月，依次类推，11 对应十二月。所以在获得系统的月份后，还应该加 1，即得到当前月份。

（4）“myday=mydate.getDate()”语句：获得当前系统的日期数，其值赋给变量“myday”。其值的范围是从 1 到 31，随系统大月或者小月而改变。

（5）“myhour=mydate.getHours()”语句：获得当前系统的小时数，值赋给变量“myhour”。

（6）“myminute=mydate.getMinutes()”语句：获得当前系统的分钟数，其值赋给变量“myminute”。

（7）“mysec=mydate.getSeconds()”语句：获得当前系统的秒数，其值赋给变量“mysec”。

（8）“myarray=new Array("日", "一", "二", "三", "四", "五", "六")”语句：它定义了一个数组对象实例 myArray。当使用 myArray 数组时，myArray[0]的值是文字“日”，myArray[1]的值是文字“一”，myArray[2]的值是文字“二”，myArray[3]的值是文字“三”，myArray[4]的值是文字“四”，myArray[5]的值是文字“五”，myArray[6]的值是文字“六”。

（9）“myweek=myarray[mydate.getDay()]”语句：获得当前系统的星期数，其数值范围是从 0 到 6，其中 0 对应星期日、1 对应星期一、2 对应星期二、3 对应星期三、4 对应星期四、5 对应星期五、6 对应星期六。通过“ydate.getDay()”的值确定了数组的值，赋给变量“myweek”。

（10）选中“图层 3”图层的第 2 帧，调出“动作–帧”面板，输入如下程序。

```
stop();
AN2.onPress=function(){
        gotoAndStop(1);
}
```

实例 44　数字指针表

“数字指针表”动画播放后的显示效果是：在一幅美丽的图像之上，显示一个指针表和当前的年、月、日、星期、小时、分钟和秒的数值，而且还显示“上午”或“下午”。指针表有秒针、分针和时针，不停地随时间的变化而转动。它和系统的时间与日期完全一样。而且，一天的上午和下午，其背景图像不一样；整点时，都会播放一首乐曲。该动画的两个画面如图 5.66 所示。该动画的制作过程如下。

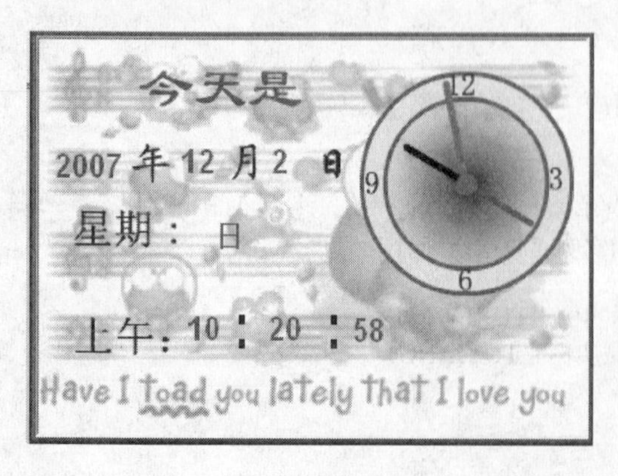

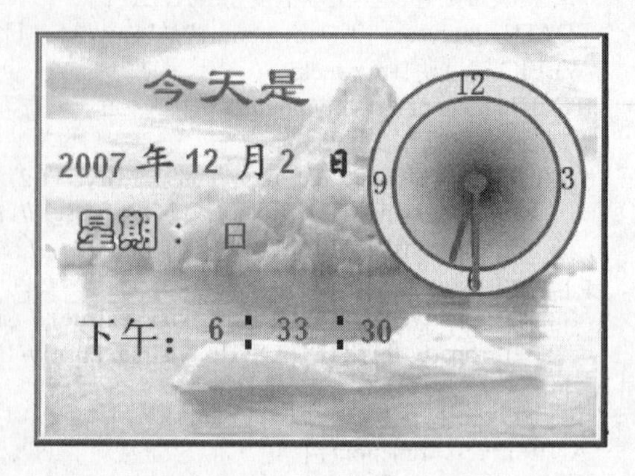

图 5.66 “数字指针表”动画的 2 幅画面

1. 制作“数字指针表”的画面

（1）导入两幅图像，再将它们移到舞台工作区内，调整高、宽使图像正好将舞台工作区完全覆盖。然后，将它们转换为影片剪辑元件的实例。利用“属性”面板将这两幅图像的亮度调大。

（2）利用“属性”面板，将这两个影片剪辑实例分别命名为“T11”和“T12”。然后，输入红色、隶书、20 号字的文字“今天是”。

（3）将“图层 1”图层锁定。在“图层 1”图层的上边增加一个新“图层 2”图层。

（4）在适当的位置输入字号为 26，颜色为蓝色，字体为华文楷体的文字“年”、“月”、“日”、“星期”，输入字号为 26，颜色为蓝色，字体为_sans 的两个“：”。

（5）单击选中“图层 2”图层第 1 帧，再在舞台工作区内创建八个输出动态文本框，名字从上到下、从左到右分别命名为：“year”,“month”,“day”,“week”,“sw”,“hour”,“minute”和“second”，字号为 20，颜色为红色，字体为华文楷体。在八个输出动态文本框内分别输入一些内容。输入的这些内容只是为了便于文字的定位。调整上述各文本框的位置，此时的舞台工作区的画面如图 5.67 所示。

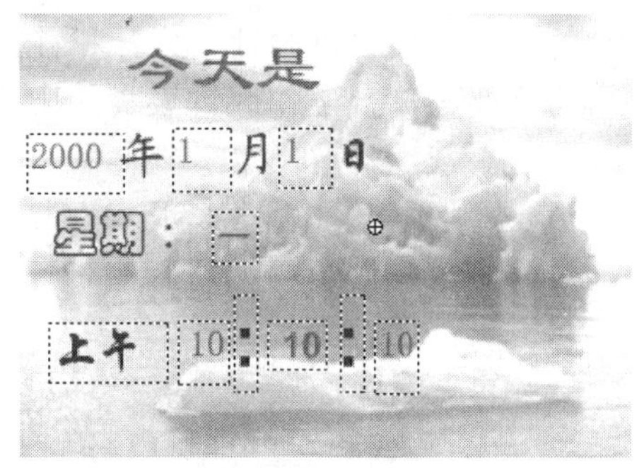

图 5.67 “数字指针表”的画面设计

2. 制作数字指针表画面

（1）创建一个名字为“second”的秒针影片剪辑元件，进入“second”影片剪辑元件编辑状态。在舞台工作区内绘制一条紫色的细线和一个小圆作为秒针，并将它们组合，如图 5.68 所示。然后，将秒针的中心点调到线的底部，而且与舞台的中心十字重合。这样在旋转秒针的时候，秒针才会围绕时钟中心旋转。秒针长 68 个像素点。

（2）创建一个名字为“minute”的分针影片剪辑元件，进入“minute”影片剪辑元件编辑状态。在舞台工作区内绘制一条红色的细线作为分针，如图 5.69 所示。将分针的中心点调到线的底部，而且与舞台的中心十字重合。这样在旋转分针的时候，分针才会围绕时钟中心旋转。秒针长 58 个像素点。

（3）创建一个名字为“hour”的时针影片剪辑元件，进入“hour”影片剪辑元件编辑状态。在舞台工作区内绘制一条蓝色的细线作为时针，如图 5.70 所示。将时针的中心点调到线的底部，而且与舞台的中心十字重合。这样在旋转时针的时候，时针才会围绕时钟中心旋转。秒针长 48 个像素点。

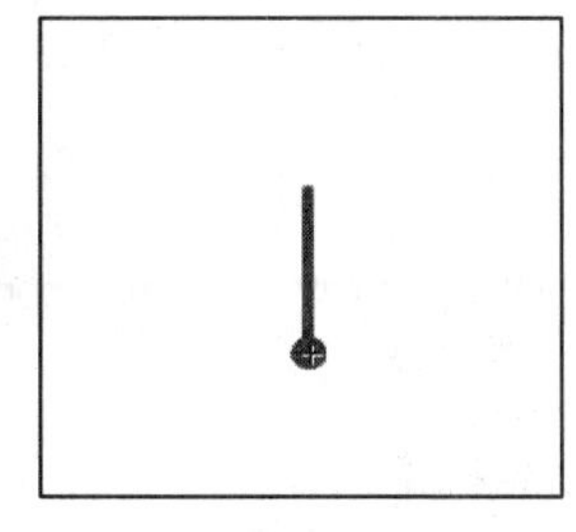

图 5.68 “second”秒针指针

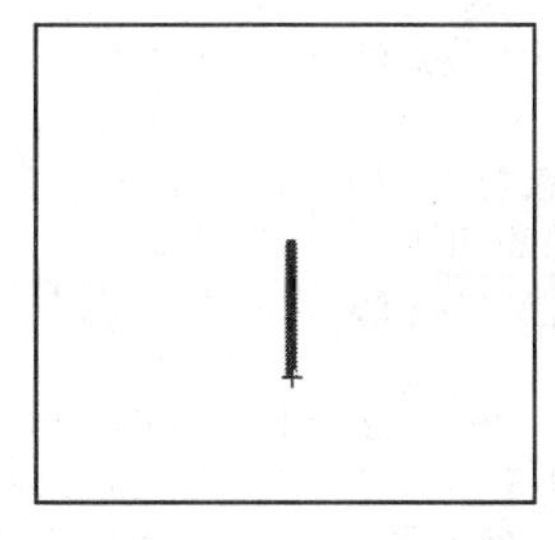

图 5.69 “minute”分针指针

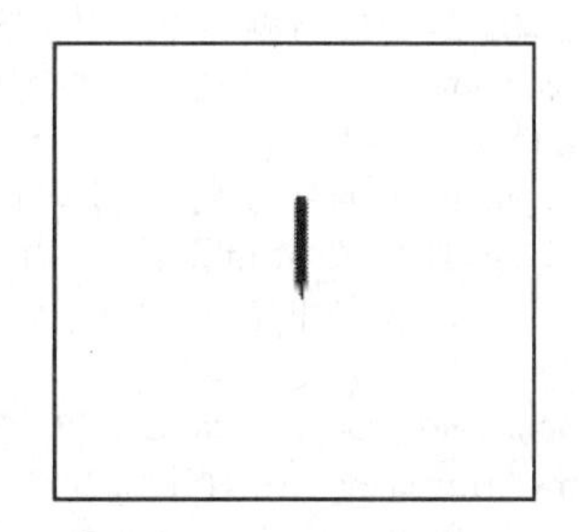

图 5.70 “hour”时针指针

（4）创建一个名字为“指针表”的影片剪辑元件，进入“指针表”影片剪辑元件的编辑状态。在“图层1” 图层第1帧的舞台工作区中，绘制一个钟表盘。钟表盘的中间是一个中心渐变的七彩圆形图形，环绕两个红色的正圆，两个正圆之间填充的是绿色。再输入四个数字“12”，“3”，“6”和“9”，如图5.71所示。注意，钟表盘的中心一定要与舞台工作区的中心十字重合。

（5）在“图层1”图层的上边创建一个名字为“图层2”的新图层。将“hour”、“minute”和“second”影片剪辑元件依次从“库”面板中拖曳到这一图层的舞台工作区中。调出“属性”面板，单击选中舞台工作区中的“hour”影片剪辑实例，在“属性”面板的Name文本框中输入“hourhand”；单击选中“minute”影片剪辑实例，在“属性”面板的Name文本框中输入“minutehand”；单击选中“second”影片剪辑实例，在“属性”面板的Name文本框中输入“secondhand”。

然后，按顺序将时针、分针和秒针移到钟表盘的中心处。注意，各影片剪辑元件指针的中心十字要与舞台工作区钟表盘的中心重合。依次拖曳后的图像如图5.72所示。

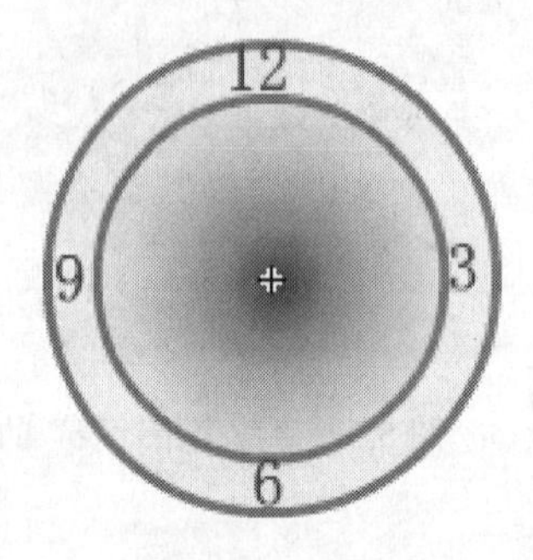

图5.71 钟表盘

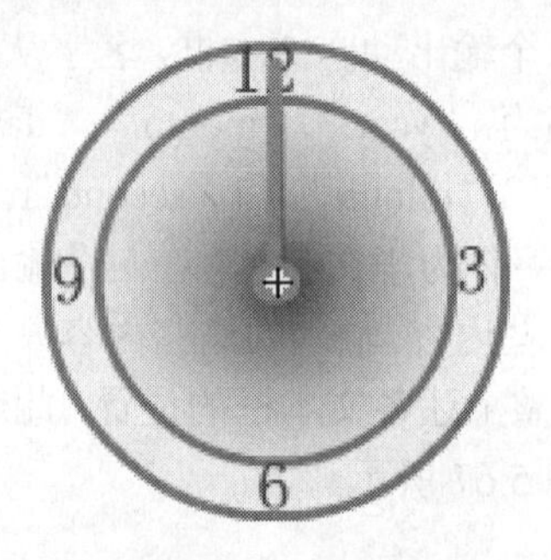

图5.72 钟表盘和指针

（6）在时间轴上，将两图层的第2帧同时选中，按F5键，插入一个普通帧。

3. 编写“指针表”影片剪辑元件的脚本程序

（1）在“指针表”影片剪辑元件的编辑状态下。在“图层2”图层之上，创建一个新的图层，命名为“图层3”。

（2）单击选中“图层3”图层的第1帧，调出“动作-帧”面板，在脚本编辑区中输入如下脚本程序。

```
mydate=new date(); //声明一个时间对象实例“mydate”
sec=mydate.getSeconds();//获得当前系统的秒数，并赋给变量 sec
minute=mydate.getMinutes();//获得当前系统的分钟数，并赋给变量 minute
minutehand._rotation=minute*6;//改变分针的角度
secondhand._rotation=sec*6;//改变秒针的角度
hour=mydate.getHours();//获得当前系统的小时数，并赋给变量 hour
m=0;//给变量 m 赋值 0，用于图像的切换
_root.sw="上午：";//上午时给变量文本框 sw 赋值“上午：”
if (hour>12) {
    hour =hour-12;//将 24 小时计时制改为 12 小时计时制
    m=1;//给变量 m 赋值 1，用于图像的切换
    _root.sw="下午：";//下午时给变量文本框 sw 赋值“下午：”
}
hourhand._rotation=hour*30;// 时针转一周是 12 小时，乘以 30 可得 360（转一圈）
myArray=new Array("日", "一", "二", "三", "四", "五", "六" );//定义数组，并赋初值
_root.week=myArray[mydate.getDay()] ;//将星期数赋给文本框变量 week
_root.year=mydate.getFullYear();//将年数赋给文本框变量 year
_root.month=mydate.getMonth();//将月数赋给文本框变量 month
```

```
    _root.day=mydate.getDate();//将日数赋给文本框变量 day
    _root.second=sec;//将秒数赋给文本框变量 second
    _root.minute=minute; //将分数赋给文本框变量 minute
    _root.hour=hour;//将小时数赋给文本框变量 hour
    setProperty (_root.T11,_visible, m);   //使影片剪辑实例“T11”显示或隐藏
    setProperty (_root.T12,_visible,1-m); //使影片剪辑实例“T12”显示或隐藏
    if (minute==0 && sec==0) {
        _root.mysound.stop();//停止 mySound 声音对象播放
        //绑定一个“库”面板中的声音元件“sound1”对象
        _root.mysound.attachSound("sound1");
        _root.mysound.start();//开始播放绑定的声音
    }
```

上面的程序是“指针表”和日历，以及图像切换和定时奏乐全部功能的相应程序。大部分语句均作了注释，下面再进行较详细的介绍，尤其是程序设计思维的介绍。

①“mydate=new Date(year, month, date, hour, min, sec, ms)”语句：创建了一个时间对象实例“mydate”，mydate 对象实例将具有 Date 系统对象的所有方法和属性。这是在使用 Date 对象前必须要做的。

②“sec=mydate.getSeconds()”语句：是利用时间对象实例 mydate 的 getSeconds()方法获得当前系统的秒数。秒数的取值范围是 0～59。

③“minute=mydate.getMinutes()”语句：是利用时间对象实例 mydate 的 getMinutes()方法获得当前系统的分钟数。分钟数的取值范围是 0～59。

④“minutehand._rotation=minute*6”语句：因为分针旋转一周是 360°，而时钟的分的一周是 60 个基本单位，一个基本单位是 6°（360 除以 60，等于 6）。所以必须进行换算，将时钟的分的基本单位乘以 6。

⑤“secondhand._rotation=sec*6”语句：因为秒针旋转一周是 360°，而时钟的秒的一周是 60 个基本单位，一个基本单位是 6°（360 除以 60，等于 6）。所以必须进行换算，将时钟的秒的基本单位乘以 6。

⑥“hour=mydate.getHours()”语句：将小时数赋给变量 hour。

⑦因为“getHours()”的值范围是 0～23，而钟表的时针一周是 12 小时，必须使用“if (hour>12) {hour=hour–12;}”语句，当超过 12 小时时减去 12，得到当前十二进制时间。

⑧“hourhand._rotation=hour*30”语句：由于时针一周是 12 小时，即 12 个基本单位，一个基本单位为 30°（360 除以 12 等于 30），所以还要进行转换，将 hour 乘以 30。

⑨“myArray=new Array("日", "一", "二", "三", "四", "五", "六")”语句：定义一个数组对象实例 myArray。当使用 myArray 数组时，myArray[0]的值是字符“日”，myArray[1]的值是字符“一”，myArray[2]的值是字符“二”，myArray[3]的值是字符“三”，myArray[4]的值是字符“四”，myArray[5]的值是字符“五”，myArray[6]的值是字符“六”。

⑩“_root.week=myArray[mydate.getDay()]”语句：通过“mydate.getDay()”获得当前系统的星期数，“.getDay()”方法的数值范围是从 0～6，其中 0 对应星期日、1 对应星期一、2 对应星期二、3 对应星期三、4 对应星期四、5 对应星期五、6 对应星期六。通过“mydate.getDay()”的值确定数组的值赋给主场景（_root）的文本框变量“week”。

⑪“_root.year=mydate.getFullYear()”语句：通过“mydate.getFullYear()”获得当前系统的年份数，“.getFullYear()”获得的是四位记年数，如 2000，2001。将“mydate.getFullYear()”的值赋给主场景的文本框变量“year”。

⑫“_root.month=mydate.getMonth()+1”语句：通过“mydate.getMonth()”获得当前系统月

份数，其值的范围是从 0～11，0 对应一月、1 对应二月、2 对应三月，依次类推。所以在获得系统的月份后，还应该加 1，即得到当前月份。将“mydate.getMonth()”的值赋给主场景的文本框变量“month”。

⑬“_root.day=mydate.getDate()”语句：通过“mydate.getDate()”获得当前系统的日期数，其值的范围是从 1～31，随系统大月或者小月而改变。将“mydate.getDate()”的值赋给主场景的文本框变量“day”。

⑭“_root.second=sec”语句：通过“mydate.getSeconds()”获得当前系统的秒数，在前面已经赋给了变量“sec”，此处将变量“sec”的值赋给场景的文本框变量“second”。

⑮“_root.minute=minute”语句：通过“mydate.getMinutes()”获得当前系统的分数，在前面已经赋给了变量“minute”，此处将变量“minute”的值赋给场景的文本框变量“minute”。

⑯“_root.hour=hour”语句：通过“mydate.getHours()”获得当前系统的小时数，在前面已经赋给了变量“hour”，此处将变量“hour”的值赋给场景的文本框变量“hour”。

⑰用变量 m 来标注是上午（hour<=12）还是下午（hour>12）。上午时，给“sw”文本框变量赋“上午”文字；下午时，给“sw”文本框变量赋“下午”文字。

⑱上午（hour<=12），m=0，不显示“T11”影片剪辑实例；1–m=1，显示“T12”影片剪辑实例。下午（hour>12），m=1，显示“T11”影片剪辑实例；1–m=0，不显示“T12”影片剪辑实例。

4. 报时效果的有关程序

（1）导入一个 MP3 声音文件，它们的名字分别为“sound1”。用鼠标右键单击“库”面板中的“sound1”声音元件，调出快捷菜单，单击快捷菜单中的“连接”菜单命令，调出“链接属性”面板，单击选中“链接属性”面板中的“导出动作脚本”复选框，并在“标示符”文本框中输入“sound1”。

（2）回到主场景，在“图层 3”图层的上边创建一个名字为“图层 4”的新图层。在“图层 4”图层第 1 帧内加入如下程序。

```
mysound=new Sound();
```

用来实例化一个声音对象“mysound”。

（3）在“指针表”影片剪辑元件“图层 3”图层的第 1 帧源程序的最后加入如下程序。

```
if (minute==0 && sec==0) {
        _root.mysound.stop();
        _root.mysound.attachSound("sound1");
    _root.mysound.start();
}
```

该段程序是用来播放 MP3 音乐的。每当新的一小时开始，即变量 minute 和 sec 均等于 0 时，播放一首乐曲“sound1”。

5. 继续制作主场景内容

（1）单击选中“图层 4”图层的第 1 帧，将“库”面板中的“指针表”影片剪辑元件拖曳到舞台工作区内右上部合适的位置。

（2）在“图层 4”图层第 1 帧内接着输入如下脚本程序。

```
mysound=new Sound();//实例化一个声音对象“mysound”
```

至此，整个动画制作完毕。

实例 45　滚动文本

“滚动文本”动画播放后的 2 幅画面如图 5.73 所示。单击画面中第 1 个按钮或按光标上移键，文本框内的文字会向上滚动 1 行。单击画面中第 2 个按钮或按光标下移键，文本框内的文字会向下滚动 1 行。单击画面中第 3 个按钮或按 Ctrl+PageUp 组合键，文本框内的文字会向上滚动 8 行。单击画面中第 4 个按钮或按 Ctrl+PageDown 组合键，文本框内的文字会向下滚动 8 行。单击第 4、5 和 6 个按钮，可以更换文本框内的文字。文字是调用该动画所在目录下“TXT”文件夹内的“text1.txt”、“text2.txt”和“text3.txt”文本文件的内容。该动画的制作方法如下。

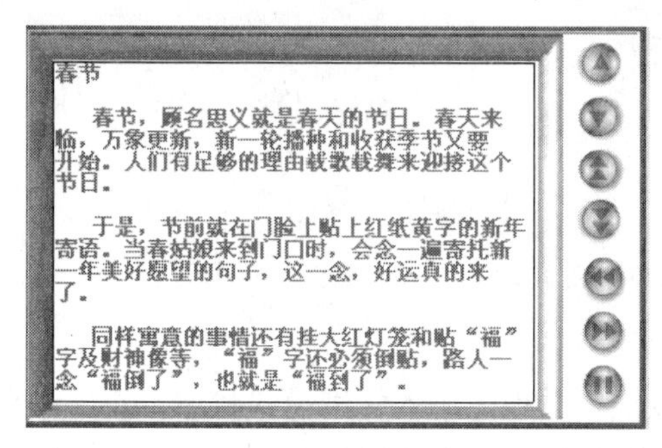

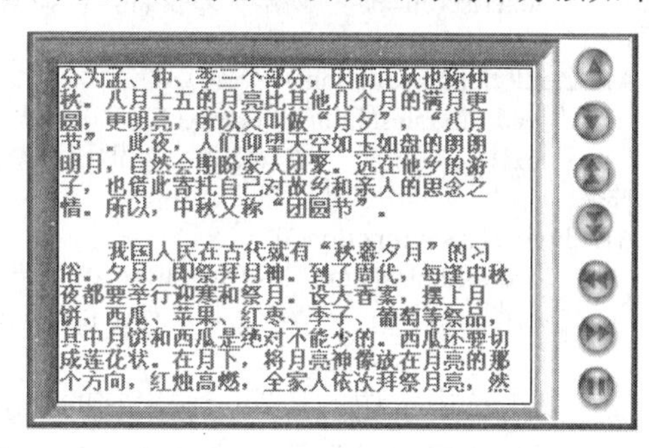

图 5.73　“滚动文本”动画运行后的 2 幅画面

1. 设计界面和素材

（1）设置动画页面大小为 400 像素宽，250 像素高，背景色为白色。

（2）单击选中“图层 1”图层第 1 帧，导入一幅框架图像，调整它的大小和位置，如图 5.73 所示。选中“图层 1”图层第 2 帧，按 F5 键。

（3）在“图层 1”图层之上添加一个“图层 2”图层，选中“图层 2”图层第 2 帧，按 F7 键，创建一个关键帧。在舞台工作区内创建一个动态文本框，在它的“属性”面板内，设置变量的名字为“text1”，字号大小为 18，颜色为黑色，加边框，在“线条类型”下拉列表框内选择“多行”选项。单击“属性”面板内的“格式”按钮，调出“格式选项”对话框，在“行距”文本框内输入 0。

（4）将按钮公用库中的 7 个按钮拖曳到舞台工作区内，将其中的 2 个按钮顺时针旋转 90 度，另外 2 个按钮逆时针旋转 90 度，再将它们排列好，如图 5.73 所示。给最下边的 3 个按钮实例分别命名为“ATX1”、“ATX2”和“ATX3”。

（5）打开记事本程序，输入文字。注意：在文字的一开始应加入“text1=”文字，如图 5.74 所示。“text1=”是文本框变量的名称。

（6）单击记事本程序的“文件”→“另存为”菜单命令，调出“另存为”对话框，在该对话框内的“编码”下拉列表框内选择“UTF-8”选项，选择 Flash 文档保存的目录下的“TXT”目录，输入文件名称“text1.txt”，然后单击“保存”按钮。

按照上述方法，再建立“text2.txt”和“text3.txt”文本文件。

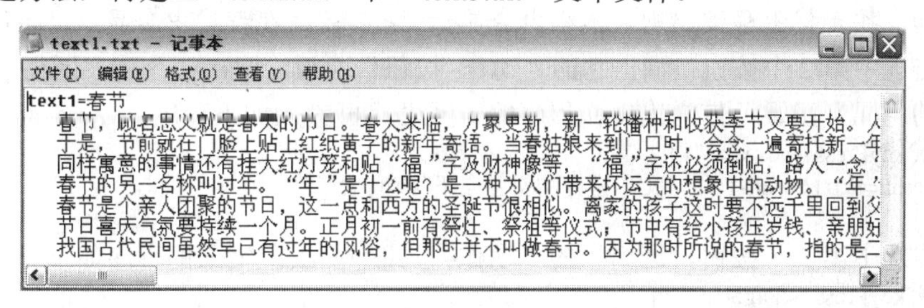

图 5.74　记事本内的文字

2. 设计程序

（1）选中“图层 2”图层第 1 帧，调出它的“动作–帧”面板，在该面板内输入如下程序。

```
loadVariablesNum("TXT/text1.txt",0);//调“TXT”文件夹内“text1.txt”文本文件
text1.scroll=0;    //给文本文件定位在初始位置
```

（2）选中“图层 2”图层第 1 帧，调出它的“动作–帧”面板，在该面板内输入如下程序。

```
stop();
ATX1.onRelease=function(){
        loadVariablesNum("TXT/text2.txt",0); //调“text2.txt”文本文件
        text1.scroll=0;      //给文本文件定位在初始位置
}
ATX2.onRelease=function(){
        loadVariablesNum("TXT/text3.txt",0); //调“text3.txt”文本文件
        text1.scroll=0;      //给文本文件定位在初始位置
}
ATX3.onRelease=function(){
        loadVariablesNum("TXT/text1.txt",0); //调“text1.txt”文本文件
        text1.scroll=0;      //给文本文件定位在初始位置
}
```

（3）单击选中上边的按钮，调出它的“动作–按钮”面板，进入标准模式状态，双击命令列表区内“影片剪辑控制”目录内的“on”命令，使它出现在程序编辑区内。按照图 5.75 所示设置事件，并输入程序。输入的程序如下。

```
on (release, keyPress "<Up>") {
    text1.scroll=text1.scroll+1;    //文本框内的文字向上移动一行
}
```

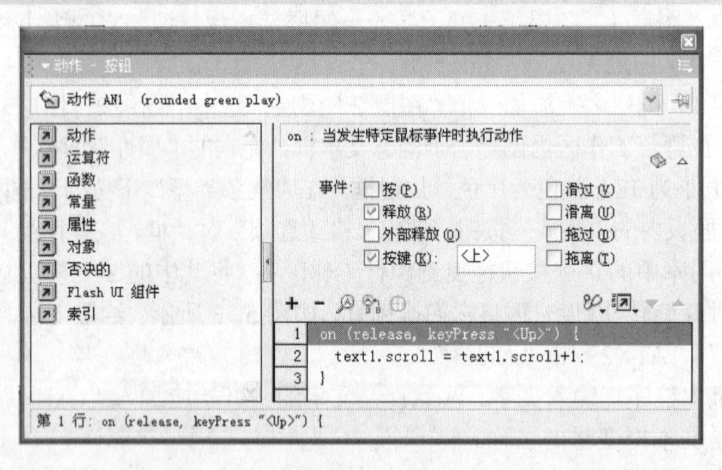

图 5.75　第 1 个按钮的“动作–按钮”面板设置

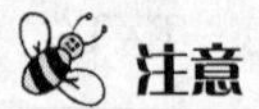 **注意**

在设置按键事件时，可以单击选中“按键”复选框，再单击它右边的文本框，然后按相应的按键。例如，按光标上移键，则文本框内会显示“<上>”，在程序中会显示“<Up>”。

（4）单击选中第 2 个按钮，调出它的“动作–按钮”面板，双击命令列表区内“影片剪辑控制”目录内的“on”函数，使它出现在程序编辑区内，再输入如下程序。

```
on (release, keyPress "<Down>") {
}   text1.scroll=text1.scroll-1;    //文本框内的文字向下移动一行
}
```

（5）单击选中第 3 个按钮，调出它的“动作–按钮”面板，输入的程序如下。

```
on (release, keyPress "<PageUp>") {
    for (x=1; x<=8; x++) {
```

```
        text1.scroll=text1.scroll+1;
    }
}
```

（6）单击选中第 4 个按钮，调出它的“动作–按钮”面板，输入的程序如下。

```
on (release, keyPress "<PageUp>") {
    for (x=1; x<=8; x++) {
        text1.scroll=text1.scroll-1;
    }
}
```

实例 46　“FLASH 8 作品欣赏”网页

“FLASH 8 作品欣赏网页”动画是一个可以选择浏览 Flash 动画的网页，全部用 Flash 制作。由于 Flash 采用了“流”下载技术，所以不需要将整个网页动画的所有帧都下载完后才播放，只要有若干帧下载完后就可以播放预下载动画，一边播放，一边继续下载。当整个网页动画的所有帧全下载完后，再开始播放网页的主页。网页预下载动画是：红色的文字和小点逐渐覆盖绿色的文字和小点，同时红色的指针不断转动。动画播放时的一幅画面如图 5.76 所示。

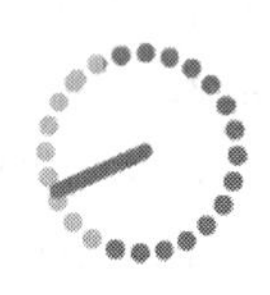

图 5.76　动画播放后的预下载画面

当整个电影下载完后，网页的主页面会显示出来：在一个图像之上，立体发光文字“FLASH 8 作品欣赏”由小变大地显示出来。6 个按钮图像依次从屏幕左下边移到屏幕的下边，然后背景图像和立体发光文字“FLASH 8 作品欣赏”逐渐消失，其中的一幅画面如图 5.77 左图所示。当鼠标指针移到按钮之上时，会显示出相应的提示文字，单击按钮，即可弹出本书中的一个相应的动画实例，如图 5.77 右图所示。单击第 6 个按钮，可以清除演示的 Flash 作品画面。该动画的制作方法、测试影片和发布主页的方法介绍如下。

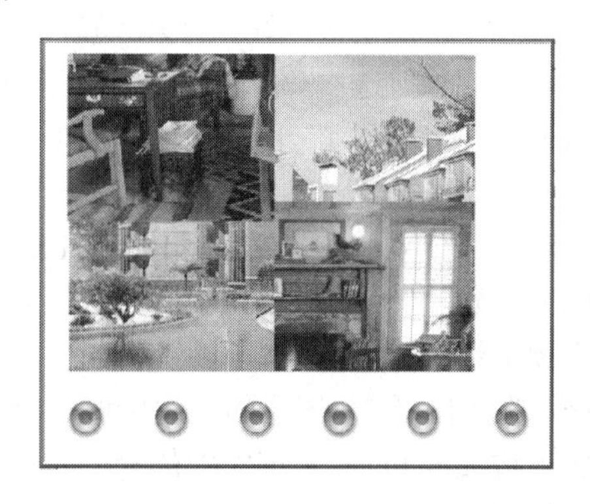

图 5.77　作品欣赏网页”动画播放后的 2 幅画面

1. 制作预下载网页动画

（1）设置动画页面宽为 500px，高为 400px，背景色为浅黄色。创建一个新的影片剪辑元件，名称为“DY1”。在该影片剪辑元件编辑窗口内，选中“图层 1”图层第 1 帧，在舞台工作区中，绘制一条水平直线，直线的中心与舞台工作区的中心对齐。再将直线的线型设置为绿色圆点状，粗 10 个 pts，共 10 个圆点，如图 5.78 所示。

（2）在“图层 1”图层上边新增一个“图层 2”图层。将“图层 1”图层第 1 帧的内容复制粘贴到“图层 2”图层第 1 帧，再将绿色圆点的颜色改为红色，如图 5.79 所示。

（3）在“图层 2”图层上边新增一个“图层 3”图层。在“图层 3”图层第 1 帧内绘制一个灰色的矩形，并移到 10 个圆点的左边，如图 5.80 所示。然后，制作一个 20 帧的运动过渡动画，使灰色矩形从 10 个圆点的左边移到 10 个圆点之上，并将 10 个圆点完全覆盖。

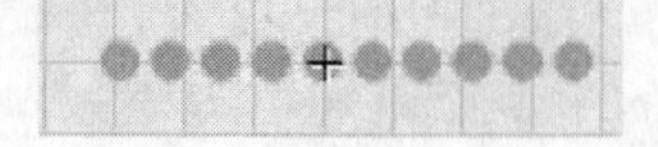

图 5.78　10 个绿圆点

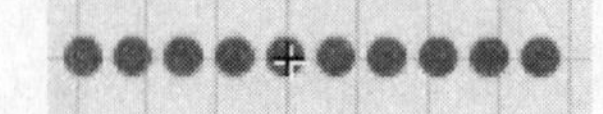

图 5.79　10 个红圆点

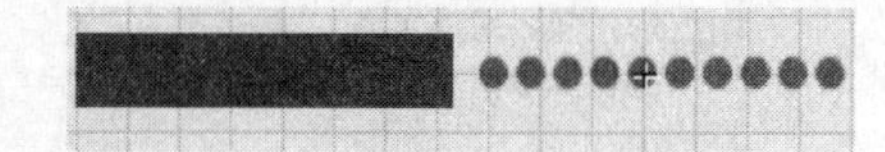

图 5.80　一个灰色的矩形

（4）将“图层 3”图层设置成遮罩图层，使“图层 2”图层成为被遮罩图层。

（5）进入名称为“DY2”的影片剪辑元件编辑窗口内，制作文字变色动画，它的制作方法与上述方法基本一样。然后，回到主场景。

（6）进入名称为“DY3”的影片剪辑元件编辑窗口内，在“图层 1”图层第 1 帧的舞台工作区中，绘制一个线型设置为圆点状、粗 10 个 pts、颜色为绿色的圆形图形，圆形图形的中心与舞台工作区的中心对齐。以后的制作方法与上边介绍的方法基本一样。然后，回到主场景。

（7）在“图层 3”图层的上边新增一个“图层 4”图层。在“图层 4”图层的第 1 帧内绘制一条粗 8 个 pts，长为圆的半径的红色直线，将直线的下端与舞台工作区的中心对齐。然后将红色直线的中心点拖曳到红色直线的下端，并与舞台工作区的中心十字线对齐。

（8）在“图层 4”图层制作一个 20 帧的运动过渡动画，使红色直线指针顺时针转圈。

至此，影片剪辑元件“DY1”、“DY2”和“DY3”制作完毕。

（9）设置舞台工作区宽为 500 像素、高为 140 像素，背景色为白色。选中“图层 1”图层的第 1 帧，将“库”面板中的影片剪辑元件“DY1”、“DY2”和“DY3”拖曳到舞台工作区内，适当调整它们的位置。预览动画制作完毕。

2. 网页主页画面的制作

（1）选中“图层 1”图层的第 2 帧，按 F6 键，使该帧成为关键帧。再导入一幅图像作为网页主页背景图像。选中“图层 1”图层第 59 帧，按 F5 键，使第 2 到第 50 帧的内容一样。

（2）创建“图层 1”图层第 60 帧到第 89 帧的动作动画，使背景图像逐渐消失。

（3）在“图层 1”图层的上边新增一个“图层 2”图层。创建“图层 1”图层第 2 帧到第 60 帧的动作动画，使立体发光文字“FLASH 8 作品欣赏”逐渐变大。

（4）创建“图层 1”图层第 60 帧到第 89 帧的动作动画，使立体发光文字“FLASH 8 作品欣赏”逐渐消失。

（5）在“图层 2”图层的上边新增一个“图层 3”图层。在“图层 3”图层的第 30 帧的舞台工作区下边加入 Flash 系统库中的 6 个按钮。创建“图层 3”图层第 30 帧到第 89 帧的动作动画，使按钮逐渐显示。

（6）双击“库”面板中的一个按钮图标，弹出按钮的编辑对话框。然后，在最下边增加一个新图层，在该图层的第 1 帧输入相应的提示文字“作品 1”。然后，给其他 5 个按钮的第 1 帧也输入相应的文字“作品 2”、…、“作品 5”和“返回”。然后，回到主场景。

（7）选中“图层 1”图层的第 1 帧，再弹出“动作–帧”面板。在该面板的程序编辑区内输入如下脚本程序。

```
Mouse.hide();//隐藏鼠标指针
//如果网页动画下载到动画的总帧数帧时，开始继续播放动画的第 2 帧
if (_framesloaded>=_totalframes) {
      Mouse.show();//使鼠标指针显示
```

```
        gotoAndPlay (2);//转到第 2 帧播放动画
    }
```

（8）双击按钮，进入按钮编辑窗口，再单击左边的第 1 个按钮，在其“属性”面板内的“实例名称”文本框中输入按钮实例的名称“AN1”。再依次给其他按钮实例命名“AN2”、…、“AN6”。

（9）制作一个名称为“LOAD”的影片剪辑元件，其内没有任何内容。再制作一个没有任何内容，舞台工作区很小（1×1 像素）的 Flash 文档，将它保存在与本程序同一目录下，名称为“空.swf”。选中“图层 3”图层第 90 帧，按 F6 键，创建一个关键帧。将“库”面板中的“LOAD”的影片剪辑元件拖曳到舞台工作区中左上部，形成一个很小的小圆（播放时不会显示出来），给该实例命名为“LOAD”。这样，加载的 SWF 动画（也可以是图像等文件）放置的位置会由影片剪辑实例“LOAD”所在的位置（即小圆圈所在位置）来确定。

（10）选中“图层 3”图层第 90 帧，弹出“动作–帧”面板，在该面板的程序编辑区内输入如下脚本程序。

```
stop();
Mouse.show();        //隐藏鼠标指针
AN1.onPress=function(){
    loadMovie ("SWF/空.swf",_root.load)
    loadMovie ("SWF/上下推出的图像切换.swf",_root.load)
    //loadMovieNum("SWF/上下推出的图像切换.swf", 1);
}
AN2.onPress=function(){
    loadMovie ("SWF/空.swf",_root.load)
    loadMovie ("SWF/百叶窗式图像切换.swf",_root.load)
    //loadMovieNum("SWF/百叶窗式图像切换.swf", 1);
}
AN3.onPress=function(){
    loadMovie ("SWF/空.swf",_root.load)
    //loadMovieNum("SWF/翻页图册.swf", 1);
    loadMovie ("SWF/翻页图册.swf",_root.load)
}
AN4.onPress=function(){
    loadMovie ("SWF/空.swf",_root.load)
    loadMovie ("SWF/展开卷轴图像.swf",_root.load)
    //loadMovieNum("SWF/展开卷轴图像.swf", 1);
}
AN5.onPress=function(){
    loadMovie ("SWF/空.swf",_root.load)
    loadMovie ("SWF/地球和转圈文字.swf",_root.load)
    //loadMovieNum("SWF/地球和转圈文字.swf", 1);
}
AN6.onPress=function(){
    loadMovie ("SWF/空.swf",_root.load)
}
```

注意

程序中调用的各 SWF 文件一定要放在当前的 Flash 文档存放在的目录下的“SWF”文件夹内。

至此，整个电影制作完毕，此时动画主场景的时间轴如图 5.81 所示。

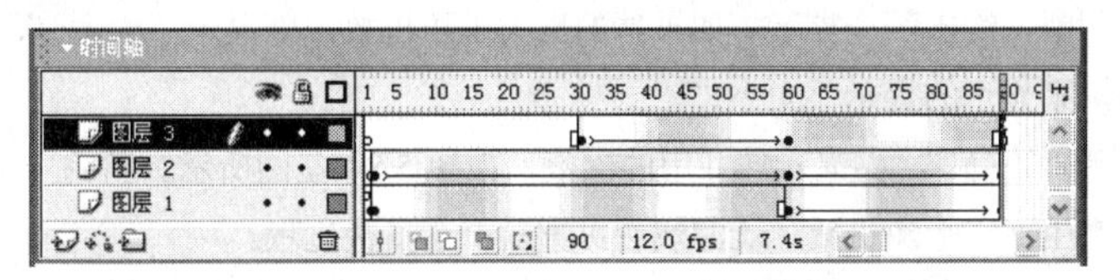

图 5.81　“FLASH 8 作品欣赏”网页动画主场景的时间轴

3. 输出网页文件

（1）单击“文件”→“发布设置”选单命令，调出“发布设置”面板，选中 HTML 标签。再单击面板中的“发布”按钮，将这个电影生成 HTML 网页文件。

（2）在“发布设置”面板设置了 HTML 后，也可以单击“文件”→“发布预览”→“HTML”选单命令，生成 HTML 网页文件。

思考练习 5

1. 采用多种方法，针对按钮、关键帧和影片剪辑实例，调出几种“动作”面板。

2. 展开和关闭“动作”面板的参数设置区和程序编辑区，进行标准模式和专业编辑模式的切换，练习在“动作”面板的程序编辑区内加入语句、删除语句和复制粘贴语句。

3. 制作一个“跟随鼠标移动的十字线”动画。该动画播放后，随着鼠标的移动，一个十字线会随着鼠标的移动而移动。

4. 制作一个用两个开关按钮控制不同动画播放的电影，单击按钮 A 后，动画 A 播放，动画 B 关闭；单击按钮 B 后，动画 B 播放，动画 A 关闭。要求鼠标指针是一个自己设计的小图像或动画。

5.“变形探照灯”动画播放后会显示一幅很暗的苏州园林图像，其上有一个圆形的探照灯光，可用鼠标拖曳探照灯光。此时，单击左下角第 1 个按钮，可使探照灯光变小，单击左下角第 2 个按钮，可使探照灯光变大，如图 5.82 左图所示。单击“切换图像”按钮，背景图像会变为庐山图像，探照灯光变为五角星形，如图 5.82 右图所示。此时，单击右下角第 1 个按钮，可使探照灯光变大，单击右下角第 2 个按钮，可使探照灯光变小。

图 5.82 “变形探照灯”动画播放后的 2 幅画面

6. 制作一个“猜数游戏”动画，其动画播放效果是：计算机产生一个随机数，屏幕显示如图 5.83 所示，提示玩游戏者在 1～100 之间猜数。

单击白色的文本框内，输入一个 1～100 之间的自然数，单击文本框左边的按钮或按 Enter 键，计算机会马上根据输入的数据进行判断，给出一个提示。如果猜的数大于随机数，则显示“太大!”，如图 5.83 右图所示；如果猜的数小于随机数，则显示的提示“太小!”。

如果猜对了，会显示“正确!”，并显示您共用的次数，如图 5.84 左图所示。猜完一个数后，可单击右上角的按钮，进行统计，并产生下一个随机数。玩游戏者可重复上述猜数过程。

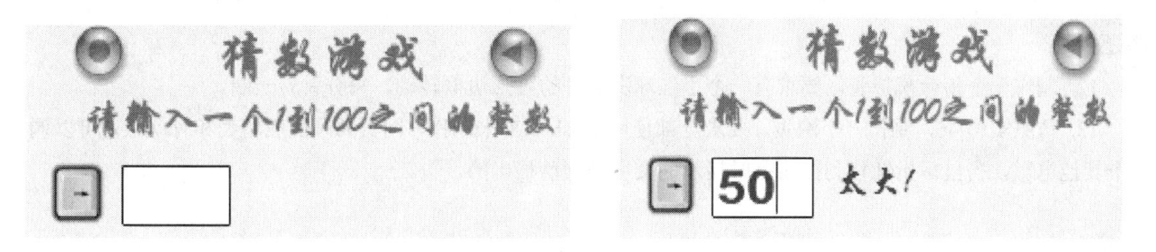

图 5.83 “猜数游戏”动画播放后的 2 幅画面

当猜完四个数后，计算机会自动显示出四次猜数所用的次数以及相应的成绩，如图 5.84 右图所示。如果在没有猜完四个数以前，要看结果，可单击左上角的按钮，不过您不会有此次猜数的成绩。

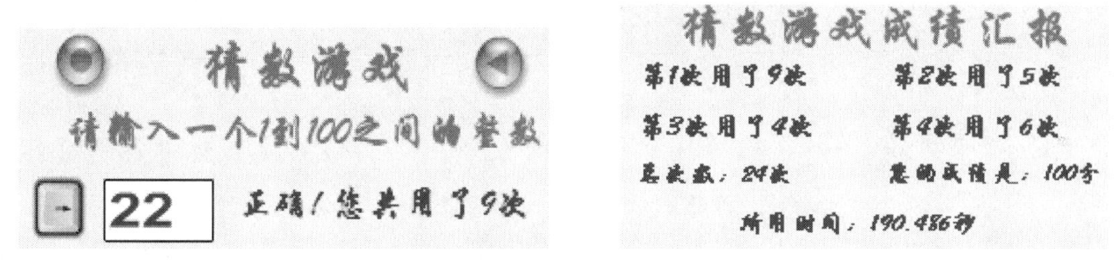

图 5.84 “猜数游戏”动画播放后的 2 幅画面

7. 改进“猜数游戏”动画。如果每次要猜六个随机数，应如何修改程序？如果在评定成绩时，考虑到所用时间的多少，应如何修改程序？如果将左上角的按钮删除，用左上角的位置来实时显示已用的时间，应如何修改程序？如果还在左上角显示当前的时间，应如何修改程序？如果要使猜数字的过程中，一直有背景音乐，应如何修改程序？如何在猜完五个随机数后播放一首乐曲？如何限定猜数的时间，当时间到了以后会自动退出猜数游戏？

8. 制作一个可以根据输入的数据，计算这两个数的和、差和积的值。

9. 参考实例 42 的制作方法，制作一个“小球随机碰撞圆形框架”动画，该动画播放后，一个红色小球在一个圆形框架内来回移动。红色小球的运动轨迹是随机的，并不断撞击正圆形边框。而且先撞击正圆形的下半边边框，再撞击正圆形的上半边边框，然后再撞击正圆形的下半边边框，交替进行，周而复始，不断进行。同时，在屏幕的下边还会显示撞击的次数。而且正圆形内会显示人物背景图像，人物背景图像有 5 幅，它们会在每撞击 10 次后依次切换显示。在正圆形的下边有两个按钮。单击屏幕右下边的按钮，可以使小球移动暂停；单击屏幕左下边的按钮，可以使小球继续移动。该动画播放后的 3 幅画面如图 5.85 所示。

图 5.85 “小球随机碰撞圆形框架”动画播放后的 3 幅画面

10. 制作一个简单的计算器动画。

11. 制作一个可以出 100 道随机的两位数加法的 CAI 动画。要求能够统计成绩和做题时间，并显示成绩和做题时间。

12. 制作一个指针模拟表，要求有一个小红球围绕钟的圆形边框转动，每分钟转一圈。

13. 仿照实例 46，制作一个网页，要求全部使用 Flash MX 来制作，网页的画面应精美和有动感，可以调出 6 个其他电影。当鼠标指针移到按钮处时显示的文字是滚动移出的。

第6章 Flash MX 组件与实例

6.1 Flash MX 组件

6.1.1 Flash MX 组件的简单介绍

1. 什么是组件

组件（Components）是一些复杂的拥有预先定义参数的影片剪辑元件。其中，这些参数是由组件创作者在组件创作的时候定制的，这些组件拥有独立设置的 ActionScript 方法，这些方法允许在运行时设置组件参数或者为组件添加新的选项。在 Flash MX 中有一个“组件”面板，内置了 7 个组件：CheckBox（复选框），ComboBox（下拉列表框），ListBox（列表框），PushButton（按钮）、RadioButton（单选项），ScrollBar（滚动条），ScrollPane（滚动窗格）。可以分别将这些组件加入到 Flash MX 的交互动画中，也可以一起使用创作完整的应用程序或者 Web 表单的用户界面，还能够使用几种方法自定义组件的外观。这些常用的组件不仅减少了开发者的开发时间，提高了工作效率，而且能给 Flash 作品带来更加统一的标准化界面。同时用户也可以制作一些自己的组件，供自己使用，或者发布出去，以方便其他用户。

2. 在 Flash MX 中使用组件

可以使用“组件”面板浏览组件，并通过该面板将需要的组件加入到 Flash MX 的动画中，形成组件实例。而且能够通过“属性”面板或者“组件参数”面板浏览和设置加入到舞台工作区的组件实例的属性。当组件加入到舞台工作区的时候，与组件有关的各种元件也一同加入到当前动画的“库”面板中，包括组件需要的影片剪辑元件、图形元件（用来设置组件的外观），还包括其他一些元件和相应的脚本程序。

3.“组件”面板

单击“窗口”→“组件”菜单命令，可调出“组件”面板，Flash MX 内置的 7 个组件将会显示在“组件”面板中，如图 6.1 所示。

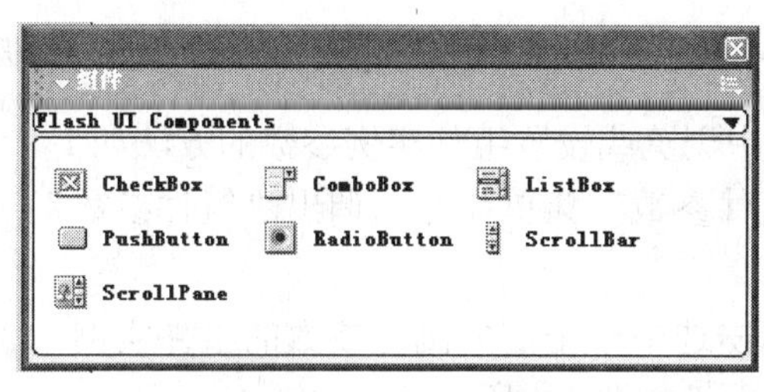

图 6.1 “组件”面板

用户可以创建或者从外部导入组件到“库”面板中，然后从“库”面板中将这些组件拖曳到舞台工作区中，形成更多的组件实例。“库”面板中的组件文件夹内包括一些图形元件，这些元件就叫组件的“皮肤”，实际上它是用来显示组件的外观的。换句话说，组件的类型通过这个组件的“皮肤”来区分。所有的组件都共同使用公用皮肤文件夹（Global Skins folder），另外，每一个组件还拥有一个区别于其他类型的独有的皮肤文件夹。使用滚动条的组件都共享“FScrollBar”组件的皮肤文件夹（FScrollBar Skins folder），列表框（ListBox）组件使用下拉列表框（ComboBox）的皮肤文件夹。用户能够在文件夹中编辑这些组件，以改变组件的外观，但不能够通过在舞台工作区中双击组件的实例，来编辑改变组件的外观。

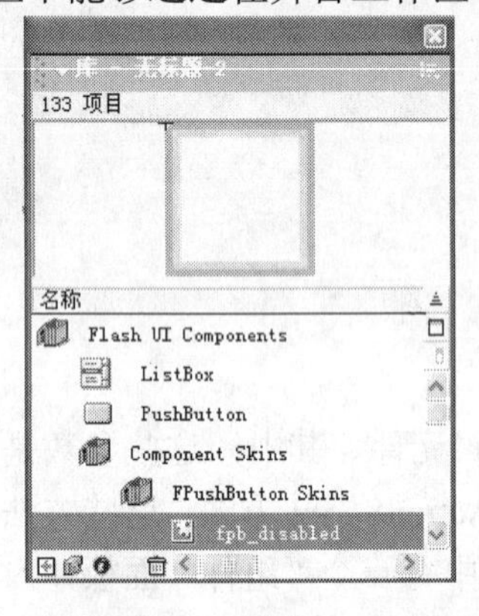

图 6.2 加入了组件的“库”面板

当一个或者多个组件加入到 Flash 舞台工作区的时候，组件文件夹将自动加入到当前编辑动画的“库”面板中，如图 6.2 所示。“库”面板中将会自动加入如下元件。

（1）显示为组件图标的元件。它们实际上是组件的影片剪辑元件。

（2）组件的“皮肤文件夹”（Component Skins）：Flash MX 使用一个公用“皮肤文件夹”，它包括所有的组件的皮肤图形元件，同时每个组件还拥有一个它自己的“皮肤文件夹”。

（3）一个“核心助手”文件夹。它可以帮助那些更高级的开发人员。这个文件夹中包括的组件使用了数据支持应用程序接口（Data Provider API）和类层次体系。

4. 组件的“属性”面板和“组件参数”面板

从“组件”面板中将组件拖曳到舞台工作区中，创建一个组件的实例，然后就可以使用“属性”面板浏览和设置组件实例的属性，并通过“属性”面板命名这个组件的实例。然后，还可以单击“属性”面板的参数标签，再设置组件实例的参数，也可以通过调用“组件参数”面板来设置组件实例的参数。

（1）通过使用“属性”面板浏览或设置组件实例参数的方法如下。

- 单击“窗口”→“属性”菜单命令，调出“属性”面板。
- 在舞台工作区中单击选中要观察的组件实例。
- 在属性面板中，单击“参数”标签项，然后在“属性”面板中浏览和设置这个组件实例的参数，如图 6.3 所示。

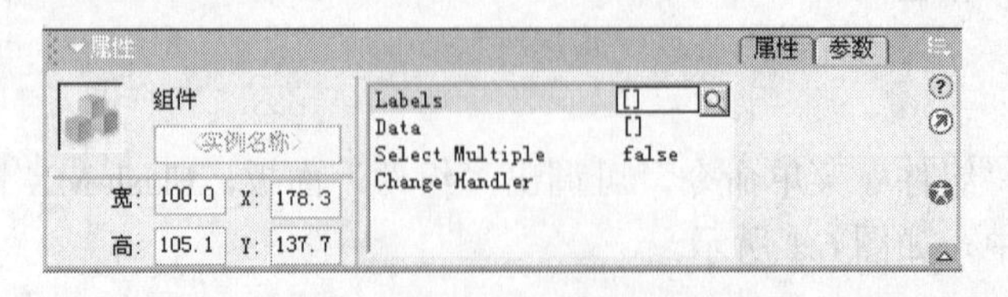

图 6.3 浏览和设置组件实例的“属性”（参数）面板

（2）在“组件参数”面板中浏览或设置组件实例参数的方法如下。

- 单击“窗口”→“组件参数”菜单命令，调出“组件参数”面板。
- 在舞台工作区中，单击选中一个需要浏览参数的组件实例，此时的“组件参数”面板如图 6.4 所示。

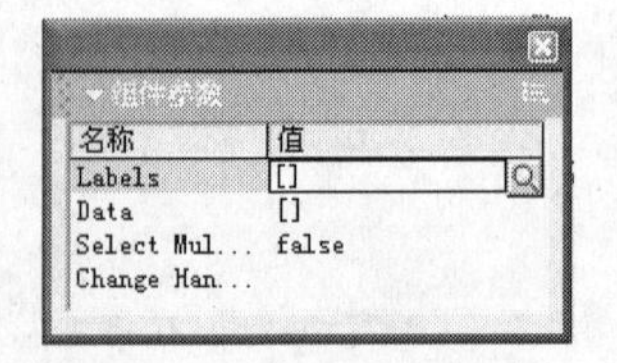

图 6.4 “组件参数”面板

当组件的“组件参数”面板中的参数改变后，该组件的“属性”面板中的参数会随之改变。当组件的“属性”面板中的参数改变后，该组件的“组件参数”面板中的参数也会随之改变。

6.1.2　活动预览和加入组件的方法

1. 活动预览

“活动预览”的特性就是使正在舞台工作区中进行编辑的组件实例与动画正式发布播放时的效果相同。这个功能可以使动画中的组件尽可能地保持“所见即所得”，即编辑状态和动画发布后的效果一样。但是“活动预览”不能够反映组件属性设置的改变情况，或者改变组件的皮肤样式。为了测试舞台工作区内的组件实例，可以单击“控制”→“测试影片”菜单命令，观察组件的播放样式。图 6.5 左图使用了“活动预览”功能，右图没有使用“活动预览”功能。单击“控制”→“启动活动预览”菜单命令，可以控制动画的编辑过程中是否启动“活动预览”功能。

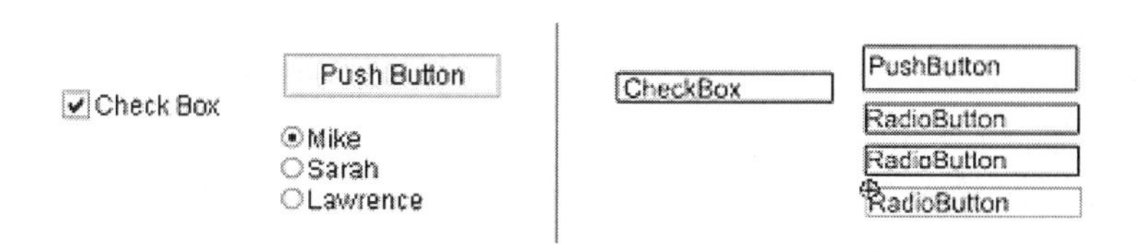

图 6.5　使用“活动预览”和没有使用“活动预览”的比较

2. 加入组件的方法

可以通过“组件”面板将一个组件添加到 Flash MX 的舞台工作区中，或者使用 ActionScript 的“MovieClip”内置对象的“AttachMovie”方法，动态地绑定一个已经存在于“库”面板中的组件。

初级使用者可以将“组件”面板的一个组件拖曳添加到 Flash 的舞台工作区中，形成一个组件实例，再通过“属性”面板或“组件参数”面板设置该组件实例的参数，然后使用“动作”面板添加 ActionScript 脚本程序以控制动画。

当加入一个组件到一个 Flash MX 动画舞台工作区中的时候，一些组件的相关元件也同时被加入到动画的“库”面板中，同时动画的“库”面板中将内置一个“Flash UI Components”文件夹。在加入一个组件到“库”面板之后，就可以通过从“库”面板中将这个组件拖曳到动画舞台工作区中，形成多个实例，然后通过“属性”面板或“组件参数”面板设置每个组件实例的参数。每一个组件实例都是独立存在的。

例如，将“组件”面板中的“Check Box”组件多次拖曳到舞台工作区中，创建多个“Check Box”组件实例，这些“Check Box”组件实例都是“库”面板中组件“CheckBox”的实例。然后，可以通过“属性”面板或“组件参数”面板分别设置每个组件实例的参数。

3. 基本操作方法

（1）单击“窗口”→“组件”菜单命令，调出“组件”面板。

（2）将“组件”面板中的组件（如 CheckBox 组件☒）拖曳到舞台工作区中。直接双击“组件”面板中的组件图标，组件同样会被加入到舞台工作区中，

（3）如果“库”面板中的组件内部任何元件被单独编辑改变了（例如为了改变组件的样式，

重新编辑了组件“皮肤”的影片剪辑元件），那么在从“组件”面板将组件加到“库”面板中的时候，会弹出一个“Resolve Component Conflict”对话框，如图 6.6 所示，提示组件已经存在，是使用存在的组件（Use existing component），还是使用新的组件替换当前已经存在的组件（Replace existing component）。如果选择第一个单选项，那么将会使用动画库中存在的组件，新的组件并不会替换已经经过编辑修改的旧组件；如果选择第二个单选项，那么新的组件及其元件将会替换当前动画“库”面板中组件的各个元件，即对组件所做的修改将会失效。

图 6.6 “Resolve Component Conflict”对话框

（4）单击选中舞台工作区中要编辑的组件实例（如“CheckBox”组件实例）。

（5）单击“窗口”→“属性”菜单命令，调出“属性”面板，单击“属性”标签项。

（6）在“属性”（属性）面板中的“实例名称”文本框中，输入这个组件实例在舞台工作区中的实例名称，此处输入“myCheckBox”。“属性”（属性）面板如图 6.7 所示。利用该面板可以调整组件实例的颜色和透明度等。

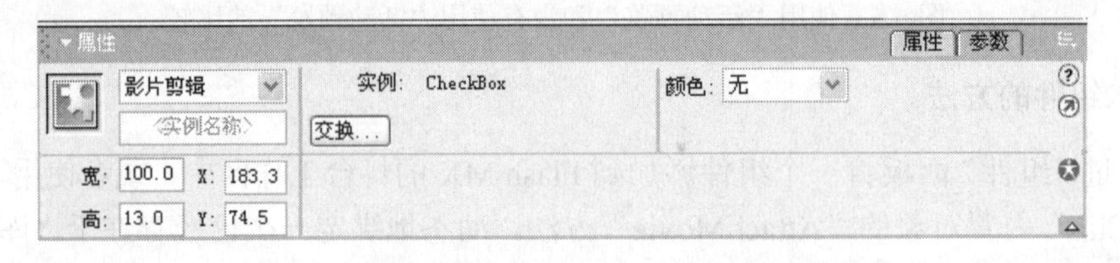

图 6.7 在“属性”（属性）面板中设置实例的名称

（7）单击“参数”标签项，此时的“属性”（参数）面板如图 6.8 所示。利用它可以设置组件实例的参数。

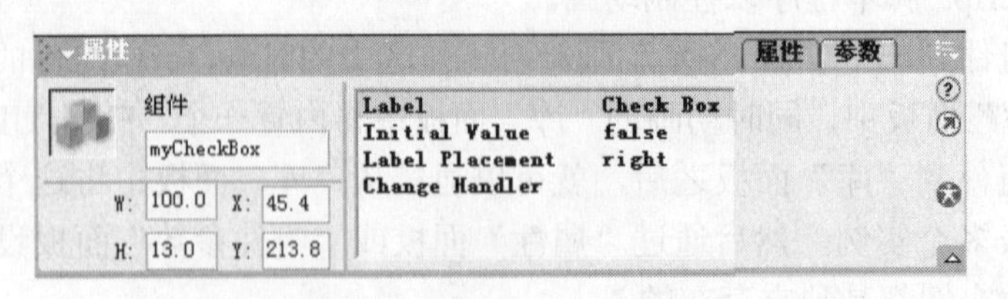

图 6.8 在“属性”（参数）面板中设置实例的参数

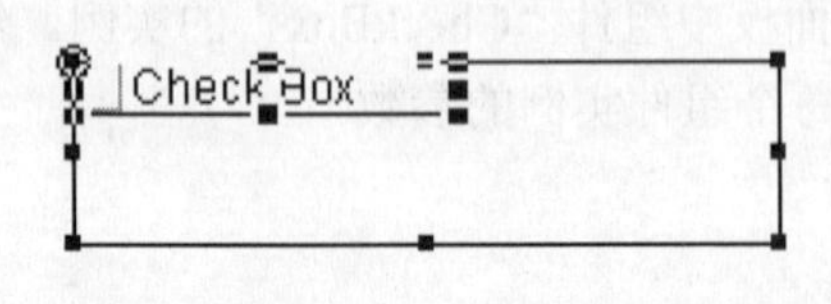

图 6.9 调节舞台工作区中的实例的大小

（8）根据设计要求，可以利用工具箱中的有关工具，调节舞台工作区中的实例的大小和位置，如图 6.9 所示。

（9）所有的组件都可以通过“setStyleProperty”方法改变组件实例在舞台工作区中的参数，从而改变组件实例的形状和位置等。

（10）可以通过更改组件实例在“库”中的“皮肤”元件（实际上是一些组成组件的影片剪辑元件），来改变组件的风格和样式。

4. 通过 ActionScript 语句动态地将组件放置到舞台工作区中的方法

（1）在时间轴上，单击选中需要放置组件的帧。

（2）以专家模式打开“动作”面板，然后编写一个生成组件实例的函数，函数的程序模板如下。

```
_root.attachMovie("FCheckBoxSymbol", "checkBox1", Z);
_root.checkBox1.setValue(false);
_root.checkBox1.setLabel("myCheckbox");
```

（3）上面的第一条语句的含义是动态绑定一个“FCheckBoxSymbol”对象的“CheckBox”组件对象，同时设置它的实例名为“checkBox1”，“Z”为这个实例在舞台工作区中放置的层号。第二条语句是设置这个实例的值。第三句是设置这个组件实例的标题。

（4）上面只是一个简单的绑定组件到动画中的例子，还有很多其他的函数、方法和属性，可以在动画的运行时，进一步控制组件实例。

6.1.3　删除组件实例和调整组件的标题大小及组件的长和宽

1. 删除组件实例

如果需要删除舞台工作区中的组件实例，可以直接从“库”面板中将这个组件的图标以及它的皮肤文件夹 Components UI Folder 删除。

如果需要删除的组件与其他的组件共享了许多元件，那么不能删除共享的元件，除非已经制作了其他的自定义元件用来代替那些要删除的组件。最后一定要记住：公共组件皮肤文件夹（Global Skin Folder）不能被删除。下面介绍一下删除组件的具体步骤。

（1）在 Flash MX 动画的“库”面板中，打开“Components UI Folder”文件夹。

（2）在这个文件夹中找到要删除的影片剪辑元件，并将其选中。

（3）单击“库”面板右上角的按钮，调出快捷菜单，单击“删除”菜单命令，调出“删除”对话框，如图 6.10 所示，单击“删除”按钮，将这个影片剪辑元件删除。

图 6.10　“删除”对话框

2. 调整组件的标题大小及组件的长和宽

如果一个组件在舞台工作区的实例没有足够的尺寸显示它的标题，那么这个组件实例的标题文本将会被删除一部分；相反，如果实例显示的尺寸远远大于它本身的尺寸，那么 Flash MX 将会扩展鼠标单击所响应的事件区域。

如果使用 ActionScript 的“_width”和“_height”属性调节组件实例的长和宽，那么这个组件仍然保持着它自己原有的设计尺寸大小，这就可能导致在播放动画的过程中，组件实例的形状发生扭曲，最好是使用绘图工具面板中的自由转换工具改变组件的形状和大小，或者通过设置组件对象的“setSize”和“setWidth”方法来设置组件实例的形状和大小。

下面一节将通过一些实例来具体介绍各个组件的使用方法。

6.2 Flash MX 内置组件介绍

6.2.1 CheckBox（复选框）组件

将 CheckBox 组件拖曳到动画的舞台工作区中，形成一个 CheckBox 组件实例。选中该实例，调出“组件参数”面板；也可以使用“属性”（参数）面板来设定组件的参数。

1. 设置 CheckBox 组件参数值

（1）“Label”参数：用来设定组件标题。在“组件参数”面板的“Label”参数选项上，单击鼠标，对应的参数数值部分变为可以编辑状态，然后输入这个组件的标题，如图 6.11 所示。例如，输入“HELLO”，则“CheckBox”组件的标题会变为“HELLO”。

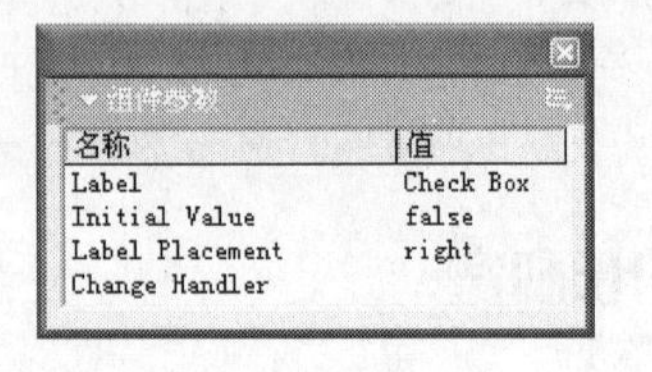

图 6.11　CheckBox 组件实例的“组件参数”面板

（2）“Initial Value”参数：用来设定“CheckBox”组件的初始状态，也就是这个复选框是否被选中。在“组件参数”面板的“Initial Value”参数选项上单击鼠标，对应的参数数值部分变为可以编辑状态，如果需要改变参数值，可以单击下拉列表，选择“True”或者“False”。如果选择“True”，那么这个复选框在最初状态时是被选中的，如图 6.12 所示；如果选择“False”，那么这个复选框在最初状态时是未被选中的，如图 6.13 所示。

图 6.12　选中的复选框

图 6.13　没有选中的复选框

（3）“Label Placement”参数：用来设定“CheckBox”组件标题在组件上的位置。在“组件参数”面板的“Label Placement”参数选项上单击鼠标，对应的参数数值部分变为可编辑状态，如果需要改变参数值，可以单击下拉列表，选择“Left”或者“Right”。如果选择“Right”，那么这个复选框的标题将显示在右侧，如图 6.14 所示；如果选择“Left”，那么这个复选框的标题将在组件的左侧显示，如图 6.15 所示。

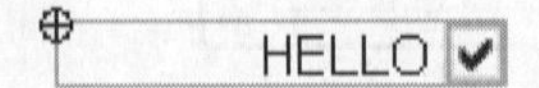

图 6.14　标题在右侧显示

图 6.15　标题在左侧显示

（4）“Change Handler”参数：用来设定“CheckBox”组件所绑定的函数。在“组件参数”面板的“Change Handler”参数选项上，单击鼠标，对应的参数数值部分变为可以编辑状态，如果需要改变参数值，可以在文本框中输入函数的名称，注意名称不包括“()”。

一般来说，这个函数放置在与这个组件实例相同图层的相同帧中，当复选框的值发生变化的时候，将会自动调用这个函数，即通过“Change Handler”参数指定的函数。

2. 更改组件的“皮肤”

组件的“皮肤”实际上就是组件的外观、样式，它是由一些影片剪辑和图形组成的。这些影片剪辑和图形在组件被拖曳到动画时，自动进入动画的“库”面板中，通过更改动画“库”面板中与组件相关的影片剪辑和图形，从而更改了组件的外观和样式，或者说更改了组件实例的“皮肤”。下面将详细介绍更改组件“皮肤”的方法。

（1）将一个复选框组件拖曳到舞台工作区中。调出“库”面板，在“库”面板中，将会出现刚才调入的组件，以及这个组件的其他相关元件。

（2）单击“Flash UI Components”文件夹，再单击“Component Skins”→“FCheckBox Skins”文件夹，在这个文件夹中，罗列着与这个组件相关的“皮肤”元件。

（3）单击“Fcb_check”影片剪辑元件，将会在“库”面板中出现一个“√”，这个“√”就是在选中这个复选框时，显示选中的标志。此时的“库”面板如图 6.16 所示。

（4）与编辑其他的影片剪辑元件的方法相同，将这个“√”更改为“×”。此时的“库”面板如图 6.17 所示。

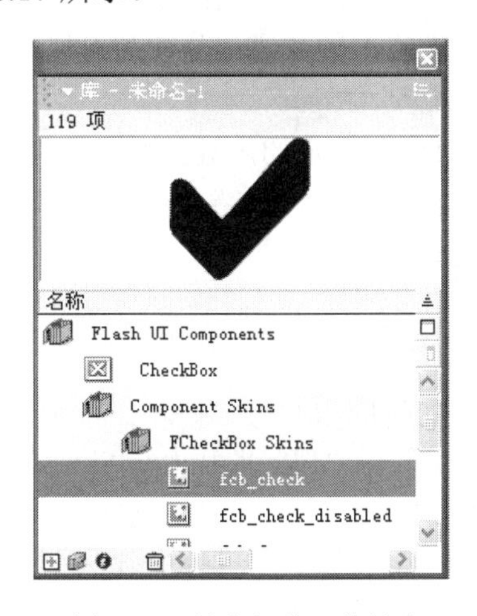

图 6.16　装有组件元件的库

图 6.17　将“√”更改为“×”

（5）再次运行动画，复选框被选中的“√”已经更改为“×”。

（6）同理，组件的其他元件也是可以被更改的，例如，“Fcb_check_disabled”用来设置复选框被禁用的选中标志，等等。在此只做一个抛砖引玉的介绍，更加高级的变化请读者自己尝试。

（7）当更改了组件在动画“库”面板中的“皮肤”元件之后，又从组件面板中拖曳一个复选框组件到当前动画的舞台工作区中的时候，会出现一个提示对话框，第一个选项是保留现有的库元件，新加入的组件也随着更改为“×”，第二个选项是用新的组件替换已经更改了“皮肤”的组件，也就是组件又回到初始的状态。

6.2.2　RadioButton（单选项）组件

在舞台工作区中，选中已经放置好的组件实例。调出“组件参数”面板，如图 6.18 所示。与上一个组件相同，在“组件参数”面板中，有两列数据，一列是组件的名称，另一列是数值。

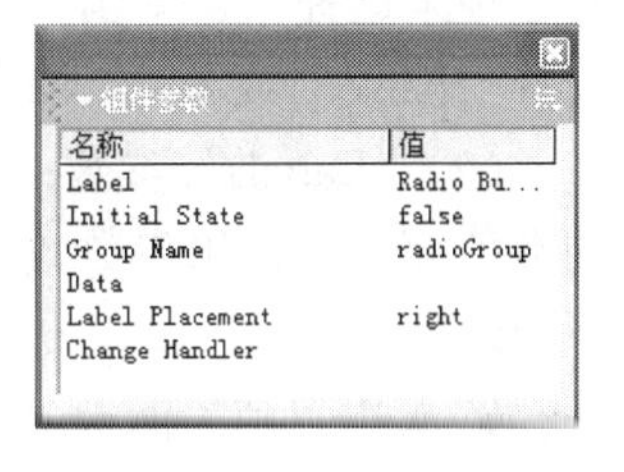

图 6.18　“组件参数”面板

1. 设置 RadioButton 组件的参数

（1）“Label”参数：用来设定组件标题。

（2）“Initial State”参数：用来设定 RadioButton 组件初始的状态，即这个单选项是否被选中。在“组件参数”面板的“Initial State”参数选项上，单击鼠标，对应的参数数值部分变为可以编辑状态。如果需要改变参数值，可以单击下拉列表，选择“True”或者“False”。

（3）“Group Name”参数：用来将多个单选项分组。因为是单选项，所以每一组的多个单选项同时只有一个被选中，其他组将不会被干扰。例如，有两组单选项，每一组有三个单选项，第一组每个单选项的“Group Name”参数设定为“第一组”，第二组每个单选项的“Group Name”参数设定为“第二组”，最后两组的单选项可以互相选择、互不干扰，如图 6.19 所示。

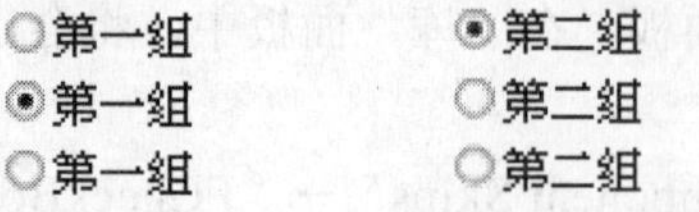

○第一组 ◉第二组
◉第一组 ○第二组
○第一组 ○第二组

图 6.19 “Group Name”参数是两组互不干扰的单选项

（4）“Data”参数：用来保存一些与这个组件相关的数据。在实际使用中，可以通过组件对象的方法来获取参数值或者设置这个组件的参数值。

（5）“Label Placement”参数：用来设定 RadioButton 组件标题在组件上的位置。在“组件参数”面板的“Label Placement”参数选项上，单击鼠标，对应的参数数值部分变为可以编辑状态，如果需要改变参数值，可以单击下拉列表，选择“Left”或者“Right”。

（6）“Change Handler”参数：用来设定 RadioButton 组件所绑定的函数。在“组件参数”面板的“Change Handler”参数选项上，单击鼠标，对应的参数数值部分变为可以编辑状态，如果需要改变参数值，可以在文本框中输入函数的名称，注意名称不包括“()”。

2. 更改单选项的“皮肤”

（1）将一个单选项组件拖曳到舞台工作区中，调出“库”面板。

（2）单击“Flash UI Components”→“Component Skins”→“FRadioButton Skins”文件夹，在这个文件夹中，罗列着与这个组件相关的“皮肤”元件。

（3）单击“Fcb_dot”影片剪辑元件，将会在“库”面板中出现一个圆点，这个圆点就是在选中这个单选项时，显示选中的标志。

（4）与其他的影片剪辑编辑元件的方法相同，将这个圆点更改为“√”。再次运行动画，单选项被选中的圆点已经更改为对钩。同理，组件的其他元件也是可以被更改的。

6.2.3 ComboBox（下拉列表框）组件

1. 设置 ComboBox 组件参数

打开“组件”面板，将 ComboBox 组件拖曳到动画的舞台工作区中。调出“组件参数”面板，如图 6.20 所示。也可以使用“属性”（参数）面板来设定组件的参数。

（1）“Editable”参数：用来设定下拉列表框是否可以被编辑，如果可以被编辑，则这个下拉列表框可以像文本框一样，输入字符，如果不可以被编辑，则这个下拉列表框只能够通过下拉选项来选择值。单击“Editable”参数，使参数数值部分变为可以编辑状态。单击数值部分，选择“False”或者“True”，可以设定这个下拉列表框是否可以进行编辑。

（2）“Labels”参数：设定每个下拉选项的标题，这是一个参数数组。单击“Labels”参数的数值部分，调出参数数组的设定面板，即“值”面板，如图 6.21 所示。利用该面板可以设置下拉选项。

- 单击“值”面板“+”按钮，添加一个数值选项，然后在数值列中，输入这个下拉选项的标题，在此为“选项 1”，如果需要再添加一个下拉选项，可以再单击“+”按钮。最后单击“确定”按钮，关闭面板。
- 选中一个下拉选项，然后单击“−”按钮，可以去掉一个下拉选项。
- 选中一个下拉选项，然后单击“▼”按钮，可以使这个下拉选项在下拉列表框中向下移动位置，也可以单击“▲”按钮，可使这个下拉选项在下拉列表框中向上移动位置。

通过“值”面板，设定了下拉列表框一共有 3 个下拉选项：选项 1、选项 2 和选项 3。运行动画，如图 6.22 所示，下拉列表框已经有了 3 个下拉选项。

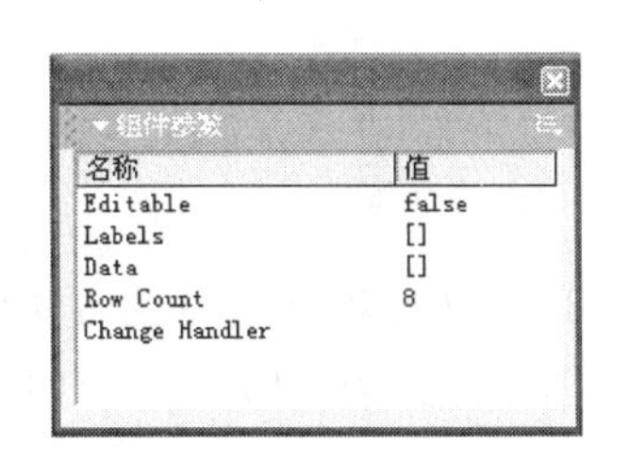

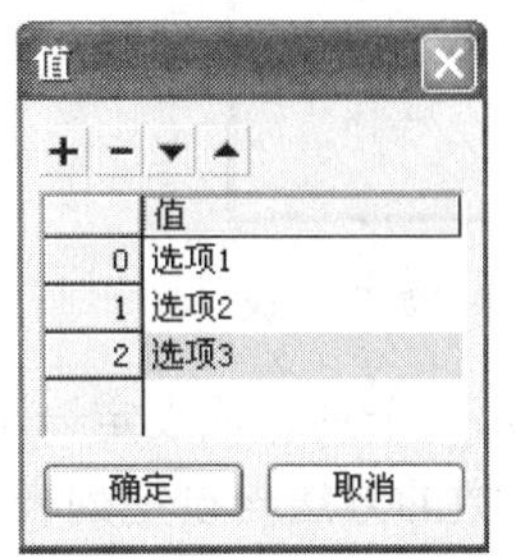

图 6.20 “组件参数”面板　　图 6.21 “值”面板　　图 6.22 添加了 3 个下拉选项

（3）“Data”参数：用来为每一个下拉选项设定一个数据，然后可以通过组件对象的方法更改或者设置这个数据，设定这个参数的方法与设定下拉选项标题的方法相同。

注意

在主板的安装时，要特别注意主板不在“Label”参数和“Data”参数的值的设定中，每一项都对应着左侧的一个序列号，从 0 开始。在使用 ActionScript 对组件进行编程的时候，经常要用到此项，所以制作的时候，要注意每一个下拉选项所对应的序列号。

（4）“Row Count”参数：用来设定下拉列表框中最多显示的下拉选项，如果下拉选项多于“Row Count”参数设定的数量，那么下拉列表框将会出现滚动条，在下拉列表中框只显示“Row Count”参数设定数量的下拉选项。

（5）“Change Handler”参数：用来设定组件所绑定的函数。在“组件参数”面板的“Change Handler”参数选项上单击鼠标，对应的参数数值部分变为可以编辑状态，如果需要改变参数值，可以在文本框中输入函数的名称。

2. 通过鼠标和键盘控制下拉列表框

这个组件内置了处理键盘控制的功能，所以可以通过鼠标和键盘控制选择选项。

（1）运行动画，然后在动画中，单击下拉列表框组件，弹出下拉选项列表，然后单击一项，这项的标题将会出现在下拉列表的编辑框中。

（2）用鼠标选中动画中的下拉列表框，然后使用键盘的上下箭头，可以选择下拉列表框中的选项。

6.2.4 ListBox（列表框）组件

打开“组件”面板，将 ListBox 组件拖曳到动画的舞台工作区中，调出“组件参数”面板或使用“属性”面板来设定组件的参数。ListBox 组件的参数如图 6.23 所示。

1. 设置 ListBox 组件参数

（1）“Labels”参数：设定每个列表选项的标题，这是一个参数数组。单击“Labels”参数的数值部分，调出“值”面板，如图 6.24 所示。

（2）通过“值”面板，设定了列表框一共有 2 个列表选项：选项 1、选项 2。运行动画，如图 6.25 所示，列表框已经有了 2 个列表选项。

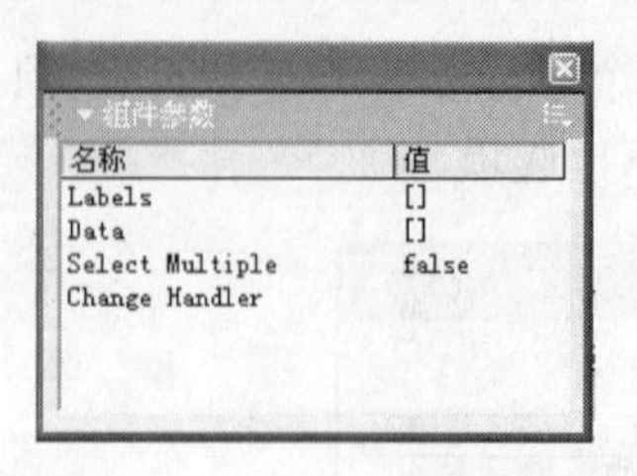

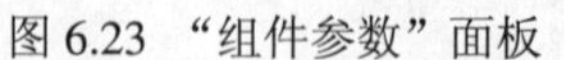
图 6.23 “组件参数”面板

图 6.24 “值”面板

（3）“Data”参数：用来为每一个列表项设定一个数据，然后可以通过组件对象的方法更改或者设置这个数据，设定这个参数的方法与设定列表项的方法相同。注意，在“Label”和“Data”参数值的设定中，每一项都对应着左侧的一个序列号，从 0 开始。

（4）“Change Handler”参数：用来设定组件所绑定的函数。在“组件参数”面板的“Change Handler”参数选项上，单击鼠标，对应的参数数值部分变为可以编辑状态，如果需要改变参数值，可以在文本框中输入函数的名称。

（5）“Select Multiple”参数：用来设定是否可以同时选中多个选项，设定为“True”，则可同时选中多个选项；设定为“False”，则一次只能选中一个选项。将“Select Multiple”参数设定为“True”，然后运行动画，按住 Shift 键和鼠标左键，可同时选中多个选项，如图 6.26 所示。

图 6.25 添加 2 项列表项

图 6.26 同时选中多个选项

2. 通过鼠标和键盘控制列表框

（1）这个组件内置了处理键盘控制的功能，所以可以通过鼠标和键盘控制选择选项。

（2）用鼠标选中动画中的列表框，然后按键盘的上下光标移动键，可以选择列表框中的选项。

6.2.5 PushButton（按钮）组件

调出“组件”面板，将 PushButton 组件从面板中拖曳到舞台工作区中。选中舞台工作区中的 PushButton 组件实例，调出“组件参数”面板，如图 6.27 所示。

1. 设置 PushButton 组件参数

（1）“Label”参数：用来设定组件的标题，如果将“Label”设置为“HELLO”，那么舞台工作区中的 PushButton 组件的标题将会变为“HELLO”，如图 6.28 所示。在“组件参数”面板的“Label”参数选项上单击鼠标，对应的参数数值部分变为可以编辑状态，然后输入这个组件的标题。

（2）“Click Handler”参数：用来设定 PushButton 组件所绑定的函数。在“组件参数”面板的“Click Handler”参数选项上单击鼠标，对应的参数数值部分变为可以编辑状态，如果需要改变参数值，可以在文本框中输入函数的名称。

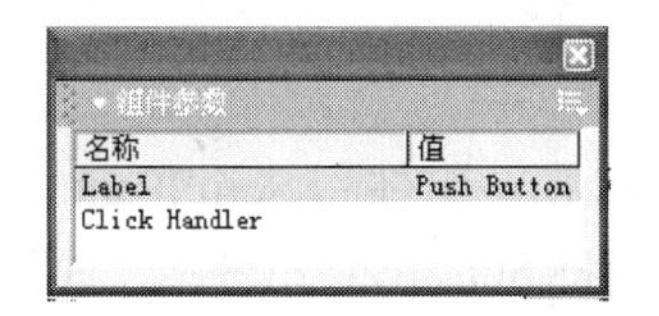

图 6.27　PushButton 组件的参数

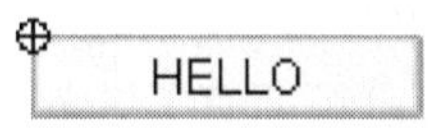

图 6.28　通过“Label”参数设置组件标题

6.2.6　ScrollBar（滚动条）组件

ScrollBar 组件提供了滚动条功能，而且可以通过参数的设置，设置滚动条是水平还是垂直样式。滚动条组件可以与动态文本框或者输入文本框配合使用，控制文本的滚动浏览。

1. 设置 ScrollBar 组件的参数

将 ScrollBar 组件从“组件”面板中拖曳到舞台工作区中，如图 6.29 所示。调出“组件参数”面板，如图 6.30 右图所示。

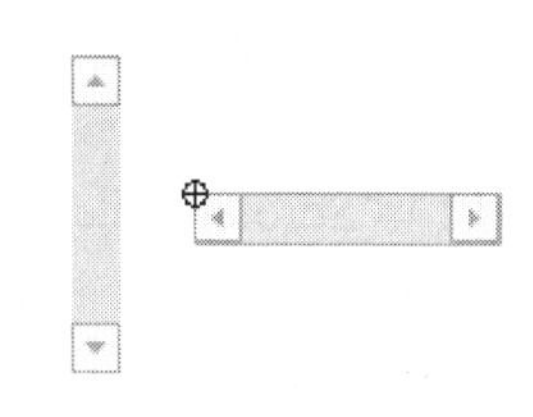

图 6.29 “ScrollBar”组件

（1）“Target TextField”参数：用来设定滚动条组件控制的文本域。单击“Target TextField”参数的数值部分，可以输入一个文本框在舞台工作区中的实例名称。例如，在舞台工作区中，创建一个输入文本框，在“属性”面板的“实例名称”框中输入这个输入文本框在舞台工作区中的实例名称“txt”，如图 6.30 左图所示。将一个滚动条组件拖曳到舞台工作区中，然后在这个滚动条组件的“Target TextField”参数中，输入这个输入文本框的实例名称“txt”，如图 6.30 右图所示。

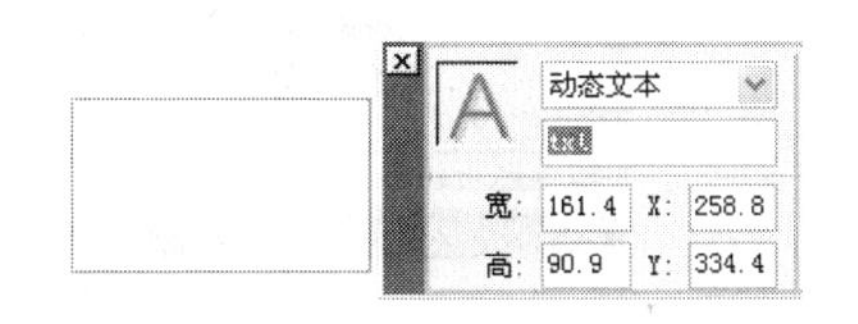

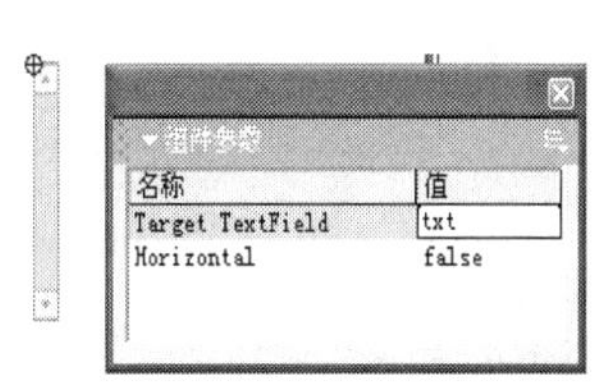

图 6.30　滚动条控制文本文件

通过上述设置，即可在文本框内输入多行文本，然后通过滚动条控制多行文本的滚动。

（2）参数“Horizontal”参数：用于设定滚动条的水平、垂直样式，单击参数“Horizontal”的数值部分，选择“True”或者“False”来设定滚动条的垂直或者水平样式。如果选择“False”，那么滚动条将会是垂直的；反之选择“True”，滚动条将会是水平的。

注意

如果滚动条设置为水平样式，那么滚动条将不能控制文本框的多行滚动，而只能控制文本框的水平滚动，这种切换是由组件自动完成的。对于高级的用户，需要使用滚动条控制其他的对象，可以直接更改滚动条组件的内部源程序。

（3）在滚动条组件上单击鼠标右键，弹出快捷菜单，单击“编辑”菜单命令，可以单独编辑这个组件。然后在这个组件的舞台工作区的第 1 帧上，单击鼠标右键，调出帧快捷菜单，单击“动作”菜单命令，调出“动作”面板，然后编辑这个组件，实现控制其他的对象。

注意

如果更改这里的ActionScript脚本，那么所有应用在这个动画的滚动条组件的ActionScript脚本都将发生变化，如果需要对不同的滚动条实现不同的功能绑定，那么需要在程序上加以解决。

2. 使用滚动条组件

（1）如果动画中已经使用过了 ListBox 组件、ComboBox 组件和 ScrollPane 组件，那么动画的“库”面板中就已经拥有了 ScrollBar 组件，可以直接将 ScrollBar 组件从“库”面板中拖曳到动画的舞台工作区中使用。

（2）滚动条组件可以通过鼠标拖曳来改变尺寸大小，但是拖曳的滚动值不会变化。

6.2.7 ScrollPane（滚动窗格）组件

ScrollPane 组件是用来显示图像的。这些图像是影片剪辑或者由外部导入的图形格式转换的影片剪辑实例，特别是当要显示的图像远远大于 ScrollPane 组件的显示范围时，可以通过组件的滚动条或者鼠标拖曳来选择需要观察的部分。设置组件参数和使用组件的方法如下。

将 ScrollPane 组件从“组件”面板中拖曳到舞台工作区中，调出“组件参数”面板，如图 6.31 所示。

（1）“Scroll Content”参数：用来设定 ScrollPane 组件要显示的影片剪辑元件的标识名。注意这个名称是影片剪辑元件的导出名称。

首先创建一个影片剪辑元件，名称为“ImageClip”，并在这个影片剪辑元件的舞台工作区中导入一个图形，如图 6.32 所示。

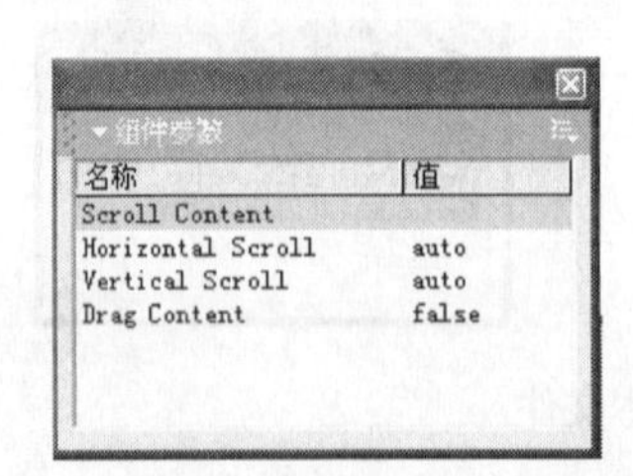

图 6.31 “组件参数”面板

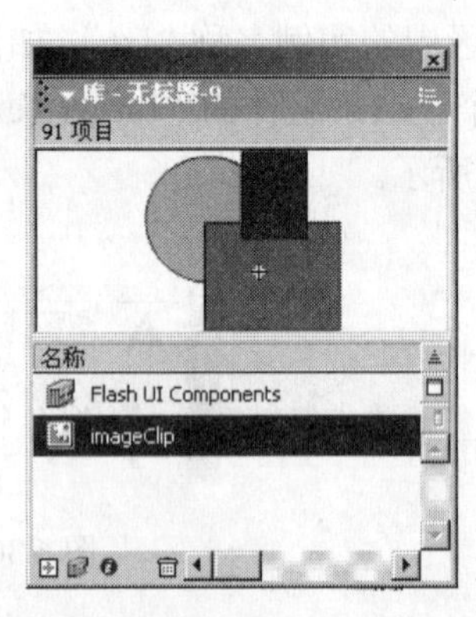

图 6.32 创建一个影片剪辑

右击“库”面板中的“imageClip”影片剪辑元件，弹出它的快捷菜单，单击“链接”菜单命令，调出“链接属性”对话框，在“标识符”文本框中输入“Image”，这个名称就是导出的名称，如图 6.33 所示。接着，在“组件参数”面板的“Scroll Content”参数的数值部分输入这个标识符名称，测试动画，ScrollPane 组件显示的就是这幅图形，如图 6.34 所示。

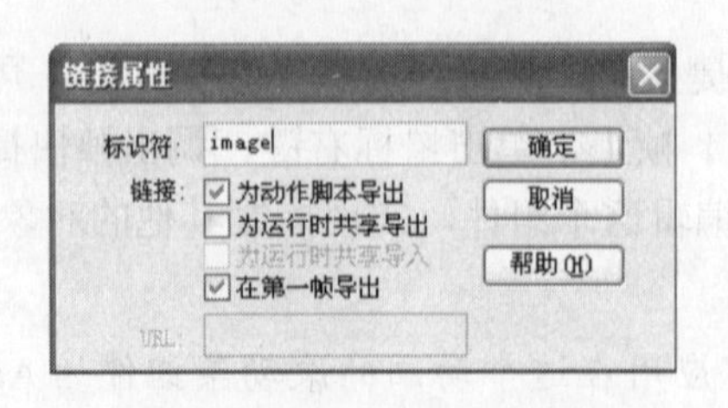

图 6.33 “链接属性”对话框

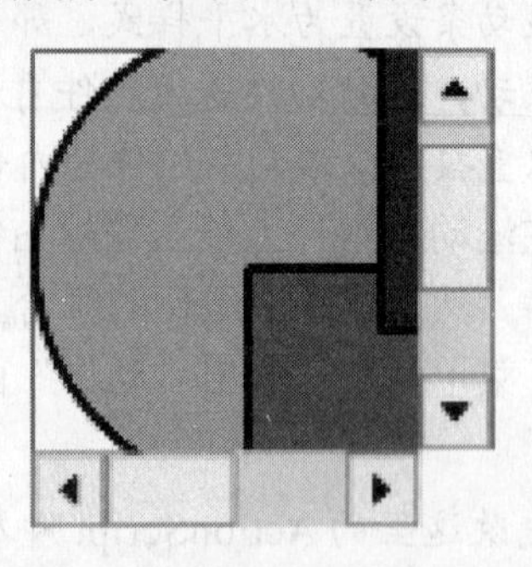

图 6.34 显示图形的 ScrollPane 组件

（2）“Horizontal Scroll”参数：用来设置水平滚动条的状态，单击“Horizontal Scroll”参数的数值部分，弹出菜单，选择“Auto”选项，ScrollPane 组件将会根据显示图形的大小，自动判断是否需要使用水平滚动条，如果图形小于显示范围，那么 ScrollPane 组件将不会出现水平滚动条，如图 6.35 所示。选择“False”，不管显示的图形有多大，水平滚动条都不出现；选择“True”，不管显示的图形有多小，水平滚动条都出现。

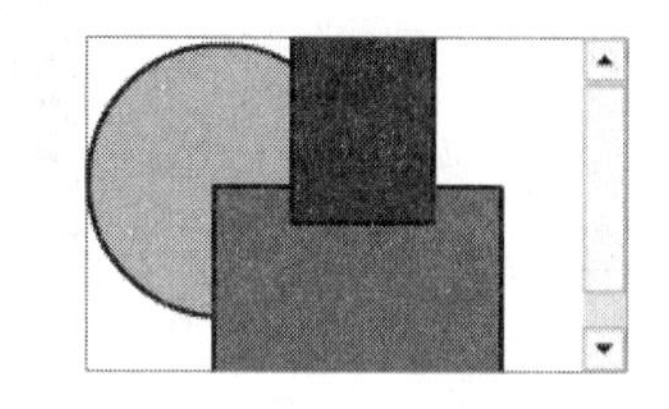

图 6.35　没有水平滚动条的组件

（3）“Vertical Scroll”参数：用来设置垂直滚动条的状态，它的用法与水平滚动条类似，也有 Auto、False、True 三个选项。选择“Auto”选项，ScrollPane 组件将会根据显示图形的大小，自动判断是否需要使用垂直滚动条；选择“False”，不管显示的图形有多大，垂直滚动条都不出现；选择“True”，不管显示的图形有多小，垂直滚动条都出现。

（4）“Drag Content”参数：用来设置是否需要拖曳图形显示。换句话说，如果图形大于显示的范围，组件不能够显示图形的所有范围，可以通过滚动条拖曳浏览，也可以通过鼠标拖曳图形选择需要显示的部分。选择“True”是启动这个功能，选择“False”是禁止这个功能。

6.2.8　为组件的 Change Handler 添加组件函数

对于 RadioButton、CheckBox、PushButton、ListBox、ComboBox 等组件，都有一个 Change Handler 组件参数，通过单击单选项、复选框、下拉列表等可以调用这个参数指定的函数。

1. 一个函数处理一个 Change Handler

（1）在舞台工作区中创建一个拥有 Change Handler 组件参数的组件，例如创建一个 ComboBox 组件。

（2）单击选中舞台工作区中的 ComboBox 组件，调出“组件参数”面板，在 Change Handler 参数的数值部分，输入“changeComboBox”。

（3）在当前放置 ComboBox 组件的舞台工作区的时间轴中，在第一帧中单击鼠标右键，弹出快捷菜单，单击“动作”菜单命令，调出“帧动作”面板。

（4）在“帧动作”面板中，添入如下脚本。

```
Function changeComboBox(){
    //...处理 ComboBox 组件的语句
}
```

（5）完成如上的过程以后，当单击舞台工作区中的 ComboBox 组件，并使这个组件的下拉列表选项内容发生了变化时，就会调用这个函数。

（6）对于 ListBox 组件，当列表框中的选项发生变化的时候，组件会自动调用这个组件的 Change Handler 组件参数指定的函数。

（7）对于 PushButton 组件，当鼠标在按钮上按下，然后抬起的时候，组件会自动调用这个组件的 Change Handler 组件参数指定的函数。

2. 一个函数处理多个 Change Handler

（1）可以通过一个函数处理多个 Change Handler。

（2）当舞台工作中有多个组件时，例如在主场景的舞台工作区中，有两个 PushButton 组件，然后在每一个组件在舞台工作区的实例属性面板中，指定一个实例名称，第一个 PushButton 组件的实例名称为“Button1”，第二个 PushButton 组件的实例名称为“Button2”，如图 6.36 所示。

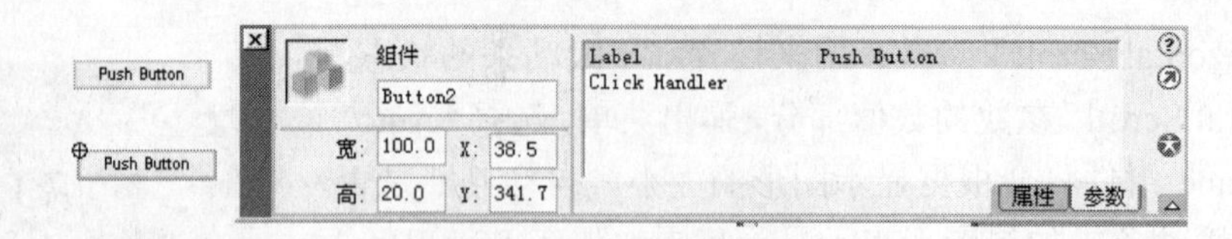

图 6.36　设置实例名称

（3）在第一个 PushButton 组件的 Change Handler 参数属性中，输入“ProPushButton”，在第二个 PushButton 组件的 Change Handler 参数属性中，也输入“ProPushButton”。

（4）在当前放置组件的舞台工作区的时间轴中，在第一帧单击鼠标右键，弹出快捷菜单，单击“动作”菜单命令，调出“帧动作”面板。在“帧动作”面板中，添入如下脚本。

```
Function ProPushButton (compontent){
    If (compontent= ="button1")
    {
        //...处理“button1”的过程
    }
    if(compontent= =" button2"
    {
        //...处理“button2”的过程
    }
    //...处理其他过程
}
```

（5）组件调用函数，并将组件在舞台工作区的实例名传递给函数，作为参数，然后通过对参数的判断，决定如何处理过程。

此外，还可以从其他的地方找到更加有用的组件，增强动画的效果，加快动画开发的速度。使用 Macromedia Extension Manager 可以添加组件。Extension Manager 程序是一个 Flash MX 的外挂程序，在 Macromedia 的官方网站上可以免费下载这个软件。

6.3　Flash MX 组件应用实例

实例 47　滚动文本

“滚动文本”动画播放后的 2 幅画面如图 6.37 所示。用鼠标拖曳滚动条可以浏览文本框中的文本，还可以在文本框中输入、删除、剪切、复制、粘贴文本。通过该实例介绍了 ScrollBar（滚动条）组件的使用方法。该动画的制作过程如下。

（1）设置舞台工作区的宽为 250 像素，高为 250 像素，背景色为白色。

（2）单击工具箱中的“文本工具”按钮 A，然后在舞台工作区内拖曳出一个文本框，再在文本框上单击鼠标右键，调出快捷菜单，单击“属性”菜单命令，调出“属性”面板。

组件是一些复杂的拥有预先定义参数的影片剪辑元件，这些参数是由组件创作者在组件创作的时候定制的，这些组件拥有独立设置的ActionScript方法，这些方法允许在运行时设置组件参数或者为组件添加新的选项。Flash MX的组件替换并且增强了Flash 5的智能影片剪辑（SmartClip）元件。当完全安装Flash MX程序后，在Flash MX中会拥有一个“组件”（Components）面板，内置了7个组件：CheckBox（复选框），ComboBox（下拉列表框），ListBox（列表框），PushButton（按钮）、

图 6.37　“滚动文本”动画播放后的 2 幅画面

然后，在“属性”面板的“文本类型”列表框中选择“输入文本”选项，使文本框为输入文本模式。再在“实例名称”输入文本框中，输入这个文本框的名称，在此输入“TEXTG”。

（3）单击“属性”面板的“行类型设置”列表框，选择“多行”选项，设置文本框为多行文本，且可以换行。再单击“属性”面板的▣按钮，设置文本框为显示边框方式。然后，设置字体、字号、颜色等，设置好的“属性”面板如图 6.38 所示。

（4）单击选中“文本”→“可滚动”菜单选项，使文本框不因为输入的文字而扩充，然后在文本框内输入或复制一些文字。

图 6.38　文本框的“属性”面板

（5）单击“窗口”→“组件”菜单命令，调出“组件”面板，从“组件”面板中，将 ScrollBar 组件拖曳到舞台工作区中，如图 6.39 所示。

（6）在舞台工作区中，选中滚动条组件，单击鼠标右键，调出快捷菜单，单击“面板”→“组件参数”菜单命令，调出“组件参数”面板，如图 6.40 所示。

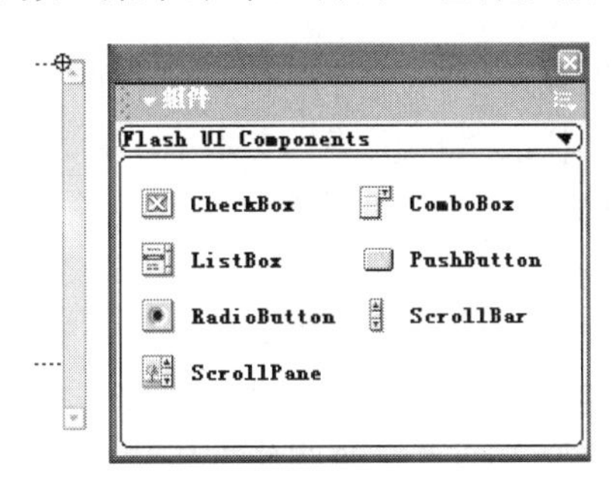

图 6.39　ScrollBar（滚动条）组件

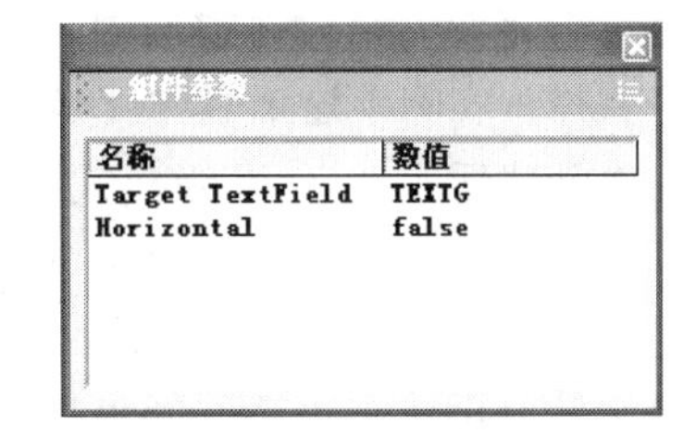

图 6.40　“组件参数”面板

（7）在“组件参数”面板中，主要有两列内容，其中“名称”列的内容是参数名称，“数值”列的内容是参数值。“Target TextField”是这个滚动条要控制的文本框，“Horizontal”是这个滚动条的样式。单击“Target TextField”对应的参数值，输入要控制的文本框实例名称“TEXTG”；“Horizontal”参数值设置为“false”，即设置滚动条为垂直方式。

实例 48　大幅图像浏览

“大幅图像浏览”动画播放后的 2 幅画面如图 6.41 所示。窗口中显示的是大幅图像的局部，可以拖曳垂直和水平的滚动条来浏览整幅图像。它是利用滚动窗格组件开发的可以使用小窗口浏览大幅图像的动画。通过该实例介绍了 ScrollPane（滚动窗格）组件的使用方法。该动画的制作过程如下。

（1）设置舞台工作区的宽为 280 像素，高为 240 像素，背景色为白色。

（2）单击“插入”→“新建元件”菜单命令，调出“创建新元件”对话框。然后，在其“名称”文本框中输入这个元件的名称“大幅图像”，单击选中“影片剪辑”单选项，设置这个元件为影片剪辑元件，如图 6.42 所示。

图 6.41 “大幅图像浏览”动画播放后的 2 幅画面

创建新元件
名称(N): 大幅图像　确定
行为(B): ⊙影片剪辑　取消
○按钮
○图形
高级　帮助(H)

图 6.42 “创建新元件”对话框（基本模式）

（3）然后，单击元件编辑窗口中的⇦按钮，回到主场景。

（4）单击选中“链接”栏中的“为动作脚本导出”复选框，同时，对话框中的“在第一帧导出”复选框将变为有效并被选中。然后，在“链接”栏的“标识符”文本框中输入这个元件的标识符名称，实际上这个名称就是在 ActionScript 中调用这个元件的名字，在此输入“TU”。设置好的“创建新元件”（高级模式）对话框如图 6.43 所示。

（5）单击“创建新元件”对话框中的“确定”按钮，进入“大幅图像”影片剪辑元件的编辑窗口。然后单击“文件”→“导入库”菜单命令，调出“导入库”对话框，选择一幅 JPEG 格式的图像文件，再单击对话框的“打开”按钮，将图像导入到“大幅图像”影片剪辑元件的舞台工作区中，如图 6.44 所示。

（6）单击“图像 1”影片剪辑元件的编辑窗口舞台工作区左上角的场景名称“场景 1”图标，回到主场景。单击“窗口”→“库”菜单命令，调出“库”面板。可以看到“库”面板中已经拥有了刚才导入的图像和创建的影片剪辑元件“大幅图像”。

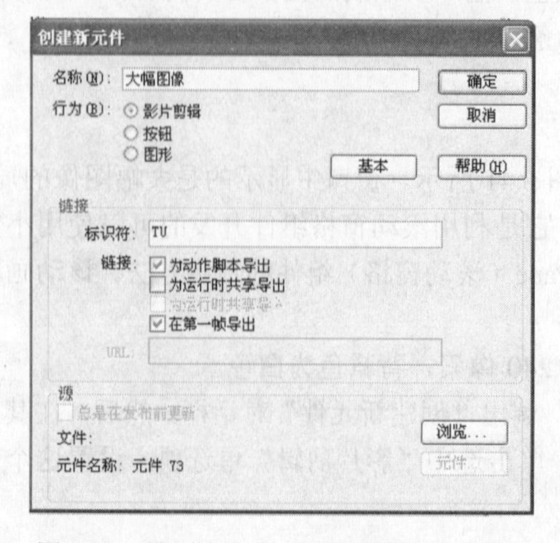

图 6.43 “创建新元件”（高级模式）对话框

图 6.44 “大幅图像”影片剪辑元件内的图像

（7）单击“窗口”→“组件”菜单命令，调出“组件”面板，从“组件”面板中将 ScrollBar 组件拖曳到舞台工作区中，如图 6.45 所示。

（8）在舞台工作区中，选中“滚动窗格”组件，单击鼠标右键，调出快捷菜单，单击“面板”→“组件参数”菜单命令，调出“组件参数”面板，如图 6.46 所示。

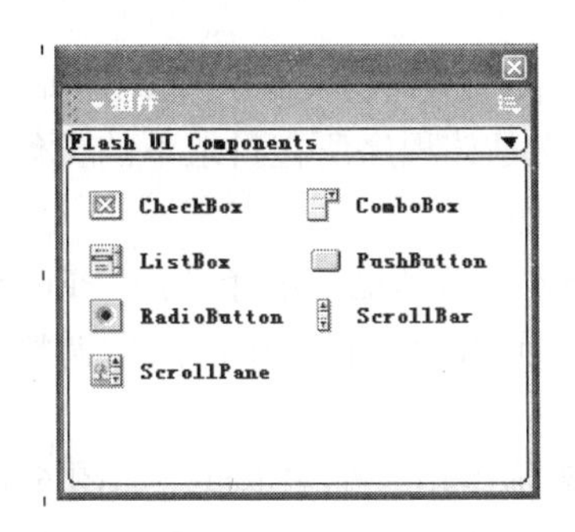

图 6.45 “组件”面板

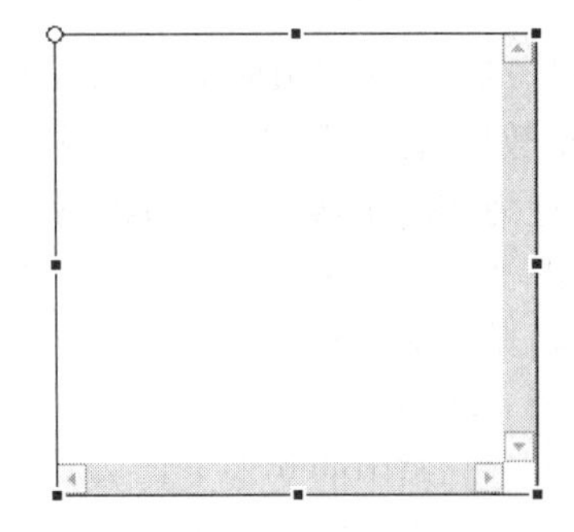

图 6.46 ScrollPane（滚动窗格）组件

（9）在“组件参数”面板的“Scroll Content”参数的设定值中，输入“库”面板中“大幅图像”影片剪辑元件的标识符名称“TU”，“Horizontal Scroll”和“Vertical Scroll”的数值都设置为“auto”，则表示可以根据图像大小自动产生滚动条；拖曳模式“Drag Content”的数值设置为“true”，则表示框架中的图像可以被拖曳。设置好的“组件参数”面板如图 6.47 所示。

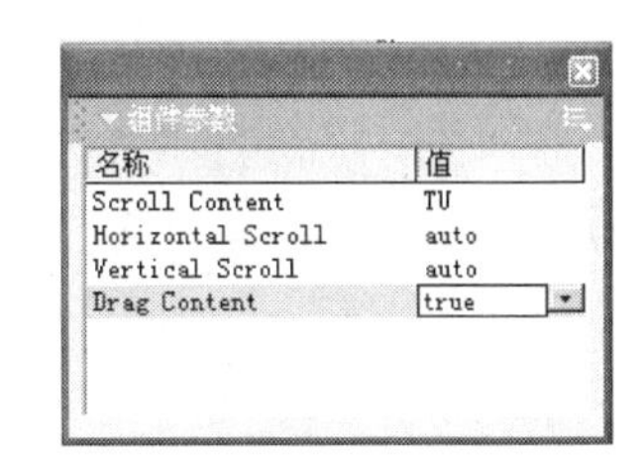

图 6.47 “组件参数”面板

“Horizontal Scroll”和“Vertical Scroll”的数值如果设置为“true”，则表示框架总有滚动条；如果设置为“false”，则表示框架总没有滚动条。“Drag Content”的数值设置为“false”，则表示框架中的图像不可以被拖曳。

实例 49 导入外部图像

“导入外部图像”动画播放后的 2 幅画面如图 6.48 所示。在文本框中输入“JPEG”图像的路径和文件名称，可以是 UNC 路径形式（如：\\image\image4.jpg），也可以是普通的文件路径（如：c:\image\image4.jpg），可以写绝对路径，也可以写相对路径。

在文本框中输入“图像\花 1.jpg”，然后单击“导入图像”按钮（这个“导入图像”按钮是由“PushButton”组件做成的），即可在图像框中显示出相应的“图像\花 1.jpg”图像，如图 6.48 左图所示。在文本框中输入“图像\花 2.jpg”，然后单击“导入图像”按钮，即可在图像框中显示出相应的“图像\花 2.jpg”图像，如图 6.48 右图所示。

图 6.48 “导入外部图像”动画播放后的 2 幅画面

本实例使用了一个“PushButton”按钮组件，这个按钮可以与一个自定义的函数相关联，通过函数实现与动画交互，还介绍了“PushButton”（按钮）组件的使用方法，以及如何简单地动态调用 SWF 动画外部的 JPEG 图像。该动画的制作过程如下。

1. 制作图像框和文本框

（1）首先准备几幅“JPEG”格式的图像，将它们放入指定的文件夹中，例如“G:\电子中职\Flash MX 教程\案例\图像”文件夹中。“图像”文件夹是该程序所在目录下的文件夹。设置舞台工作区的宽为 380 像素，高为 340 像素，背景色为黄色。

（2）单击“文件”→“导入”菜单命令，调出“导入”对话框，选择一幅 JPEG 格式的框架图像文件，再单击对话框的“打开”按钮，将图像导入到舞台工作区中。然后调整它的大小，最终结果如图 6.49 所示。

（3）使用工具箱中的文本工具 A，在舞台工作区内拖曳出一个文本框，如图 6.50 所示。然后，在其“文本类型”列表框中选择“输入文件”选项，使文本框为输入文本模式。

图 6.49 框架图像

图 6.50 “输入文件”文本框的位置

（4）在其“属性”面板中，单击□按钮，设置显示文本框边框；设置文本框为“单行”文本框；在“变量”文本框中输入变量的名称“picPath”。其他设置如图 6.51 所示。

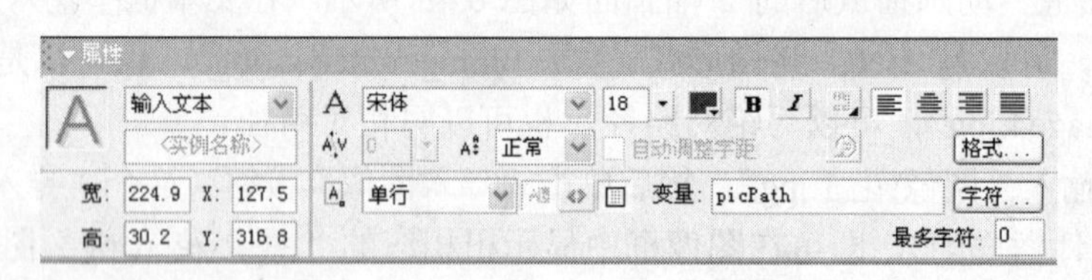

图 6.51 文本框“属性”面板的设置

2. 制作 PushButton 组件实例

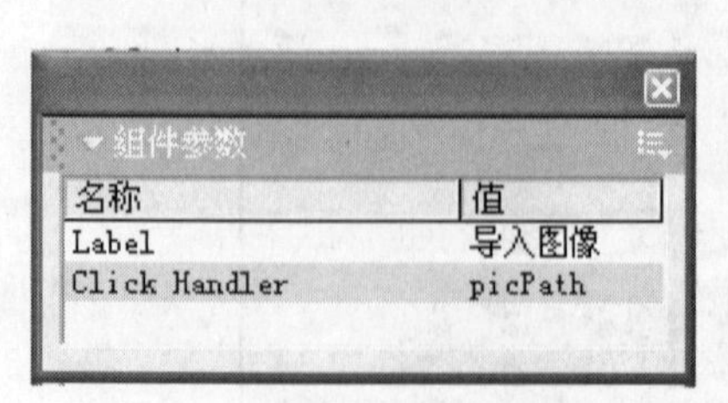

图 6.52 PushButton 组件实例的“组件参数”面板设置

（1）单击“窗口”→“组件”菜单命令，弹出“组件”面板。将 PushButton 组件从面板拖曳到舞台工作区中，位置在“输入文件”文本框的右侧，形成一个 PushButton 组件实例，如图 6.50 所示。

（2）在舞台工作区中，选中 PushButton 组件实例，单击“窗口”→“组件参数”菜单命令，弹出“组件参数”面板。可以在该面板中设置相应的参数，如图 6.52 所示，也可以在属性面板中设置组件的参数。

（3）在“组件参数”面板中，单击“Label”参数的数值部分，使它成为可以编辑状态，输入“导入图像”文字，这个文字会出现在 PushButton 组件实例上。在“Click Handler”参数的数值部分，输入“addPic”，将这个 PushButton 组件实例与“图层 1”图层第 1 帧程序中的一个“addPic”函数绑定在一起，换句话说就是单击这个组件实例，动画将会调用“Click Handler”参数中指定的函数，一般来说，这个函数的定义部分应该放在与组件实例相同的场景、相同帧的时间轴中。实际上，许多组件实例都是这么调用一个函数来产生事件的。

3. 制作加载图像的影片剪辑实例

（1）单击“插入”→“新建元件”菜单命令，调出“创建新元件”面板，在该面板的“名称”文本框中，输入这个元件的名称“图像”，单击选中“影片剪辑”单选项，然后单击“确定”按钮，进入这个影片剪辑元件的编辑状态。在这个影片剪辑元件编辑窗口的舞台工作区中，不绘制任何图形，使它只作为一个加载外部图像的“场所”。

（2）单击元件编辑窗口中的按钮，回到主场景。然后，在“图层 1”图层的上边创建一个名字为“图层 2”的图层，单击选中该图层的第 1 帧。

（3）将“图像”影片剪辑元件从“库”面板中拖曳到这一帧的舞台工作区中，注意这个影片剪辑的内容是空的，所以显示在主场景中的只有一个小白点，这个小白点的位置一定要与图像边框内框的左上角对齐，如图 6.53 所示。

（4）选中这个小白点，在“属性”面板中为这个影片剪辑实例命名为“PIC”，如图 6.54 所示。

图 6.53　与图像框内框左上角对齐的小白点

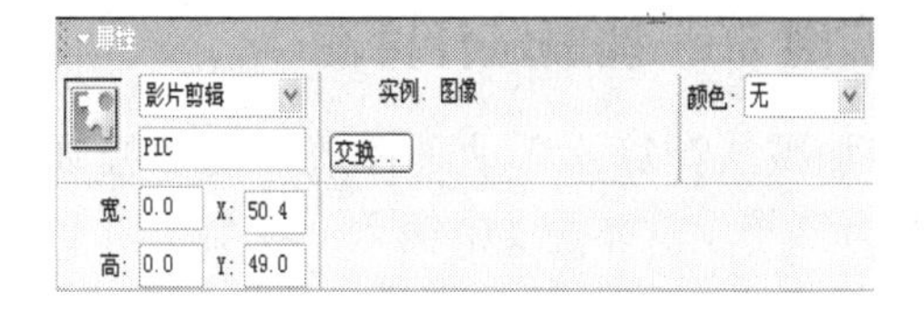

图 6.54　影片剪辑实例的“属性”面板

4. 添加“遮罩”图层和输入 ActionScript 脚本程序

（1）在“图层 2”图层之上添加一个新的图层，双击新图层的标题部分，将其命名为“遮罩”。

（2）单击选中“遮罩”图层的第 1 帧，然后在舞台工作区中绘制一个黑色的无轮廓线的矩形，使其正好充满图像框内框，如图 6.55 所示。然后，用鼠标右键单击这帧的图层标题，调出它的快捷菜单，单击该菜单中的“遮罩”菜单命令，将这一图层变为遮罩图层，正好遮住图像框内框。制作遮罩图层的目的是为了在导入的外部图像幅面过大时，只显示被遮罩的部分。

图 6.55　“Mask”图层的黑色矩形

（3）单击选中“图层 1”图层的第 1 帧，然后单击“窗口”→“动作”菜单命令，调出“帧动作”面板，单击该面板右上角的按钮，调出快捷菜单，选择“专家模式”脚本程序编辑模式。然后，输入如下脚本程序。

```
function addPic() {
    loadMovie(picPath,_root.PIC);
}
```

（4）将脚本程序的编辑模式切换到“标准模式”下，单击选中第 2 条语句，此时的“动作–帧”面板如图 6.56 所示。

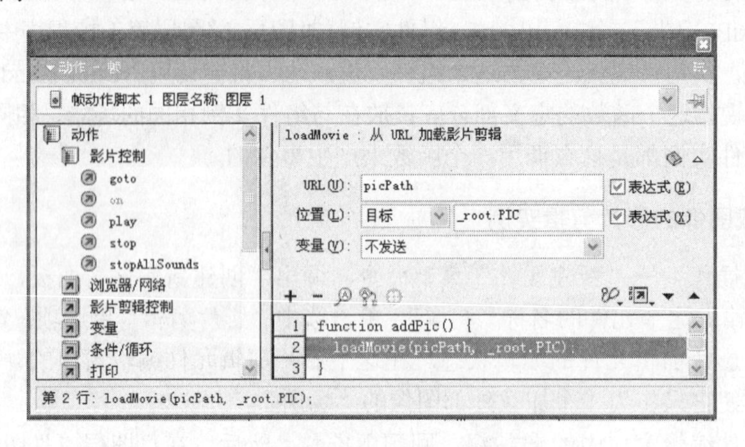

图 6.56 “动作–帧”面板

（5）程序中，第 1 条语句是定义一个名称为“addPic()”的函数，注意这个函数名称与 PushButton 组件实例的“Click Handler”参数的值相同，这说明当动画播放时，单击 PushButton 组件实例，当鼠标左键抬起的时候，执行这个函数的语句体，即函数的命令语句部分。

（6）脚本程序的第 2 条语句是一条命令语句，其作用是将“picPath”文本框变量指定的外部“JPEG”图像显示在“PIC”影片剪辑实例中。

实例 50　加减法计算器

“加减法计算器”动画播放后的 2 幅画面如图 6.57 所示。在第一个文本框（最左侧的文本框为第一个文本框）中输入一个数（如 123），在第二个文本框中输入另外一个数（如 456），再单击“+”或“–”单选项，选定进行加法或减法计算，然后单击“=”按钮，计算结果会显示在第三个文本框中，同时在下边的提示文本框中会显示相应的提示信息。通过该实例，介绍了 RadioButton（单选项）组件的使用方法。该动画的制作方法如下。

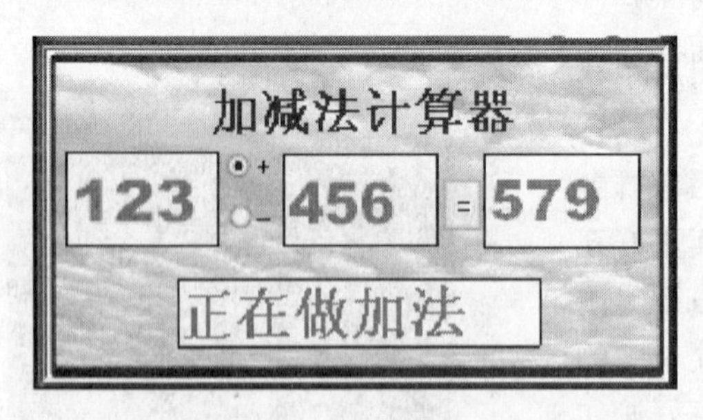

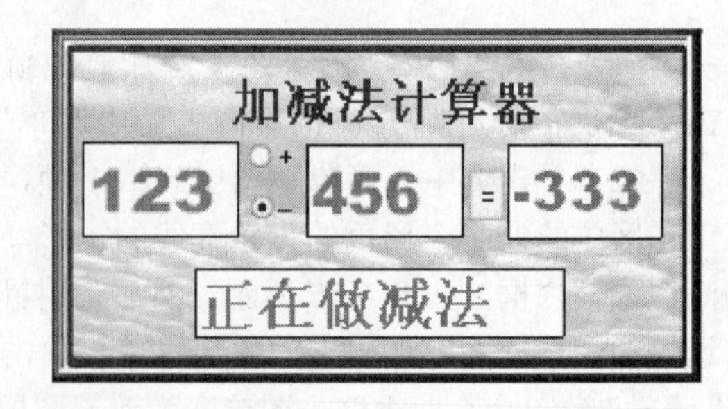

图 6.57 “加减法计算器”动画播放后的 2 幅画面

1. 设置计算器图案

（1）设置舞台工作区的宽为 380 像素，高为 340 像素，背景色为黄色。双击“图层 1”图层的标题栏，使图层的标题处于可以更改状态，然后输入“背景”，如图 6.58 所示。

（2）单击选中“背景”图层的第 1 帧，在其舞台工作区中绘制一个红色的矩形，再导入一幅云图图像，调整它的大小，制作出计算器的背景，如图 6.59 所示。然后，将这个图层锁住，使其不能被编辑修改。

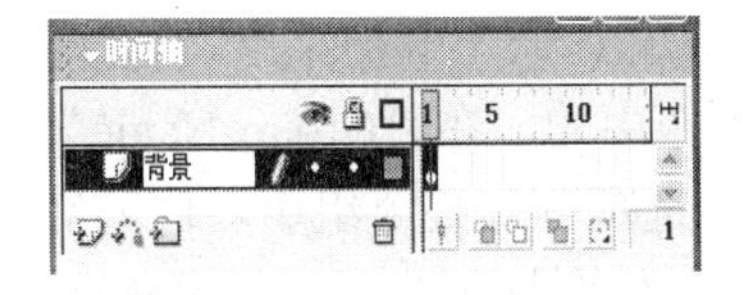

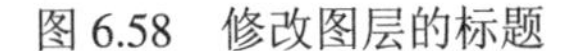

图 6.58　修改图层的标题

图 6.59　计算器的背景图像

（3）单击时间轴下面的按钮，加入一个新的图层，并将标题改为“组件与程序”。

（4）在舞台工作区从左到右绘制三个文本框，再在三个文本框的下边创建一个文本框。单击选中左侧第一个文本框，调出文本框的“属性”面板。

（5）设置第一个和第二个文本框为“输入文件”文本框，设置第三和第四个文本框为“动态文本”文本框。单击按钮，设置四个文本框都有边框，单击按钮，设置四个文本框的文本都靠左对齐显示，最后设置四个文本框都为单行文本框。

（6）在第一个文本框的“变量”文本框中输入“add1”，使这个文本框接收变量名为“add1”；在第二个文本框的“变量”文本框中输入“add2”，使其变量名称为“add2”；设置第三个文本框变量的名称为“result”；最后设置第四个文本框变量的名称为“REM”。

（7）四个文本框的实例名称分别为“T1”，“T2”，“T3”和“T4”，适当调整这四个文本框的距离和大小，适当调节文本框的字体和字号。“T1”文本框“属性”面板的设置如图 6.60 所示。

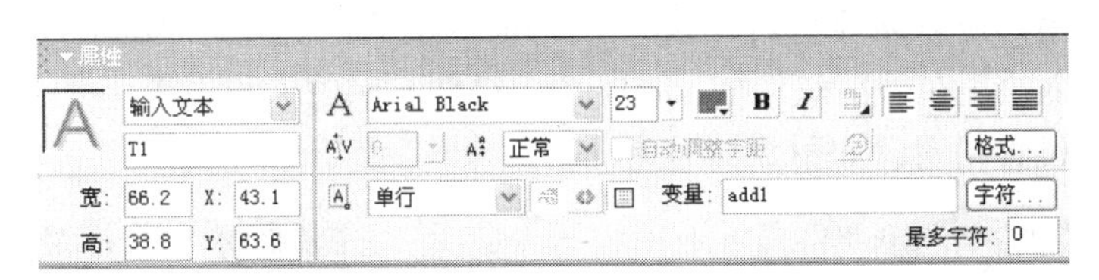

图 6.60 “T1”文本框的“属性”面板的设置

（8）在计算器背景图像之上，输入“加减法计算器”几个标题文字。此时舞台工作区如图 6.61 所示。

2. 添加 RadioButton 组件

（1）单击“窗口”→“组件”菜单命令，调出“组件”面板。将 RadioButton 组件从“组件”面板中拖曳到舞台工作区中，形成组件实例。一共拖曳两个，位置如图 6.62 所示。

图 6.61　四个文本框和标题文字

图 6.62　两个 Radio Button 组件在舞台工作区的位置

（2）再单击“窗口”→“组件参数”菜单命令，调出“组件参数”面板，或者在属性面板中设置组件的参数。

（3）单击选中 RadioButton 组件实例。在“组件参数”面板中，单击“Label”参数的数值部分，同时该项进入可以编辑状态，输入“+”文字，这个文字会出现在 RadioButton 组件在舞台工作区实例的标题上。单击“Initial State”参数的数值部分，调出快捷菜单，选择“true”菜单命令，使这个组件在动画开始播放时，初始的状态是被选中的。在“Group Name”参数的数值部分输入“radioGroup”。注意这一项实际上是将这个单选项分到某个组中，假如需要两组单选项，两组单选项互相作用、互不干扰，那么就需要在这个参数上设置两个 RadioButton 组件为不同的组。

（4）在“Data”参数项中输入“正在做加法”，利用这个参数保留一些数据，用来提示计算的操作过程。在“Label Placement”参数的数值部分单击鼠标右键，调出快捷菜单，单击选择“right”，设置在组件的右侧显示标题。如果单击选择“left”，那么组件的标题将会在组件的左侧显示。

（5）参数“Change Handler”是用来绑定一个函数的。换句话说就是单击这个组件实例，动画将会调用“Click Handler”参数中指定的函数，一般来说，这个函数的定义放在与组件相同场景、相同帧的时间轴中。实际上许多组件都是这么调用一个函数来产生类似事件的效果的。此处，“Change Handler”参数不做任何设置。

（6）上边的 RadioButton 组件实例的名称设置为“ad”。设置好的第 1 个 RadioButton 组件实例的“组件参数”面板如图 6.63 所示。

（7）选中另外一个 RadioButton 组件，设置“组件参数”面板的“Label”参数的数值为“−”；“Initial State”参数的数值部分为“false”，即初始的状态是不被选中的；因为这个单选项与上一个单选项要互相作用，所以需要将其“Group Name”参数也设置为“radioGroup”；在“Data”参数的数值部分输入“正在做减法”；RadioButton 组件实例的名称设置为“mu”。其他参数与上一个单选项组件的设置相同，如图 6.64 所示。

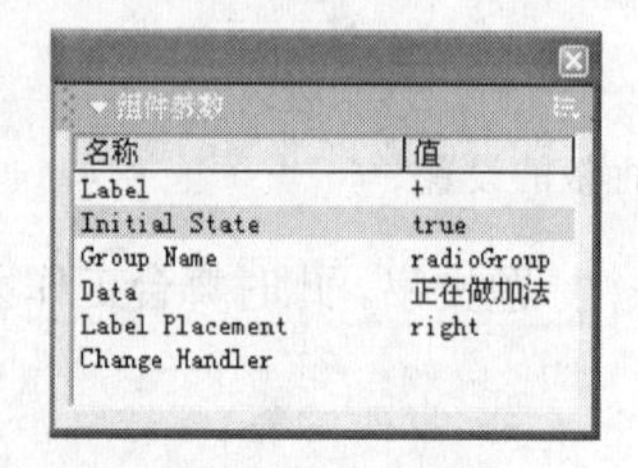

图 6.63　第 1 个 RadioButton 组件“组件参数”面板

图 6.64　第 2 个 RadioButton 组件“组件参数”面板

3. 添加 PushButton 组件

（1）从“组件”面板中，将 PushButton 组件实例从库中拖曳到舞台工作区中，形成相应的实例，如图 6.65 所示。

（2）单击选中舞台工作区中的 PushButton 组件实例，在“组件参数”面板中设置它的参数，如图 6.66 所示。

（3）在这个组件的“Label”参数的数值部分输入“=”，在“Click Handler”中，输入“myEqu”，这是一个函数名称，也就是说，将这个 PushButton 组件实例与时间轴上的一个名字为“myEqu”的函数绑定在一起。当动画播放的时候，在这个组件实例上单击鼠标左键时，Flash MX 会自动

调用这个函数，并执行其中的语句。

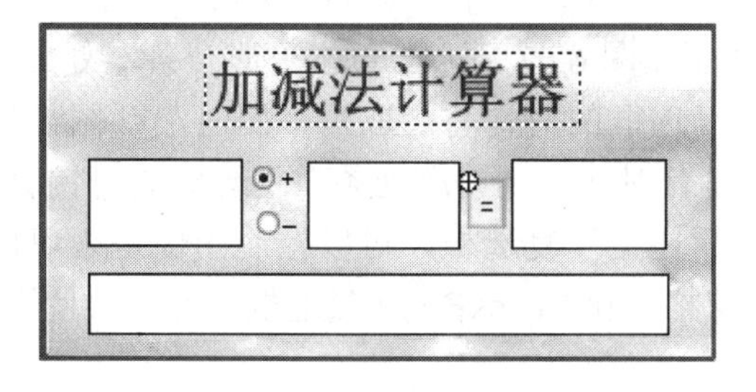

图 6.65　PushButton 组件实例的位置

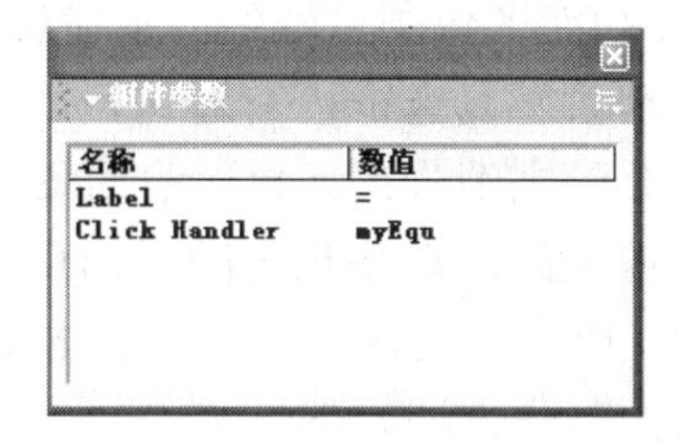

图 6.66　PushButton 按钮实例的参数设置

4. 输入脚本程序

（1）单击选中“动作”图层的第 1 帧，再单击“窗口”→“动作”菜单命令，调出“帧动作”面板，单击该面板右上角的按钮，调出快捷菜单，选择“专家模式”脚本编辑模式。然后，输入如下的脚本程序。

```
function myEqu() //创建一个名字为“myEqu”函数
   var n;
   n=ad.getState();
   if (n) {
      result=Number(add1)+Number(add2);
      REM=ad.getData();
   } else {
      result=Number(add1) –Number(add2);
      REM=mu.getData();
   }
}
```

（2）程序中，首先创建一个函数，函数名为“myEqu”，它的语句体加在函数“{}”中。

（3）函数中的第 1 条语句“var n”是声明一个变量 n。第 2 条语句“n=ad.getState()”中，ad 就是舞台工作区中第 1 个单选项组件的实例名称；“getState()”函数是这个组件实例的一个方法，用来得到当前单选项组件是否被选中的返回值，如果被选中则返回值为“true”，如果没有被选中则返回“false”。因为第 1 个单选项组件和第 2 个单选项组件是一组，而且同时只能有一个被选中，所以只需要判断一个单选项是否被选中就可以了。

（4）第 3 条语句是一个 if 判断语句，用来判断 n 是否为“true”，如果为“true”则执行后面紧跟着的“{}”中的语句，进行加法计算；如果 n 为“false”则执行 else 后面的语句，进行减法计算。

（5）在处理加法计算的程序中，语句“result=Number(add1)+Number(add2)”的作用是将变量 add1 和变量 add2 相加。注意在相加之前，需要将变量强制转换为数值型，否则可能“+”运算符会将两个变量的值做字符串连接，最后将相加结果赋给 result 变量。第 2 条语句“tip=ad.getData()”的作用是利用组件的函数“getData()”得到组件“Data”参数的数值，并将获得的数值赋给变量 tip。

（6）在处理减法计算的程序中，第 1 条语句“result=Number(add1)–Number(add2)”的作用是将变量 add1 和变量 add2 相减。注意在相减之前，与处理加法计算一样，可以将变量强制转换为数值型，但是作为减法计算，也可以不转换，直接“add1–add2”，最后将相减结果赋值给 result 变量。第 2 条语句“tip=ad.getData()”的作用是利用组件的函数“getData()”得到组件“Data”参数的数值，并将获得的数值赋给变量 tip。

实例 51　多功能图像浏览器

“多功能图像浏览器”动画播放后的 2 幅画面如图 6.67 所示。单击“滚动条”复选框，如果“滚动条”复选框内有对钩，则“滚动条”复选框的对钩将会取消，同时滚动图像框的滚动条也会随之消失；如果“滚动条”复选框内没有对钩，则“滚动条”复选框的对钩会出现，滚动图像框的滚动条也会随之出现。单击“鼠标拖曳”复选框，可以控制图像是否可以被鼠标拖曳。通过该实例，介绍了 ScrollPane（滚动窗格）和 CheckBox（复选框）组件的使用方法。该动画的制作方法如下。

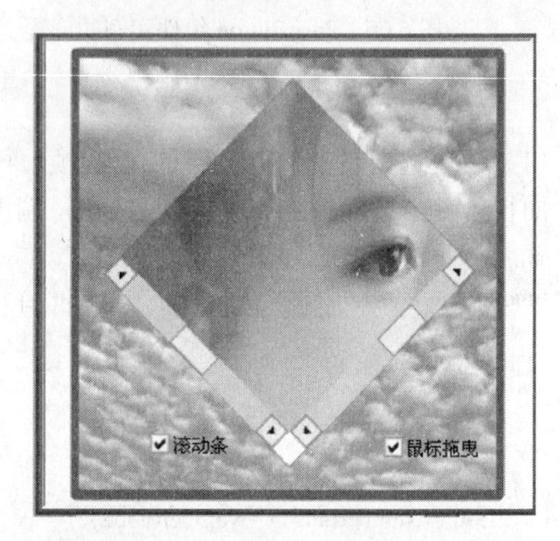

图 6.67 “多功能图像浏览器”动画播放后的 2 幅画面

1. 添加背景

（1）设置舞台工作区的宽为 320 像素，高为 300 像素，背景色为白色。将“图层 1”图层的名称改为“背景”。

（2）单击选中“背景”图层的第 1 帧，在其舞台工作区中绘制一个红色的矩形，再导入一幅云图图像，调整它的大小，制作出浏览器的背景，如图 6.67 所示。然后，将这个图层锁住，使其不能被编辑修改。

2. 添加 ScrollPane 组件和创建影片剪辑实例

（1）在“背景”图层之上添加一个新的图层，再将图层名称改为“组件”。

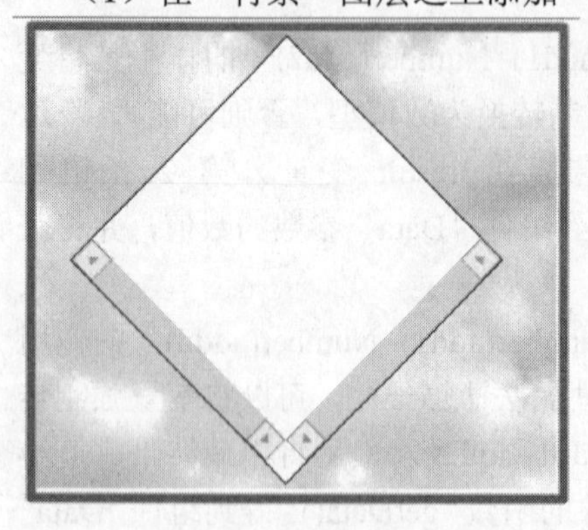

图 6.68　ScrollPane 组件实例旋转 45°

（2）选中这一关键帧，使舞台工作区处于编辑状态，单击“窗口”→“组件”菜单命令，调出“组件”面板，将 ScrollPane 组件从面板中拖曳到舞台工作区中，然后单击选中这个组件在舞台工作区中的实例，单击“修改”→“转换”→“比例与旋转”菜单命令，调出“缩放与旋转”对话框，在这个对话框的“旋转”文本框中输入“45”，然后单击“确定”按钮，对话框关闭，同时 ScrollPane 组件在舞台工作区的实例将会旋转 45°，如图 6.68 所示。

（3）单击“插入”→“新建元件”菜单命令，调出“创建新元件”对话框，单击“高级”按钮，设置对话框为高级模式。

（4）在“创建新元件”对话框的“名称”文本框中输入这个元件的名称“图像”，选中“影片剪辑”单选项，“链接”栏的“标识符”文本框中输入这个元件的标识符名称“im”，再单击选中“为动作脚本导出”复选框和“在第一帧导出”复选框。然后，单击“确定”按钮，进入“图像”影片剪辑元件编辑窗口。

（5）在“图像”影片剪辑元件编辑窗口的舞台工作区内，绘制一个绿色矩形，再单击“文件”→“导入”菜单命令，调出“导入”对话框，利用该对话框导入一幅图像文件，将其导入到“图像”影片剪辑中，同时也将该图像导入到“库”面板中。然后，将这个图像选中，单击“修改”→“转换”→“比例与旋转”菜单命令，调出“缩放与旋转”对话框，在这个对话框的“旋转”文本框中输入“–45”，单击“确定”按钮，对话框关闭。此时图像将会逆时针旋转 45°，如图 6.69 所示。

（6）单击元件编辑窗口中的⇦按钮，回到主场景。

（7）单击主场景舞台工作区的 ScrollPane 组件实例，在其“属性”面板中的实例名称文本框中输入“myPane”，在其“组件参数”面板的“Scroll Content”参数的数值部分输入“im”，其他的参数数值都使用默认值，如图 6.70 所示。

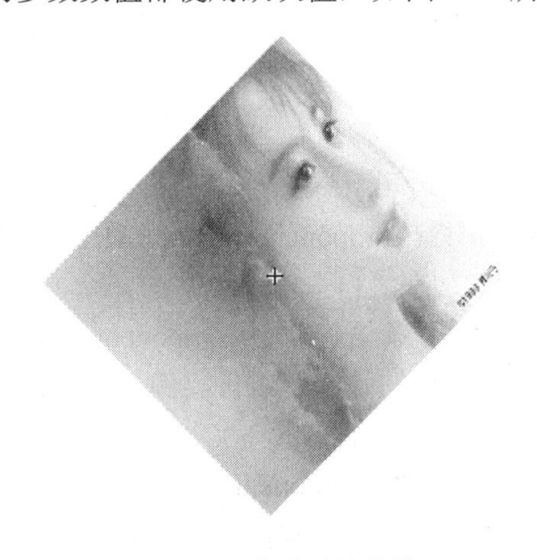

图 6.69　图像逆时针旋转 45°

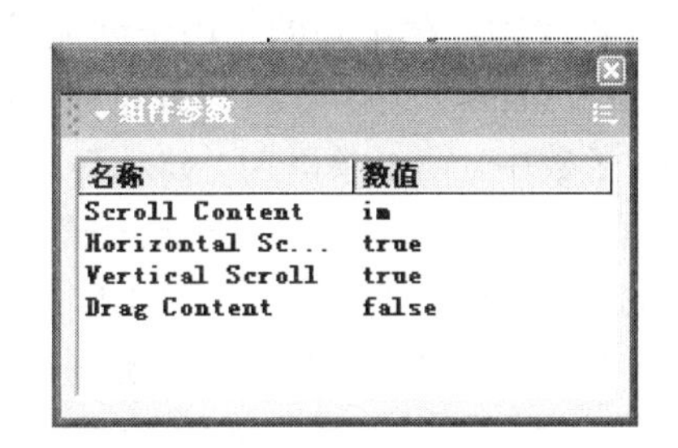

名称	数值
Scroll Content	im
Horizontal Sc...	true
Vertical Scroll	true
Drag Content	false

图 6.70　ScrollPane 组件实例的设置

3. 添加 CheckBox 组件

（1）在主场景舞台工作区“组件”图层中，单击“窗口”→“组件”菜单命令，调出“组件”面板，将 CheckBox 组件从“库”面板中拖曳到舞台工作区中，形成相应的实例。一共拖曳两个。

（2）单击左侧的 CheckBox 组件实例，在“属性”面板的“Label”参数的数值部分中输入“滚动条”；在“Change Handler”参数的数值部分输入“SETKEY”，将该组件实例与“SETKEY”函数绑定在一起。其他设置如图 6.71 所示。

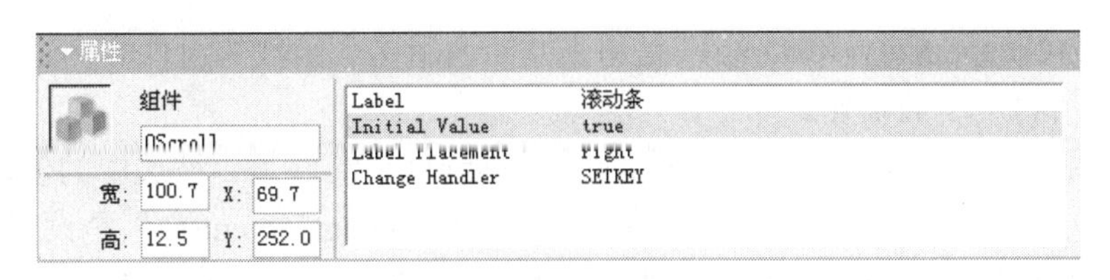

图 6.71　左边 CheckBox 组件实例的“属性”面板设置

（3）单击右侧的 CheckBox 组件实例，在“属性”面板中进行如图 6.72 所示的设置。

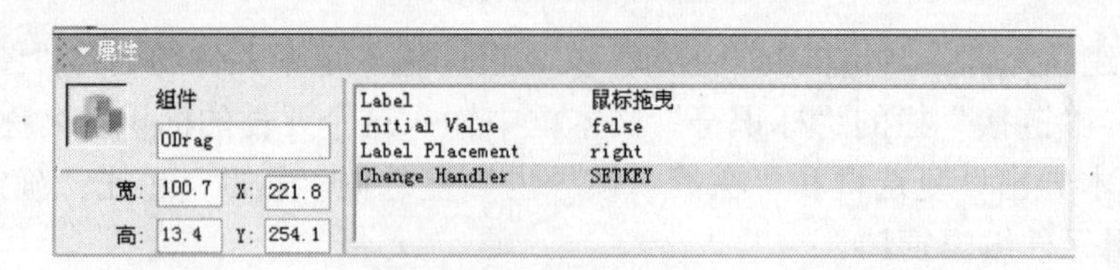

图 6.72　右边 CheckBox 组件实例的“属性”面板设置

4. 添加 ActionScript 脚本

（1）在“背景”图层之上添加一个新的图层，再将图层名称改为“动作”，选中该图层的第 1 帧，单击鼠标右键，调出快捷菜单，单击“动作”菜单命令，调出“帧动作”面板，再设置为“专家模式”脚本程序编辑模式。然后输入如下脚本程序。

```
function SETKEY(Components){
  var n;
  if (Components==OScroll){
    n=components.getValue();
    myPane.setHScroll(n);
    myPane.setVScroll(n);
  }
  if (Components==ODrag){
    n=components.getValue();
    myPane.setDragContent(n);
  }
}
```

（2）程序中，第 1 条语句用来创建一个函数“SETKEY(Components)”，“SETKEY”为函数名，“Components”为函数的参数名称，函数的脚本语句加在“{}”中。

（3）函数中，第 1 条语句“var n”是声明一个变量。第 2 条语句“if (Components==OScroll)”是判断语句，利用参数“Components”来判断调用这个函数的是哪个组件实例，如果是舞台工作区中的“OScroll”组件实例，则执行判断语句后面“{}”中的语句。

（4）因为是“OScroll”组件实例调用这个函数，所以“Components”参数是这个组件的一个别名，换句话说就是可以使用“Components”来引用所有组件实例“OScroll”的方法（成员函数）和属性。因此，函数中的第 3 条语句“n=Components.getValue()”也可写成“n= OScroll.getValue();”。

其中，“.getValue()”是得到这个组件是否被选中的值，如果被选中，则这个函数返回 true，否则返回 false。

（5）语句“myPane.setHScroll(n)”是设置“myPane”图像滚动框组件实例是否拥有水平滚动条，如果 n 为 true，则“myPane”图像滚动框组件实例出现水平滚动条；如果 n 为 false，则“myPane”图像滚动框组件实例禁止出现水平滚动条。“myPane.setVScroll(n)”的使用方法与语句“myPane.setHScroll(n)”相同，用来控制“myPane”图像滚动框组件实例的垂直滚动条。

（6）语句“if (Components==ODrag)”是用来判断调用这个函数的组件实例是否为“ODrag”，如果是，则执行“{}”中的语句。

（7）第 1 条语句“n=components.getValue()”是得到这个组件是否被选中的值，如果被选中，则这个函数返回 true，否则返回 false。语句“myPane.setDragContent(n)”是设置图像滚动框组件实例是否可以被拖曳，如果 n 为 true，则“myPane”图像滚动框组件实例可以被拖曳；如果 n 为 false，则“myPane”图像滚动框组件实例禁止被拖曳。

实例 52　列表浏览图像

“列表浏览图像”交互动画播放后的 2 幅画面如图 6.73 所示。单击上边的下拉列表框，下拉出几个图像名称选项，单击其中一个，与选项对应的图像即会显示在图像框中，同时当前操作的文字说明会显示在图像底部的文本框中，用鼠标拖曳滚动条的滑块，可调整图像的显示部分。单击下边的列表框中的选项，与选项对应的图像即会显示在图像框中，同时当前操作的文字说明会显示在图像底部的文本框中。通过该实例，介绍了 ListBox（列表框）和 ComboBox（下拉列表框）组件的使用方法。该动画的制作方法如下。

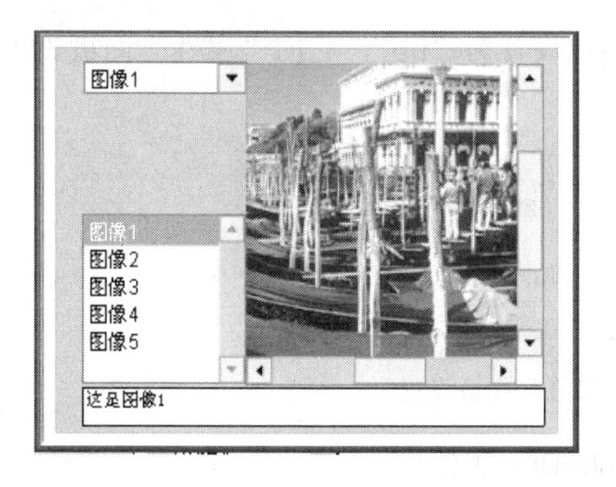

图 6.73　“列表浏览图像”动画播放后的 2 幅画面

1. 制作背景和设置 ScrollPane 组件

（1）设置舞台工作区的宽为 320 像素，高为 240 像素，背景色为白色。将“图层 1”图层的名字改为“背景”。选中“背景”图层的第 1 帧，在其舞台工作区中绘制一个粉色的矩形，作为动画的背景，再将该图层锁住，使其不能被编辑修改。

（2）在“背景”图层之上添加一个新的图层，再将图层名称改为“组件”。单击选中该图层的第 1 帧。

（3）单击“窗口”→“组件”菜单命令，调出“组件”面板。将 ScrollPane 组件从“组件”面板中拖曳到舞台工作区中，然后单击选中这个组件在舞台工作区中的实例，调整这个组件实例的大小，如图 6.74 所示。

（4）选中这个组件实例，单击“窗口”→“属性”菜单命令，调出“属性”面板。在“属性”面板中进行设置，如图 6.75 所示。

图 6.74　ScrollPane 组件

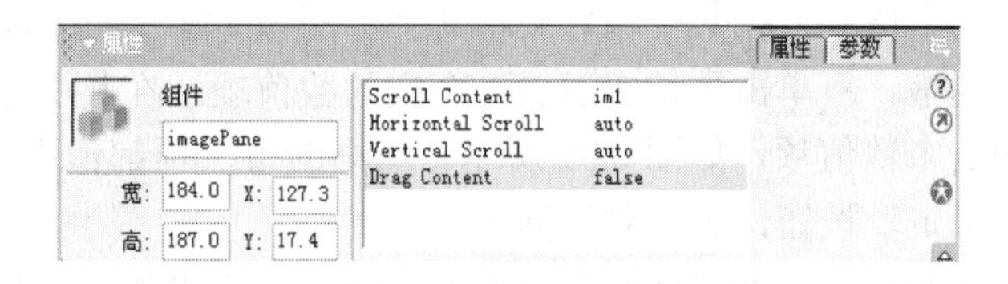

图 6.75　ScrollPane 组件实例“属性”面板设置

2. 创建影片剪辑元件

（1）导入五幅图像到当前动画的“库”面板中。

（2）单击“插入”→“新建元件”菜单命令，调出“创建新元件”对话框。在“创建新元件”对话框的“名称”文本框中输入这个元件的名称，在此输入“图 1”，在“链接”栏的“标识符”文本框中输入这个元件的标识符名称“im1”，单击选中“为动作脚本导出”复选框和“在第一帧导出”复选框。单击“确定”按钮，进入“图 1”影片剪辑元件的编辑状态。

（3）调出“库”面板，将“库”面板中的“图 1”影片剪辑元件拖曳到舞台工作区中。然后，回到主场景。

（4）按照上述方法，再创建 4 个影片剪辑元件，名称分别是“图 2”、“图 3”、“图 4”、“图 5”，这 4 个影片剪辑元件的标识符名称分别为“im2”，“im3”，“im4”，“im5”。再分别向这几个影片剪辑元件内拖曳一幅库中的图像。

（5）在下面创建一个动态文本框，它的变量名称设置为“tip”，它的“属性”面板设置如图 6.76 所示。

图 6.76 动态文本框的“属性”面板设置

3. 创建 ComboBox 组件

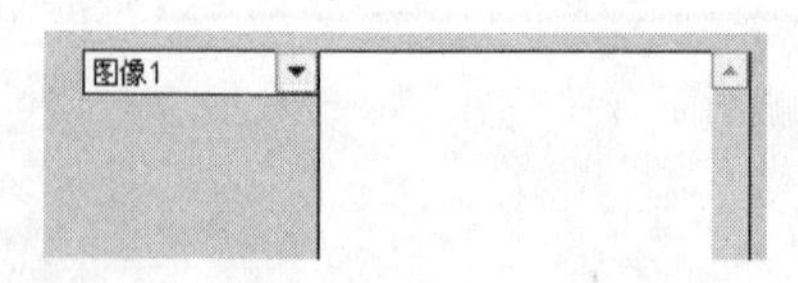

图 6.77 ComboBox 组件在舞台工作区的位置

（1）将 ComboBox 组件从“组件”面板中拖曳到主场景的舞台工作区中，然后单击选中这个组件在舞台工作区中的实例，调整这个组件实例的大小尺寸，如图 6.77 所示。

（2）在“属性”面板中的实例名称文本框中输入“comboImage”，它的“属性”面板的设置如图 6.78 所示。

（3）在“Editable”参数的数值部分单击鼠标左键，选择“false”选项，使下拉列表框不能被编辑，也就是不能在下拉列表框中输入文本。

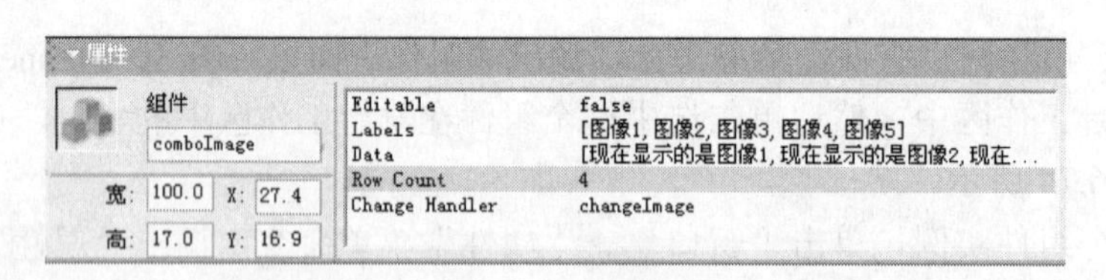

图 6.78 ComboBox 组件实例的“属性”面板设置

（4）双击参数“Labels”的数值部分，调出“值”面板。在该面板中，单击+按钮，添加一个空的数值项，在其中输入文本文字“图像 1”，该项的索引号显示在选项的左侧，从 0 开始，逐项递增。再单击+按钮添加一个空的数值项，在其中输入文本文字“图像 2”，反复几次，共添加 5 个数值项，如图 6.79 所示。这里的每一项都作为一个标题显示在下拉列表框里，最后单击“确定”按钮，关闭对话框。

（5）双击参数“Data”的数值部分，调出“值”面板，在这个面板中，单击+按钮，添加一个空的数值项，在其中输入文本文字“现在显示的是图像 1”。再单击+按钮添加一个空的数值项，在其中输入文本文字“现在显示的是图像 2”，反复几次，共添加 5 个数值项，这里的每一项都作为一个标题显示在下拉列表框里，如图 6.80 所示，最后单击“确定”按钮，同时关闭对话框。

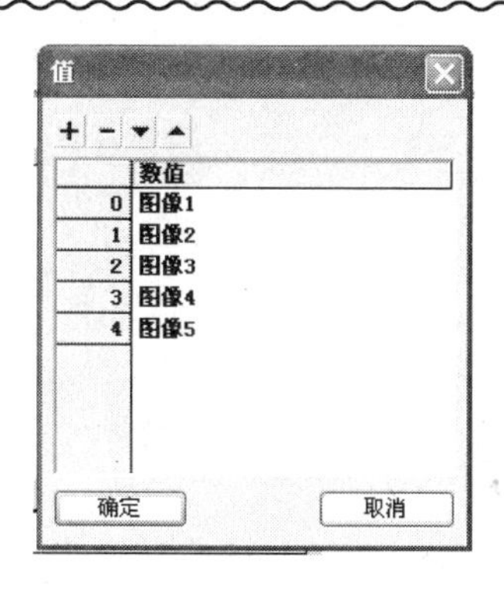

图 6.79　设置“Labels”参数值

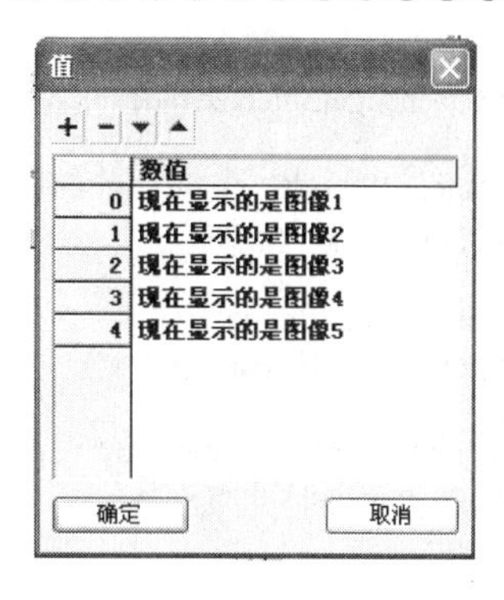

图 6.80　设置“Data”参数值

（6）在参数“Row Count”的数值部分输入 4，设置下拉列表框最多显示 4 组选项，如果下拉列表框中的选项大于 4，那么下拉列表框将会出现滚动条。

4. 创建 ListBox 组件

（1）单击“窗口”→“组件”菜单命令，调出“组件”面板。

（2）将 ListBox 组件从面板中拖曳到舞台工作区中，然后单击选中这个组件在舞台工作区中的实例，调整这个组件实例的大小尺寸，如图 6.81 所示。

图 6.81　ListBox 组件在舞台工作区的位置

（3）在“属性”面板中的实例名称文本框中输入“listImage”，它的“属性”面板的设置如图 6.82 所示。

（4）双击参数“Labels”的数值部分，调出“值”面板，参照图 6.79 所示进行设置。

（5）双击参数“Data”的数值部分，调出“值”面板，参照图 6.80 所示进行设置，只是文字不一样。

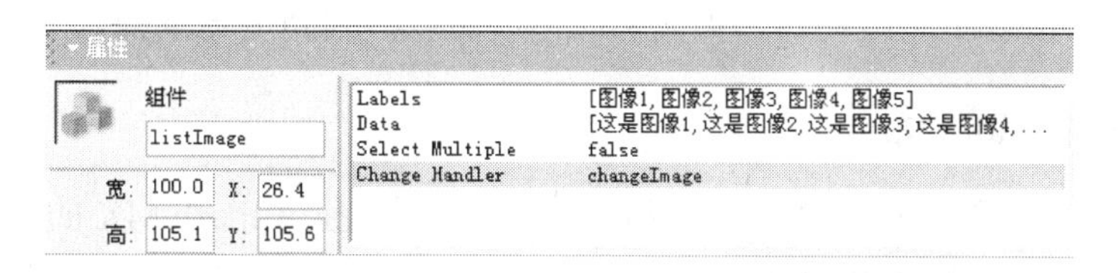

图 6.82　ListBox 组件实例的“属性”面板设置

（6）在参数“Select Multiple”的数值部分单击鼠标左键，选择 false，设置列表框中一次只能选中一个选项；如果选择 true，那么在这个列表框中，可以通过按住 Shift 键，同时用鼠标单击选项，来选择多个选项。

（7）在参数“Change Handler”的数值部分输入“changeImage”，将这个组件按钮与时间轴上的“changeImage”函数绑定在一起。

5. 创建 ActionScript 动作脚本

（1）选中“组件”时间轴上的第 1 帧，单击鼠标右键，调出快捷菜单，单击“动作”菜单命令，调出“帧动作”面板。设置“专家模式”脚本程序编辑模式，输入如下程序。

```
function changeImage(components){
    var n;
```

```
    if (components==comboImage){
        n=components.getSelectedIndex();
        n=n+1;
        imagePane.setScrollContent("im"+n);
        tip=components.getValue()
    }
    if (components==listImage){
        n=components.getSelectedIndex();
        n=n+1;
        imagePane.setScrollContent("im"+n);
        tip=components.getValue()
    }
}
```

（2）在脚本编辑区中，首先创建一个函数，函数名为“changeImage(components)”，“changeImage”为函数名，“components”为函数的参数，函数的脚本语句加在“{}”中。

（3）第 2 条语句“var n”声明一个变量。第 3 句“if (components==comboImage)”是利用参数“components”来判断调用这个函数的是否是“comboImage”组件实例（即用户是否选择了下拉列表框中的选项），如果是，则执行判断语句后面“{}”中的语句。可见利用这个方法，可以使多个组件实例调用同一个函数。

（4）第 4 条语句“n=components.getSelectedIndex()”是用来获得鼠标在下拉列表中选择的选项索引号的，索引号从 0 开始，逐项递增。

（5）第 5 条语句“n=n+1”是使变量加 1，因为索引号只是从 0 开始，而图像的标号是从 1 开始的，所以应该是变量 n 首先加 1，然后再利用变量 n 求出图像的标号。

（6）第 6 条语句“imagePane.setScrollContent("im"+n)”用来使“imagePane”组件实例显示图像，显示的图像名称由变量 n 和字符串“im”连接而成，例如显示变量 n 的值为 1，那么显示的图像为“im1”。

（7）第 7 条语句“tip=components.getValue()”用来将组件参数的“Data”值赋给变量 tip。

（8）下面的 if 语句的作用是判断调用这个函数的是否是“listImage”组件实例（即用户是否选择了列表框中的选项），如果是，则执行判断语句后面“{}”中的语句。

（9）添加完 ActionScript 语句后，关闭“动作”面板，回到主场景舞台工作区。

实例 53　多媒体播放器 1

Flash MX 提供了全新的视频播放技术和按钮控制技术。利用 Flash MX 的按钮控制技术可以很方便地制作出自己的多媒体播放器。利用该多媒体播放器，可以播放视频、声音和 Flash 动画，可以控制播放、暂停、帧进播放、帧退播放、回到第 1 帧、进到最后一帧和控制是否循环播放，还可以用鼠标拖曳滑块来进行播放等。

Flash MX 可以导入格式为 AVI, MPEG, MOV（QuickTime）和 DV（Digital Video）的视频文件，导入的视频不像 Flash MX 那样被分解为一帧帧图像。对导入的视频可以进行放大、缩小、旋转和扭曲处理；还可以将视频做成遮罩，以产生特效；还可以利用脚本程序对视频进行交互控制等。Flash MX 提供的视频播放技术和按钮控制技术给 Flash 动画增添了更多的精彩。

下面，介绍如何制作一个简单的多媒体播放器（没有用鼠标拖曳滑块进行播放的功能），如何利用该多媒体播放器来播放视频、声音和 Flash 动画。另外，还介绍如何使用 Flash MX 提供的多媒体播放器。

1. 多媒体播放器的制作

制作的多媒体播放器如图 6.83 所示。播放器中共有六个按钮，从左到右，各按钮的作用分别是：播放、暂停、播放第 1 帧、播放上一帧、播放下一帧和播放最后一帧。动画播放后，“播放”按钮呈黑色，“暂停”按钮呈绿色，表示处于暂停状态。单击“播放”按钮后，“播放”按钮呈绿色，“暂停”按钮呈黑色，表示处于播放状态。单击“暂停”按钮后，又回到原来的状态。

（1）创建并进入“播放器”影片剪辑元件的编辑窗口。

图 6.83　制作的多媒体播放器

（2）在舞台工作区内绘制一个蓝色轮廓线、灰色填充色的矩形。

（3）单击“窗口”→“公用库”→“Buttons”菜单命令，调出“库–Buttons”面板。将“库–Buttons”面板中“Key Buttons”目录下的两个按钮拖曳到矩形框中。调整两个按钮的大小，使它们一样大小。然后，再复制四个按钮。将六个按钮在灰色矩形框中排列好，最好使用其“属性”面板内的“宽”和“高”文本框中的数据，来调整各按钮的大小；用“X”和“Y”文本框中的数据，来调整按钮的位置，如图 6.84 所示。

（4）绘制一个黑色三角形，将它放置到左边第 1 个按钮之上。再绘制一个黑色正方形，将它放置到左边第 2 个按钮之上。左起第 3 个和第 6 个按钮上边也放置相应的黑色图形，如图 6.85 所示。

（5）给左起第 1 个按钮（“播放”按钮）命名“playButton”，给左起第 2 个按钮（“暂停”按钮）命名“stopButton”，给左起第 3 个按钮（“播放第 1 帧”按钮）命名“rewind”，给左起第 4 个按钮（“播放上一帧”按钮）命名“stepBack”，给左起第 5 个按钮（“播放下一帧”按钮）命名“stepForward”，给左起第 6 个按钮（“播放最后一帧”按钮）命名“goToEnd”。

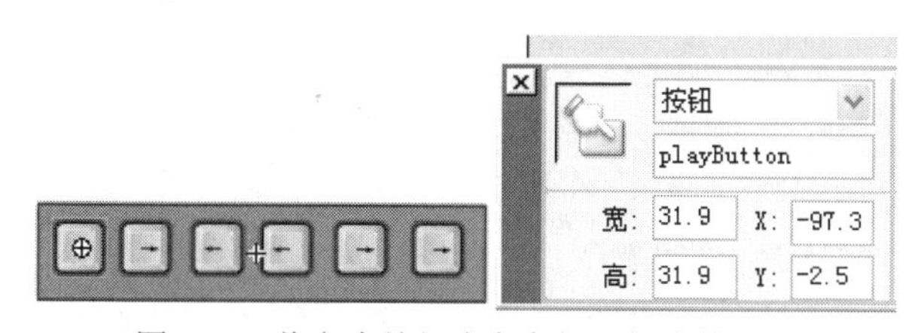

图 6.84　将六个按钮在灰色矩形框中排列好

图 6.85　加入按钮图形

（6）创建一个名字为“播放标注”的影片剪辑元件，其内绘制一个绿色三角形，大小与前面的三角形一样。再创建一个名字为“暂停标注”的影片剪辑元件，其内绘制一个正方形，大小与前面的正方形一样。然后，将绿色三角形移到黑色三角形之上，将绿色正方形移到黑色正方形之上。

为了保证绘制的绿色三角形和正方形与按钮上边的黑色、绿色三角形和正方形一样大小，可利用剪贴板将黑色三角形和正方形进行复制粘贴，再更换为绿颜色的方法。

（7）再用鼠标将“库”面板中的“播放标记”元件拖曳到“播放”按钮（左边第 1 个按钮）的上边，将黑色三角形完全覆盖。再用鼠标将“库”面板中的“暂停标记”元件拖曳到“暂停”按钮（左边第 2 个按钮）的上边，将黑色正方形完全覆盖。在“属性”面板内，分别给“播放标记”实例命名“playhilite”，给“暂停标记”实例命名“stophilite”。

（8）使用工具箱内的箭头工具，用鼠标拖曳选中按钮组的所有对象，再单击“修改”→“群组”菜单命令，将按钮组的所有对象组成群组。

（9）在“播放器”元件编辑窗口内，给“图层 1”图层第 1 帧加入如下脚本程序。

```
_parent.stop();//使主场景中的动画停止播放
//给影片剪辑实例“playhilite”和“stophilite”赋初值
playhilite._alpha=0;// 使影片剪辑实例“playhilite”透明
stophilite._alpha=100; // 使影片剪辑实例“stophilite”不透明
/*释放“playButton”（播放）按钮时，使影片剪辑实例“playhilite”不透明，使影片剪辑实例“stophilite”
透明，并接着播放动画*/
playButton.onRelease=function() {
  playhilite._alpha=100;
  stophilite._alpha=0;
  _parent.play();//开始播放
}
/*释放“stopButton”（暂停）按钮时，使影片剪辑实例“playhilite”透明，使影片剪辑实例“stophilite”不
透明，并暂停动画的播放*/
stopButton.onRelease=function() {
  stophilite._alpha=100;
  playhilite._alpha=0;
  _parent.stop();//暂停播放
}
//释放“rewind”（播放第 1 帧）按钮时，转到第 1 帧并暂停
rewind.onRelease=function() {
   _parent.gotoAndStop(1);//转到第 1 帧停止
}
//释放“stepBack”（播放上一帧）按钮时，播放上一帧
stepBack.onRelease=function() {
    _parent.prevFrame();//播放上一帧
}
//释放“stepForward”（播放下一帧）按钮时，播放下一帧
stepForward.onRelease=function() {
    _parent.nextFrame();//播放下一帧
}
//释放“gotoEnd”（播放最后一帧）按钮时，转到最后一帧并暂停
gotoEnd.onRelease=function() {
    _parent.gotoAndStop(_parent._totalframes);// 转到最后一帧并暂停
}
```

程序中的_parent 表示是父一级，即主场景；_totalframes 属性表示是动画的总帧数。

（10）单击元件编辑窗口中的⇦按钮，回到主场景。

（11）用鼠标将“库”面板中的“播放器”元件拖曳到舞台工作区中。

至此，多媒体播放器制作完毕。将该动画保存为“实例 53　多媒体播放器 1–1.fla”。

通过这个例子，可以看出 Flash MX 的按钮控制功能大大加强了。按钮可以作为一个与影片剪辑实例一样的对象，用脚本程序进行控制，而且可以在帧脚本程序中实现按钮时间的响应，这一点与 VB 等面向对象的编程软件很相似。

2. 视频多媒体播放器

“视频多媒体播放器”动画播放后的 2 幅画面如图 6.86 所示。单击“播放”按钮后即可开始播放视频，单击其他按钮均可以控制视频的播放。该动画的制作方法如下。

（1）打开“实例 53　多媒体播放器 1–1.fla”Flash 文档，再以“实例 53　多媒体播放器 1–2.fla”保存。删除舞台工作区内的“播放器”影片剪辑元件实例。

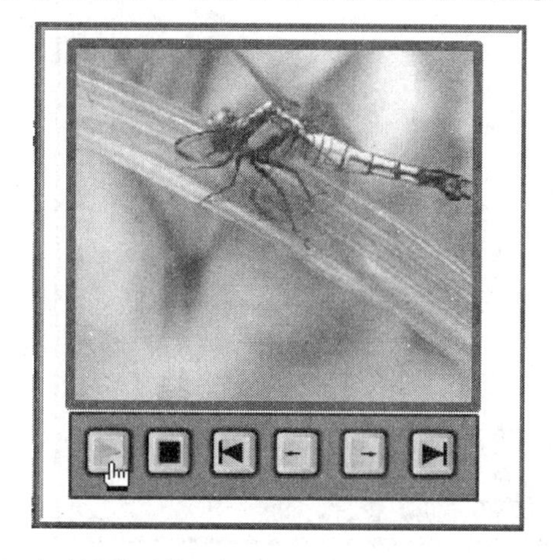

图 6.86　“视频多媒体播放器”动画播放后的 2 幅画面

（2）单击“文件”→“导入”菜单命令，调出“导入”对话框。在该对话框的“文件类型”下拉列表框中选择视频文件类型。在“导入”对话框中，选择文件夹和文件名称，然后单击“打开”按钮，即可调出“导入视频设置”对话框，如图 6.87 所示。利用该对话框进行设置，然后单击“确定”按钮，即可导入相应的视频。

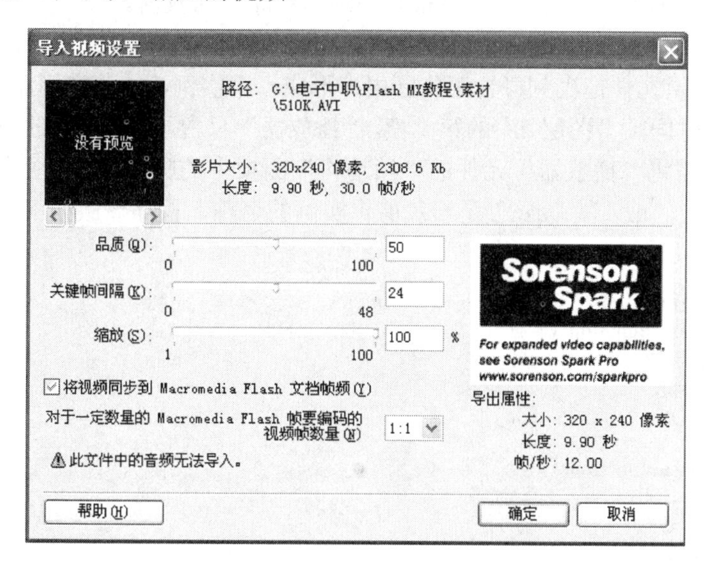

图 6.87　“导入视频设置”对话框

（3）导入视频后，视频会在时间轴上占据许多帧，占的帧数越多，视频播放的时间越长。根视频画面大小调整舞台工作区大小，绘制一个红色矩形框作为视频演播框。

（4）增加一个“图层 2”图层，单击选中“图层 2”图层的第 1 帧，再用鼠标将“库”面板中的“播放器”元件拖曳到舞台工作区中视频画面的下边。

（5）单击选中“图层 2”图层的第 1 160 帧（视频有 1 160 帧），按 F5 键。

3. Flash 动画多媒体播放器

“Flash 动画多媒体播放器”动画播放后的 2 幅画面如图 6.88 所示。单击“播放”按钮后即可开始播放 Flash 动画，单击其他按钮均可以控制 Flash 动画的播放。该动画的制作方法如下。

图 6.88 “Flash 动画多媒体播放器”动画播放后的 2 幅画面

（1）打开“实例 53　多媒体播放器 1–1.fla”Flash 文档，再以“实例 53　多媒体播放器 1–3.fla”保存。

（2）打开实例 25 的 Flash 文档，将该文档内“库”面板中的“自转地球”影片剪辑元件拖曳到“实例 53　多媒体播放器 1–3.fla”Flash 动画的“库”面板内。

（3）增加一个“图层 2”图层，单击选中“图层 2”图层的第 1 帧。然后将“库”面板内的“自转地球”影片剪辑元件拖曳到舞台工作区内，形成一个实例，给该实例命名为“qzz”。这时影片剪辑实例只占时间轴“图层 2”的第 1 帧，“播放器”只占“图层 2”的第 1 帧。

（4）另外，还需将“播放器”元件的“帧动作”面板中的脚本程序进行修改，在所有控制动画的指令前面加上“qzz.”，“qzz”是影片剪辑实例的名称。程序修改如下。

```
_parent.qzz.stop();
playhilite._alpha=0;
stophilite._alpha=100;
playButton.onRelease=function() {
   playhilite._alpha=100;
   stophilite._alpha=0;
   _parent.qzz.play();
}
stopButton.onRelease=function() {
   stophilite._alpha=100;
   playhilite._alpha=0;
   _parent.qzz.stop();
}
rewind.onRelease=function() {
   _parent.qzz.gotoAndStop(1);
}
stepBack.onRelease=function() {
   _parent.qzz.prevFrame();
}
stepForward.onRelease=function() {
   _parent.qzz.nextFrame();
}
goToEnd.onRelease=function() {
   _parent.qzz.gotoAndStop(_parent.qzz._totalframes);
}
```

实例 54　多媒体播放器 2

使用 Flash MX 提供的多媒体播放器可以非常方便地制作“视频播放器”动画和“Flash 播

放器”动画。

（1）单击“文件”→“打开”菜单命令，调出“打开”对话框。利用“打开”对话框，调出“macromedia\Flash MX\Samples\FLA\Import_Video.fla”文件。该 Flash 动画播放后的一个画面如图 6.89 所示。然后以“实例 54　多媒体播放器 2-1.fla”保存。

图 6.89　Import_Video.fla 动画播放后的一个画面

（2）读者可以播放该动画，试一试它的播放器有什么功能。你会发现它的功能要比前面制作的多媒体播放器的功能要多一些，例如，可以控制是否循环播放视频，可以用鼠标拖曳播放器左边来改变播放器的位置，还可以用鼠标拖曳滑块来播放视频。另外，在播放视频时，滑块会随之移动。

（3）读者还可以调出该动画的“库”面板，如图 6.90 所示。“库”面板中的 controller 组件就是它的播放器。可以双击 controller 组件图标，调出它的编辑窗口，再打开它的“动作–帧”面板，观察它的帧脚本程序，尝试将该脚本程序读懂，与上边的程序进行对比，看它们有什么不同之处。

（4）将 Import_Video.fla 动画极小化，保留它的“库”面板在屏幕上。这时，新建一个 Flash 动画，用鼠标将 Import_Video.fla 动画的“库”面板中的 controller 组件拖曳到新建动画的舞台工作区内，即可创建一个播放器。以后的操作与实例 53 中的“实例 53　多媒体播放器 1–2.fla”和“实例 53　多媒体播放器 1–3.fla”Flash 文档的制作方法基本一样。

图 6.90　Import_Video.fla 动画的“库”面板

实例 55　可调音量的 MP3 播放器

“可调音量的 MP3 播放器”动画播放后的 2 幅画面如图 6.91 所示。单击左边蓝色按钮，可以播放第一首 MP3 歌曲，单击中间绿色按钮，可以同时播放第二首 MP3 歌曲，单击右边红色按钮，可以使乐曲停止播放。用鼠标拖曳音量调节杆，可以动态地改变音量的大小。这个实例利用了 Flash MX 自带的一个共享元件。动画的制作过程如下。

1. 制作 MP3 播放器的画面

（1）单击“窗口”→“公用库”→“Buttons”菜单命令，可调出“库–Buttons”面板。

（2）在“库–Buttons”面板中，打开元件对象的“Knobs & Faders”文件夹，将“fader-gain”共享按钮元件从公用库中拖曳到舞台工作区中，如图 6.92 所示。

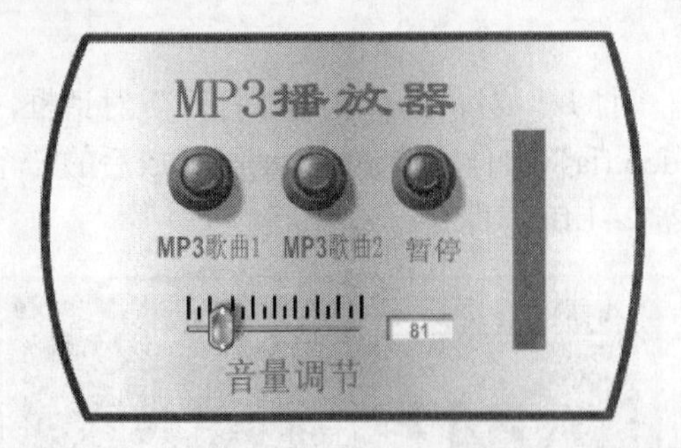

图 6.91 “可调音量的 MP3 播放器”动画播放后的 2 幅画面

（3）单击“窗口”→“库”菜单命令，调出“库”面板，当前编辑的动画中所使用的元件对象都放置在这个“库”面板中。当把“fader-gain”共享按钮元件从库中拖曳到舞台工作区的时候，与该共享元件有关的所有素材也同时加到“库”面板里面了。

（4）在公用库“库–Buttons”面板中，找到“PushButtons”元件文件夹，从中选择三个按钮元件，并将它们依次拖曳到舞台工作区中，如图 6.93 所示。

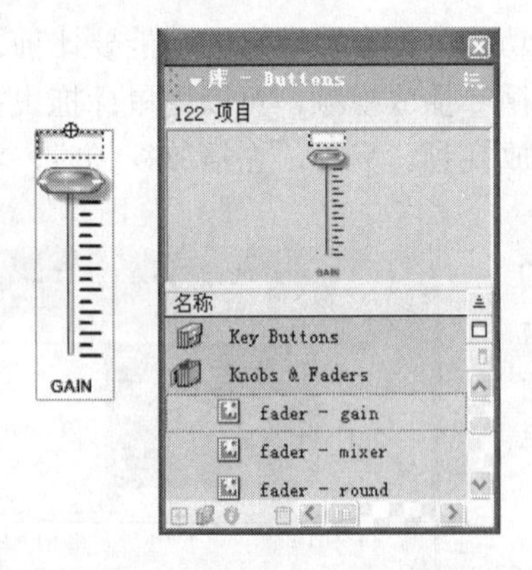

图 6.92 “fader-gain”按钮元件

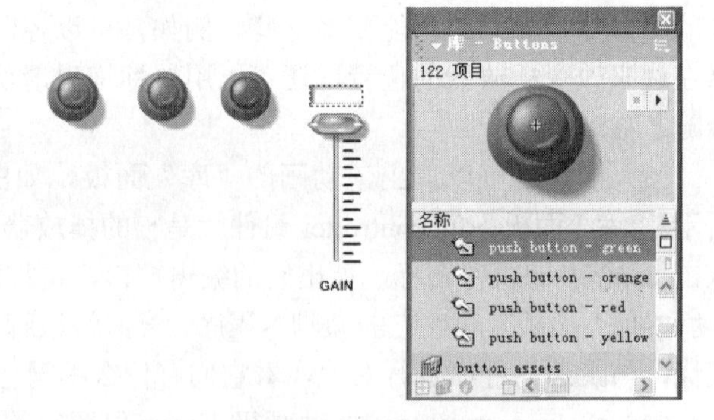

图 6.93 三个按钮元件

（5）在舞台工作区的按钮元件上单击鼠标右键，调出快捷菜单，单击“属性”菜单命令，调出“属性”面板。然后，在“实例名称”输入文本框中，输入按钮的名称。三个按钮的名称分别为“AN1”,“AN2”和“AN3”。左边第一个按钮的“属性”面板设置如图 6.94 所示。

（6）双击舞台工作区中的“fader-gain”滚动条按钮实例，进入它的编辑窗口，如图 6.95 所示。

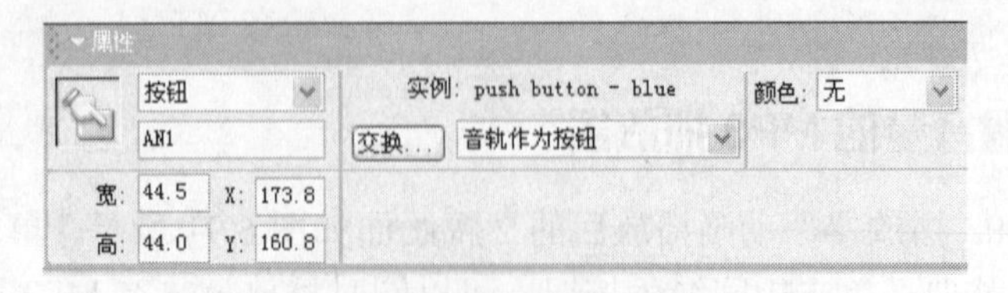

图 6.94 按钮元件的“属性”面板

（7）双击“fader-gain”滚动条按钮实例的滚动条部分，进入滚动条和字母“GAIN”的编辑状态。删除字母“GAIN”。再单击编辑窗口左上角的“fader-gain”名称，回到“fader-gain”滚动条按钮的编辑状态。此时，“GAIN”字母已消失。

（8）将滚动条部分旋转 90°，将滑块调小，重新调整滑块、刻度尺和文本框的位置。最后如图 6.96 所示。

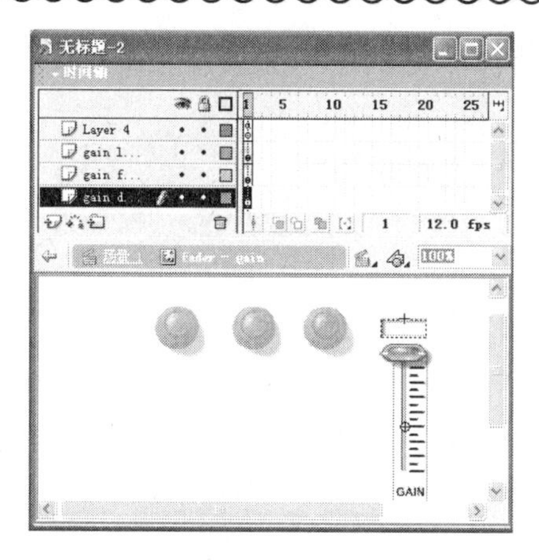

图 6.95　“fader-gain”滚动条按钮元件的“属性”面板

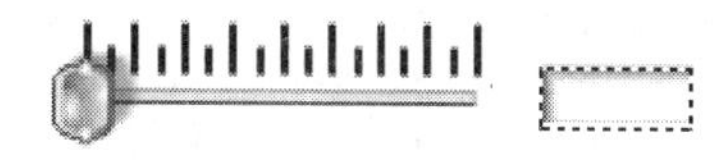

图 6.96　调整后的滚动条

（9）单击编辑窗口左上角的“场景 1”名称，回到主场景。然后，输入相应的文字，如图 6.91 所示。

2. 导入音乐和编写脚本程序

（1）单击“文件”→“导入库”菜单命令，调出“导入到库”对话框，找到名称为“MP3-1”的 MP3 文件，将其选中，然后单击对话框中的“打开”按钮，将其导入到当前动画的“库”面板中。采用相同的方法，再将名字为“MP3-2”的 MP3 音乐导入到“库”面板中。此时的“库”面板如图 6.97 所示。

（2）在“库”面板内，选中“MP3-1”元件，然后单击鼠标右键，调出其快捷菜单，再单击“链接”菜单命令，调出“链接属性”对话框。将“导出为动作脚本”复选框选中，对话框中的“导出第一帧”复选框将变为有效，再将它选中，然后在“标识符”文本框中输入这个元件导出的名称“S1”，如图 6.98 所示。“标识符”文本框中输入的名称，实际上也是在 ActionScript 脚本程序中调用该元件所用到的名称，这个名称不一定需要和按钮“库”面板中的导入名称相同。然后，单击“确定”按钮，退出该对话框。

（3）按照上述方法，分别给其他两个按钮的名称定义为“AN2”和“AN3”。

（4）单击选中“图层 1”图层的第 1 帧，再单击“窗口”→“动作”菜单命令，调出“动作”面板。单击“动作”面板右上角的“”按钮，单击“专家模式”菜单命令，使“动作”面板处于专家编辑模式。

图 6.97　导入的声音文件

图 6.98　“链接属性”对话框

（5）在“动作”面板的程序编辑区内输入如下脚本程序。

```
mySound1=new Sound();//实例化一个声音对象 mySound1
mySound2=new Sound(); //实例化一个声音对象 mySound2
AN1.onPress=function(){    //按钮 AN1 的事件函数
    mySound1.attachSound("S1"); //绑定一个“库”面板中的声音对象“S1”
    mySound1.start(); //开始播放声音“S1”
}
AN2.onPress=function(){        //按钮 AN2 的事件函数
    mySound2.attachSound("S2");//绑定一个“库”面板中的声音对象“S2”
    mySound2.start();   //开始播放声音“S2”
}
AN3.onPress=function(){         //按钮 AN3 的事件函数
    mySound1.stop();   //暂停声音“S1”的播放
    mySound2.stop();   //暂停声音“S2”的播放
}
```

（6）在舞台工作区中选中“fader-gain”共享按钮元件，单击鼠标右键，调出快捷菜单，单击“在当前位置中编辑”，使动画进入“fader-gain”元件编辑状态。

（7）根据前面的叙述，调出“动作”面板，同时这个关键帧的脚本程序将出现在程序编辑区中。移动脚本编辑区的滚动条，找到“Sound.setVolume(level)”这条语句，将其改为：

```
_parent.mySound1.setVolume(level);
_parent.mySound2.setVolume(level);
```

整个“fader-gain”共享按钮元件脚本程序如下。

```
top=vol._y; //将“vol”实例的垂直坐标值赋给变量 top
left=vol._x;   //将“vol”实例的水平坐标值赋给变量 left
right=vol._x; //将“vol”实例的水平坐标值赋给变量 right
bottom=vol._y+100;   //将“vol”实例的垂直坐标值加 100 赋给变量 bottom
level=100; //用变量 level 保存滑块调整的数据，此处是赋给调整量的最大值
vol.onPress=function() {    //设置鼠标按下滑块后产生的事件函数
    startDrag("vol", false, left, top, right, bottom);//设置鼠标可以拖曳“vol”实例的范围
    dragging=true; //给变量 dragging 赋“true”值，表示可以拖曳
}
vol.onRelease=function() {   //设置鼠标移开（释放）滑块后产生的事件函数
    stopDrag();   //停止鼠标拖曳“vol”实例
    dragging =false;   //给变量 dragging 赋“false”值，表示不可以拖曳
}
vol.onReleaseOutside=function() {   //设置鼠标在滑块外释放后产生的事件函数
    dragging=false; //给变量 dragging 赋“false”值，表示不可以拖曳
}
//将拖曳滑块的量转化为 0～100 之间的相应数值，并赋给变量 level
this.onEnterFrame=function() {   //设置播放帧后产生的事件函数
    if (dragging) {              //判断变量 dragging 的值
        level=100-(vol._y-top);   //将“vol”滑块实例的移动量赋给变量 level
    } else {
        if (level>100) {
            level=100;
        } else if (level<0) {
            level=0;
        } else {
            vol._y=-level+100+top;//调整“vol”滑块实例的垂直位置
        }
    }
    _parent.mySound1.setVolume(level);//用变量 level 的值控制 mySound1 声音音量
    _parent.mySound2.setVolume(level);// //用变量 level 的值控制 mySound2 声音音量
}
```

说明：“fader-gain”元件由滑块、刻度表和文本框三个影片剪辑实例组成。滑块实例的名称是“vol”，刻度表实例的名称是“yl1”，文本框的名称是“textInput”。双击文本框影片剪辑实例，

可进入它的编辑状态。可以看出它由三部分组成，其中有一个“输入文件”（即“输入文本”）文本框，它的名字是“value”，接受文本的变量名称是“_parent.level”，如图 6.99 所示。因此，它可以显示出变量 level 的值。

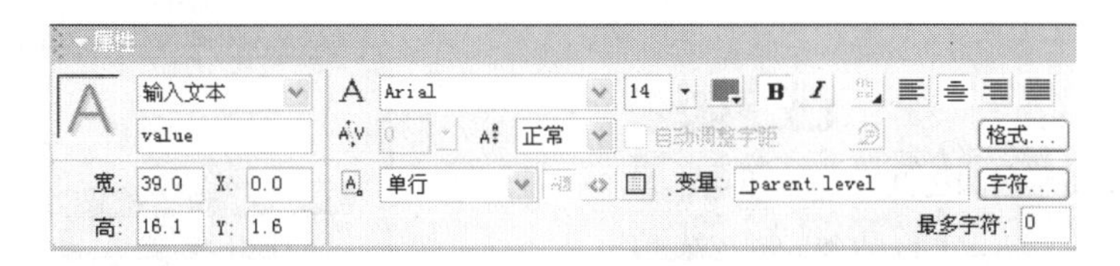

图 6.99　“textInput”文本框的“属性”面板设置

（8）单击“控制”→“测试电影”菜单命令，运行动画，单击舞台工作区的按钮，MP3 音乐文件开始播放，然后调节滑动杆，音量随着滑动值开始变化。

实例 56　计算器

“计算器”动画播放后的 2 幅画面如图 6.100 所示。利用该计算器可以进行四则运算、函数运算、阶乘运算等。例如，单击三次“6”按钮，计算器显示如图 6.100 左图所示，再单击“+”按钮，接着三次单击“3”，输入 333，然后单击“=”按钮，计算器显示如图 6.100 右图所示。

图 6.100　“计算器”动画播放后的 2 幅画面

1. 制作计算器界面

（1）创建一个新的 Flash 动画，设置文档的宽为 400 像素，高为 300 像素，背景为白色。

（2）在“图层 1”图层绘制一个计算器的底图，颜色为黄色，再导入一幅框架图像，并置于底层，效果如图 6.101 所示。将“图层 1”图层的名字改为“BACK”。

（3）创建一个新的按钮元件，命名为“Digit1”。进入该按钮的编辑状态，在“图层 1”图层的“弹起”帧的舞台工作区中，绘制一个边缘为黑色的按钮，如图 6.102 左图所示。在该图层“指针经过”帧的舞台工作区中，绘制一个边缘为红色的按钮，如图 6.102 中图所示。

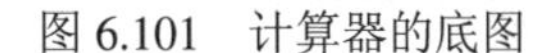

图 6.101　计算器的底图

图 6.102　计算器的按钮制作过程

（4）在这个按钮上，创建一个新的图层，系统默认名字为“图层 2”，在“弹起”帧和“指针经过”帧的舞台工作区中，输入一个 1 字，如图 6.102 右图所示。其他按钮元件的制作过程与这个按钮类似，如图 6.103 左图所示。

图 6.103　计算器的按钮和底图

图 6.104　添加一个动态文本框

（5）在主场景中，加入一个新的图层，命名为“KEY”，然后将按钮从“库”面板中依次拖曳到这一图层的舞台工作区中，如图 6.103 右图所示。

（6）在主场景中，加入一个新的图层，命名为“VIEW”，在这一图层的舞台工作区中添加一个动态文本框，如图 6.104 所示。再调出“属性”面板，在“变量”文本框中，输入“_root.view”，让这个文本框接收主场景程序中 View 变量的值。

2. 加入 RadioButton 组件实例

（1）选中“KEY”图层，单击“窗口”→“组件”菜单命令，调出“组件”面板，找到 RadioButton 组件，并将其两次拖曳到舞台工作区中，如图 6.105 所示。

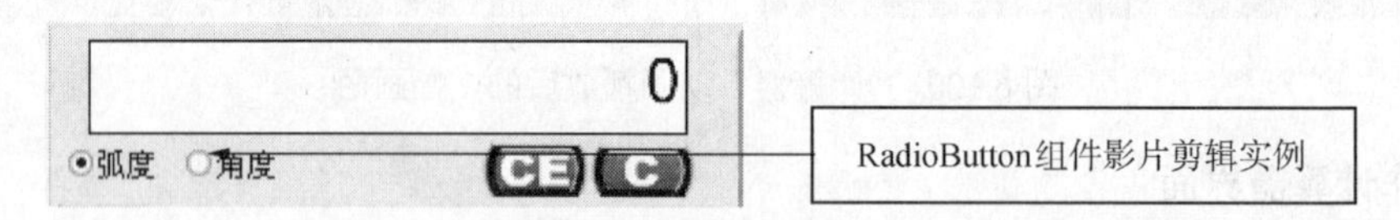

图 6.105　两个 RadioButton 组件实例

（2）使用工具箱中的任意变形工具，调节文字框的宽度，如图 6.106 所示。

（3）选中最左边的 RadioButton 组件实例，单击“窗口”→“组件参数”菜单命令，调出“组件参数”面板。在“Label”记录中，双击它的数值字段，将默认值改为“弧度”。双击“Initial State”的数值字段，选择“True”（表示初始状态是选择该单选钮）。其他的参数不改变，如图 6.107 所示。

图 6.106　调节文字框的宽度

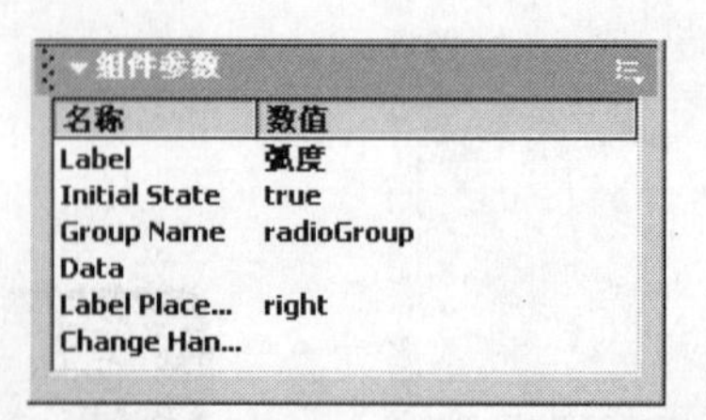

图 6.107　“组件参数”面板设置

（4）选中最右边的 RadioButton 组件实例，单击“窗口”→“组件参数”菜单命令，调出“组件参数”面板。在“Label”记录中，双击它的数值字段，将默认值改为“角度”。双击“Initial State”的数值字段，选择“False”。其他的参数不改变。

（5）选中舞台工作区的“弧度”的 RadioButton 组件实例，单击“窗口”→“属性”菜单命令，调出“属性”面板，在“属性”面板的“实例名称”文本框中，输入“angle1”，如图 6.108 所示。

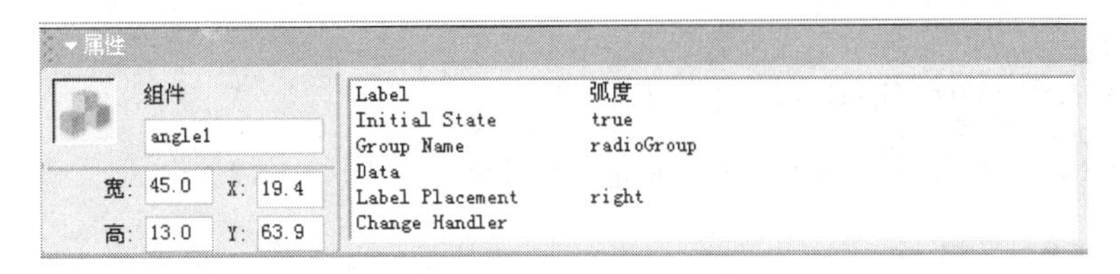

图 6.108 “属性”面板设置

（6）Radiobutton 组件拥有自己的几个方法和属性，可以调用它们，以确定该单选按钮现在的状态。

- getLabel()：得到单选按钮的名称，即“组件参数”面板中“Label”的值。
- getState()：得到当前单选按钮是否被选中的状态，true 为选中，false 为未被选中。
- setLabel(String)：设置单选按钮的名称，只有在测试或者正式输出电影的时候可以看见，编辑状态是不能够显示的，测试电影时的单选按钮效果如图 6.109 所示。
- setState(boolean)：设置当前单按选钮的状态，是被选中还是未被选中。

图 6.109 测试电影时的单选按钮效果

3. ActionScrip 脚本程序编程

（1）在主场景上，加入一个新的图层，命名为“Action”。这一图层的舞台工作区中不画任何动画，只在帧上加 ActionScript 脚本程序。

（2）第一帧用来添加脚本程序，首先声明一些变量，大部分变量是用来做标志的，如是否为负数、是否为小数等，程序如下。

```
num=0;//记录屏幕的数字个数，如果大于 20，则认为屏幕已满
flagReset=true;
flagneg=true;// 是否为负数
flagPoint=false;//是否是小数点，如果是小数点，要另行处理
_root.view="0";// 屏幕初始化
```

（3）上面的代码中，flagReset 很难理解，这个标志并不是用来清屏或者重新计算的，举个计算过程的例子，可能会使读者更容易理解这个变量及后面的程序。当我们在屏幕上输入完一个数的时候，下一步需要输入一个运算符，如加号，然后再输入加数，此时屏幕需要重新显示数，但是刚才的数字必须被临时记住，这个变量并不能记住数字，但能够标志该输入一个新的数字了，并告诉这个变量记住上一个数字。

（4）“Action”图层第 1 帧内的初始化程序之后，是用来设置各种自定义函数的程序，用这些函数来实现各种运算，后面将分段介绍。在“Action”的第 1 帧内，继续加入如下程序。

```
function cmdNumber (digit) {
    if (flagReset) {
        flagReset=false;
        flagPoint=false;
        _root.view="0";
```

```
        } // 处理屏幕数字
        if (_root.view == "0" and digit != ".") {
            _root.view=digit;
            num=0;
        } else {
            if (num<15) {
                _root.view=_root.view add digit;
                num++;
            }
        }
    }// 双目运算符
    function cmdOperation (newOper) {
        if (operator == "+") {
            _root.view=Number(operand)+Number(_root.view);
        }
        if (operator == "-") {
            _root.view=Number(operand)-Number(_root.view);
        }
        if (operator == "*") {
            _root.view=Number(operand)* Number (_root.view);
        }
        if (operator == "/") {
            if (operand<>0) {
                _root.view=Number(operand)/ Number (_root.view);
            } else {
                error();
            }
        }// 四则运算
        if (operator == "xy") {
          _root.view=Math.pow(operand, _root.view);
        }    //x 的 y 次方
        operator="=";
        flagReset=true;
        flagPoint=false;
        if (newOper != null) {
            operator=newOper;
            operand=_root.view;
        }
        check();
    }// 双目运算操作核心
    function cmdSimoper (newOper) {
        if (flagneq) {
            _root.view=-_root.view;
        }// 单目运算
        if (newOper=="log") {
            _root.view=Math.log(_root.view);
        }//计算 log
        if (newOper == "xxx") {
            _root.view=_root.view*_root.view*_root.view;
        }// x 的 3 次方计算
        if (newOper == "xx") {
            _root.view=_root.view*_root.view;
        }// x 的 2 次方计算
        if (newOper == "tan") {
            if (angle1.getState()) {
                _root.view=Math.tan(_root.view);
            } else {
                _root.view=Math.tan(_root.view/180*Math.PI);
            }
        }// 正切计算
        if (newOper == "cos") {
```

```
            if (angle1.getState()) {
                _root.view=Math.cos(_root.view);
            } else {
                _root.view=Math.cos(_root.view/180*Math.PI);
            }
        }// 余弦计算
    if (newOper == "sin") {
            if (angle1.getState()) {
                _root.view=Math.sin(_root.view);
            } else {
                _root.view=Math.sin(_root.view/180*Math.PI);
            }
        }// 正弦计算
      if (newOper == "n!") {
            var n=0;
            var a=1;
            while (n<_root.view) {
                n++;
                a=a*n;
            }
            _root.view=a;
        } // 阶乘计算
            if (newOper=="1n") {
            if (_root.view<>0) {
                _root.view=1/_root.view;
            } else {
                error();
            }
        }// 倒数计算
      if (newOper=="sqr") {
            if (_root.view>=0) {
                _root.view=Math.sqrt ( _root.view);
            } else {
                error();
            }
        }// 开方
        flagReset=true;
        check();// 单目运算核心
    }
    function error () {
        _root.view="input is wrong!!!";
    }// 输入错误处理
    function check () {
        if (Math.abs ( _root.view)>1.0e15) {
            _root.view="over flew!!!";
        }
        if (Math.abs (_root.view)<1.0e-10) {
            _root.view="0";
        }
    }// 溢出或者无穷小处理
    function cmdClearview () {
        _root.view="0";
    }// 清屏处理
    function cmdClear () {
        call ("variable");
    }// 重新计算
```

（5）cmdNumber(digit)函数是用来处理计算器的屏幕显示的，同时也用来处理数字的输入。对应这个函数，单击选中计算器的任意数字按钮（按钮 1、按钮 2 到按钮 0 十个按钮），并调出 ActionScript 面板，在按钮事件中添加调用这个函数的脚本程序，程序如下。

```
on (release) {
    cmdNumber(1);
}
```

其他的数字也都调用这个函数，只是函数的参数使用相应的数字。其中通过判断 flagReset 变量的状态，来判断是否数字输入完成，如果输入完成，将初始化小数点和屏幕，并再将 flagReset 置成 false，等待新的输入。

这段程序还用来处理屏幕显示。如果屏幕显示现在是 0，而且不是小数点整数部分的 0（如 0.1）则要将输入数字赋给屏幕。如果屏幕上不是初始状态，则要将输入数字与屏幕已有数字连接显示，这个过程就是解决多位数计算问题的。同时在屏幕显示字符时还要利用 num 变量来判断屏幕是否已满，如果满了，将不再连接数字。

（6）第 2 段程序是用来计算双目运算的，如 x+y、x^y 等。在这段程序里，最重要的是如何让计算器记住被操作数，即第一个输入的数，这个功能由函数核心来解决。注意在这段程序中，除法的除数不能为 0，须做个判断，如果判断为 0，则转入错位处理函数 error()来处理，这个函数在后边，它发现错误后将在屏幕上显示“Input is wrong!!!”的警告提示。程序还加了溢出检测处理函数 check()，它用来判断计算结果是否溢出或是否接近无穷小，如果发生溢出等，将在屏幕上显示“over flew!!!”的警告提示。

（7）这 3 段单目运算符，主要用来运算一些如 cos()、平方等只有一个操作数的运算。同样要注意正切的角度不能为 90 度等。这段程序一上来就首先判断操作数是否为负数，如果为负数，要在显示屏上显示元件。在进行函数运算时，分角度和弧度，这就要使用到 Radiobutton 按钮的方法，来得到当前的状态。使用 getState()方法，并用 if 语句判断，如果为度数，要进行弧度到角度的相应转换，然后做溢出检测。

（8）check 函数用来检测运算结果是否过大，或者过小，本实例使用的运算范围是在 10 的 15 次方和 10 的负 10 次方之间。读者可根据自己的具体情况来确定。

4. 加入按钮 ActionScript

（1）前面已经介绍了数字键的 ActionScript，在此从略。不同的操作符，参数不同。对于双目运算符“x^y”、“/”、“*”、“-”、“+”和“=”，加入如下程序。

```
on (release) {
    cmdOperation("+");
}
```

（2）跟双目运算符一样，不同的运算符调用不同的参数，参数与该运算符相关。这些运算符如图 6.110 所示。正切单目运算符的程序如下。

```
on (release) {
    cmdSimoper("tan");
}
```

图 6.110　一些运算符按钮

（3）几个特殊的按钮（如 PI 值）和其他数字按钮处理方法相同。“CE”按钮的代码如下。

```
on (release) {
    cmdClearview();   //调 cmdClearview()清屏自定义函数
}
```

“C”按钮的代码如下。

```
on (release) {
```

```
    cmdClear();  //调 cmdClear()重新计算自定义函数
}
```

5. 使用函数创建按钮事件

（1）对于 Flash MX 来说，也可以使用 Function 来创建按钮事件的动作。

（2）首先需要为每一个在舞台工作区的按钮起一个实例名称，然后在“Action”图层的第 1 帧中，加入如下代码。

```
按钮实例名.onRelease=function(){
    //这部分代码与按钮事件的代码相同
}
```

例如：需要处理按钮 1 的事件，可首先使用属性面板在“实例名称”文本框中，输入这个按钮的实例名称“number1”，然后在第一帧中加入如下脚本程序。

```
number1.onRelease=function() {
    cmdSimoper("1");
}
```

在 Flash MX 中，按钮事件的程序可以写在“Action”图层源程序的后边，如下所示。

```
//单击各按键后的响应：处理数字
number1.onRelease=function()
{
    cmdNumber(1);
}
number2.onRelease=function()
{
    cmdNumber(2);
}
number3.onRelease=function()
{
    cmdNumber(3);
}
number4.onRelease=function()
{
    cmdNumber(4);
}
number5.onRelease=function()
{
    cmdNumber(5);
}
number6.onRelease=function()
{
    cmdNumber(6);
}
number7.onRelease=function()
{
    cmdNumber(7);
}
number8.onRelease=function()
{
    cmdNumber(8);
}
number9.onRelease=function()
{
    cmdNumber(9);
}
number0.onRelease=function()
{
    cmdNumber(0);

}
//处理运算符号
numberpoint.onRelease=function()//小数点
{
    if (not flagpoint)
    {
        cmdNumber(".");
        flagpoint=true;
    }
}
clearview.onRelease=function()//清屏
{
        cmdClearview();
}
clear.onRelease=function()//清数据
{
    cmdClear();
}
tan.onRelease=function()//正切
{
    cmdSimoper("tan");
}
pi.onRelease=function()//输入 PI
{
    cmdNumber(Math.PI);
}
x3.onRelease=function()//x 的立方
{
    cmdSimoper("xxx");
}
x2.onRelease=function()//x 的平方
{
    cmdSimoper("xx");
}
xy.onRelease=function()//x 的 y 次方
{
    cmdOperation("xy");
}
cos.onRelease=function()//余弦
{
    cmdSimoper("cos");
```

```
}
addnumber.onRelease=function()//加
{
    cmdOperation("+");
}
sin.onRelease=function()//正弦
{
    cmdSimoper("sin");
}
minusnumber.onRelease=function()//减
{
    cmdOperation("-");
}
nn.onRelease=function()//阶乘
{
    cmdSimoper("n!");
}
sqr.onRelease=function()//开方
{
    cmdSimoper("sqr");
}
mulnumber.onRelease=function()//乘
{
    cmdOperation("*");
}
dividenumber.onRelease=function()//除
{
    cmdOperation("/");
}
ndivide.onRelease=function()//倒数
{
    cmdSimoper("1n");
}
equ.onRelease=function()//等号
{
    cmdOperation();
}
nev.onRelease=function()//正负号
{
    cmdOperation("-");
    if (flagneg)
    {
        flagneq=false;
    }
    else
    {
        flagneq=true;
    }
}
log.onRelease=function()
{
    cmdSimoper("log");
}
stop();
```

思考练习 6

1. 参考实例 47 的“滚动文本”动画的制作方法，制作另外一个“滚动文本”动画，该动画播放后可以滚动浏览两个不同的文本。

2. 参考实例 50 的“加减法计算器”动画的制作方法，制作一个“四则运算器”动画，该动画播放后可以进行四则运算练习。

3. 参考实例 52 的“列表浏览图像”动画的制作方法，制作另外一个“列表浏览图像”动画，播放后可以列表浏览 10 幅图像，图像可以用鼠标拖曳移动。

4. 利用“实例 53　多媒体播放器 1-1.fla”Flash 文档制作一个可以控制播放 2 个视频的动画。

5. 利用“实例 53　多媒体播放器 1-1.fla”Flash 文档制作一个可以控制播放 2 个 Flash 动画的动画。

6. 利用“实例 54　多媒体播放器 2-1.fla”Flash 文档制作一个可以控制播放 2 个视频的动画。

7. 利用“实例 54　多媒体播放器 2-1.fla”Flash 文档制作一个可以控制播放 2 个 Flash 动画的动画。

附录 A　Flash 周边软件——SWiSH 2.0

SWiSH 软件是一个独立的文字动画效果制作软件，它可以很轻松地制作出 SWF 格式的文字和图形矢量动画，但如果使用 Flash，可能需要几个小时才能得到同样的效果。它支持文字、图像、声音格式，支持中文字符。它可以生成.swf 文件或发布成.html 的 Web 页面，使你的主页更加丰富多彩。最有趣的是，在 SWiSH 中，还可以使用一些事件交互命令来控制电影。

SWiSH 可以工作在 Windows95/98/2000/XP 操作系统下，最新的版本是 2.0 版本。它采用了先进的菜单和工具栏技术，支持完全人性化的自定义功能，可以任意添加各种功能项和工具栏按钮等，而且这个版本的 SWiSH 在界面和功能上已经接近 Flash，可以更加方便地制作矢量动画。

SWiSH 软件非常容易找到，可以在许多软件下载的网站找到，我们在此使用的版本是 SWiSH 2.0，下载网址是 www.SWiSHzone.com。当下载了 SWiSH 软件以后，直接解压安装。

一、SWiSH 2.0 的操作界面

启动 SWiSH 2.0 后，其操作界面如附图 A.1 所示。操作界面共分四部分：主菜单、工具栏、浮动面板和状态栏。主菜单中共有九个菜单项。工具栏中则集中了平时使用频率比较高的一些命令，通过工具栏也可以实现 SWiSH 的绝大部分功能。SWiSH 2.0 的面板是很重要的，使用它们能够对各种选项和设置进行控制。

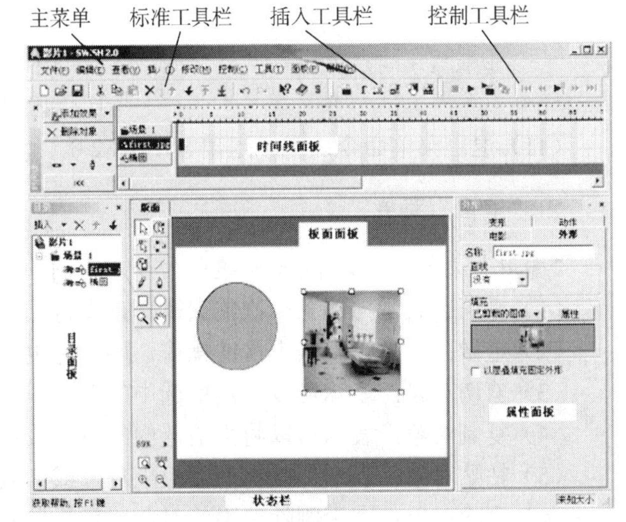

附图 A.1　SWiSH 2.0 的操作界面

二、菜单栏

1．“文件”菜单

“文件”菜单下共有 11 个子菜单命令，它们的作用如下。

（1）新建：新建一个 SWiSH 动画文件，文件格式为 SWI。

（2）打开：打开一个 SWI 格式文件，但不能打开 Flash 格式的文件。

（3）保存：保存当前编辑的 SWiSH 动画文件，如果是新文件，程序将要求给出文件名。

（4）另存为：表示要将当前 SWiSH 文件保存一个备份。

（5）新建窗口：重新打开一个 SWiSH 窗口，并新建一个 SWI 格式文件。

（6）样本：该菜单命令下还有子菜单，它提供了一些范例，这些范例文件都在安装目录下的 Samples（样本）文件夹中，可供我们参考学习。

（7）导入：导入一些文件到 SWiSH 当中来使用，所支持的格式有位图（*.bmp，*.dib）、GIF 图像（*.gif）、JPEG 图像（*.jpg，*.jtf，*.jpeg）、png 图像（*.png）、windows 图形文件（*.wmf）、增强型图形文件（*.emf）、Flash 播放影片（*.swf）、波形声音（*.wav）、MP3 音乐（*.mp3）。

（8）导出：它有下一级子菜单，作用如下。

- SWF 菜单命令：可以将 SWiSH 影片生成为 SWF 格式的 Flash 影片。
- HTML 菜单命令：可以生成一个包含了 Flash 播放影片的 Web 页。
- AVI 菜单命令：可以将 SWiSH 影片以 AVI 格式输出动画。
- HTML 到剪贴板菜单命令：可以将 HTML 源代码复制到 Windows 剪贴板当中。

（9）测试：该命令可以对制作当中的 SWiSH 动画进行测试，其下有 3 个子菜单命令。

- “在播放器”菜单命令：表示要将生成的动画在 Flash 播放器当中测试。
- “在浏览器”菜单命令：表示要将生成的动画在 Web 浏览器中测试。
- “报告”菜单命令：单击它可弹出一个有动画信息详细报告的“细节”窗口，如附图 A.2 所示。

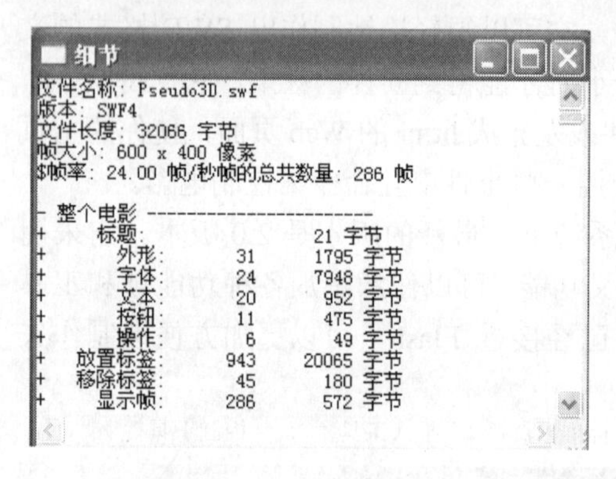

附图 A.2 “细节”窗口

（10）关闭菜单命令：表示关闭当前编辑的文件，但不退出 SWiSH 2.0。

（11）退出菜单命令：表示退出 SWiSH 2.0。

2.“编辑”菜单

“编辑”菜单下共有 12 个子菜单命令，它们的作用如下。

（1）撤销：表示撤销上一次的误操作，支持无限次的撤销，几乎所有的操作都可以撤销。

（2）重做：表示重新做上次的操作，同样它也支持无限次的重做。

（3）剪切对象：表示可以将当前选中的对象或特效剪切到剪贴板中。

（4）复制对象：表示可以将当前选中的对象或特效复制到剪贴板中。

（5）粘贴对象：表示可以将剪贴板上对象或特效粘贴到当前的位置。

（6）删除对象：表示删除选中的对象，如果场景中没有对象，场景将被删除。

（7）制作实例：建立所选脚本（或精灵）对象的实例，它类似于 Flash 中的实例。

（8）显示：显示选择的对象。

（9）隐藏：隐藏所选择的对象。

（10）显示所有状态：选中按钮对象的所有状态（离开状态、经过状态、按下状态和按时状态），以便于对按钮的整体进行编辑，如按钮的位置等。

（11）全部选择：选择当前场景中的全部对象。

（12）属性：在对象面板中显示当前所选择对象的属性。

3. “查看”菜单

“查看”菜单下共有 14 个子菜单命令，它们的作用如下。

（1）预览帧：选择后，将开启预览帧模式，此时可以在版面面板中预览当前帧。

（2）工具栏：其下的子菜单共有 6 个选项，它们用来控制各工具栏在 SWiSH 窗口中是否显示，勾选时表示显示。单击“自定义”菜单命令后，可以启动“自定义”对话框，如附图 A.3 所示。通过该对话框，可以修改或添加 SWiSH 操作界面中的菜单项、工具栏按钮和快捷键等，使 SWiSH 的界面更具有个性化。

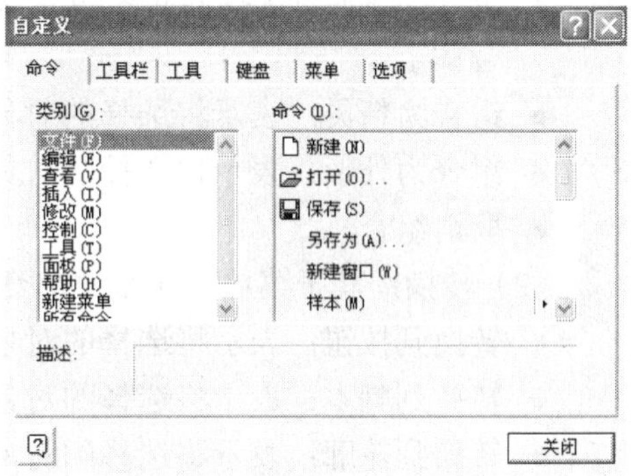

附图 A.3 “自定义”对话框

（3）状态栏：控制是否显示状态栏，勾选时表示显示。

（4）标尺：控制是否在版面面板中显示标尺。

（5）放大：放大显示当前场景。

（6）缩小：缩小显示当前场景。

（7）查看于 100%：按 100%显示当前的场景。

（8）适合场景于窗口：使当前场景正好在“版面”面板中全部显示。

（9）适合对象于窗口：使选择的对象正好在“版面”面板中全部显示。

（10）显示网格：控制是否在“版面”面板中显示网格。

（11）对齐网格：当该项被选择时，拖曳对象将自动与网格吸附。

（12）对齐对象处理：当该项被选择时，拖曳或编辑对象时，该对象将自动与靠近的其他对象的边缘对齐。

（13）显示所有图像：当该菜单选项被选择后，SWiSH 将在“版面”面板中显示所有图像，否则仅仅显示选择了的图像。

（14）平滑边缘和图像：当该菜单选项被选择后，对象的大小改变时，对象的边缘将被圆滑处理，否则将出现锯齿边缘的情况。

4. “插入”菜单

“插入”菜单下共有 12 个子菜单命令，它们的作用如下。

（1）场景：表示要在影片中插入新的场景，场景的概念与 flash 中的场景概念相同。

（2）文本：在当前的场景、脚本或群组当中插入文本对象。

（3）按钮：在当前的场景、脚本或群组当中插入按钮对象。

（4）脚本：在当前的场景、脚本或群组当中插入脚本对象。

（5）图像：在当前的场景、脚本或群组当中插入 SWiSH 所支持格式的图像。

（6）内容：在当前的场景、脚本或群组当中插入 SWiSH 所支持的外部文件。

（7）实例：在当前的场景、脚本或群组当中插入一个脚本的实例。

（8）效果：为选择的对象添加效果，SWiSH 给我们提供了 19 种效果选项，每种效果又都有很多的设置。

（9）事件：为选择的帧或对象添加事件，例如，鼠标按下、鼠标经过等。

（10）操作：操作即动作，它为选择的帧或对象的事件添加动作。

（11）插入帧：在时间轴的当前帧左边添加一个新的帧。

（12）删除帧：将时间轴上的当前帧删除。

5．“修改”菜单

使用“修改”菜单能够修改所选择对象的属性，它共有 7 个子菜单，它们的作用如下。

（1）组合：其子菜单有 4 个菜单命令，用来进行组合操作，它们的作用如下。

- 组合：表示将选择的对象组合成为一个组合体（对象还各自存在），可以将效果应用到组合体上。
- 组合为精灵：表示将选择的对象组合成为一个脚本。
- 组合为外形：表示将选择的对象组合为一个新的轮廓对象（可理解为几何图像）。
- 取消组合。

（2）转换：其子菜单有 4 个菜单命令，它们的作用如下。

- 转换到按钮：表示将选择的对象转换成按钮对象。
- 转换到脚本：表示将选择的对象转换成脚本对象。
- 转换到轮廓：表示将选择的对象转换成轮廓对象组合体。
- 转换到字母：表示将选择的文字对象转换成为单个文字的轮廓组合体。

（3）顺序：其子菜单有 4 个菜单命令，它们的作用如下。

- 放到前面：表示将选择的对象移动到所有其他对象的前面。
- 放到后面：表示将选择的对象移动到所有其他对象的后面。
- 向前放：表示将所选对象上移一层。
- 向后放：表示将所选对象下移一层。

（4）变形：其子菜单有 6 个菜单命令，它们的作用如下。

- 旋转 90°：表示将选择的对象顺时针旋转 90°。
- 旋转 180°：表示将所选对象顺时针旋转 180°。
- 旋转 270°：表示将所选择的对象顺时针旋转 270°。
- 水平翻转：表示将所选择的对象进行水平翻转。
- 垂直翻转：表示将所选择的对象进行垂直翻转。
- 重置：表示重置所进行的变形到默认状态，位置的改变除外。

（5）对齐方式：用以指定对象中心点位置，其中各菜单选项表示要将对象中心点移动到的位置。

（6）调整：设置文本段落的对齐情况为左对齐、居中对齐或右对齐。

（7）外观：设置字体风格为粗体或斜体。

6．“控制”菜单

“控制”菜单能够控制影片的播放和预览，它共有 9 个子菜单命令，它们的作用如下。

（1）播放影片：播放整个影片。

（2）播放场景：只播放当前的场景。

（3）播放效果：播放当前场景中选择部分的效果。

（4）预览帧：当该菜单选项被选择时，当前帧在设计面板中处于预览状态。在帧预览状态时，SWiSH 可以对对象进行移动、形变、旋转等操作。

（5）停止：停止播放中的影片、场景和效果。

（6）前进一步：作用是在预览帧的模式下前进一帧。

（7）后退一步：作用是在预览帧的模式下后退一帧。

（8）进行到结束：在预览帧的模式下跳转到最后一帧。

（9）返回到开始：在预览帧的模式下返回到第一帧。

7. “工具”菜单

使用该菜单下的子菜单命令，可以设置一些参数以及自定义 SWiSH 界面上的命令。“工具”菜单共有 3 个子菜单命令，它们的作用如下。

（1）参数选择：可以调出“参数选择”对话框，如附图 A.4 所示。利用该对话框，可对 SWiSH 的参数进行设置，包括文本对象的显示格式、转变网络安全色、改变时间线和版面面板背景色和从文件夹载入电影。

（2）自定义：可以调出“自定义”对话框，如附图 A.5 所示。利用该对话框可以自定义 SWiSH 的操作界面和命令。各选项卡的作用如下。

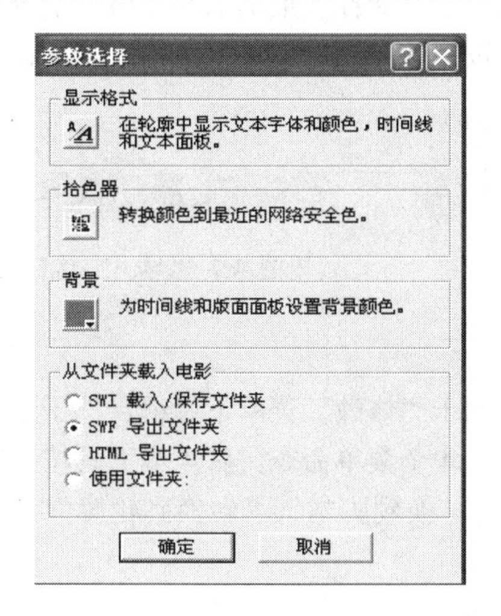

附图 A.4 “参数选择”对话框

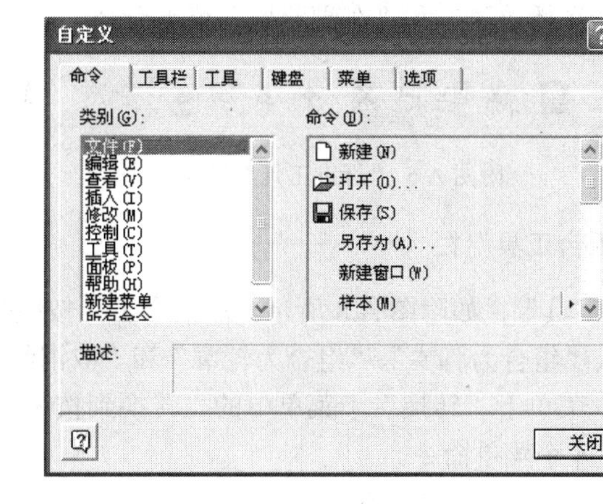

附图 A.5 “自定义”对话框

- 命令：在工具栏上添加或删除一个命令。
- 工具栏：显示/隐藏一个工具栏或者添加/改名/删除一个自定义的工具栏。
- 工具：在工具菜单上添加/编辑/删除一个外部命令。
- 键盘：添加/删除一个快捷键命令。
- 菜单：在菜单上添加/删除一个命令。
- 选项：可以设置菜单和工具栏的外观。

（3）键盘映射：打开“帮助键盘”对话框，它显示了当前命令的快捷键及其描述。

8. “面板”菜单

“面板”菜单下有 9 个菜单命令，可以开启/关闭相应的面板。通过恢复默认状态可以将面板恢复到第一次打开 SWiSH 时的面板布局。

9. “帮助”菜单

“帮助”菜单下有 7 个菜单命令，利用这些菜单命令可以获得各种帮助。

三、工具栏

SWiSH 2.0 共有 5 个内置的工具栏，分别介绍如下。

1．“标准工具”栏

“标准工具”栏如附图 A.6 所示。左边三个工具按钮等同于“文件”菜单中的“新建”、“打开”和“保存”菜单命令；左边第 4 个至第 7 个工具按钮等同于“编辑”菜单中的“剪切”、“复制”、“粘贴”和“删除”菜单命令；第 8 个至第 11 个工具按钮等同于“修改”菜单下“顺序”子菜单下的“向前放”、“向后放”、“放到前面”和“放到后面”菜单命令；其后两个工具按钮大家都很熟悉了，是“撤销”和“重做”两个菜单命令的工具按钮；最后 3 个工具按钮分别是“帮助”、“帮助主题”和“购买 SWiSH”。

2．“导出工具”栏

“导出工具”栏如附图 A.7 所示。前 3 个工具按钮等同于“文件”菜单下“导出”子菜单中的“SWF”、“HTML”和“AVI”菜单命令；后 2 个工具按钮等同于“文件”菜单下“测试”子菜单中的“在播放器”和“在浏览器”菜单命令。

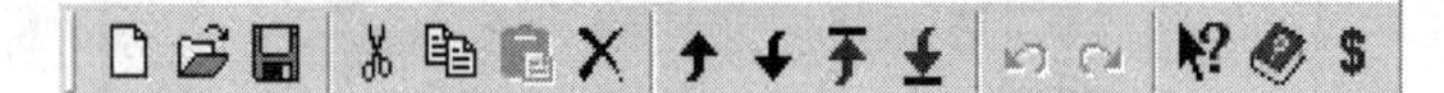

附图 A.6 “标准工具”栏

附图 A.7 “导出工具”栏

3．“组合工具”栏

“组合工具”栏如附图 A.8 所示。前 4 个工具按钮等同于“修改”菜单下“组合”子菜单中的“组合”、“组合为脚本”、“组合为轮廓”和“取消组合”4 个菜单命令；后 4 个工具按钮等同于“修改”菜单下“转换”子菜单中的“转换到按钮”、“转换到脚本”、“转换到轮廓”和“转换到字母”4 个菜单命令。

4．“插入工具”栏

“插入工具”栏如附图 A.9 所示。这几个工具按钮相当于“插入”菜单中的“场景”、“文本”、“图像”、“内容”、“按钮”和“精灵”（即脚本）6 个菜单命令。

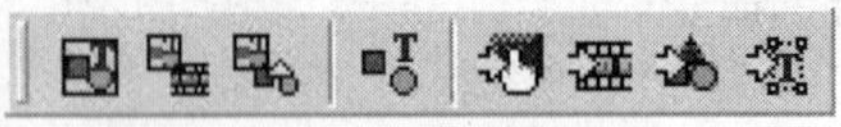

附图 A.8 “组合工具”栏

附图 A.9 “插入工具”栏

5．“控制工具”栏

附图 A.10 “控制工具”栏

“控制工具”栏如附图 A.10 所示。这些工具按钮分别等同于“控制”菜单中的“停止”、“播放影片”、“播放场景”、“播放效果”、“返回到开始”、“后退一步”、“预览帧”、“前进一步”和“进行到结束”9 个菜单命令。

四、面板

1．面板的共同特点

前面已经说过，利用面板可以控制各种选项和设置。其实面板还有如下一些共同特点。

（1）能够浮动在 SWiSH 应用程序的界面上，这和 Dreamweaver 等软件的面板特点是相同的。

（2）可以停靠在 SWiSH 用户界面的边缘。

（3）可以将多个面板组合在一起，成为一个单独的面板。

（4）每个面板上都有“关闭”按钮和“扩展/收缩”按钮。“关闭”按钮可以将面板隐藏；“扩展/收缩”按钮只有两个面板并排停靠时才起作用，可以通过单击该按钮使面板扩展或收缩。

2．“版面”面板

“版面”面板如附图 A.11 所示。它提供了显示和编辑对象的工作空间，也可以预览影片、场景和效果。“版面”面板分三部分：工作空间、工具箱和缩放控制。工具箱中工具的作用如下。

（1）“选择/缩放”工具：可以进行对象的选择、移动和变形操作。

（2）“旋转/歪曲”工具：对对象单击或拖曳时可以进行旋转和歪曲操作。

（3）“再成形”工具：它可以通过拖曳选择的对象的边缘和节点进行整形操作。

（4）“动作路径”工具：利用该工具拖曳对象可以使对象沿拖曳轨迹生成移动动画。

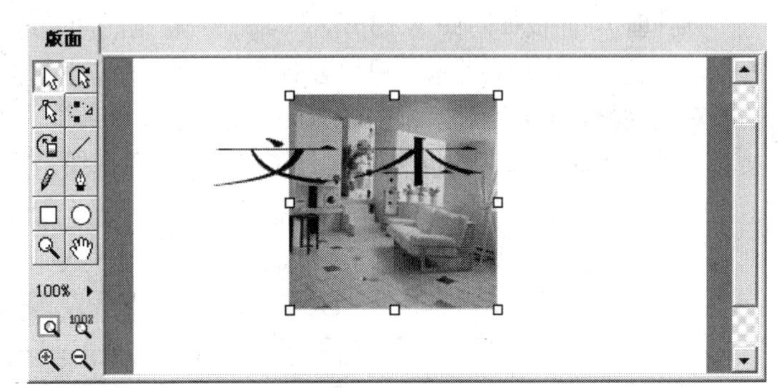

附图 A.11　“版面”面板

（5）“填充变形”工具：通过配合“选择/缩放”或“旋转/歪曲”工具对填充的梯度颜色或图像进行变形。

（6）“直线”工具：画直线。

（7）“铅笔”工具：画手绘线。

（8）“曲线”工具：绘制贝兹曲线或线段。

（9）“矩形”工具：绘制矩形。

（10）“椭圆”工具：绘制椭圆。

（11）“缩放”工具：缩小或放大显示场景或对象。

（12）“面板”工具：可以拖曳“版面面板”窗口，改变其位置。

（13）“缩放”工具100%：按下它可以选择常用的缩放比例。

（14）“适应窗口”工具：以整个“版面面板”窗口的大小显示场景内容。

（15）“显示 100%”工具：以实际大小显示影片。

（16）“放大”工具：每单击一次就将场景显示放大 1.5 倍。

（17）“缩小”工具：每单击一次就将场景显示缩小为原大小的 2/3。

附图 A.12　“轮廓”面板

3．“轮廓”面板

“轮廓”面板如附图 A.12 所示，在该面板上部有一行按钮，按钮下方是目录树，通过该面板当中的目录树我们可以知道当前影片的结构概况，如包含的场景、图片、文本和脚本等。该面板中各按钮的作用如下。

（1）“插入”按钮插入：通过该工具可以在影片中插入场景、

文本、按钮、脚本、图像、内容和实例。

（2）“删除”按钮：可以删除影片中选定的对象。

（3）“放到堆顺序的前面”按钮：使选择的对象在堆栈中上移一层，也可以通过用鼠标拖曳对象来实现该功能。

（4）“放到堆顺序的后面”按钮：使选择的对象在堆栈中下移一层，也可以通过用鼠标拖曳对象来实现该功能。

4.“时间轴”面板

“时间轴”面板如附图 A.13 所示，最上一行是时间基线，以帧为单位标识了数值；时间基线下方是场景及其对应的各个帧，可以在各个场景帧上添加动作；场景帧的下方是该场景中各个对象及其所对应的帧，如果为对象添加了效果，则会在对象帧上出现效果名称且效果所占各帧合为一长白条。另外在“时间轴”面板上还有一些按钮，下面介绍一下各个按钮的作用。

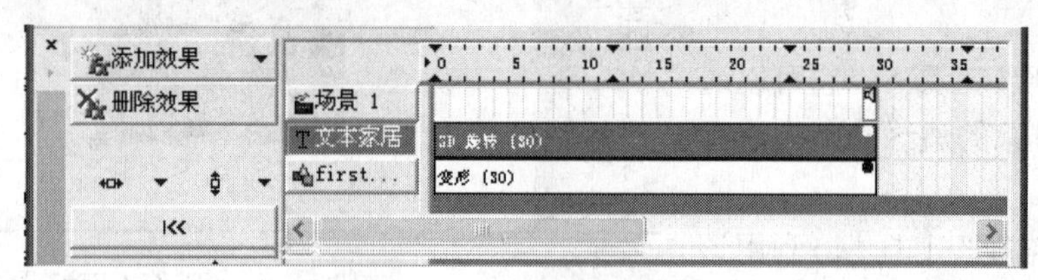

附图 A.13 “时间轴”面板

（1）添加效果 添加操作：“添加效果/添加操作”工具按钮。该按钮上的标签根据所选择的内容而不同，选择的若为场景中的对象，则标签为“添加效果”，若选择的是场景帧则标签为“添加操作”。关于添加效果我们已经介绍过了，添加操作会在动作面板中讨论。

（2）删除对象 删除效果 删除操作：“删除对象/删除效果/删除操作”工具按钮。该按钮的标签同样也会随选择变化，作用是删除所选择的对象、效果或者是帧动作。

（3）：“选择时间轴中每个帧的宽度”工具按钮。可以利用它来改变时间轴中每个帧的显示宽度，有“窄”、“标准”和“宽”三种选择。

（4）：“选择时间轴中每个帧的高度”工具按钮。可以利用它来改变时间轴中每个帧的显示高，有“矮、“标准”和“高”三种选择。

（5）：“最大化/最小化”工具按钮。它的作用是调整时间轴工具按钮区域的显示模式。

5.“电影”面板

“电影”面板如附图 A.14 所示。在该面板中可对当前电影的一些共同特性进行设置。

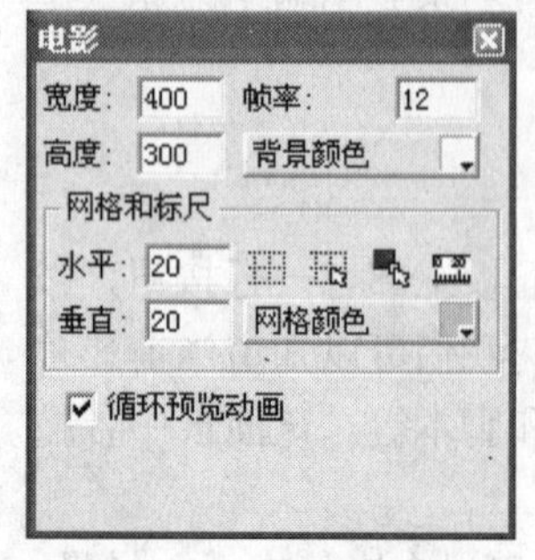

附图 A.14 “电影”面板

（1）“宽度“和”高度”文本框：以像素为单位设置影片的宽度和高度。

（2）“帧率”文本框：每秒钟电影所播放的帧数，默认的是 12 帧/秒。

（3）“背景颜色”按钮：通过颜色选择器来选择电影的背景颜色，默认颜色是白色。

（4）“网格和标尺”栏：在“水平”和“垂直”文本框内设置以像素为单位的网格大小。

（5）：“显示/隐含网格”工具按钮。通过该按钮可以在“版面”面板的工作空间显示或隐藏网格。

（6）：“贴紧网格”工具按钮。当其按下时，在显示网格的情况下，拖曳对象使之靠近网格线时会自动吸附网格线。

（7）：“贴紧对象”工具按钮。当其按下时，拖曳对象会使之与邻近的对象自动吸附。

（8）：“显示/隐含标尺”工具按钮。通过该按钮可以在“版面”面板的工作空间左侧和上方显示或隐藏标尺。

6.“对象”面板

利用“对象”面板可以对当前选择的对象进行一些设置。“对象”面板的标题和内容根据所选择对象的不同而不同，在 SWiSH 中有 6 种“对象”面板，下面一一介绍。

（1）“按钮”面板：该面板如附图 A.15 所示。

- “名称”文本框：用来为按钮命名，该名称在“目录”面板中显示。
- “更改为菜单”复选框：选择它后，按钮将处于菜单模式，否则将处于按钮模式。

（2）“组合”面板：“组合”面板如附图 A.16 所示。该面板很简单，只有一个“名称”文本框，作用与“按钮”面板中的“名称”文本框相同。

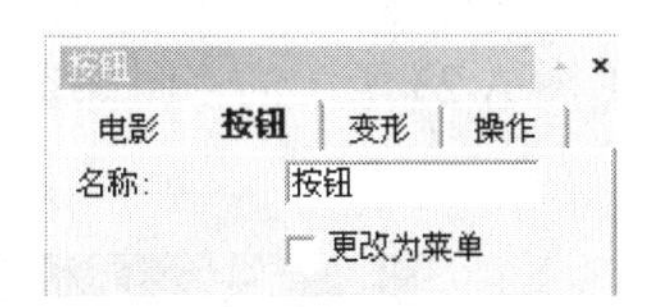

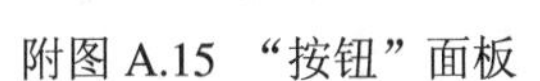

附图 A.15 “按钮”面板

附图 A.16 “组合”面板

（3）“场景”面板：“场景”面板如附图 A.17 所示。主要选项的作用如下。

- “名称”文本框：用来为场景命名，它显示在“目录”面板中，可在影片脚本中使用。
- “链接”文本框：可以在当前场景中设置一个 URL，即为影片生成 HTML 后在浏览器中播放时，单击影片区域可以在“目标帧”中打开所设置的 URL。
- “目标帧”列表框：它的作用是决定以何种方式打开所链接的 URL，有“_self”，“_blank”，“_parent”和“_top”4 个选项。
- “背景颜色”按钮：单击它可调出颜色选择器，用来设置背景颜色。

（4）“外形”面板：选择不同绘图工具和对象时，“外形”面板的选项会不一样，但基本选项是一样的。选择“外形”面板如附图 A.18 所示。

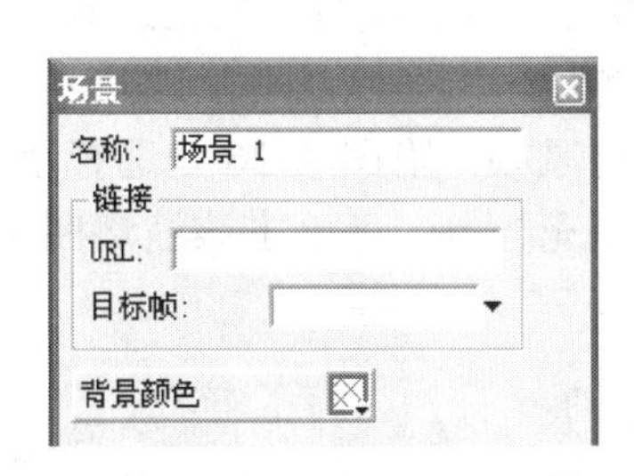

附图 A.17 “场景”面板

附图 A.18 “外形”面板

- “名称”文本框：选择绘图工具的名称或对象的名称。
- “直线”列表框：它用来为物体外形选择不同风格的轮廓线。可供选择的线型见附图 A.19，当选择了“自定义”项后，还可以在附图 A.20 所示的对话框中自定义直线的风格。

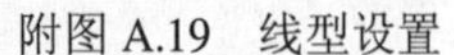
附图 A.19　线型设置

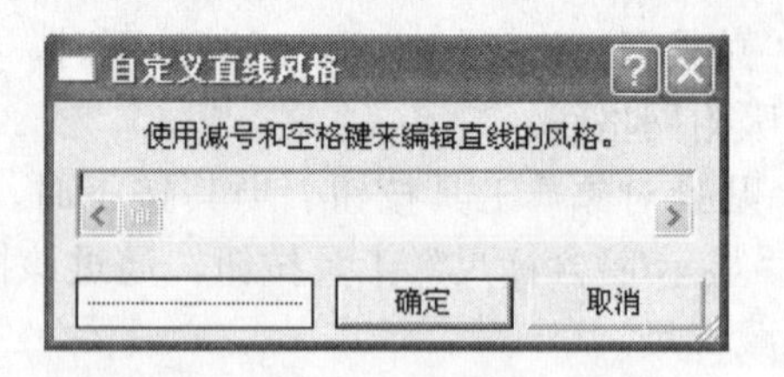

附图 A.20　“自定义直线风格”面板

- “轮廓线宽度”数字文本框：可在该文本框中输入像素值或通过上下箭头进行数据的调整。
- “轮廓线的颜色”按钮：单击它，可调出颜色选择器，用来给轮廓线选择颜色。
- “填充风格”：为外形对象选择填充的风格，可供选择的填充风格如附图 A.21 所示，默认的风格是“纯色”，如果想要得到只有轮廓线的外形对象，可以选择“无”。当选择“线性梯度”或者“放射梯度”填充风格时，“外形”面板上会有“属性”按钮出现，单击该按钮会弹出如附图 A.22 所示的“梯度属性”对话框，可以对这两种填充风格做进一步调整。当选择了“平铺图像”或“已剪裁的图像”这两种填充风格的时候，“外形”面板上也会有“属性”按钮出现，单击该按钮会弹出附图 A.23 所示的“图像设置”对话框，也可以对这两种填充风格做进一步调整。

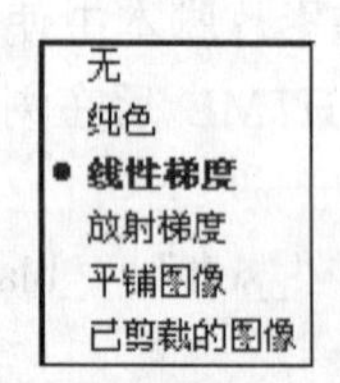

附图 A.21　填充风格

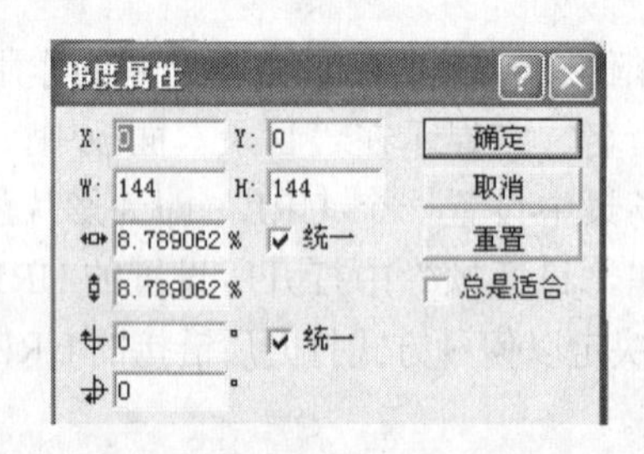

附图 A.22　“梯度属性”对话框

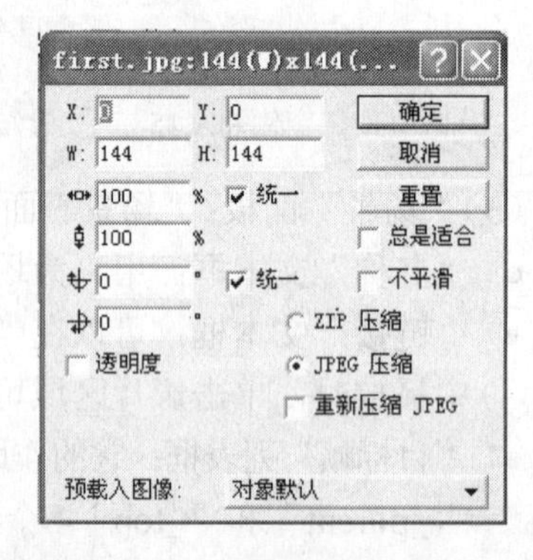

附图 A.23　“图像设置”对话框

- “填充控制”：当选择不同的填充风格时，会出现不同的“填充控制”。附图 A.24 是选择了“纯色”风格后出现的“填充控制”，可以单击填充色部位来选择填充颜色。附图 A.25 是选择了“线性梯度”和“放射梯度”后出现的“填充控制”，可以通过在颜色条的上边缘改变颜色句柄（倒三角）的颜色、位置以及增加或减少颜色句柄的数量来改变“线性梯度”和“放射梯度”的填充风格。附图 A.26 是选择了“平铺图像”或“已剪裁的图像”两种填充风格后出现的填充控制，可单击该缩略图来选择其他的图像为填充图像。

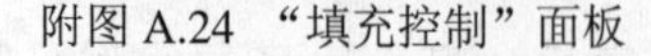
附图 A.24　“填充控制”面板

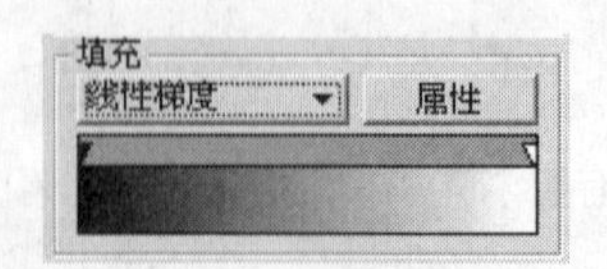

附图 A.25　“填充控制”面板

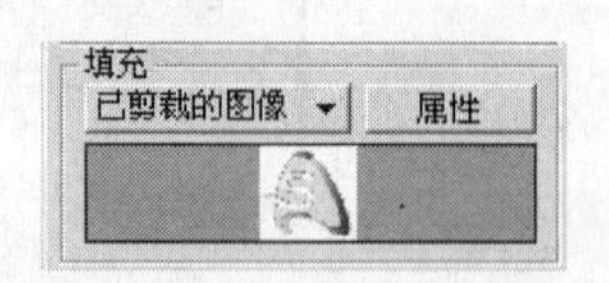

附图 A.26　“填充控制”面板

- “以层叠填充固定外形”：当选择了该复选框后，将强制当前选择的外形对象没有边框并且以纯色填充，默认状况下该复选框不被选择。

（5）“精灵”面板：即“脚本”面板，如附图A.27所示。

- “名称”文本框：该项设置后将在“目录”面板中显示出来，同时也可以在脚本中调用该名称或用于实例引用。
- “实例”列表框：如果还有其他的脚本对象，可以通过该下拉菜单选择，使当前脚本对象成为下拉菜单中所选择的脚本对象的一个实例。
- “背景”单选钮：为编辑状态的脚本对象设置背景颜色，以加以区分。可以选择“棋盘”方式的背景或“单色”的背景。
- “循环”复选框：选择该复选框后，该脚本将循环播放，否则只播放一次后停止，默认情况下该项被选中。
- “遮罩”复选框：选择后，使脚本对象变成遮罩（只有当脚本对象中只有一个外形对象或文本对象时才起作用），默认情况下该项不被选中。
- “编辑时显示图标”复选框：选择后，该脚本在场景中显示为一个图标，而不显示其实际内容，默认情况下该项不被选择。

（6）“文本”面板：“文本”面板如附图A.28所示。在该面板中可以显示和设置当前选择的文本对象的属性。

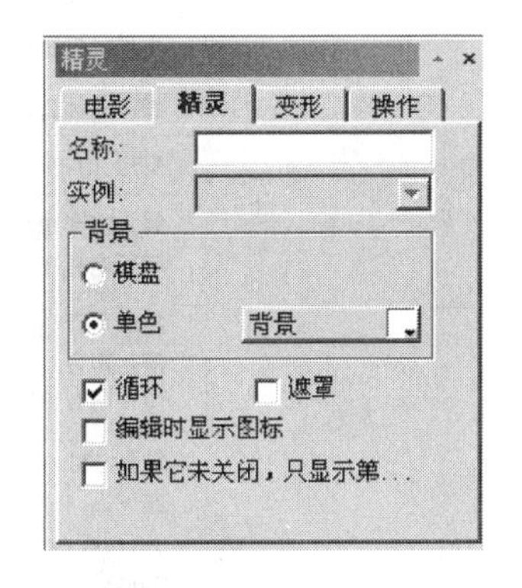

附图A.27　“精灵”面板

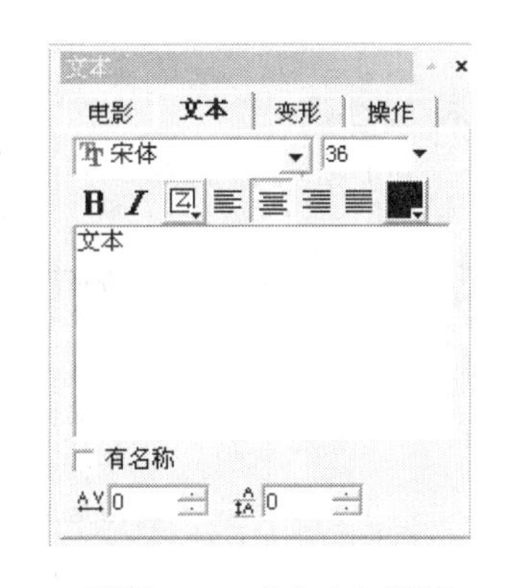

附图A.28　“文本”面板

- 该面板最上面一行是“字体”和“字号”选择下拉菜单。
- 第二行按钮是加粗、斜体、左对齐、中间对齐和右对齐工具按钮。
- ■：“选择文本颜色”，单击颜色块可以调出颜色选择器来为文本选择颜色和设置透明度，默认情况下颜色为黑色，透明度（alpha值）为100%。
- 文本窗口：文本窗口在“文本”面板的中部，并且占据的面积比例也很大，可以在该窗口中加入和编辑文本对象的内容，当在场景中插入一个文本对象时，“文本窗口”中默认的内容是“文本”。
- “有名称”：该复选框若被选择，其后将出现一个文本框，可以在文本框中输入文本对象的名称，该名称将出现在“目录”面板和“时间轴”面板中。不选择该复选框时，文本对象用的名称是文本内容本身。
- 数字文本框：可以在该图标后的文本框中输入数值，来调整字符之间的间距。
- 数字文本框：可以在该图标后的文本框中输入数值，来调整文本行之间的间距。

7.“操作”面板

“操作”面板也叫“动作”面板，如附图A.29所示。它包含了当前选择的场景或对象的全部事件和操作（即动作）。当选择了面板中的“事件/操作”树中的事件或操作时，在其下附近区域出现该事件或动作的具体设置。

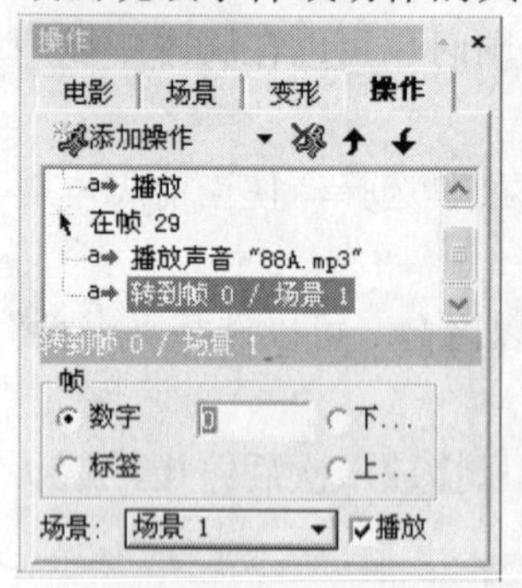

附图 A.29 “操作”面板

（1）“添加事件/添加动作”按钮：该按钮处于“动作”面板的左上角，作用是添加事件或动作，其标签依据选择的不同会发生变化。

（2）当“事件/动作”树是空的或者选择的事件已经有了动作，标签内容为“添加事件”。此时单击该按钮将显示当前可用的事件的菜单。若选择的为场景，则菜单如附图 A.30 所示；若选择的为一个对象，则菜单如附图 A.31 所示。

（3）当选择的事件尚未有任何动作，或选择一个现有的动作时，按钮标签将为“添加动作”。此时单击该按钮将显示附图 A.32 所示的下拉菜单。

当帧

附图 A.30　菜单

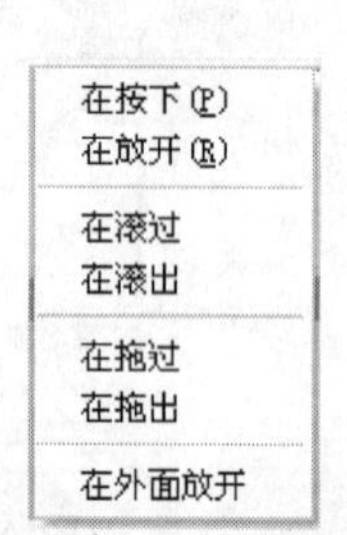

附图 A.31　事件菜单

设置标签 (L)
预载入内容 (R)
播放 (P)
停止 (S)
转到帧 (F)
如果帧已载入 (L)
告诉目标 (T)
变形 (R)
载入电影 (M)
卸下电影 (N)
播放声音 (N)
停止声音 (T)
停止所有声音 (A)
转到 URL (U)
FS Command
Javascript
Mailto

附图 A.32　动作菜单

（4）该面板上的几个按钮的作用如下。

- 按钮：可以用来删除所选事件或动作。
- 按钮：可以将选择的动作或事件在“事件/动作”树中的位置上移。
- 按钮：可以将选择的动作或事件在“事件/动作”树中的位置下移。

8．“变形”面板

“变形”面板如附图 A.33 所示，可以在该面板中显示和改变当前选择对象的位置、大小和倾角变形等。

（1）“对齐方式”按钮：该按钮处于面板的顶部，作用等同“修改”菜单中的“对齐方式”项的子菜单中的各项。

（2）“X”位置和“Y”位置：其后所对应的文本框中，可以输入像素值，以改变所选对象的中心点的位置。

（3）“W”宽度和“H”高度：其后所对应的文本框中，可以输入像素值，以改变所选对象的宽度和高度。

（4）“X 比例”和“Y 比例”：可以在其后的文本框中输入百分比数值（可以大于 100），

以改变所选物体在 X 轴和 Y 轴方向上的缩放比例。若选择了“统一”复选框，则“X 比例”和“Y 比例”总是相同，默认情况是“统一”复选框被选中。

（5）“X 角度”和“Y 角度”：可以在其后的文本框中输入角度数，以改变所选物体在 X 轴和 Y 轴方向上的旋转角度。若选择了“统一”复选框，则“X 角度”和“Y 角度”总是相同，默认情况是“统一”复选框被选中。

9．“颜色”面板

“颜色”面板如附图 A.34 所示，可以在该面板中调整物体的颜色。

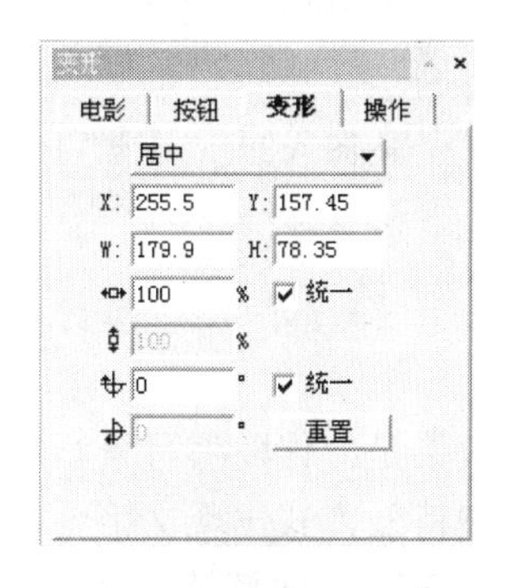

附图 A.33　“变形”面板

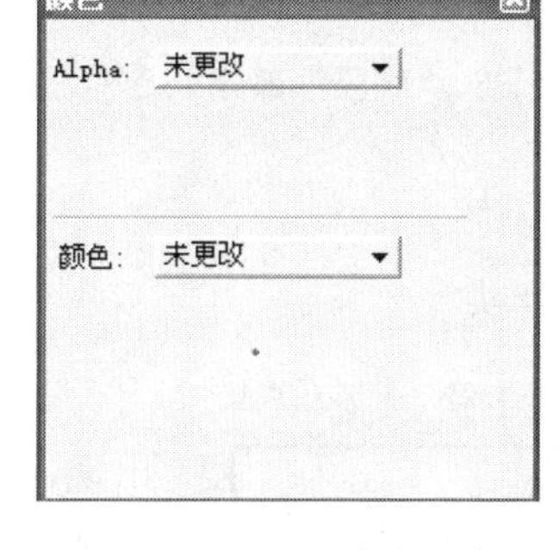

附图 A.34　“颜色”面板

“颜色”面板有两部分：“Alpha”部分和“颜色”部分。

（1）在“Alpha”部分，单击按钮，有四项供选择。

- “未更改”：不改变所选择对象的透明度（Alpha）值。
- “透明”：设置物体完全透明，Alpha 值为 0%。
- “自定义”：当选择该项后，“透明”部分将如附图 A.35 所示，可以在“A：”后的文本框中输入 0～100 范围内的整数值赋予 Alpha。
- “高级”：当选择该项后，“半透明”部分将如附图 A.36 所示，最后的 Alpha 值将是两个文本框中的和。

（2）在“颜色”部分，单击按钮，有五项供选择。

- “未更改”：选择该项，表示不对所选的对象的颜色进行改变。
- “黑色”：表示设置对象的颜色为黑色。
- “白色”：表示设置对象的颜色为白色。
- “自定义”：当选择该项后，“颜色”部分将如附图 A.37 所示，可以通过单击按钮右边的色块，调出颜色选择器，进行对象颜色的选择。

附图 A.35　“透明”部分

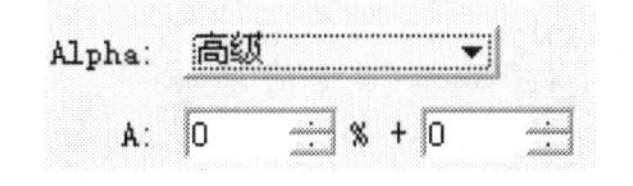

附图 A.36　“半透明”部分

附图 A.37　“颜色”部分

- “高级”：当选择该项后，“颜色”部分将如附图 A.38 所示，可以进行对象三基色（RGB）值的设置。

10．“导出”面板

“导出”面板如附图 A.39 所示，可以通过对导出的选项进行设置。单击“显示导出选项”

后的按钮，可以选择对哪种导出进行设置，其中包括"HTML"、"影片"、"场景"、"对象"和"AVI"。鉴于篇幅限制，对于该面板就不详细介绍了，读者可以自己研究一下。

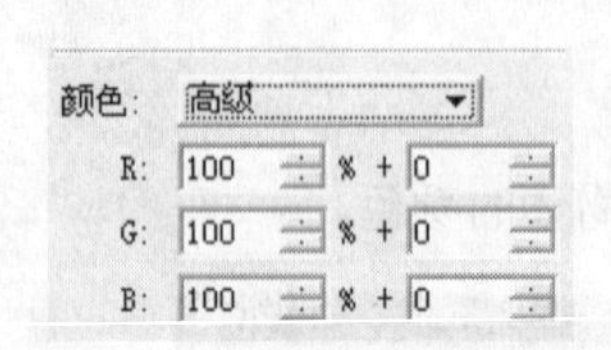

附图 A.38 "颜色"部分

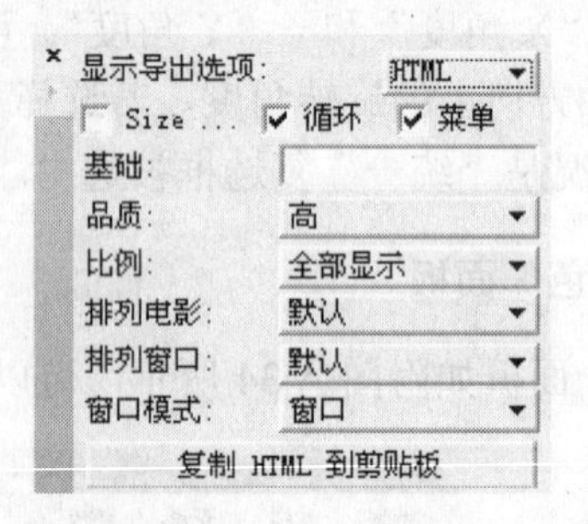

附图 A.39 "导出"面板

五、实例

实例 1　动画片头

附图 A.40　实例 1 动画播放后的一个画面

动画的演示效果是：伴随着背景音乐，背景图像淡入出现，随后以一种特效方式出现文字副标题"创意无限"和正标题"SWiSH 2"，画面持续几秒后，背景图像、文字标题及背景音乐淡出。动画的输出格式是 AVI，附图 A.40 是动画播放中的一个画面。该动画的制作过程如下。

（1）设置影片：打开 SWiSH 2.0，找到"电影"面板（如果该面板不在界面上，可通过勾选"面板"菜单中的"影片"项使之出现，以下相同），设置影片的背景颜色为纯黑，其他设置按默认不变，如附图 A.41 所示。

（2）导入并处理背景图像：准备一张 JPEG 格式的图片。在"目录"面板中选择目录树中的"场景 1"图标，然后单击"插入"→"图像"菜单命令，调出"打开"对话框，选择准备好的图像文件，单击"打开"按钮，将图像导入到"场景 1"中。

（3）选择该图像对象，单击"修改"→"对齐方式"→"左上"菜单命令，此时图像对象的中心点在图像的左上角。

（4）保持图像对象处于选择状态不变，打开"变形"面板，通过调整使图像对象刚好充满整个场景。设置"X："和"Y："位置值都为 0，宽度"W："和高度"H："的值分别为 400 和 300 像素点，正好分别等于影片的宽度和高度，详见附图 A.42。

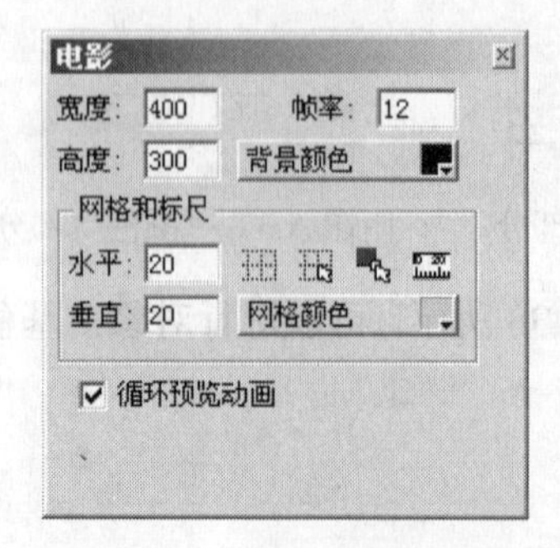

附图 A.41 "电影"面板设置

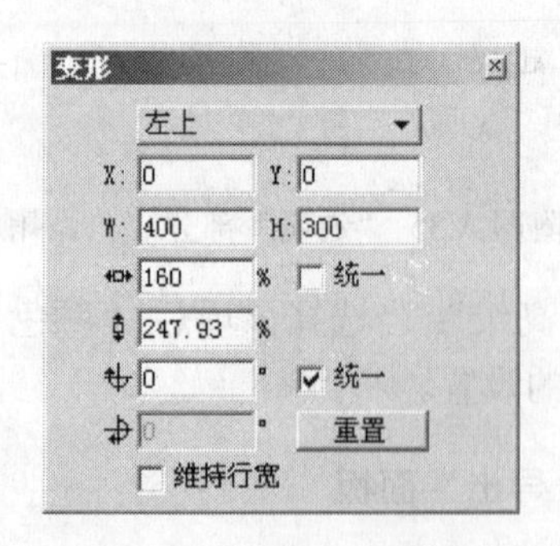

附图 A.42 "变形"面板设置

（5）输入副标题：单击“插入”→“文本”命令，此时会在场景中添加内容为“文本”的文本对象。打开“文本”面板，改变文本内容为“创意无限”，设置字号为 48 号，字体为黑体，其他按默认设置不变，如附图 A.43 所示。

附图 A.43 “文本”面板和输入的文本内容

（6）输入正标题：重复上面的方法，只不过是将文本内容改为“SWiSH 2”，字体为“Arial Black”，字号为 72 号。

（7）为背景增加效果：在目录树中选择我们插入的图像对象的图标，再确保该对象在“时间轴”面板的第 1 帧中处于选择状态（深蓝色状态），选择“插入”菜单中的“效果”子菜单中的“淡入”项，会弹出“淡入设置”对话框，不做任何改动，关闭此对话框，此时便为背景图像增加了“淡入”的入场效果；然后再选择该对象在时间轴面板中的第 45 帧，选择“插入”菜单中的“效果”子菜单中的“淡出”项，会调出“淡出设置”对话框，不做任何改动，关闭此对话框，此时便为背景图像增加了“淡出”的出场效果。

（8）为标题增加效果：在目录树中选择我们插入的内容为“创意无限”的文本对象的图标，再确保该对象在“时间轴”面板中的第 10 帧处于选择状态，选择“插入”菜单中的“效果”子菜单中的“模糊”项，会调出“模糊设置”对话框，不做任何改动，关闭此对话框，此时便为背景图像增加了“模糊”的入场效果；由于该文本对象颜色为黑色，与影片的背景颜色相同，所以出场效果可以不添加。

（9）在目录树中选择我们插入的内容为“SWiSH 2”的文本对象的图标，再确保该对象在“时间轴”面板中的第 15 帧处于选择状态，选择“插入”菜单中的“效果”子菜单中的“挤压”项，会调出“挤压设置”对话框，不做任何改动，关闭此对话框，此时便为背景图像增加了“挤压”的入场效果；然后再选择该对象在时间轴面板中的第 45 帧，选择“插入”菜单中的“效果”子菜单中的“淡出”项，会调出“淡出设置”对话框，不做任何改动，关闭此对话框，此时便为正标题对象增加了“淡出”的出场效果。此时，“时间线”面板如附图 A.44 所示。

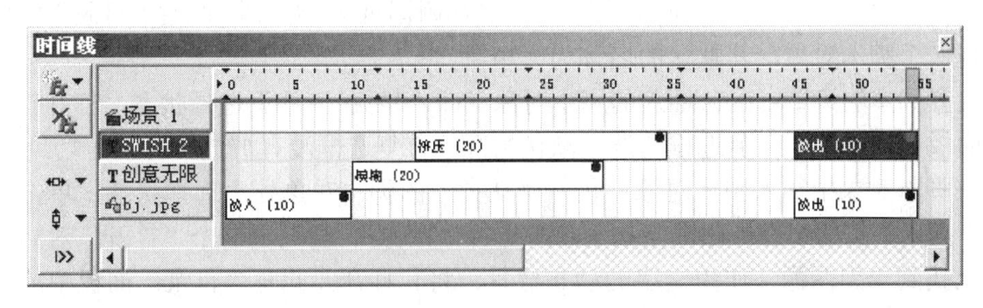

附图 A.44 “时间线”面板

（10）准备一段长度和当前影片播放时间大致相同的音乐（例如：yy. wav ）。

（11）确保“时间线”面板中“场景 1”所对应的第 1 帧处于选择状态，单击“文件”菜单下的“导入”项，会调出“打开”面板，选择准备好的音乐文件，单击“打开”按钮，声音文件被导入，并且在第 1 帧开始播放。

（12）保持“时间线”面板中“场景 1”所对应的第 1 帧处于选择状态，打开“动作”面板，选择动作树中的“播放声音 yy.wav”动作，在其面板下方会出现相应的选项（见附图 A.45），单击“选项”按钮，出现附图 A.46 所示的对话框，在该对话框中设置声音效果为“淡出”，其他按默认的不更改。

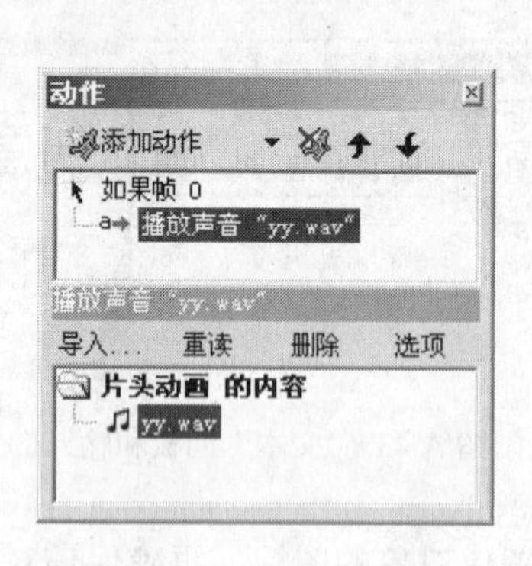

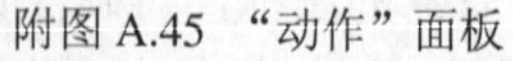

附图 A.45 “动作”面板

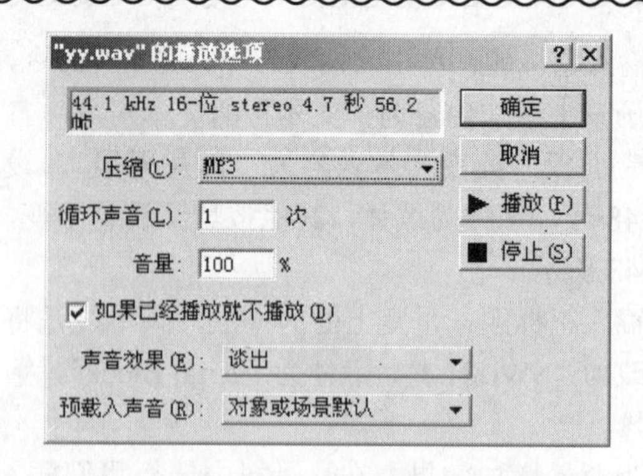

附图 A.46 “‘yy.wav’的播放选项”对话框

（13）单击“文件”→“导出”→“AVI”菜单命令，调出“导出为 AVI”对话框，选择导出位置，并为导出的 AVI 文件命名后，单击“保存”按钮，会调出一个“SWiSH 警告”对话框，再单击确定后，稍加等待便大功告成了。

实例 2　电影文字

Flash 中的遮罩效果大家一定是津津乐道的，采用 SWiSH 也可以轻松地实现遮罩效果。下面就通过一个简单的例子介绍在 SWiSH 中如何实现遮罩效果。实例播放后，文字的背景（可以说是填充物）是一副图像，图像还在不停地运动，如附图 A.47 所示。

附图 A.47　实例 2 动画播放后的一个画面

（1）设置影片：启动 SWiSH 2.0 后，新建一个影片。在“电影”面板中，将电影的宽度设为 400px，高度为 200px，背景为黑色，其他设置为默认值。

（2）插入脚本对象：确认“目录”面板中的“场景 1”处于选择状态，单击该面板中的“插入”按钮，在弹出的下拉菜单中选择“脚本”（如附图 A.48 所示）。此时“目录”面板中的目录下会出现一个脚本对象，其默认的名称为“精灵”。

（3）设置脚本的遮罩：确认插入的脚本对象（即“精灵”）处于选择状态，打开“脚本”面板，使该面板上的“遮罩”复选框勾选（默认情况下该复选框没有被选择）。

（4）在脚本对象中插入图像对象：仍然确认插入的脚本对象处于选择状态，单击“目录”面板上的“插入”按钮，在弹出的下拉菜单中选择“图像”，会调出一个“打开”对话框，在本地计算机上找到一副图像，作为文字的动态背景，将其打开。此时“目录”面板中的目录树结构如附图 A.49 所示。

（5）在脚本对象中插入文本对象：仍然确认插入的脚本对象处于选择状态，单击“目录”面板上的“插入”按钮，在弹出的下拉菜单中选择“文本”，此时插入的文本内容默认的是“文本”两个字，我们在“文本”面板中将其改变为“动态背景”四个字，字体为黑体，字号为 48 号，并在“版面”面板中将文本对象和先前插入的图像对象居中、右对齐，如附图 A.50 所示。

（6）给图像对象增加移动效果：选择图像对象，然后在“版面”面板的工具箱中选择“动作路径”工具按钮，水平向右拖曳图像对象，最终使图像对象和文本对象左对齐，此时图像便产生了水平右移的效果，如附图 A.51 所示。

附图 A.48 “插入”菜单

附图 A.49 “目录”面板

附图 A.50 “版面”面板中的对象

（7）设置“目录树”中对象的叠放次序：此时在“目录”面板的目录树中，文本对象处于图像对象的上层，我们要使图像对象位于文本对象的上方。可选择图像对象，然后单击“目录”面板中的“向前放”工具按钮；也可以选择文本对象，然后单击“目录”面板中的“向后放”工具按钮来实现它们之间的叠放次序。最终的目录树结构如附图 A.52 所示。

附图 A.51 图像水平右移

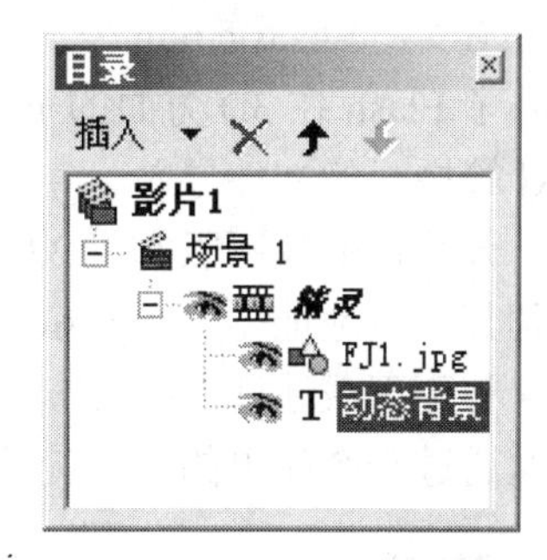

附图 A.52 目录树结构

（8）单击“文件”菜单中的“测试”子菜单中的“在播放器”命令，便可看到附图 A.47 所示的动画效果了。

这个例子很简单，可以充分发挥想像力，制作出更加炫目的遮罩效果来。

附录 B Flash 周边软件——Swift 3Dv2

Swift 3D 是 Electric rain 公司的看家软件，它能够轻易地构建 3D 模型并渲染生成 SWF 文件，充分弥补了 Flash 在 3D 方面的不足。它支持更多的文件格式，提供了 2 种最常用的建模方式和 3DS、AI 等格式的文件导入。渲染算法采用 RavixⅡ引擎，支持多种渲染模式，而且渲染速度大大加快！该软件的最新版本为 2.0，可以工作在 Windows 9X/NT/2000/XP 操作系统下。

推荐其下载地址　　http://www.shockunion.com/res/go.asp?id=255。

汉化补丁下载地址　http://www.shockunion.com/res/go.asp?id=288。

下面通过一个简单的文字旋转的例子，体验其强大功能。

一、建模

启动 Swift 3D 后，其操作界面如附图 B.1 所示，看起来很复杂，不过不要紧，一步步地跟着说明来做就可以了。

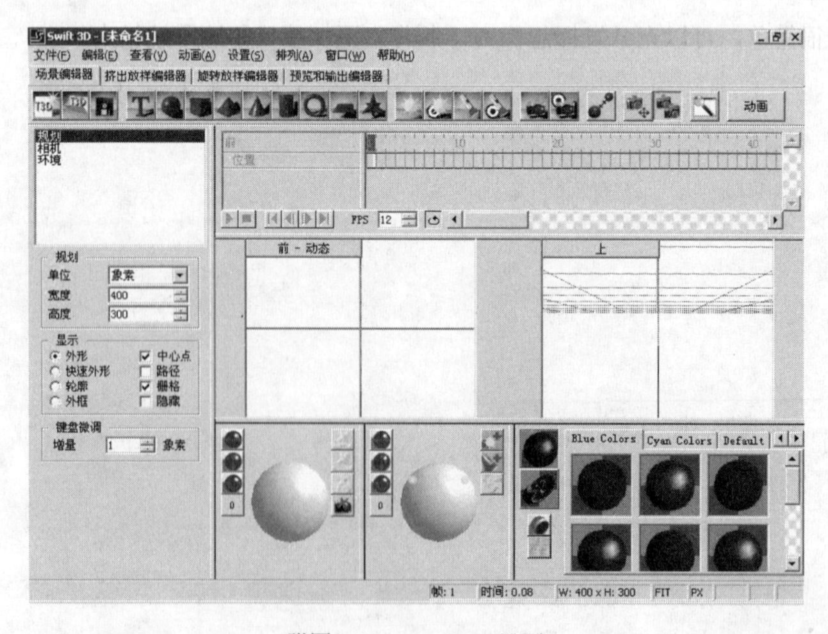

附图 B.1　Swift 3D 界面

在物品栏中，单击“T”字按钮，输入一个文本对象。默认的文本内容就是一个“文本”。

通过左边的文本框（如附图 B.2 所示）更改成所需要的文本内容、字体、段落对齐等，这里输入的文本内容为“中国”，其他各个选项都按照默认的设置。此时会发现文字已经自动变成带例角的 3D 模型，出现在场景的中央，如附图 B.3 所示。

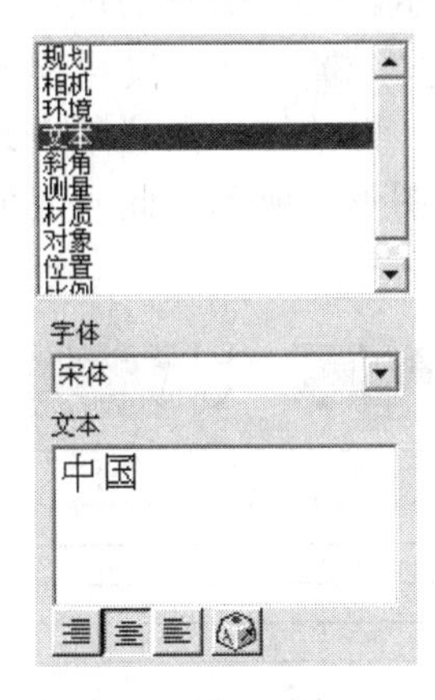

附图 B.2　文本

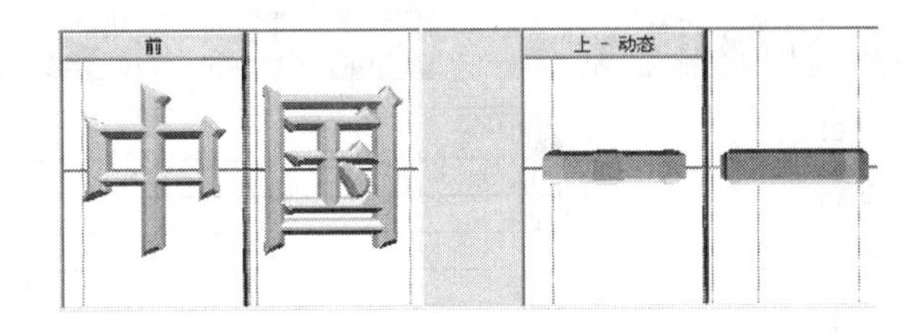

附图 B.3　3D 文字模型

二、上色

如果需要改变一下文字的颜色，很好办，请单击操作界面中右下方的材质选择区，选中一种颜色后，单击并拖曳材质球到文字表面，如附图 B.4 所示，结果会如附图 B.5 所示。可能会发现，只有一个面改变了颜色，想要改变整个文字的颜色必须多次执行拖曳操作。附图 B.6 为整个文字的颜色都改变后的效果。

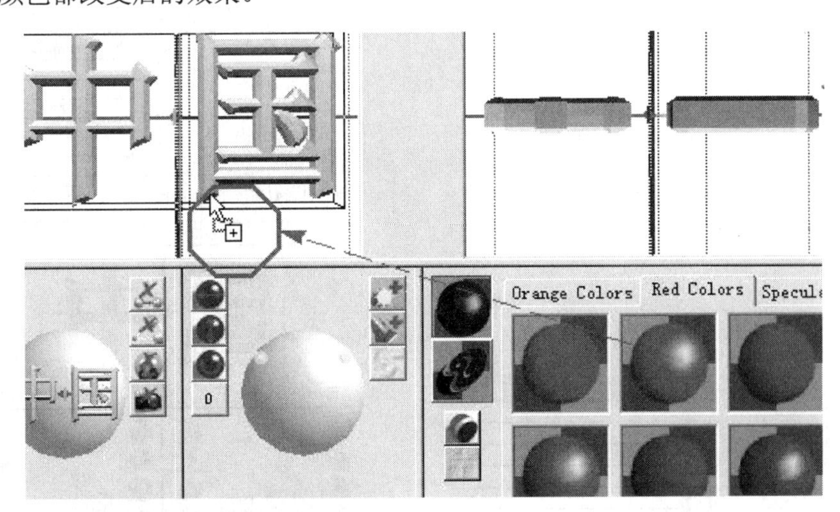

附图 B.4　上色操作

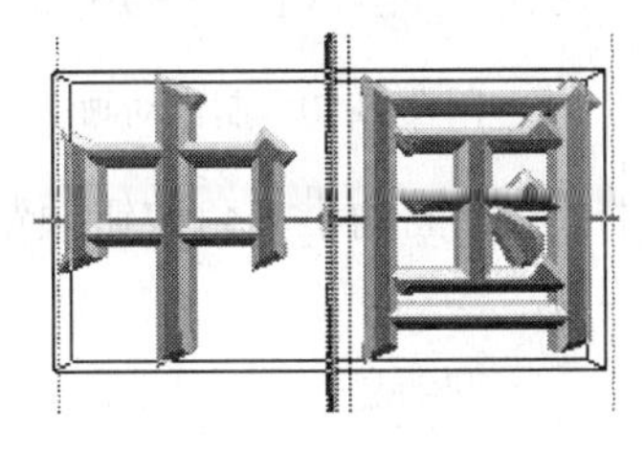

附图 B.5　上色操作

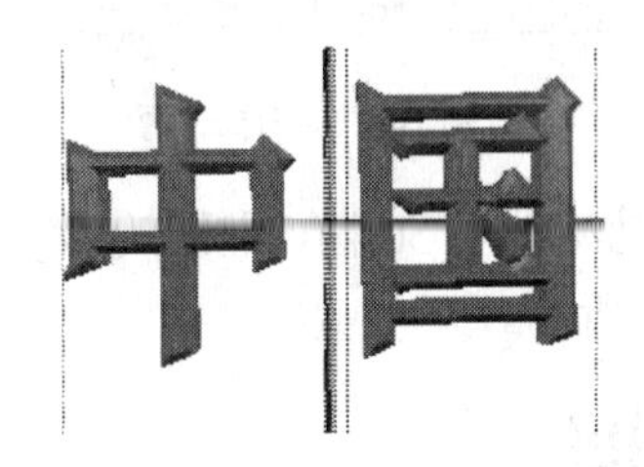

附图 B.6　上色操作

三、制作动画

附图 B.7　制作动画

请在场景中单击前面视图里的 3D 文字对象，这时文字会出现在左下角的旋转操作球上，如附图 B.7 所示。这表明我们已经选中了所要操作的对象。单击左边的“水平锁定”（可能汉化得不好，翻译成“水平旋转”更恰当些）工具按钮，再单击工具栏最右边的“动画”工具按钮，时间轴由虚变实，如附图 B.8 所示。此时我们可以来制作动画了。

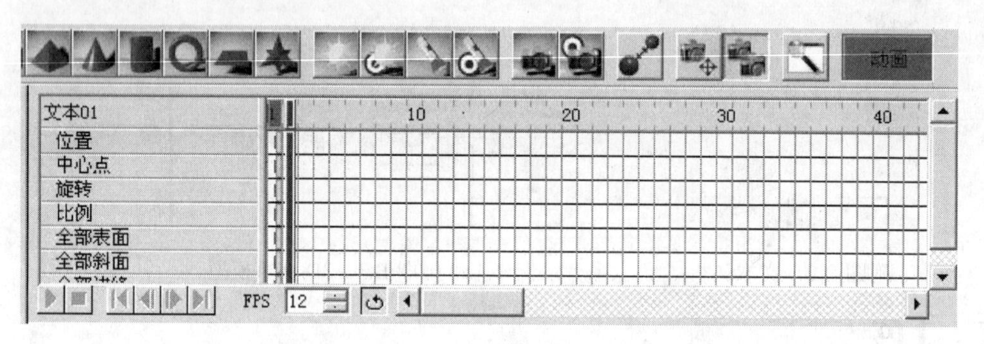

附图 B.8　制作动画

（1）首先将时间轴上的红色标签移动至第 15 帧，如附图 B.9 所示。

（2）转动左下角旋转操作球上的文字 180°，可以看到在时间轴和场景里都产生了相应的变化，如附图 B.10 所示。

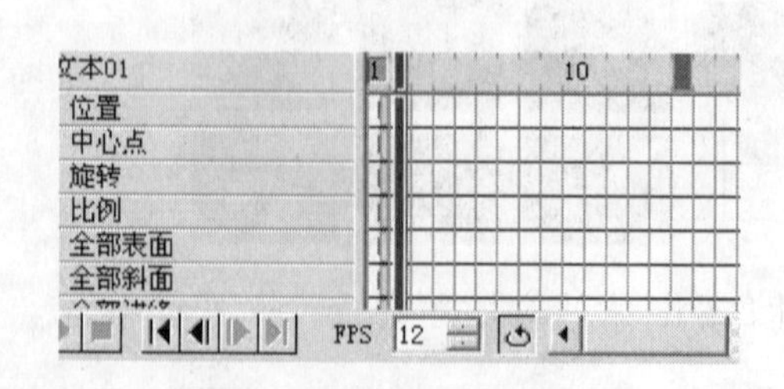

附图 B.9　制作动画

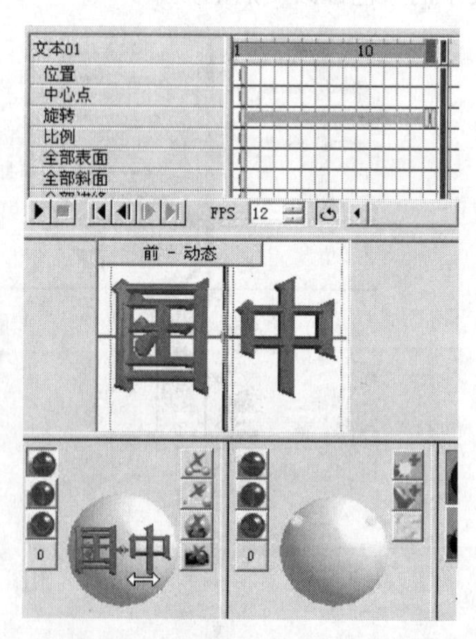

附图 B.10　制作动画

（3）移动标签至 30 帧，继续旋转 180°，可以按下时间轴下面的小三角按钮预览动画效果，如附图 B.11 所示。

四、输出

单击选单栏下方的第 4 个标签“预览和输出编辑器”，来进行最后的渲染和输出工作，如附图 B.12 所示。

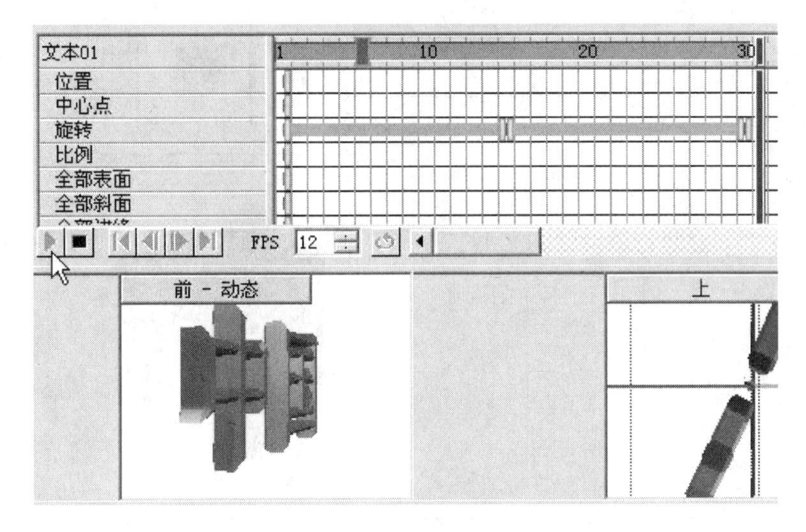

附图 B.11　制作动画

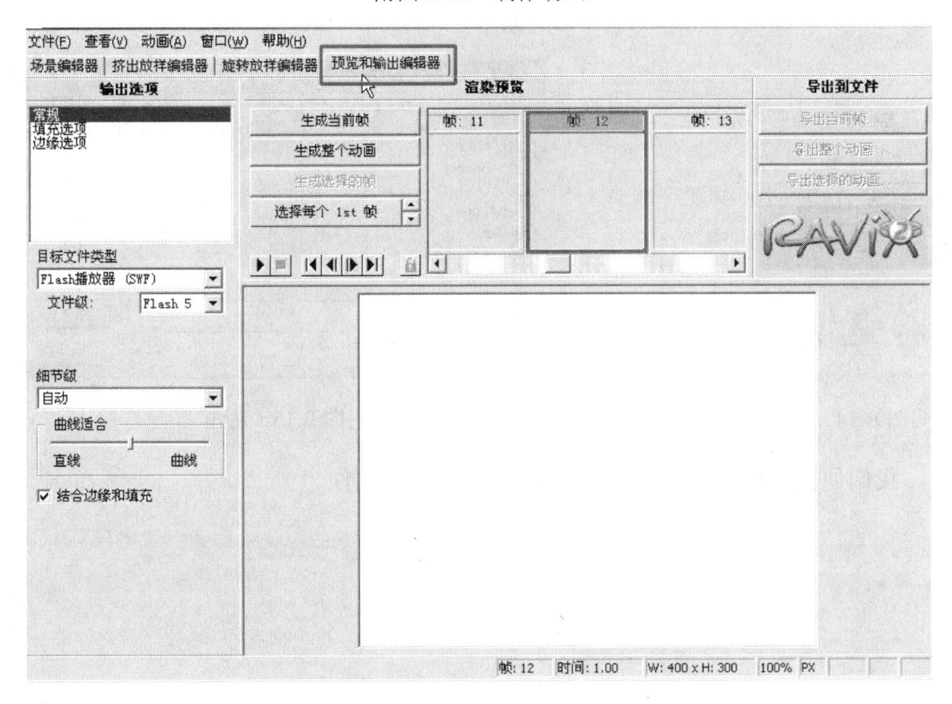

附图 B.12　输出

（1）首先按下缩略图左边的“生成整个动画”按钮来渲染整个动画，如附图 B.13 所示。

（2）然后按下“播放动画”按钮来预览生成的效果。

（3）确认无误后，单击“导出整个动画”按钮，如附图 B.14 所示，调出“导入矢量文件”对话框输入文件名，如附图 B.15 所示。

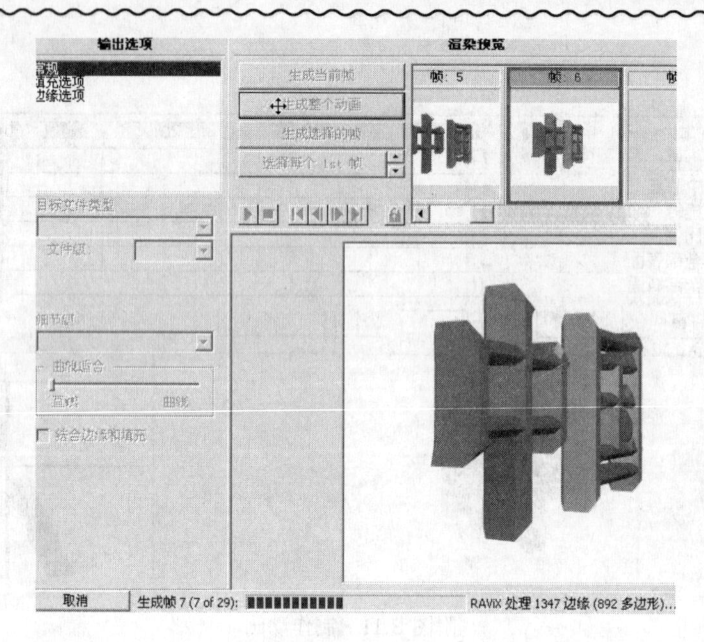

附图 B.13　输出

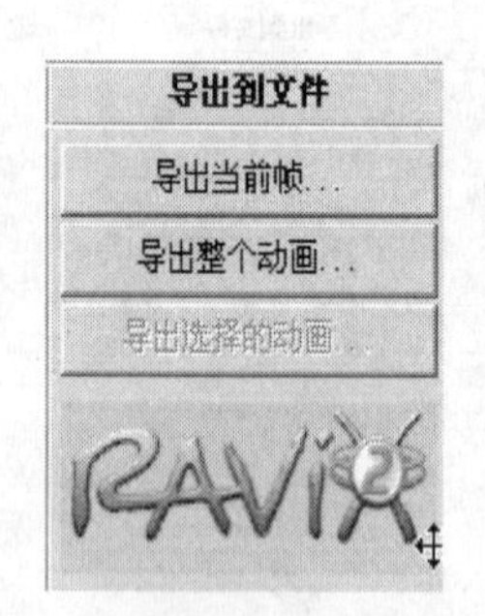

附图 B.14　输出

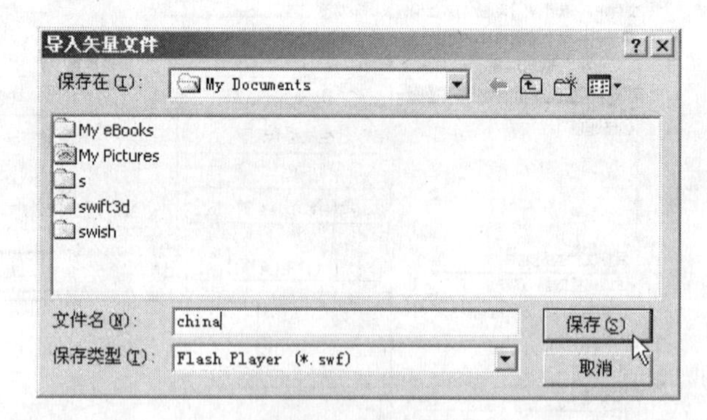

附图 B.15　输出

至此，我们便很轻松地完成了一个 3D Flash 动画的制作。

读者意见反馈表

书名：中文 Flash MX 案例教程（第 2 版）　　主编：沈大林、沈昕　　策划编辑：关雅莉

谢谢您关注本书！烦请填写该表。您的意见对我们出版优秀教材、服务教学，十分重要。如果您认为本书有助于您的教学工作，请您认真地填写表格并寄回。**我们将定期给您发送我社相关教材的出版资讯或目录，或者寄送相关样书。**

个人资料

姓名________年龄____联系电话____________（办）____________（宅）____________（手机）

学校______________________________专业__________职称/职务________________

通信地址__________________________邮编__________E-mail____________________

您校开设课程的情况为：

本校是否开设相关专业的课程　□是，课程名称为__________________________　□否

您所讲授的课程是____________________________________课时________________

所用教材____________________________出版单位______________印刷册数______

本书可否作为您校的教材？

□是，会用于__________________________课程教学　□否

影响您选定教材的因素（可复选）：

□内容　□作者　□封面设计　□教材页码　□价格　□出版社

□是否获奖　□上级要求　□广告　□其他______________________________

您对本书质量满意的方面有（可复选）：

□内容　□封面设计　□价格　□版式设计　□其他________________

您希望本书在哪些方面加以改进？

□内容　□篇幅结构　□封面设计　□增加配套教材　□价格

可详细填写：____

____

您还希望得到哪些专业方向教材的出版信息？

____

谢谢您的配合，请将该反馈表寄至以下地址。如果需要了解更详细的信息或有著作计划，请与我们直接联系。

通信地址：北京市万寿路 173 信箱　中等职业教育分社　邮编：100036

http://www.hxedu.com.cn　E-mail:ve@phei.com.cn　电话：010-88254475；88254591

反侵权盗版声明